Einführung in die Theoretische Physik

Robin Santra

Einführung in die Theoretische Physik

Klassische Mechanik mit mathematischen Methoden

2. Auflage

 Springer Spektrum

Robin Santra (ID)
Universität Hamburg und Deutsches
Elektronen-Synchrotron DESY
Hamburg, Deutschland

ISBN 978-3-662-67438-3   ISBN 978-3-662-67439-0   (eBook)
https://doi.org/10.1007/978-3-662-67439-0

Die Deutsche Nationalbibliothek verzeichnet diese Publikation in der Deutschen Nationalbibliografie; detaillierte bibliografische Daten sind im Internet über http://dnb.d-nb.de abrufbar.

Illustratorin: Sherin Santra

Planung/Lektorat: Gabriele Ruckelshausen, Margit Maly
Springer Spektrum ist ein Imprint der eingetragenen Gesellschaft Springer-Verlag GmbH, DE und ist ein Teil von Springer Nature.
Die Anschrift der Gesellschaft ist: Heidelberger Platz 3, 14197 Berlin, Germany

Vorwort zur zweiten Auflage

Mit dem Einsatz der ersten Auflage dieses Buches in der Lehre habe ich erfreulich positive Erfahrungen gemacht. Zum Beispiel finde ich es sehr ermutigend, dass mehr als 80 % meiner Kursteilnehmenden in der *Einführung in die Theoretische Physik I* im Wintersemester 2020/2021 nach eigenen Angaben jede Woche die empfohlenen Textpassagen aus diesem Buch lasen und dies als nützlich empfanden. (Im Laufe des Semesters wurde auf diese Weise das gesamte Lehrbuch durchgearbeitet.) An dieser Stelle möchte ich nun die Gelegenheit nutzen, mich bei den folgenden Studierenden für ihre aktiven Beiträge zu meiner Lehrveranstaltung zu bedanken: Pablo Agulló Martí, Henryk Behrens, Lennart Beyer, Ava Ehlert, Marina Goldfeld, David Hafezi, Agata Koczwara, Stefan Ladwig, Dennis Latta, Bohong Li, Tobias Löwe, Leonie Nellesen, Jannik Riemann, Kevin Spies. Die Rückmeldungen, die ich erhalten habe, sind in die vorliegende zweite Auflage eingeflossen.

Eine zentrale Neuerung ist Anhang A. Wie ich im Vorwort zur ersten Auflage geschrieben hatte, wird beim Einstieg in die Theoretische Physik der sichere Umgang mit der Schulmathematik vorausgesetzt. Was ich aber nicht betont hatte, war, dass es dabei weniger um das Behandeln von konkreten Zahlenbeispielen geht, sondern vor allem um das Arbeiten mit abstrakten Ausdrücken. Da Letzteres erfahrungsgemäß am Studienanfang Schwierigkeiten bereitet, habe ich in Anhang A die für dieses Lehrbuch wichtigsten Themen der Schulmathematik rekapituliert, wenn diese Themen nicht ohnehin bereits Gegenstand eines der Buchkapitel waren. Dabei habe ich aber eben nicht einfach Rechenregeln angegeben, sondern bewusst einen deduktiven Zugang gewählt: Anhand von Beispielen können Sie in Anhang A erkennen, wie, von wenigen Grundannahmen ausgehend, systematisch eine Reihe von mathematischen Schlussfolgerungen gezogen werden können.

Häufig fragen Studierende am Studienanfang: „Was müssen wir tun, wenn in einer Aufgabe die Aufforderung ‚Zeigen Sie, dass ...‘ steht?“ Anhang A gibt dazu eine erste Antwort. Des Weiteren dient Anhang A dazu, auf den Umgang mit dem Summenzeichen vorzubereiten, eine Motivation für das Thema der Taylor-Reihen (Kap. 4) zu bieten und den Einfluss von Parametern auf das Verhalten von Funktionen zu erarbeiten.

Eine zweite zentrale Neuerung in der vorliegenden zweiten Auflage ist ein Kapitel zur Speziellen Relativitätstheorie (Kap. 12). Dieses wichtige Thema ist aus mathematischer Sicht nicht schwierig, aber konzeptionell fortgeschritten und anspruchsvoll. Daher erscheint die Spezielle Relativitätstheorie im letzten Kapitel dieses Lehrbuches. Inhaltlich habe ich mich bei Kap. 12 von dem Buch *Special Relativity and Classical Field Theory (The Theoretical Minimum)* von Leonard Susskind und Art Friedman inspirieren lassen. Wie schon bei der ersten Auflage möchte ich wieder meiner Tochter Sherin Santra danken, die für Kap. 12 die Zeichnung von Einstein auf einem Fahrrad, mit einer Taschenlampe in der Hand, erstellt hat.

Weitere Neuerungen: Den Abschnitt zu homogenen Differenzialgleichungen zweiter Ordnung in Kap. 4 habe ich umstrukturiert und den logischen Fluss geradliniger gestaltet. In Kap. 8 habe ich den Begriff des totalen Differenzials besser eingeführt. Ich habe alle Diagramme etwas überarbeitet. Insbesondere ist Abb. 2.1 jetzt perspektivisch korrekt gezeichnet. Für Kap. 1 und 8 habe ich zusätzliche Abbildungen erzeugt. Ich habe eine Reihe neuer Aufgaben hinzugefügt und, wo Aufgaben Schwierigkeiten bereiteten, Ergänzungen und Hinweise eingearbeitet. Neben der Korrektur von Schreibfehlern habe ich die vorliegende zweite Auflage auch dazu genutzt, die Rechtschreibung besser an die Empfehlungen des Dudens anzupassen.

Hamburg   Robin Santra
März 2023

Vorwort zur ersten Auflage

In der traditionellen universitären Physikausbildung wird, über Vorlesungen in der Reinen Mathematik (primär Analysis und Lineare Algebra) hinaus, ein Kurs zu *Mathematischen Methoden für Physiker* angeboten. Dadurch soll das fortgeschrittene mathematische Handwerkszeug vermittelt werden, das in der Physik bereits ab dem ersten Semester benötigt wird, in der Reinen Mathematik aber aus didaktischen Gründen nicht hinreichend frühzeitig behandelt werden kann. Die Anwendung auf physikalische Fragestellungen ist jedoch nicht Gegenstand der *Mathematischen Methoden für Physiker.* Ein alternatives Lehrkonzept besteht darin, das enge Zusammenspiel von Physik und Mathematik bereits zu Studienbeginn in einem kombinierten Kurs zu erörtern. An der Universität Hamburg wurde diese *Einführung in die Theoretische Physik* von Bernhard Kramer etabliert. Das vorliegende Lehrbuch spiegelt zentrale Inhalte dieses Lehrkonzepts für das erste Studiensemester wider und ist der *Klassischen Mechanik* gewidmet.

Ein Vorteil, die traditionellen *Mathematischen Methoden für Physiker* durch die *Einführung in die Theoretische Physik* zu ersetzen, besteht darin, dass die Mathematik von Anfang an deutlich stärker mit der Physik verknüpft wird. Dadurch ist der Nutzen der jeweiligen mathematischen Methoden für die physikalische Anwendung besser motiviert und für die Studierenden leichter nachvollziehbar. Ein weiterer Aspekt ist, dass die Studienreform, die im Rahmen des Bologna-Prozesses stattfand, im Allgemeinen eine Umstrukturierung der Ausbildung in der Theoretischen Physik nach sich gezogen hat. Insbesondere ist es notwendig geworden, gewisse Standardthemen wie das Kepler-Problem näher an den Anfang des Studiums zu rücken. Im Rahmen der *Einführung in die Theoretische Physik* können diese Standardthemen in natürlicher Art und Weise vermittelt werden.

Der Grund, weshalb ich mich dazu entschieden habe, dieses Lehrbuch zu schreiben, ist, dass es zwar Lehrbücher zu „Mathematischen Methoden" bzw. zu „Theoretischer Physik" gibt, aber meines Wissens nach keine, die die beschriebene Grundintention der *Einführung in die Theoretische Physik* optimal zusammenführen. Das vorliegende Lehrbuch ist mein Versuch, diesem Ziel gerecht zu werden. Dabei ist die konkrete Zusammenstellung und Darstellung der Themen meine eigene. Ich habe aber zur Inspiration an der einen oder anderen Stelle Inhalte von bestimmten Quellen herangezogen. Zu nennen sind hier die Bücher *Classical Mechanics (The Theoretical Minimum)* von Leonard Susskind und George Hrabovsky, *Mathematical Methods in the Physical Sciences* von Mary L. Boas und *Chaotic Dynamics* von Gregory L. Baker und Jerry P. Gollub.

Kap. 1 dieses Lehrbuchs dient der Einleitung. Neben dem Begriff des dynamischen Gesetzes wird dort das Konzept des physikalischen Zustands bzw. des Zustandsraums eingeführt. Gerade der Zustandsbegriff zieht sich wie ein roter Faden durch das gesamte Lehrbuch. In Kap. 2 verbinde ich das physikalische Thema der Kinematik eines Punktteilchens mit den mathematischen Themen der Vektoren, der Differenzialschreibweise und der krummlinigen Koordinaten. Nach Kap. 3, in dem der Zusammenhang zwischen Differenzialgleichungen und der Beschreibung von dynamischen Prozessen diskutiert wird, behandle ich in Kap. 4 analytische Verfahren zur Lösung von (gewöhnlichen) Differenzialgleichungen. Dort diskutiere ich auch komplexe Zahlen und biete eine ausführliche Analyse des harmonischen Oszillators. Kap. 5 ist der Mathematik der Fourier-Reihen gewidmet. Den Zusammenhang zur Physik stelle ich über eine Untersuchung der Situation her, in der der harmonische Oszillator einer zeitlich periodischen Kraft ausgesetzt wird, die nicht rein sinusförmig ist.

In Kap. 6 nutze ich die Gelegenheit zu zeigen, wie man mithilfe von numerischen Methoden in einem augenscheinlich einfachen, aber nicht analytisch lösbaren Modell verblüffend komplexe Physik entdecken kann. In den verbleibenden Kapiteln behandle ich abgeschlossene Mehrteilchensysteme. Die dazugehörigen Zustandsräume und die Erhaltung des Gesamtimpulses sind Gegenstand von Kap. 7. Nach einer Diskussion des mathematischen Themas der partiellen Ableitungen in Kap. 8 leite ich in Kap. 9 den Energieerhaltungssatz her und diskutiere die dazugehörigen Voraussetzungen. Ich behandle dort unter anderem auch das für den physikalischen Begriff der Arbeit erforderliche mathematische Konzept des Wegintegrals, wobei ich mich an Vorlesungsnotizen meiner Hamburger Kollegin Daniela Pfannkuche orientiert habe. Im Rahmen der Lösung des Kepler-Problems in Kap. 10 führe ich den Begriff des Drehimpulses ein und entwickle diesen im abschließenden Kap. 11 systematisch weiter. Kap. 11 dient darüber hinaus dazu, die Mathematik der Matrizen in Verbindung zur Physik der Drehbewegungen des starren Körpers zu setzen.

Ich habe mich durchweg bemüht, die Vorkenntnisse des Studienanfängers im Blickfeld zu behalten. Zum Beispiel habe ich alle logischen Schritte bzw. Rechenschritte in diesem Lehrbuch ausführlich dargestellt und erläutert. Dabei baue ich auf der Annahme auf, dass Sie mit mathematischen Methoden, wie sie in der Schule behandelt werden (z. B. die Lösung quadratischer Gleichungen), sicher und routiniert umgehen können. Natürlich kommt die erforderliche Routine nur durch regelmäßige Übung. Falls Sie also an der einen oder anderen Stelle das Gefühl haben, diese Routine nicht zu besitzen, dann sollten Sie sich die entsprechenden Methoden nochmals vor Augen führen und insbesondere durch das selbstständige Lösen von Aufgaben üben. Eine der Herausforderungen bei einem Universitätsstudium ist es, eigene Schwächen selbst zu erkennen und selbst die notwendigen Korrekturmaßnahmen einzuleiten.

Die hübschen, humorvollen Zeichnungen, von denen jeweils eine am Anfang jedes Kapitels erscheint, stammen von meiner Tochter Sherin Santra. Ihr gilt mein ganz besonderer Dank für ihren wunderbaren Beitrag. Caroline Arnold, Katrin Buth und Ludger Inhester möchte ich für ihre hilfreichen Vorschläge zu den Inhalten dieses Lehrbuchs danken. Des Weiteren danke ich Daniel Knafla, Daniela Pfannkuche, Nina Rohringer, Thomas Schörner-Sadenius, Peter Schmelcher, Michael Thorwart und Wilfried Wurth für ihre Kommentare. Mein Dank gilt auch allen Studierenden der Universität Hamburg, die mir zu meinem Vorlesungsskript, aus dem dieses Lehrbuch hervorgegangen ist, Rückmeldung gegeben haben. Schließlich möchte ich mich herzlich bei meiner Frau Tanja Santra bedanken, ohne deren unermüdliche Unterstützung ich nicht den Freiraum gehabt hätte, um dieses Lehrbuch zu schreiben.

Hamburg   Robin Santra
November 2018

Inhaltsverzeichnis

Dieses Lehrbuch führt Sie in die Theoretische Physik anhand der Klassischen Mechanik ein. In diesem einleitenden Kapitel beschäftigen wir uns mit dem Begriff *Theoretische Physik,* und Sie lernen die Grundziele und Grundannahmen der Klassischen Mechanik kennen. Anhand eines abstrakten, aber einfachen Modells erarbeiten wir uns, welche prinzipiellen mathematischen Strukturen aus den Grundzielen und Grundannahmen der Klassischen Mechanik folgen. In diesem Zusammenhang nutzen wir insbesondere den Begriff des Zustands eines physikalischen Systems und untersuchen dynamische Gesetze, die die zeitliche Entwicklung des Zustands beschreiben.

1.1   Begriffe, Annahmen und Ziele

1.1.1   Theoretische Physik

In den Naturwissenschaften machen wir folgende Grundannahmen:

- Die Natur weist eine universelle Regelmäßigkeit auf; die Natur verhält sich nicht willkürlich.
- Die in der Natur anzutreffende Regelmäßigkeit lässt sich mithilfe der Sprache der Mathematik beschreiben.

Die letztere Annahme prägt insbesondere das Denken in der Physik. Die *Theoretische Physik* verwendet die Sprache der Mathematik, um Experimente in der Physik zu erklären und neue physikalische Phänomene vorherzusagen. Theoretische Physikerinnen und Physiker sind bestrebt, die essenziellen Aspekte von experimentellen Beobachtungen herauszuarbeiten, um dadurch grundlegende Gesetzmäßigkeiten in der Natur zu identifizieren. Die Theoretische Physik ist damit, neben der Experimentalphysik, einer der beiden Pfeiler, auf denen die Physik aufbaut. Darüber hinaus sind die Methoden der Theoretischen Physik von so weitgehender Bedeutung, dass sie auch in vielen anderen Disziplinen Anwendung finden – sogar z. B. in den Wirtschaftswissenschaften.

Die in der Theoretischen Physik typischerweise angewandte Strategie besteht aus zwei zentralen Schritten.

- Zuerst entwickelt man ein mathematisches Modell, um die betrachtete physikalische Situation zu beschreiben. Das Modell beruht dabei entweder direkt auf bereits als etabliert angenommenen, grundlegenden Naturgesetzen, auf Näherungen zu diesen Naturgesetzen oder auf völlig neuen theoretischen Konzepten.
- Im zweiten Schritt identifiziert man mathematische Werkzeuge, die es einem erlauben, Lösungen für das mathematische Modell zu finden. In seltenen Fällen ist es möglich, eine analytische Lösung zu finden (also eine explizite Gleichung, die die Lösung darstellt). In der universitären Ausbildung konzentriert man sich meist auf derartige Fälle. In der Praxis kann das Modell jedoch oft nur numerisch gelöst werden, unter Einsatz von Computern.

Der bei Theoretischen Physikerinnen und Physikern meist stark ausgeprägte Fokus auf das Wesentliche wird in dem folgenden, in der Physik bekannten Witz thematisiert: Aufgrund der besorgniserregend niedrigen Milchproduktion in einem landwirtschaftlichen Betrieb wendete sich die Betriebsleitung an eine renommierte Universität. Stets um die Lösung großer Herausforderungen bemüht, wurde sofort ein Team von Theoretischen Physikerinnen und Physikern zusammengestellt. Nach einem Monat intensivster Berechnungen verkündete das Team der Leitung des landwirtschaftlichen Betriebs stolz: „Wir haben eine Lösung gefunden! Diese funktioniert für kugelförmige Kühe im Vakuum." (Dieser Witz existiert noch in anderen Varianten, übrigens auch mit kugelförmigen Hühnern und Pferden.)

1.1.2 Determinismus und Reversibilität

Die Klassische Physik ist die Physik, wie sie vor der Entdeckung der Quantenmechanik bekannt war und die auch heute noch von großer Bedeutung in vielen Anwendungsfeldern ist. Die Klassische Physik beinhaltet z. B. die Newton'schen Gleichungen für Teilchen und die Maxwell-Gleichungen für elektromagnetische Felder. Auch gehören zur Klassischen Physik nach der heute üblichen Sprechweise sowohl die Spezielle als auch die Allgemeine Relativitätstheorie. Im Folgenden wollen wir Leitprinzipien herausarbeiten, die allen Theorien der Klassischen Physik zugrunde liegen.

Die zentrale Grundannahme der Klassischen Physik ist die Vorhersagbarkeit der Zukunft. Diese Anschauung geht auf den Physiker Pierre-Simon Laplace (1749–1827) zurück: „Wir müssen also den gegenwärtigen Zustand des Universums als Folge eines früheren Zustandes ansehen und als Ursache des Zustandes, der danach kommt. Eine Intelligenz, die in einem gegebenen Augenblick alle Kräfte kennte, mit denen die Welt begabt ist, und die gegenwärtige Lage der Gebilde, die sie zusammensetzen, und die überdies umfassend genug wäre, diese Kenntnisse der Analyse zu unterwerfen, würde in der gleichen Formel die Bewegungen der größten Himmelskörper und die des leichtesten Atoms einbegreifen. Nichts wäre für sie ungewiss, Zukunft und Vergangenheit lägen klar vor ihren Augen." Daraus folgt die zentrale Aufgabe für die Klassische Physik, insbesondere für die Klassische Mechanik: die tatsächliche Vorhersage der Zukunft eines betrachteten Systems.

Wie müssen wir hierzu vorgehen? Einen ersten Leitfaden erhalten wir, wenn wir die Vorstellung von Laplace moderner formulieren: Weiß man zu einem Zeitpunkt alles über ein betrachtetes System – kennt man also seinen *Zustand* – und kennt man die Gleichungen, die die zeitliche Entwicklung des Zustands des Systems bestimmen, dann lässt sich die Zukunft des Systems vorhersagen. Dabei wird impliziert, dass der Zustand des Systems direkt durch *beobachtbare* (messbare) Eigenschaften des Systems charakterisiert ist („lägen klar vor ihren Augen"). In der Klassischen Physik sind also die Ergebnisse von zukünftigen Beobachtungen (Messungen), die man an dem System vornehmen kann, im Prinzip vorhersagbar.

Die Gesetze der Klassischen Physik werden in diesem Sinne als *deterministisch* bezeichnet. Wir nennen ein solches Gesetz, mit dessen Hilfe sich aus dem Anfangszustand des Systems seine Zukunft bestimmen lässt, ein *dynamisches Gesetz* oder auch eine *Bewegungsgleichung.* Insbesondere müssen also die dynamischen Gesetze der Klassischen Mechanik das Prinzip des Determinismus erfüllen. Können wir zudem aus dem Zustand zu einem Zeitpunkt den Zustand zu einem vorherigen Zeitpunkt (also in der Vergangenheit) berechnen, dann nennen wir das dazugehörige dynamische Gesetz darüber hinaus *reversibel.* Handelt es sich bei dem betrachteten System um das gesamte Universum, dann liegen nach der Anschauung von Laplace sowohl Determinismus als auch Reversibilität vor.

▶   **Hinweis** Die Prinzipien des Determinismus und der Reversibilität erlauben
      es uns, die möglichen dynamischen Gesetze für ein gegebenes System
      einzuschränken. Aber welches von den möglichen dynamischen Gesetzen
      in der Natur realisiert ist, lässt sich aufgrund der Prinzipien allein nicht
      beantworten. Dafür benötigt man das Experiment. Außerdem dient das
      Experiment auch zur Überprüfung der Prinzipien selbst.

In diesem Lehrbuch beschäftigen wir uns eingehend mit dem deterministischen Verhalten von physikalisch anschaulichen Modellsystemen der Klassischen Mechanik. Die dabei zugrunde liegenden dynamischen Gesetze sind sogenannte Differenzialgleichungen. Die dazugehörige Mathematik werden wir uns später erarbeiten. Um aber bereits jetzt, ohne großen mathematischen Aufwand, ein besseres Gefühl dafür entwickeln zu können, was die Prinzipien des Determinismus und der Reversibilität implizieren, untersuchen wir im Rest dieses Kapitels ein einfaches, abstraktes Modell für ein sich dynamisch entwickelndes System.

1.2   Mathematische Modellbildung

Um einen mathematischen Zusammenhang von Zuständen und dynamischen Gesetzen herstellen zu können, gehen wir folgendermaßen vor: Zuerst benötigen wir eine mathematische Darstellung der Zustände. Wir nehmen dazu an, dass eine eineindeutige („bijektive") Abbildung existiert, die jedem Zustand jeweils ein geeignetes mathematisches Objekt Z zuordnet. Vereinfacht ausgedrückt bedeutet *eineindeutig,* dass die Menge der Zustände und die Menge der dazugehörigen mathematischen Objekte gleich groß sind, sich aus jeweils einem Element der einen Menge und einem Element der anderen Menge eindeutige Paare bilden lassen und kein Element der einen Menge ohne einen Partner in der anderen Menge übrig bleibt.

Sobald man eine derartige Zuordnung zwischen den Zuständen und den mathematischen Objekten Z gefunden hat, ist es üblich, die Zustände und die mathematischen Objekte nicht mehr voneinander zu unterscheiden. Dann *sind* die mathematischen Objekte Z die Zustände. Man bezeichnet die resultierende mathematische Menge der Zustände Z als den *Zustandsraum* des Systems.

Im zweiten Schritt müssen wir eine mathematische Formulierung des dynamischen Gesetzes finden, das die Zeitentwicklung des Systems beschreibt. Sei also $Z(t_0)$ der Zustand des Systems zu einem gewählten Anfangszeitpunkt t_0, und $Z(t)$

sei der Zustand des Systems zu irgendeinem anderen Zeitpunkt t. Dann suchen wir im Prinzip eine Abbildung, die $Z(t_0)$ auf $Z(t)$ abbildet. Kennen wir die Abbildung, dann kennen wir, bei gegebenem $Z(t_0)$, den Zustand $Z(t)$ – also sowohl die Zukunft als auch die Vergangenheit des Systems bezüglich t_0.

Die in der Physik auftretenden dynamischen Gesetze sind allerdings nicht von diesem expliziten Typ, bei dem die Abbildung von $Z(t_0)$ auf $Z(t)$ explizit vorliegt. Vielmehr stellen die physikalisch relevanten dynamischen Gesetze lediglich einen Zusammenhang her zwischen dem Zustand zu einem gegebenen Zeitpunkt und Zuständen, die, in einem gewissen Sinn, zeitlich unmittelbar benachbart sind. Aufgrund dieser zeitlichen Lokalität ist die gesuchte Abbildung von $Z(t_0)$ auf $Z(t)$ nur implizit in einem gegebenen dynamischen Gesetz enthalten und muss erst konstruiert werden.

Damit Sie diese vereinfachte, aber abstrakte Beschreibung leichter nachvollziehen können, nehmen wir für die Zwecke dieses Kapitels an, dass die Zeit t durch diskrete Zeitpunkte t_n gegeben ist. Speziell nehmen wir an, dass t_n die Gleichung

$$t_n = n \, \Delta t \tag{1.1}$$

erfüllt, wobei $n = \dots, -2, -1, 0, 1, 2, \dots$ eine ganze Zahl ist und Δt einen konstanten Zeitschritt darstellt. (Der griechische Großbuchstabe Δ wird *delta* ausgesprochen.) Messen wir die Zeit in Einheiten von Δt, dann genügt es zur Angabe der Zeit, lediglich n anzugeben. Dementsprechend verwenden wir die Schreibweise

$$Z_n = Z(t_n) \tag{1.2}$$

für den Zustand des Systems zur Zeit $t = t_n$.

Falls das dynamische Gesetz besagt, dass sich der Zustand mit der Zeit nicht ändert, dann lautet die mathematische Formulierung des dynamischen Gesetzes

$$Z_{n+1} = Z_n. \tag{1.3}$$

Obwohl dieses dynamische Gesetz nur benachbarte Zeitpunkte miteinander verbindet, können wir aus Gl. 1.3 sofort schließen, dass

$$Z_n = Z_0 \tag{1.4}$$

für alle n sein muss. Aus dem zeitlich nur lokal definierten dynamischen Gesetz in Gl. 1.3 können wir also dem Anfangszustand $Z_0 = Z(t_0)$ eindeutig den Zustand $Z_n = Z(t_n)$ für jedes n zuordnen.

Das Prinzip des Determinismus soll auch dann gelten, wenn der Zustand des Systems sich mit der Zeit ändert. Konzentrieren wir uns zuerst auf die Vorhersage der Zukunft, suchen wir daher eine Gleichung, mit deren Hilfe wir aus dem Anfangszustand Z_0 den Zustand Z_1 erhalten. Haben wir den Zustand Z_1, dann müssen wir aus Z_1 den Zustand Z_2 bestimmen können usw. Auf diese Weise erhalten wir aus dem

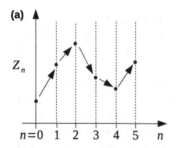

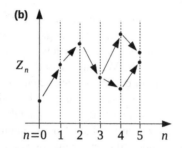

Abb. 1.1 Determinismus bedeutet, dass wir aus einem gegebenen Zustand Z_n ein eindeutiges Z_{n+1}, also einen eindeutigen zukünftigen Zustand, bestimmen können. Bei der in (**a**) skizzierten hypothetischen Situation ist dies der Fall. Ein dynamisches Gesetz, das der in (**b**) skizzierten hypothetischen Situation entspräche, wäre nicht deterministisch, da man zur Bestimmung des Zustands Z_4 aus dem Zustand Z_3 zwischen zwei Optionen auswählen muss. Implizit in der Klassischen Physik ist die Annahme, dass der Zustand messbar ist

Anfangszustand Z_0 die Zustände Z_n für alle $n > 0$ (Abb. 1.1). Diese Anforderung führt zu folgender Struktur für ein zeitlich lokal definiertes dynamisches Gesetz:

$$Z_{n+1} = Z_n + f(n, Z_n). \tag{1.5}$$

Dabei ist f eine für das jeweils betrachtete dynamische Gesetz charakteristische Funktion. Verschwindet f, erhalten wir Gl. 1.3 zurück. Ansonsten ändert sich der Zustand vom Zeitpunkt t_n zum Zeitpunkt t_{n+1}. Die physikalische Ursache für eine Zustandsänderung mit der Zeit steckt somit vollständig in der Funktion f. Die Struktur von Gl. 1.5 beruht auf der Annahme, dass für die mathematischen Objekte Z_n und $f(n, Z_n)$ die Addition definiert ist.

▶ **Hinweis** Beachten Sie, dass f im Allgemeinen eine Funktion der beiden Variablen n und Z_n ist. Das Erscheinen der Variablen Z_n als Argument der Funktion f überrascht Sie wahrscheinlich nicht, da davon auszugehen ist, dass eine Zustandsänderung typischerweise davon abhängt, in welchem Zustand sich das System unmittelbar vor der Zustandsänderung befindet. Die Abhängigkeit von n ist aber vielleicht weniger offensichtlich. Tritt n explizit als Argument der Funktion f in Erscheinung, dann kann bei dem betrachteten System der Zeitnullpunkt nicht willkürlich gewählt werden. Eine solche Situation liegt immer dann vor, wenn das betrachtete System unter dem Einfluss eines anderen Systems steht, dessen Zeitentwicklung vorgegeben ist.

Wie können wir in diesem einfachen Modell diskreter Zeitschritte das Prinzip der Reversibilität berücksichtigen? Ein zeitlich lokal definiertes dynamisches Gesetz, das reversibel ist, muss so strukturiert sein, dass man nicht nur die Zukunft, sondern auch die Vergangenheit berechnen kann. Bei gegebenem Z_n muss sich demnach

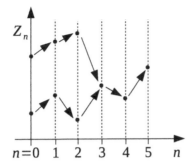

Abb. 1.2 Ein dynamisches Gesetz, das der skizzierten hypothetischen Situation entspräche, wäre nicht reversibel. Gezeigt ist die dynamische Entwicklung für zwei verschiedene Anfangszustände bei $n = 0$. Bei $n = 3$ fallen die beiden Zustände, die aus den beiden Anfangszuständen hervorgehen, zusammen. Der Determinismus erlaubt dies. Die Reversibilität jedoch ist verletzt, weil wir aus dem Zustand Z_3 nicht eindeutig die Vergangenheit bei $n = 2$ bestimmen können

nicht nur Z_{n+1}, sondern auch Z_{n-1} bestimmen lassen (Abb. 1.2). Betrachten wir dazu Gl. 1.5. Ersetzen wir dort n durch $n - 1$, dann erhalten wir

$$Z_n = Z_{n-1} + f(n - 1, Z_{n-1}). \tag{1.6}$$

Um daraus den Zustand Z_{n-1} berechnen zu können, muss sich Gl. 1.6 nach Z_{n-1} auflösen lassen. Das Prinzip der Reversibilität schränkt auf diese Weise die möglichen Funktionen f stark ein.

1.3 Eindimensionaler, reeller Zustandsraum

Um die Überlegungen des vorherigen Abschnitts konkret zu machen, betrachten wir ein System, dessen mögliche Zustände die reellen Zahlen sind. Der Zustandsraum umfasst damit eine eindimensionale, reelle Achse. Die Dynamik dieses Systems lässt sich in einem xy-Diagramm veranschaulichen, indem man die x-Achse für den diskreten Zeitparameter $n = t_n / \Delta t$ und die y-Achse für die dazugehörige reelle Zahl Z_n verwendet (also so, wie durch die Skizzen in Abb. 1.1 und 1.2 bereits suggeriert).

▶ **Hinweis** Wie wir später sehen werden, haben physikalisch relevante Zustandsräume im Allgemeinen eine (deutlich) höhere Dimension als eins. Der in diesem Abschnitt betrachtete Zustandsraum ist insofern bewusst so gewählt,
dass eine unmittelbare Visualisierung der Dynamik im Zustandsraum noch
einfach möglich ist.

In der Mathematik der *dynamischen Systeme* spielen Modelle vom Typ von Gl. 1.5 eine zentrale Rolle. Wir werden die grundlegenden Einsichten, die zu solchen Modellen in der Mathematik bereits gewonnen worden sind, hier nicht vertiefen, sondern lediglich einfache Beispiele betrachten. Für die Funktion f konzentrieren wir uns im Folgenden auf die beiden Spezialfälle, bei denen f entweder nur von n oder nur von Z_n abhängt.

1.3.1 f hängt nur von n ab

Nehmen wir zuerst an, dass die Funktion f, die die Dynamik des betrachteten Systems gemäß Gl. 1.5 bestimmt, nur von dem Zeitparameter n abhängt. Das dynamische Gesetz lautet also

$$Z_{n+1} = Z_n + f(n). \tag{1.7}$$

Offenbar gilt dann auch

$$Z_n = Z_{n-1} + f(n-1) \tag{1.8}$$

bzw.

$$Z_{n-1} = Z_n - f(n-1). \tag{1.9}$$

Wir haben damit ein dynamisches Gesetz, mit dem wir anhand eines Anfangszustands Z_0 die Zustände Z_n sowohl für $n > 0$ (Zukunft) als auch für $n < 0$ (Vergangenheit) bestimmen können. Dynamische Gesetze vom Typ von Gl. 1.7 sind somit stets reversibel (natürlich vorausgesetzt, dass die Funktion f für beliebige ganzzahlige n definiert ist).

Betrachten wir ein konkretes Beispiel für eine Situation, bei der f nur von n abhängt, und zwar sei

$$f(n) = \cos(n) e^{-n/20}. \tag{1.10}$$

Diese Funktion ist in Abb. 1.3 gezeigt. Es handelt sich um eine oszillierende Funktion, deren Amplitude für zunehmende n abnimmt. Für hinreichend große n ist f so klein, dass sich, wenn man f in Gl. 1.7 einsetzt, Z_{n+1} von Z_n praktisch nicht mehr unterscheidet. Wir erwarten demnach, dass es, unabhängig vom Anfangszustand Z_0, für nicht zu große $n > 0$ zu einem oszillierenden Verhalten des Systems im Zustandsraum kommt. Für große n sollte das System aber stationär werden, dann also seinen Zustand mit der Zeit nicht mehr ändern. Abb. 1.4 demonstriert für den Anfangszustand $Z_0 = 0$, dass diese Erwartungen erfüllt sind. Hätten wir einen anderen Anfangszustand gewählt, dann hätte dies lediglich zu einer einheitlichen vertikalen Verschiebung der in Abb. 1.4 gezeigten Verteilung geführt. Die Daten in dieser wie auch in den folgenden Abbildungen in diesem Abschnitt wurden mit dem in Anhang B gezeigten Computerprogramm berechnet.

1.3.2 f hängt nur von Z_n ab

In diesem zweiten Fall nehmen wir an, dass das dynamische Gesetz die Form

$$Z_{n+1} = Z_n + f(Z_n) \tag{1.11}$$

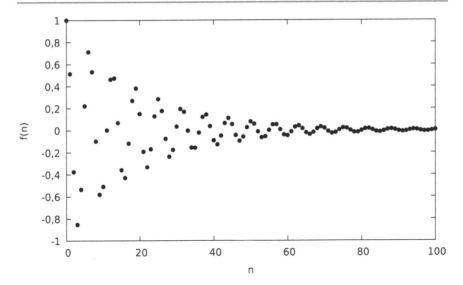

Abb. 1.3 Graph der Funktion $f(n)$ in Gl. 1.10

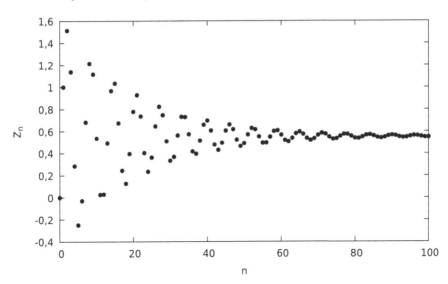

Abb. 1.4 Zustand Z_n als Funktion des diskreten Zeitparameters n für das durch Gl. 1.10 definierte dynamische Gesetz. Der Anfangszustand liegt bei $Z_0 = 0$

hat. Die Reversibilität des dynamischen Gesetzes hängt nun davon ab, ob die Funktion

$$g(Z) = Z + f(Z) \tag{1.12}$$

invertierbar ist – und zwar für jede reelle Zahl Z, da per Annahme der betrachtete Zustandsraum die gesamte Menge der reellen Zahlen umfasst. Wählen wir beispielsweise $g(Z) = Z^2$, also $f(Z) = Z^2 - Z$, dann ist das dynamische Gesetz 1.11 nicht reversibel. Denn der Zustand $Z_1 = Z_0^2 = 2$ z. B. geht sowohl aus dem Anfangszustand $Z_0 = \sqrt{2}$ als auch aus dem Anfangszustand $Z_0 = -\sqrt{2}$ hervor. Der Zustand $Z_1 = 2$ hat damit keine eindeutige Vergangenheit. Es ist nicht möglich, aus Z_1 ein eindeutiges Z_0 zu berechnen.

Ein im Prinzip reversibles dynamisches Gesetz erhalten wir, wenn wir die invertierbare Funktion $g(Z) = Z^3$ bzw.

$$Z_{n+1} = Z_n^3 \qquad (1.13)$$

wählen. (Die grundsätzliche Invertierbarkeit ist dadurch garantiert, dass die dritte Wurzel in der Menge der reellen Zahlen einen eindeutigen reellen Wert hat.) Die dazugehörige Dynamik für den Anfangszustand $Z_0 = 0{,}99$ sehen Sie in Abb. 1.5. Bei dem gewählten Anfangszustand wird das System für große n wiederum stationär. Mathematisch gesehen ist die betrachtete Dynamik reversibel. In Kap. 3 werden wir jedoch diskutieren, dass die in Abb. 1.5 gezeigte Situation in der Physik als *de facto* irreversibel angesehen werden muss. Dies hängt damit zusammen, dass für *jeden* Anfangszustand Z_0 mit $|Z_0| < 1$ der Zustand Z_n für große n gegen null konvergiert.

Ist der Betrag von Z_0 größer als eins, ist das dynamische Verhalten für das dynamische Gesetz aus Gl. 1.13 völlig anders. Dies ist für den Anfangszustand $Z_0 = 1{,}01$ in Abb. 1.6 gezeigt: Das System nimmt für zunehmende Zeiten immer größere Werte für Z_n an und es kommt zu einem divergenten Verhalten. Daher führen selbst nahe beieinander liegende Anfangszustände Z_0 mit $|Z_0| > 1$ für große Zeiten zu Zuständen,

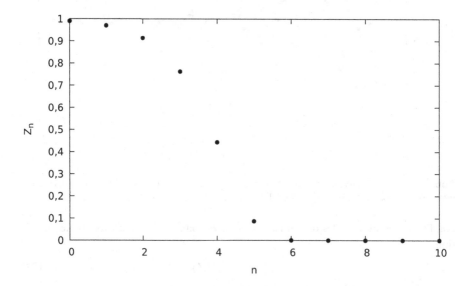

Abb. 1.5 Zustand Z_n als Funktion des diskreten Zeitparameters n für das durch Gl. 1.13 definierte dynamische Gesetz. Der Anfangszustand liegt bei $Z_0 = 0{,}99$

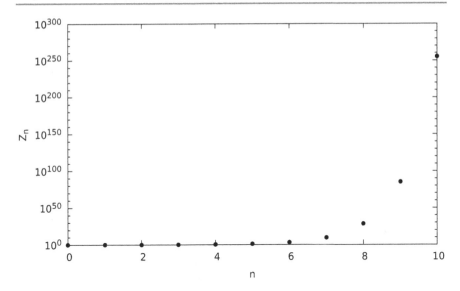

Abb. 1.6 Die Abbildung beruht, wie Abb. 1.5, auf dem dynamischen Gesetz in Gl. 1.13. Jedoch liegt der Anfangszustand nun bei $Z_0 = 1{,}01$. Beachten Sie, dass wir hier für die vertikale Achse eine logarithmische Skala verwenden

die voneinander beliebig weit entfernt sind. Obwohl, streng genommen, Determinismus vorliegt, sind der Vorhersagbarkeit bei solchen Situationen erhebliche praktische Schranken auferlegt. Auf dieses Thema werden wir in Kap. 6 genauer eingehen.

Aufgaben

1.1 Betrachten Sie das dynamische Gesetz in Gl. 1.11, wobei der Zustand Z_n zum diskreten Zeitpunkt n durch eine reelle Zahl beschrieben sei. Untersuchen Sie, ob die Bewegungsgleichung in den folgenden Fällen jeweils reversibel ist:

(a) $f(Z_n) = \sin(5Z_n + 3) - Z_n$
(b) $f(Z_n) = \exp(-2Z_n + 8) - Z_n$

1.2 Im Folgenden haben Sie die Gelegenheit, sich mit dem dynamischen Verhalten der *logistischen Gleichung*

$$Z_{n+1} = rZ_n(1 - Z_n)$$

auseinanderzusetzen. Dieses Modell wird z. B. zur Beschreibung der Dynamik von biologischen Populationen herangezogen. Der betrachtete Zustandsraum ist das abgeschlossene Intervall $[0, 1]$. Der Parameter r ist eine positive reelle Zahl.

(a) Zeigen Sie, dass das durch die logistische Gleichung gegebene dynamische Gesetz nicht reversibel ist.

(b) Welchen Wert r_{max} darf der Parameter r nicht überschreiten, damit durch die Dynamik gemäß der logistischen Gleichung der Zustandsraum nicht verlassen wird (Z_n also für alle n im Intervall [0, 1] bleibt)?

(c) Modifizieren Sie das Programm in Anhang B so, dass Sie die Dynamik der logistischen Gleichung berechnen können. Untersuchen Sie das Verhalten des Systems für unterschiedliche Anfangswerte Z_0 und unterschiedliche Werte für den Parameter r in den jeweils erlaubten Intervallen. Tragen Sie in allen von Ihnen betrachteten Fällen Z_n als Funktion von n auf. Was beobachten Sie?

(d) Konzentrieren Sie sich nun auf das Langzeitverhalten des Systems. Führen Sie in dem Programm eine Schleife *(loop)* über den Parameter r ein. Beachten Sie dabei, dass Sie den Anfangswert Z_0 *innerhalb* dieser Schleife setzen müssen und dass die Schleife über den Zeitparameter n ebenfalls innerhalb dieser Schleife durchgeführt werden muss. Wählen Sie für den Anfangswert $Z_0 = 0,5$. Beachten Sie weiterhin, dass r eine Gleitkommazahl ist, die dazugehörige Schleife aber über einen ganzzahligen Zählparameter laufen muss. Organisieren Sie das Programm so, dass in der Schleife über diesen Zählparameter der Parameter r im Intervall [0, r_{max}] in Schritten von 0,01 durchgefahren wird. Schreiben Sie bei jedem r die Werte von Z_n zwischen $n = 50$ und $n = 100$ heraus. Tragen Sie die Werte dieser Z_n als Funktion von r auf. [Für jedes r tragen Sie demnach 51 Punkte (r, Z_n) in einem xy-Diagramm auf.] Was beobachten Sie?

Beschreibung der Bewegung von Massenpunkten

© Springer-Verlag GmbH Deutschland, ein Teil von Springer Nature 2023
R. Santra, *Einführung in die Theoretische Physik*,
https://doi.org/10.1007/978-3-662-67439-0_2

Wir wollen uns nun dem Begriff des Zustands für ein zentrales Modellsystem der Klassischen Mechanik nähern: dem Punktteilchen. Das Konzept eines Punktteilchens ist eine für die Theoretische Physik nützliche Idealisierung. In vielen Situationen kann man die räumliche Ausdehnung von Objekten ignorieren und sie als Punkte behandeln. Beispielsweise kann man die Bewegung der Erde um die Sonne mit guter Genauigkeit berechnen, wenn man die Ausdehnung der Erde bzw. der Sonne (die beide offenbar nicht nur Punkte sind) vernachlässigt. Um die Bewegung eines Punktteilchens mathematisch zu beschreiben, ziehen wir Vektoren in drei Raumdimensionen heran.

2.1   Wo befindet sich das Teilchen?

2.1.1   Ortsvektoren

Eine Größe, die zur Spezifikation des Zustands eines Punktteilchens (= Teilchen = Massenpunkt) notwendig ist, ist die Position des Teilchens. Sehen Sie dazu Abb. 2.1. In unserer Welt mit drei Raumdimensionen wählen wir zuerst ein kartesisches Koordinatensystem mit drei raumfesten Koordinatenachsen und einem im Raum fest verankerten Koordinatenursprung. Wir nehmen dabei an, dass wir die räumliche Richtung der Koordinatenachsen und die räumliche Lage des Koordinatenursprungs frei aussuchen dürfen. Sobald wir aber eine Wahl getroffen haben, ist das gewählte Koordinatensystem das spezifische Bezugssystem, in dem wir das Punktteilchen mathematisch beschreiben. Hier, wie auch an allen anderen Stellen in diesem Lehrbuch, betrachten wir ausschließlich Bezugssysteme, in denen keine Scheinkräfte auftreten. Wir kommen darauf in Kap. 3 zurück.

Zur Angabe der Position des Teilchens zu einem gegebenen Zeitpunkt benötigen wir die drei Ortskoordinaten des Teilchens bezüglich des von uns gewählten Koordinatensystems (vergleichen Sie mit Abb. 2.1). Bewegt sich das Teilchen in dem betrachteten Bezugssystem, dann ändern sich die drei Ortskoordinaten mit der Zeit. Wir führen daher die drei Funktionen $x(t)$, $y(t)$ und $z(t)$ ein, die uns die drei räumlichen Koordinaten des Teilchens als Funktion der Zeit t angeben. Diese räumliche Information fassen wir nun in *einem* mathematischen Objekt zusammen: dem *Ortsvektor*

$$\vec{r}(t) = x(t)\hat{e}_x + y(t)\hat{e}_y + z(t)\hat{e}_z. \tag{2.1}$$

Hierbei sind $\hat{e}_x$, $\hat{e}_y$, $\hat{e}_z$ zu den drei Koordinatenrichtungen gehörige *orthonormale Basisvektoren*. In diesem Rahmen sind die Position des Teilchens und der Ortsvektor $\vec{r}(t)$ zueinander äquivalent.

2.1.2   Orthonormale Basisvektoren

Zur Erläuterung des Begriffs der orthonormalen Basisvektoren benötigen wir einige wenige Konzepte aus der Linearen Algebra. Aus der Schule kennen Sie einen Vektor

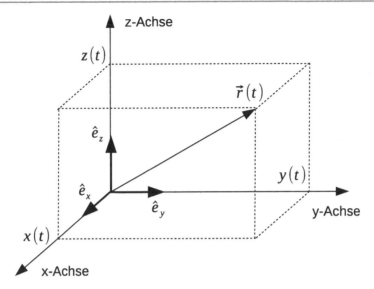

Abb. 2.1 Ortsvektor $\vec{r}(t)$ eines Teilchens in einem gewählten kartesischen Koordinatensystem. Die zum Ortsvektor gehörigen Koordinaten $x(t)$, $y(t)$ und $z(t)$ sind eingezeichnet. Auch sind die Basisvektoren $\hat{e}_x$, $\hat{e}_y$ und $\hat{e}_z$ dargestellt

als ein geometrisches Objekt, das nicht nur einen Betrag hat (wie eine gewöhnliche reelle Zahl), sondern auch noch eine Richtung im Raum. Genau in diesem Sinn sind die Vektoren $\vec{r}(t)$, $\hat{e}_x$, $\hat{e}_y$ und $\hat{e}_z$ in Gl. 2.1 zu verstehen. Vektoren können wir mit einer Zahl multiplizieren. Zum Beispiel können wir den Vektor $\hat{e}_x$ mit der Zahl $x(t)$ multiplizieren und erhalten den Vektor $x(t)\hat{e}_x$. Vektoren können auch miteinander addiert werden. So können wir beispielsweise die Summe der Vektoren $y(t)\hat{e}_y$ und $z(t)\hat{e}_z$ bilden und erhalten den Vektor $y(t)\hat{e}_y + z(t)\hat{e}_z$. Sowohl die Multiplikation eines Vektors mit einer Zahl als auch die Addition von Vektoren sind bei Gl. 2.1 vorausgesetzt.

In der Sprache der Linearen Algebra bezeichnen wir den uns vertrauten Raum als dreidimensional, weil sich jeder Vektor $\vec{v}$ in diesem Raum *eindeutig* als Linearkombination von genau drei linear unabhängigen Vektoren $\hat{e}_x$, $\hat{e}_y$ und $\hat{e}_z$ angeben lässt. Für den Vektor $\vec{r}(t)$ ist diese eindeutige Linearkombination in Gl. 2.1 angegeben. Die Aussage, dass die Vektoren $\hat{e}_x$, $\hat{e}_y$ und $\hat{e}_z$ voneinander linear unabhängig sind, bedeutet, dass sich z. B. $\hat{e}_x$ nicht als Linearkombination von $\hat{e}_y$ und $\hat{e}_z$ schreiben lässt. Hat man also eine solche Basis $\{\hat{e}_x, \hat{e}_y, \hat{e}_z\}$ von drei linear unabhängigen Vektoren gewählt, dann sind bei gegebener Position $\vec{r}(t)$ des Teilchens die Ortskoordinaten $x(t)$, $y(t)$ und $z(t)$ in Gl. 2.1 eindeutig.

▶   **Hinweis** In der Physik wird der mathematische Begriff der Linearkombination üblicherweise durch den Begriff der *Überlagerung* oder *Superposition* von Vektoren ersetzt.

Außerdem kann man bei Vektoren der hier betrachteten Art ein Skalarprodukt bilden, so wie Sie es auch aus der Schule bereits kennen. Man kann zeigen, dass die Existenz eines Skalarprodukts es einem ermöglicht, eine Basis stets so zu wählen (beachten Sie die getroffene Wortwahl), dass die Basisvektoren zueinander orthogonal („senkrecht") sind. Konkret bedeutet dies, dass wir die Vektoren $\hat{e}_x$, $\hat{e}_y$ und $\hat{e}_z$ so wählen können, dass gilt:

$$\hat{e}_x \cdot \hat{e}_y = 0, \tag{2.2}$$

$$\hat{e}_x \cdot \hat{e}_z = 0, \tag{2.3}$$

$$\hat{e}_y \cdot \hat{e}_z = 0. \tag{2.4}$$

Erinnern Sie sich bitte daran, dass zwei vom Nullvektor verschiedene Vektoren genau dann zueinander senkrecht sind, wenn deren Skalarprodukt verschwindet.

Darüber hinaus können wir die Vektoren $\hat{e}_x$, $\hat{e}_y$ und $\hat{e}_z$ so wählen, dass sie jeweils normiert sind:

$$\hat{e}_x \cdot \hat{e}_x = 1, \tag{2.5}$$

$$\hat{e}_y \cdot \hat{e}_y = 1, \tag{2.6}$$

$$\hat{e}_z \cdot \hat{e}_z = 1. \tag{2.7}$$

Die Ihnen aus der Schule bekannte Länge (= Betrag) eines Vektors $\vec{v}$ hängt mit dem Skalarprodukt folgendermaßen zusammen:

$$|\vec{v}| = \sqrt{\vec{v} \cdot \vec{v}}. \tag{2.8}$$

Gl. 2.5 bis Gl. 2.7 besagen demzufolge, dass $\hat{e}_x$, $\hat{e}_y$ und $\hat{e}_z$ jeweils die Länge eins besitzen. Das ist der Inhalt der Aussage, dass diese Vektoren normiert sind. Normierte Vektoren heißen auch Einheitsvektoren.

▶ **Hinweis** Um die Einheitsvektoren hervorzuheben, haben sie anstelle eines Vektorpfeils ein Dach.

In der Physik ist es üblich, die Freiheit voll zu nutzen, dass Basisvektoren als zueinander orthogonal und normiert gewählt werden dürfen. Wir nehmen daher durchweg an, dass die Vektoren $\hat{e}_x$, $\hat{e}_y$ und $\hat{e}_z$ orthonormale Basisvektoren sind. Der Begriff *orthonormal* vereint in sich die Begriffe *orthogonal* und *normiert*. Den eigentlich passenderen Begriff *orthonormiert* treffen Sie in der Physik im Allgemeinen nicht an.

Beim Umgang mit dem Skalarprodukt sind zwei Eigenschaften von praktischer Relevanz. Zum einen ist das Skalarprodukt für reelle Vektoren $\vec{a}$ und $\vec{b}$ symmetrisch:

$$\vec{a} \cdot \vec{b} = \vec{b} \cdot \vec{a}. \tag{2.9}$$

Zum anderen ist das Skalarprodukt in folgendem Sinn linear:

$$\vec{v} \cdot (\vec{a} + \vec{b}) = \vec{v} \cdot \vec{a} + \vec{v} \cdot \vec{b} \tag{2.10}$$

und

$$\vec{v} \cdot (s\vec{a}) = s(\vec{v} \cdot \vec{a}), \tag{2.11}$$

wobei s eine Zahl sei.

2.1.3 Das Kronecker-Delta

Man kann Gl. 2.2 bis Gl. 2.7 durch Nutzung eines in der Physik sehr wichtigen Symbols kompakt zusammenfassen:

$$\hat{e}_i \cdot \hat{e}_j = \delta_{ij}, \quad i, j = x, y, z. \tag{2.12}$$

Hierbei repräsentiert das Symbol δ_{ij} das sogenannte *Kronecker-Delta*. Das Kronecker-Delta δ_{ij} ist gleich eins für $i = j$ und gleich null für $i \neq j$. (Der griechische Kleinbuchstabe δ wird *delta* ausgesprochen.)

Lassen Sie uns gleich den Umgang mit dem Kronecker-Delta üben. Dazu zeigen wir, dass, wie oben bereits angesprochen, bei gegebenem Ortsvektor $\vec{r}(t)$ die Ortskoordinaten $x(t)$, $y(t)$ und $z(t)$ in Gl. 2.1 eindeutig sind. Um die kompakte Notation, die uns durch das Kronecker-Delta ermöglicht wird, optimal nutzen zu können, führen wir

$$r_x(t) = x(t), \quad r_y(t) = y(t), \quad r_z(t) = z(t) \tag{2.13}$$

ein. Die hier verwendete Notation ist so zu verstehen, dass durch die rechte Seite der jeweiligen Gleichung die linke Seite der Gleichung definiert wird. Gl. 2.13 ermöglicht es uns, Gl. 2.1 für den Ortsvektor eines Teilchens auf folgende kompakte Weise zu schreiben:

$$\vec{r}(t) = \sum_i r_i(t)\hat{e}_i, \tag{2.14}$$

wobei $\sum$ das Summenzeichen ist. (Sehen Sie Abschn. A.4 für Bemerkungen zum Umgang mit dem Summenzeichen.) Der Summationsindex i in Gl. 2.14 nimmt die Werte x, y und z an (oder 1, 2 und 3, wenn Ihnen dies lieber ist), also

$$\sum_i r_i(t)\hat{e}_i = r_x(t)\hat{e}_x + r_y(t)\hat{e}_y + r_z(t)\hat{e}_z.$$

▶ **Hinweis** Beachten Sie, dass in der Physik der Bereich, über den ein Summationsindex läuft, häufig nicht explizit angegeben, sondern aus dem Zusammenhang als offensichtlich angesehen wird.

Um die Eindeutigkeit der $r_i(t)$ bei gegebenem $\vec{r}(t)$ zu zeigen, müssen wir lediglich Gl. 2.14 auf beiden Seiten skalar mit dem Basisvektor $\hat{e}_j$ multiplizieren. Dabei ist der Index j grundsätzlich beliebig (kann also entweder gleich x, gleich y oder gleich

z sein), ist aber für den Zweck dieser Rechnung im Prinzip fest gewählt. Damit erhalten wir:

$$
\begin{aligned}
\hat{e}_j \cdot \vec{r}(t) &= \hat{e}_j \cdot \left(\sum_i r_i(t)\hat{e}_i \right) \\
&= \sum_i r_i(t)\left(\hat{e}_j \cdot \hat{e}_i \right) \\
&= \sum_i r_i(t)\delta_{ji} \\
&= r_j(t).
\end{aligned}
\tag{2.15}
$$

In der ersten Zeile dieser Gleichung haben wir Gl. 2.14 verwendet, in der folgenden Zeile die Linearität des Skalarprodukts [Gl. 2.10 und Gl. 2.11] und in der dritten Zeile Gl. 2.12. In der vierten Zeile von Gl. 2.15 haben wir schließlich ausgenutzt, dass das Kronecker-Delta für alle i, über die summiert wird, verschwindet, außer für $i = j$, wo $\delta_{jj} = 1$ gilt. Auf diese Weise haben wir gezeigt, dass wir die Ortskoordinaten $r_j(t)$ mithilfe der Gleichung

$$
r_j(t) = \hat{e}_j \cdot \vec{r}(t)
\tag{2.16}
$$

ganz konkret berechnen können. Daher sind die $r_j(t)$ bei gegebenem Ortsvektor und gegebener Basis auch eindeutig.

Übrigens sind die grundsätzlichen Schritte, die wir hier anhand von Ortsvektoren im dreidimensionalen Raum durchgeführt haben, von allgemeinerer Bedeutung für die Physik, insbesondere für die Quantenmechanik. Auch werden wir die hier gezeigte Herangehensweise bei der Behandlung von Fourier-Reihen in Kap. 5 benötigen. Bemühen Sie sich daher, die in Gl. 2.15 gezeigte Logik sorgfältig nachzuvollziehen.

2.1.4 Koordinatendarstellung

Bei gegebener Basis $\{\hat{e}_x, \hat{e}_y, \hat{e}_z\}$ können wir auch direkt mit einer Koordinatendarstellung arbeiten, die zu den Spaltenvektoren führt, mit denen Sie aus der Schule vertraut sind. Da die Basis gegeben (und damit bekannt) ist, genügt es, zur Spezifikation des Ortsvektors $\vec{r}(t)$ lediglich die drei Funktionen $x(t)$, $y(t)$ und $z(t)$ anzugeben [vergleichen Sie hierzu mit Gl. 2.1]. Man ordnet die drei Funktionen dazu üblicherweise in einem Spaltenvektor an:

$$
\vec{r}(t) = \begin{pmatrix} x(t) \\ y(t) \\ z(t) \end{pmatrix}.
\tag{2.17}
$$

▶   **Hinweis** Beachten Sie hierbei, dass das Gleichheitszeichen hier nicht ganz
sauber ist, da man, streng genommen, zwischen dem Ortsvektor und seinem Koordinatenvektor in einer gegebenen Basis unterscheiden muss. Stellen Sie $\vec{r}(t)$ bezüglich einer anderen Basis dar, beispielsweise einer Basis, die
gegenüber der Basis $\{\hat{e}_x, \hat{e}_y, \hat{e}_z\}$ räumlich gedreht ist, dann erhalten Sie
einen anderen Satz von Koordinaten und damit einen anderen Koordi-
natenvektor. Solche unpräzisen Schreibweisen sind aber verbreitet, da die
Annahme gemacht wird, dass Sie sich der gewählten Basis bewusst sind.

Natürlich kann man auch Koordinatenvektoren für die Basisvektoren $\hat{e}_x$, $\hat{e}_y$, $\hat{e}_z$
selbst angeben. Beispielsweise gilt

$$\hat{e}_x = 1\,\hat{e}_x + 0\,\hat{e}_y + 0\,\hat{e}_z, \tag{2.18}$$

sodass der zu $\hat{e}_x$ gehörige Koordinatenvektor, in der Basis $\{\hat{e}_x, \hat{e}_y, \hat{e}_z\}$, die vertraute
Gestalt

$$\hat{e}_x = \begin{pmatrix} 1 \\ 0 \\ 0 \end{pmatrix} \tag{2.19}$$

hat. Analog folgt für die Koordinatenvektoren von $\hat{e}_y$ und $\hat{e}_z$:

$$\hat{e}_y = \begin{pmatrix} 0 \\ 1 \\ 0 \end{pmatrix}, \quad \hat{e}_z = \begin{pmatrix} 0 \\ 0 \\ 1 \end{pmatrix}. \tag{2.20}$$

Wiederum sind die Gleichheitszeichen in Gl. 2.19 und Gl. 2.20 als mathematisch
unpräzise zu werten.

Die Verwendung der Koordinatendarstellung ermöglicht es, die grundlegenden
Rechenmethoden für Vektoren in eine Form zu bringen, wie sie Ihnen aus der Schule
geläufig ist. Betrachten wir zuerst die Addition eines Vektors

$$\vec{a} = \sum_i a_i \hat{e}_i \tag{2.21}$$

und eines Vektors

$$\vec{b} = \sum_i b_i \hat{e}_i. \tag{2.22}$$

Die Summe ist dann

$$\begin{aligned}
\vec{a} + \vec{b} &= \sum_i a_i \hat{e}_i + \sum_i b_i \hat{e}_i \\
&= a_x \hat{e}_x + a_y \hat{e}_y + a_z \hat{e}_z \\
&\quad + b_x \hat{e}_x + b_y \hat{e}_y + b_z \hat{e}_z \\
&= (a_x + b_x)\hat{e}_x + (a_y + b_y)\hat{e}_y + (a_z + b_z)\hat{e}_z \\
&= \sum_i (a_i + b_i)\hat{e}_i.
\end{aligned} \tag{2.23}$$

Verwendet man die Koordinatendarstellung in der Basis der $\hat{e}_i$, also

$$\vec{a} = \begin{pmatrix} a_x \\ a_y \\ a_z \end{pmatrix}, \quad \vec{b} = \begin{pmatrix} b_x \\ b_y \\ b_z \end{pmatrix}, \tag{2.24}$$

dann ist die Summe gemäß der vierten Zeile von Gl. 2.23 durch

$$\vec{a} + \vec{b} = \begin{pmatrix} a_x + b_x \\ a_y + b_y \\ a_z + b_z \end{pmatrix} \tag{2.25}$$

gegeben. Zur Bildung des Summenvektors werden demnach einfach die zueinander gehörigen Komponenten der Koordinatenvektoren $\vec{a}$ und $\vec{b}$ miteinander addiert. In ähnlicher Weise kann man zeigen, dass das Produkt einer Zahl s und einem Vektor

$$\vec{v} = \begin{pmatrix} v_x \\ v_y \\ v_z \end{pmatrix} \tag{2.26}$$

gleich dem Koordinatenvektor

$$s\vec{v} = \begin{pmatrix} sv_x \\ sv_y \\ sv_z \end{pmatrix} \tag{2.27}$$

ist. Sie müssen also einfach die einzelnen Komponenten von $\vec{v}$ mit s multiplizieren.

Berechnen wir noch das Skalarprodukt $\vec{a} \cdot \vec{b}$ der Vektoren $\vec{a}$ und $\vec{b}$ aus Gl. 2.21 und Gl. 2.22. Beachten Sie hierbei, dass bei der Bildung des Skalarprodukts der Summationsindex für $\vec{a}$ sorgfältig vom Summationsindex für $\vec{b}$ unterschieden werden muss, da es sich jeweils um voneinander unabhängige Summationen handelt. Wir nennen den Summationsindex bei der Verwendung von Gl. 2.22 im Folgenden daher nicht i, sondern j:

$$\begin{aligned}
\vec{a} \cdot \vec{b} &= \left(\sum_i a_i \hat{e}_i \right) \cdot \left(\sum_j b_j \hat{e}_j \right) \\
&= \sum_i \sum_j a_i b_j \left(\hat{e}_i \cdot \hat{e}_j \right) \\
&= \sum_i \sum_j a_i b_j \delta_{ij} \\
&= \sum_i a_i b_i \\
&= a_x b_x + a_y b_y + a_z b_z.
\end{aligned} \tag{2.28}$$

Zur Bildung des Skalarprodukts multiplizieren Sie demnach die zusammengehörenden Komponenten miteinander und addieren dann die einzelnen Produkte auf. Bitte arbeiten Sie Gl. 2.28 durch, bis Sie sich sicher sind, jeden einzelnen Schritt verstanden zu haben. Vergleichen Sie auch mit Abschn. A.4.6.

2.2 Wie bewegt sich das Teilchen?

2.2.1 Der Differenzialquotient

Um die Bewegung eines Teilchens zu beschreiben, benötigen wir, über Vektoren hinaus, den mathematischen Begriff der Ableitung. Die in der Physik auftretenden Funktionen werden im Allgemeinen als beliebig häufig differenzierbar angenommen. Ist eine Funktion $f(x)$ gegeben, wobei x eine unabhängige Variable und f eine von x abhängige Variable sei, dann kennen Sie aus der Schule die Notation $f'(x)$ für die Ableitung der Funktion f nach x. Es gibt aber noch eine etwas andere Schreibweise, die den Begriff *Differenzialquotient* als alternative Bezeichnung für den Begriff der Ableitung verständlich macht.

Dazu erinnern wir uns an die grundlegende Definition der Ableitung:

$$f'(x) = \lim_{h \to 0} \frac{f(x+h) - f(x)}{h}.$$

Gemäß dieser Definition ist die Ableitung $f'(x)$ die lokale Steigung der Funktion f an der Stelle x. Die Verschiebung h entlang der x-Achse, die man in der Definition der Ableitung gegen null gehen lässt, kann man auch als Δx bezeichnen, sodass wir

$$f'(x) = \lim_{\Delta x \to 0} \frac{f(x + \Delta x) - f(x)}{\Delta x}$$

schreiben können. Im Zähler dieses Ausdrucks vergleicht man den Wert der Funktion an der Stelle x mit dem Wert der Funktion an der Stelle $x + \Delta x$. Man betrachtet konkret die Änderung

$$\Delta f(x) = f(x + \Delta x) - f(x)$$

der Funktion f beim Übergang von x nach $x + \Delta x$. Mit dieser Notation können wir die Definition der Ableitung folgendermaßen schreiben:

$$f'(x) = \lim_{\Delta x \to 0} \frac{\Delta f}{\Delta x}.$$

Um zum Ausdruck zu bringen, dass man es bei der Grenzwertbildung $\Delta x \to 0$ sowohl bei Δx als auch bei Δf mit infinitesimalen Größen zu tun hat, schreibt man für den resultierenden Grenzwert den Differenzialquotienten

$$\frac{\mathrm{d}f}{\mathrm{d}x} = \lim_{\Delta x \to 0} \frac{\Delta f}{\Delta x}.$$

Somit erhalten wir die Schreibweise

$$f'(x) = \frac{df}{dx}.$$ (2.29)

Diese Schreibweise der Ableitung (gesprochen „df nach dx") als Quotient von Differenzialen df bzw. dx ist weitverbreitet und wird Ihnen in den Naturwissenschaften wiederholt begegnen.

▶   **Hinweis** Es gibt noch eine weitere wichtige Variante zu Gl. 2.29:

$$f'(x) = \frac{d}{dx} f(x).$$ (2.30)

Indem man die Funktion $f(x)$ nach d/dx schreibt, will man betonen, dass man an der Funktion die mathematische Operation der Ableitung nach x vornimmt.

Bei der folgenden Einführung des Begriffs des Geschwindigkeitsvektors eines Punktteilchens ist die Zeit t die unabhängige Variable, die Ortskoordinaten $x(t)$, $y(t)$ und $z(t)$ des Teilchens sind von t abhängige Funktionen, und wir leiten diese Funktionen jeweils nach t ab.

2.2.2 Geschwindigkeitsvektoren

Die Aufgabe der Klassischen Mechanik ist es, den Pfad des Teilchens, d. h. seine Trajektorie im Raum, aufgrund einer Anfangsbedingung und eines dynamischen Gesetzes vorherzusagen. Die Trajektorie des Teilchens ist durch den Vektor $\vec{r}(t)$ gegeben. Eine weitere wichtige Größe in diesem Zusammenhang ist der Geschwindigkeitsvektor $\vec{v}(t)$.

Betrachten wir dazu die räumliche Verschiebung des Teilchens zwischen dem Zeitpunkt t und einem etwas späteren Zeitpunkt $t + \Delta t$, d. h., das Teilchen bewegt sich von

$$\vec{r}(t) = \begin{pmatrix} x(t) \\ y(t) \\ z(t) \end{pmatrix}$$

nach

$$\vec{r}(t + \Delta t) = \begin{pmatrix} x(t + \Delta t) \\ y(t + \Delta t) \\ z(t + \Delta t) \end{pmatrix}.$$

Der Verschiebungsvektor lautet also

$$\Delta \vec{r}(t) = \vec{r}(t + \Delta t) - \vec{r}(t) = \begin{pmatrix} x(t + \Delta t) - x(t) \\ y(t + \Delta t) - y(t) \\ z(t + \Delta t) - z(t) \end{pmatrix} = \begin{pmatrix} \Delta x(t) \\ \Delta y(t) \\ \Delta z(t) \end{pmatrix}.$$ (2.31)

Um den Geschwindigkeitsvektor zu erhalten, teilen wir die Verschiebung durch das Zeitintervall Δt („Geschwindigkeit ist die Verschiebung pro Zeiteinheit") und lassen Δt gegen null gehen:

$$\vec{v}(t) = \lim_{\Delta t \to 0} \frac{\Delta \vec{r}(t)}{\Delta t} = \lim_{\Delta t \to 0} \begin{pmatrix} \frac{\Delta x}{\Delta t} \\ \frac{\Delta y}{\Delta t} \\ \frac{\Delta z}{\Delta t} \end{pmatrix} = \begin{pmatrix} \frac{dx}{dt} \\ \frac{dy}{dt} \\ \frac{dz}{dt} \end{pmatrix}. \tag{2.32}$$

Die Notation dx/dt bedeutet, dass die Funktion $x(t)$ nach der Variablen t abgeleitet wird (analog für dy/dt und dz/dt). Der beim letzten Gleichheitszeichen in Gl. 2.32 gemachte Schritt stimmt mit der in Abschn. 2.2.1 rekapitulierten Definition der Ableitung durch Grenzwertbildung überein. Etwas ungewohnt könnte hier sein, dass die Grenzwertbildung und dadurch die Ableitung auf die einzelnen Komponenten eines Vektors angewandt wird.

▶   **Hinweis** In der Physik schreibt man z. B. für dx/dt auch $\dot{x}$. Also können wir für den Geschwindigkeitsvektor auch

$$\vec{v}(t) = \begin{pmatrix} v_x \\ v_y \\ v_z \end{pmatrix} = \begin{pmatrix} \dot{x} \\ \dot{y} \\ \dot{z} \end{pmatrix} = \dot{\vec{r}}(t) \tag{2.33}$$

schreiben.

Wir verwenden, unter Nutzung von Gl. 2.13, auch die Notation

$$v_i = \frac{dr_i}{dt} = \dot{r}_i, \quad i = x, y, z \tag{2.34}$$

für die i-te Komponente des Geschwindigkeitsvektors $\vec{v}$. Den Betrag des Geschwindigkeitsvektors,

$$|\vec{v}| = \sqrt{\vec{v} \cdot \vec{v}} = \sqrt{v_x^2 + v_y^2 + v_z^2}, \tag{2.35}$$

nennen wir Geschwindigkeit.

2.2.3 Beschleunigungsvektoren

Schließlich benötigen wir noch den Beschleunigungsvektor $\vec{a}(t)$, der die zeitliche Änderung – die Zeitableitung – des Geschwindigkeitsvektors quantifiziert. Die Komponenten von $\vec{a}$ lauten damit:

$$a_i = \frac{dv_i}{dt} = \dot{v}_i, \quad i = x, y, z. \tag{2.36}$$

Dies ist äquivalent zu

$$\vec{a} = \dot{\vec{v}} \tag{2.37}$$

bzw.

$$\vec{a} = \frac{d}{dt}\vec{v} = \frac{d}{dt}\left(\frac{d}{dt}\vec{r}\right) = \frac{d^2}{dt^2}\vec{r} = \ddot{\vec{r}}. \tag{2.38}$$

Die hier verwendete Notation ist folgendermaßen zu verstehen: Nach dem ersten Gleichheitszeichen in Gl. 2.38 ist die Ableitung von $\vec{v}$ nach der Zeit gemäß Gl. 2.30 angegeben. Dass $\vec{v}$ selbst aus einer Zeitableitung hervorgeht, wird nach dem zweiten Gleichheitszeichen zum Ausdruck gebracht. Die Notation $d^2\vec{r}/dt^2$ bedeutet, dass die zweite Ableitung des Ortsvektors (bzw. jeder seiner Komponenten) bezüglich der Zeit genommen wird, was mit der Schreibweise $\ddot{\vec{r}}$ abgekürzt wird. Der Beschleunigungsvektor eines Teilchens ist also die zweite Zeitableitung des dazugehörigen Ortsvektors.

▶   **Hinweis** Bewegt sich das Teilchen mit konstantem Geschwindigkeitsvektor $\vec{v} = $ const. (also jede Komponente von $\vec{v}$ ist zeitlich konstant), dann verschwindet die Beschleunigung $|\vec{a}|$, weil $a_i = 0$ ist für $i = x, y, z$. Aus $|\vec{v}| = $ const. kann man aber nicht schließen, dass $|\vec{a}| = 0$ ist, wie wir am Beispiel der Kreisbewegung in Abschn. 2.3 sehen werden.

2.3   Beispiele

2.3.1   Eindimensionale Bewegung in z-Richtung

Im ersten Beispiel sind die Ortskoordinaten des Teilchens durch

$$x(t) = 0, \qquad y(t) = 0, \qquad z(t) = z_0 + v_0 t - \frac{1}{2}g t^2 \tag{2.39}$$

gegeben. Es liegt also eine geradlinige Bewegung vor, und wir haben unser Koordinatensystem so gewählt, dass sich das Teilchen entlang der z-Achse bewegt. Dabei sind z_0, v_0 und g Konstanten. Durch Ableiten der Ortskoordinaten nach der Zeit t folgen aus Gl. 2.39 die Komponenten des Geschwindigkeitsvektors des Teilchens:

$$v_x(t) = 0, \qquad v_y(t) = 0, \qquad v_z(t) = v_0 - gt. \tag{2.40}$$

Setzen wir in Gl. 2.39 $t = 0$. Dann erkennen Sie unmittelbar, dass die Konstante $z_0 = z(t = 0)$ die z-Koordinate des Teilchens zum Zeitpunkt $t = 0$ angibt. In analoger Weise können Sie aus Gl. 2.40 schließen, dass die Konstante $v_0 = v_z(t = 0)$ die z-Komponente des Geschwindigkeitsvektors zum Zeitpunkt $t = 0$ ist. z_0 und v_0 stellen insofern Anfangsbedingungen der Bewegung dar. Ist v_0 positiv, so bewegt sich das Teilchen für kleine $t > 0$ nach „oben" ($v_z > 0$). Zum Zeitpunkt $t_0 = v_0/g$

(g sei ebenfalls positiv) verschwindet die Geschwindigkeit, und für $t > t_0$ ist $v_z < 0$, und das Teilchen bewegt sich nach „unten".

Durch Ableiten der Geschwindigkeitskomponenten aus Gl. 2.40 nach der Zeit erhalten wir die Komponenten des Beschleunigungsvektors:

$$a_x(t) = 0, \qquad a_y(t) = 0, \qquad a_z(t) = -g. \tag{2.41}$$

Es handelt sich also um einen zeitlich konstanten Vektor, der in die negative z-Richtung zeigt (wie gesagt, wir nehmen $g > 0$ an) und dessen Betrag gleich g ist.

Welche physikalische Situation wird durch dieses Beispiel beschrieben?

2.3.2 Schwingung in x-Richtung

Im zweiten Beispiel betrachten wir ein Teilchen, das entlang der x-Achse hin und zurück schwingt. Da in den anderen beiden Richtungen keine Bewegung stattfindet, ignorieren wir diese nun. Dies hätten wir im ersten Beispiel natürlich auch bereits ausnutzen können, aber meist lernt man das effektive Ausnutzen solcher Tatsachen – vor allem in komplexeren Situationen – erst zu schätzen, wenn man mühseligere Varianten ausprobiert und dabei mehr Erfahrung gewonnen hat.

Im einfachsten Fall ist eine Schwingung ein periodischer Vorgang, bei dem sich in regelmäßigen Zeitabständen derselbe Zustand einstellt. Die einfachsten periodischen Funktionen, mit denen Sie aus der Schule vertraut sind, sind die trigonometrischen Funktionen. (Sehen Sie dazu auch Abschn. A.8.) Eine einfache *harmonische* Schwingung um den Mittelwert $x = 0$ lässt sich durch die Funktion

$$x(t) = A \cos(\omega t) \tag{2.42}$$

beschreiben, die in Abb. 2.2 dargestellt ist. Wie Sie sehen, schwankt die Position des Teilchens zwischen $-A$ und A. Der Parameter A wird als Amplitude bezeichnet. Die Amplitude gibt an, wie weit sich das Teilchen von der mittleren Position $x = 0$ maximal entfernt. Der Parameter ω, die sogenannte Kreisfrequenz, kontrolliert die Häufigkeit der Oszillationen pro Zeiteinheit. Da die Kosinusfunktion $\cos(x)$ eine Periode von 2π hat, wiederholt sich $\cos(\omega t)$ nach der Zeit T, die $\omega T = 2\pi$ erfüllt. Die zeitliche Periode der harmonischen Schwingung, auch Schwingungsdauer genannt, ist also

$$T = \frac{2\pi}{\omega}. \tag{2.43}$$

Für die Geschwindigkeitskomponente v_x erhalten wir durch Ableitung von Gl. 2.42, unter Anwendung der Kettenregel (Abschn. A.5.3):

$$v_x(t) = \dot{x}(t) = -\omega A \sin(\omega t). \tag{2.44}$$

Die Geschwindigkeitskomponente ist in Abb. 2.3 gezeigt. Aus den Eigenschaften der Sinus- und Kosinusfunktionen folgt: Ist die Position x bei einem Extremum ($x = +A$

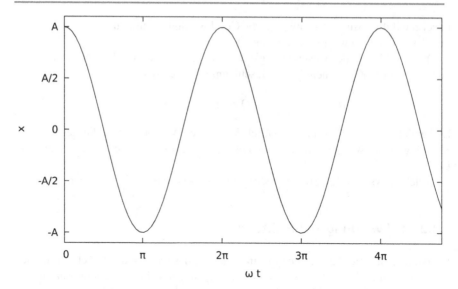

Abb. 2.2 Graph der Funktion $x(t)$ aus Gl. 2.42

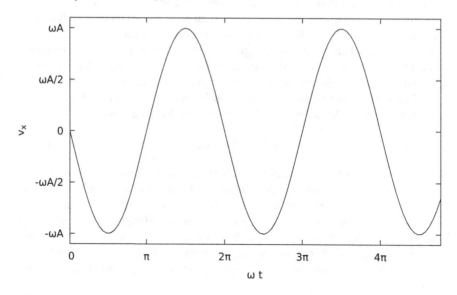

Abb. 2.3 Graph der Funktion $v_x(t)$ aus Gl. 2.44

oder $x = -A$), das Teilchen also bei einem der Wendepunkte seiner Bewegung, dann ist die Geschwindigkeit gleich null. Ist die Position $x = 0$, dann nimmt die Geschwindigkeitskomponente v_x ein Extremum an ($v_x = +\omega A$ oder $v_x = -\omega A$; der Vorzeichenunterschied weist auf die jeweils unterschiedliche Richtung der Bewegung hin). Da sich die Funktion $-\sin(\omega t)$ in Gl. 2.44 auch als $\cos\left(\omega t + \frac{\pi}{2}\right)$ schreiben lässt [Gl. A.109], sagt man, dass die Position und die Geschwindigkeit (gemeint ist die zur

Position gehörige Geschwindigkeitskomponente) der Schwingungsbewegung 90°
($\pi/2$) außer Phase sind.

Die Beschleunigungskomponente a_x folgt durch Ableiten von Gl. 2.44:

$$a_x(t) = \dot{v}_x(t) = -\omega^2 A \cos(\omega t). \tag{2.45}$$

Wir stellen fest, dass die Position und die Beschleunigung (gemeint ist die Beschleunigungskomponente a_x) der Schwingungsbewegung beide proportional zu $\cos(\omega t)$ sind, die beiden relativ zueinander aber einen Vorzeichenunterschied aufweisen: Ist x positiv (negativ), dann ist a_x negativ (positiv). In anderen Worten: Unabhängig davon, wo sich das Teilchen befindet, wird es zum Ursprung hin ($x = 0$) beschleunigt. Man sagt, dass x und a_x 180° (π) außer Phase sind [Gl. A.111].

Da x und a_x beide proportional zu $\cos(\omega t)$ sind, lässt sich die Beschleunigung des Teilchens in einfacher Weise durch die Position des Teilchens ausdrücken:

$$a_x(t) = -\omega^2 x(t). \tag{2.46}$$

Dieser Zusammenhang ist für harmonische Bewegungen charakteristisch und wird Ihnen in diesem Lehrbuch wiederholt begegnen.

2.3.3 Kreisbewegung in der xy-Ebene

Im dritten und letzten Beispiel zu diesem Thema betrachten wir ein Teilchen, das sich in der xy-Ebene mit konstanter Geschwindigkeit $|\vec{v}|$ auf einer Kreisbahn mit Radius R um den Ursprung bewegt. In diesem Fall können wir die z-Koordinate ignorieren. In negativer z-Richtung (von „oben") betrachtet, sehe die Bewegung aus, wie in Abb. 2.4 gezeigt. Projiziert man diese Bewegung auf die x-Achse, so sieht man eine Oszillation der x-Komponente des Ortsvektors zwischen $x = -R$ und $x = +R$. Für y gilt eine analoge Aussage, wobei der zeitliche Verlauf der y-Komponente des Ortsvektors relativ zu x 90° außer Phase ist.

Um diese Bewegung zu beschreiben, liegt es also nahe, wiederum trigonometrische Funktionen heranzuziehen. Fordert man z. B., dass sich das Teilchen zum

Abb. 2.4 Bewegung eines
Teilchens auf einer
Kreisbahn mit Radius R

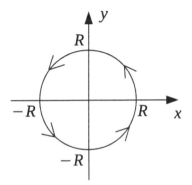

Zeitpunkt $t = 0$ bei $x = R$ und $y = 0$ befindet, dann bieten sich folgende Gleichungen zur Beschreibung des Ortsvektors des Teilchens an:

$$x(t) = R\cos(\omega t), \qquad y(t) = R\sin(\omega t). \tag{2.47}$$

Offenbar handelt es sich um eine Kreisbahn mit Kreismittelpunkt am Koordinatenursprung, da zu allen Zeiten die Kreisgleichung

$$x^2 + y^2 = R^2\cos^2(\omega t) + R^2\sin^2(\omega t) = R^2$$

erfüllt ist. Die Periode der Kreisbewegung, also die Zeit für einen Umlauf, ist wieder $T = 2\pi/\omega$, wie in Gl. 2.43. ω wird hier auch Winkelfrequenz genannt.

Durch Ableiten von Gl. 2.47 nach der Zeit t erhalten wir die zu der betrachteten Kreisbewegung gehörigen Geschwindigkeits- und Beschleunigungskomponenten:

$$v_x(t) = -\omega R\sin(\omega t), \qquad v_y(t) = \omega R\cos(\omega t) \tag{2.48}$$

bzw.

$$a_x(t) = -\omega^2 R\cos(\omega t), \qquad a_y(t) = -\omega^2 R\sin(\omega t). \tag{2.49}$$

Der Geschwindigkeitsvektor $\vec{v}$ selbst ist nicht konstant, die Geschwindigkeit

$$|\vec{v}| = \sqrt{v_x^2 + v_y^2 + v_z^2} = \sqrt{\omega^2 R^2 \sin^2(\omega t) + \omega^2 R^2 \cos^2(\omega t)} = \omega R \tag{2.50}$$

ist aber konstant. Dies bedeutet, dass unser in Gl. 2.47 gemachter Ansatz nicht nur eine periodische Bewegung auf einer Kreisbahn beschreibt, sondern unserer anfänglich gemachten Forderung nach konstanter Geschwindigkeit entspricht.

Da $\vec{v}$ nicht konstant ist, verschwindet der Beschleunigungsvektor nicht. Tatsächlich haben wir gefunden, dass

$$\vec{a}(t) = -\omega^2 \begin{pmatrix} R\cos(\omega t) \\ R\sin(\omega t) \\ 0 \end{pmatrix} = -\omega^2 \begin{pmatrix} x(t) \\ y(t) \\ z(t) \end{pmatrix} = -\omega^2 \vec{r}(t) \tag{2.51}$$

ist. Der Beschleunigungsvektor bei einer Bewegung auf einer Kreisbahn mit konstantem $|\vec{v}|$ ist also antiparallel zu $\vec{r}$ und zeigt damit stets zum Ursprung (zum Mittelpunkt der Kreisbahn) hin. Der Betrag des Beschleunigungsvektors,

$$|\vec{a}| = \omega^2 R, \tag{2.52}$$

ist zeitlich konstant und nimmt quadratisch mit der Winkelfrequenz ω zu.

2.4 Krummlinige Koordinaten

Wir haben in diesem Kapitel bisher ausschließlich kartesische Koordinaten (x, y, z) und dazugehörige Basisvektoren $(\hat{e}_x, \hat{e}_y, \hat{e}_z)$ verwendet. Mitunter lässt sich eine betrachtete Bewegung aber leichter beschreiben, indem man geeignete *krummlinige* Koordinaten einführt.

Schauen wir uns dazu nochmal das dritte Beispiel aus Abschn. 2.3 an, bei dem sich ein Teilchen in der xy-Ebene mit Winkelfrequenz ω auf einer Kreisbahn mit Radius R bewegt. Gl. 2.47 drückt den Ort des Teilchens durch seine x- und y-Koordinaten aus. Wir können den Ort des Teilchens aber alternativ auch durch seinen Abstand r vom Ursprung und den Winkel φ des Ortsvektors des Teilchens bezüglich der x-Achse angeben. Sehen Sie dazu Abb. 2.5. Man bezeichnet r und φ als *Polarkoordinaten*. (Der griechische Kleinbuchstabe φ wird *phi* ausgesprochen. Mitunter wird von anderen Autoren für φ auch das Symbol ϕ verwendet.)

Mithilfe der Trigonometrie sehen wir anhand von Abb. 2.5, dass die Zusammenhänge

$$x = r \cos \varphi \tag{2.53}$$

und

$$y = r \sin \varphi \tag{2.54}$$

gelten. Um beliebige Punkte in der xy-Ebene durch Polarkoordinaten darstellen zu können, benötigen wir Polarwinkel in einem Intervall der Breite 2π. Dazu verwenden wir hier folgende Konvention, die für den Definitionsbereich von φ das Intervall $(-\pi, \pi]$ heranzieht: Für Punkte in der oberen Hälfte der xy-Ebene liegt φ im Bereich zwischen 0 und π. Sie sehen anhand von Gl. 2.54, dass dann $y \geq 0$ ist. Ein Punkt auf der positiven x-Achse hat einen Polarwinkel von $\varphi = 0$; ein Punkt auf der negativen x-Achse hat einen Polarwinkel von $\varphi = \pi$. Punkte in der unteren Hälfte der xy-Ebene entsprechen Polarwinkeln zwischen $-\pi$ und 0. In diesem Bereich ist $y \leq 0$. Es gibt auch die alternative Konvention, für den Definitionsbereich des Polarwinkels das Intervall $[0, 2\pi)$ zu verwenden.

Gl. 2.53 und Gl. 2.54 erlauben es uns, bei gegebenen Polarkoordinaten die dazugehörigen kartesischen Koordinaten zu berechnen. Liegen umgekehrt kartesische

Abb. 2.5 Zusammenhang zwischen kartesischen Koordinaten x und y und Polarkoordinaten r und φ in der Ebene. Die zu den beiden Polarkoordinaten gehörigen orthonormalen Basisvektoren $\hat{e}_r$ und $\hat{e}_\varphi$ sind ebenfalls eingezeichnet

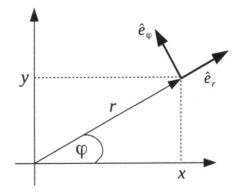

Koordinaten vor und wir möchten die dazugehörigen Polarkoordinaten bestimmen, dann verwenden wir

$$r = \sqrt{x^2 + y^2} \qquad (2.55)$$

und

$$\tan \varphi = \frac{y}{x}. \qquad (2.56)$$

▶ **Hinweis** Die Tangensfunktion $\tan \varphi$ in Gl. 2.56 ist durch den Quotienten der Sinusfunktion und der Kosinusfunktion,

$$\tan \varphi = \frac{\sin \varphi}{\cos \varphi}, \qquad (2.57)$$

definiert. Abb. 2.6 zeigt den Funktionsgraphen von $\tan \varphi$. Da der Tangens eine Periode von π besitzt, ist $\tan \varphi$ nur auf einem Intervall der Breite π eindeutig umkehrbar. Die Umkehrfunktion des Tangens – der Arkustangens arctan – ist per Konvention auf dem Wertebereich zwischen $-\pi/2$ und $\pi/2$ definiert.

Sie müssen daher bei der Verwendung von Gl. 2.56 sehr aufpassen. Sei beispielsweise $x = -1$ und $y = -20$, sodass $y/x = \tan \varphi = 20$ ist. Anhand von Abb. 2.6 erkennen Sie, dass Sie aus $\tan \varphi = 20$ allein den Polarwinkel nicht eindeutig bestimmen können: Der Polarwinkel φ liegt entweder in der Nähe von $-\pi/2$ oder in der Nähe von $+\pi/2$. Im ersten Fall handelt es

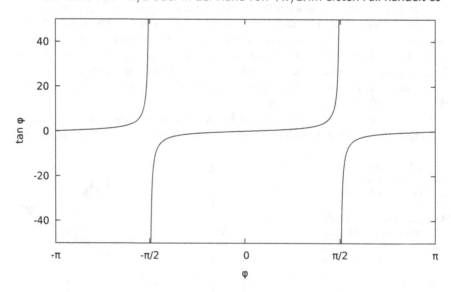

Abb. 2.6 Graph der Tangensfunktion $\tan \varphi$ [Gl. 2.57] für φ zwischen $-\pi$ und π. An den Stellen $\varphi = -\pi/2$ und $\varphi = \pi/2$ divergiert $\tan \varphi$. Im Gegensatz zu $\sin \varphi$ oder $\cos \varphi$ ist die kleinste Periode der Tangensfunktion nicht 2π, sondern π

sich um einen Punkt unterhalb der x-Achse (nahe der negativen y-Achse), im zweiten Fall handelt es sich um einen Punkt oberhalb der x-Achse (nahe der positiven y-Achse). Verwenden Sie zur Bestimmung von φ den Arkustangens,

$$\varphi = \arctan(y/x), \tag{2.58}$$

dann erhalten Sie konkret den Winkel $\varphi = \arctan(20) \approx 1{,}52$, der etwas unterhalb von $\pi/2$ liegt. Dieser Winkel ist aber nicht der gesuchte Polarwinkel, da er einem Punkt in der oberen Hälfte der xy-Ebene entspricht, aber $y = -20$ negativ ist. Sie erhalten in diesem Fall den korrekten Polarwinkel, indem Sie die Periode π des Tangens abziehen: $\varphi = \arctan(20) - \pi \approx -1{,}62$.

Gl. 2.53 bis Gl. 2.56 stellen ganz allgemein den Zusammenhang zwischen kartesischen Koordinaten und Polarkoordinaten in einer zweidimensionalen Ebene dar. Für die spezielle, durch Gl. 2.47 beschriebene Kreisbewegung finden wir durch Vergleich mit Gl. 2.53 und Gl. 2.54, dass die Polarkoordinaten des Teilchens durch

$$r(t) = R = \text{const.} \tag{2.59}$$

und

$$\varphi(t) = \omega t \tag{2.60}$$

gegeben sind. In Polarkoordinaten ist die Beschreibung der Bewegung eines Teilchens auf einer Kreisbahn mit Radius R und Winkelfrequenz ω also besonders einfach: Die Koordinate r ist konstant, und die Koordinate φ ist eine lineare Funktion der Zeit. Das, was Sie hier beobachten, gilt allgemein: Es führt zu einer Vereinfachung der Beschreibung, wenn man die Koordinatenwahl passend zur Symmetrie der betrachteten Bewegung trifft.

Zu den Polarkoordinaten r und φ in der betrachteten Ebene gehören die orthonormalen Basisvektoren $\hat{e}_r$ und $\hat{e}_\varphi$. Dabei wird $\hat{e}_r$ so gewählt, dass bei gegebenem Ortsvektor

$$\vec{r} = \begin{pmatrix} x \\ y \end{pmatrix} = \begin{pmatrix} r\cos\varphi \\ r\sin\varphi \end{pmatrix} = r \begin{pmatrix} \cos\varphi \\ \sin\varphi \end{pmatrix} \tag{2.61}$$

in der Ebene die Relation

$$\vec{r} = r\hat{e}_r \tag{2.62}$$

gilt. Durch Vergleich von Gl. 2.61 mit Gl. 2.62 folgt unmittelbar

$$\hat{e}_r = \begin{pmatrix} \cos\varphi \\ \sin\varphi \end{pmatrix} = \cos\varphi\,\hat{e}_x + \sin\varphi\,\hat{e}_y. \tag{2.63}$$

Dazu senkrecht ist der Vektor

$$\hat{e}_\varphi = \begin{pmatrix} -\sin\varphi \\ \cos\varphi \end{pmatrix} = -\sin\varphi\,\hat{e}_x + \cos\varphi\,\hat{e}_y. \tag{2.64}$$

Wir rechnen nach, dass die Relationen

$$\hat{e}_r \cdot \hat{e}_r = \cos^2 \varphi + \sin^2 \varphi = 1, \tag{2.65}$$

$$\hat{e}_\varphi \cdot \hat{e}_\varphi = \sin^2 \varphi + \cos^2 \varphi = 1 \tag{2.66}$$

und

$$\hat{e}_r \cdot \hat{e}_\varphi = -\cos \varphi \sin \varphi + \sin \varphi \cos \varphi = 0 \tag{2.67}$$

gelten. Damit bilden die Vektoren $\hat{e}_r$ und $\hat{e}_\varphi$ eine orthonormale Basis in der xy-Ebene. Die beiden Vektoren sind in Abb. 2.5 gezeigt.

Da die Polarkoordinate φ eines Teilchens im Allgemeinen nicht konstant ist [vergleichen Sie dazu mit Gl. 2.60], sind die Basisvektoren $\hat{e}_r$ und $\hat{e}_\varphi$, im Gegensatz zu $\hat{e}_x$ und $\hat{e}_y$, zeitabhängig. Mithilfe der zeitabhängigen Basisvektoren

$$\hat{e}_r(t) = \begin{pmatrix} \cos(\omega t) \\ \sin(\omega t) \end{pmatrix} \quad \text{und} \quad \hat{e}_\varphi(t) = \begin{pmatrix} -\sin(\omega t) \\ \cos(\omega t) \end{pmatrix} \tag{2.68}$$

lassen sich der Ortsvektor [Gl. 2.47], der Geschwindigkeitsvektor [Gl. 2.48] und der Beschleunigungsvektor [Gl. 2.49] unseres Teilchens mit konstanter Geschwindigkeit auf der Kreisbahn wie folgt ausdrücken:

$$\vec{r}(t) = R\hat{e}_r(t), \tag{2.69}$$

$$\vec{v}(t) = \omega R\hat{e}_\varphi(t), \tag{2.70}$$

$$\vec{a}(t) = -\omega^2 R\hat{e}_r(t). \tag{2.71}$$

Auf diese Weise erkennen Sie, dass bei der betrachteten Kreisbewegung der Geschwindigkeitsvektor zu allen Zeiten senkrecht zum Ortsvektor und zum Beschleunigungsvektor ist, da $\hat{e}_r(t)$ und $\hat{e}_\varphi(t)$ zueinander senkrecht sind.

2.5   Bemerkungen zum Thema Zustand

In Kap. 1 hatten wir uns anhand abstrakter Überlegungen konzeptionell mit den Begriffen Zustand, Zustandsraum und dynamische Gesetze auseinandergesetzt. Was wird nun zur Charakterisierung des Zustands eines Teilchens im Raum benötigt? Genügt der Ortsvektor $\vec{r}$, oder wird noch der Geschwindigkeitsvektor $\vec{v}$ benötigt? Wie steht es mit $\vec{a}$ oder auch $\dot{\vec{a}}$?

Grundsätzlich gilt: Bei Angabe des Zustands zum Anfangszeitpunkt ($t = 0$) muss es mithilfe des geltenden dynamischen Gesetzes möglich sein, den Zustand zu jedem Zeitpunkt $t \neq 0$ vorherzusagen. Es hängt vom dynamischen Gesetz ab, wie viel Information dazu notwendig ist. Hat man dann die vektorielle Funktion $\vec{r}(t)$ bestimmt, dann lassen sich beliebige Ableitungen $d^n\vec{r}/dt^n$ ($n = 1, 2, 3, \ldots$) berechnen. Gegenwärtig können wir noch keine Aussagen zur Natur des Zustandsraums des Teilchens machen.

> ▶ Hinweis Bestünde das dynamische Gesetz in einer expliziten Angabe der Funktion $\vec{r}(t)$, dann könnte man den Zustand des Teilchens einfach nur durch seine Position charakterisieren. Der Zustandsraum wäre dann äquivalent zum Vektorraum $\mathbb{R}^3$. Wie in Kap. 1 angesprochen, sind die dynamischen Gesetze in der Physik jedoch nur implizit, sodass die zeitliche Entwicklung des Systems aufgrund der Anfangsbedingungen erst bestimmt werden muss. Wir werden diese Gesichtspunkte in Kap. 3 wieder aufgreifen und genauer erörtern.

Aufgaben

2.1 Anja und Bernd beobachten die Bewegung eines Teilchens im dreidimensionalen Raum. Das von Anja verwendete Koordinatensystem und das von Bernd verwendete Koordinatensystem haben ihren jeweiligen Koordinatenursprung am gleichen Punkt im Raum (beide Koordinatenursprünge sind an der gleichen festen Stelle im Raum verankert). Bernds Koordinatenachsen sind aber im Vergleich zu Anjas Koordinatenachsen anders im Raum ausgerichtet, und zwar seien die zu Bernds Koordinatenachsen gehörigen Basisvektoren, bezüglich der von Anja verwendeten Orthonormalbasis, durch

$$\hat{e}_1 = \begin{pmatrix} \frac{1}{2} \\ \frac{1}{2} \\ -\frac{\sqrt{2}}{2} \end{pmatrix}, \quad \hat{e}_2 = \begin{pmatrix} \frac{\sqrt{2}-2}{4} \\ \frac{\sqrt{2}+2}{4} \\ \frac{1}{2} \end{pmatrix}, \quad \hat{e}_3 = \begin{pmatrix} \frac{\sqrt{2}+2}{4} \\ \frac{\sqrt{2}-2}{4} \\ \frac{1}{2} \end{pmatrix}$$

gegeben.

(a) Zeigen Sie, dass die $\hat{e}_j$ ($j = 1, 2, 3$) normiert sind.
(b) Zeigen Sie, dass die $\hat{e}_j$ ($j = 1, 2, 3$) zueinander orthogonal sind.
(c) Bezüglich der von Anja verwendeten Orthonormalbasis sei der Ortsvektor des Teilchens als Funktion der Zeit durch

$$\vec{r}(t) = \begin{pmatrix} v_x \\ v_y \\ v_z \end{pmatrix} t$$

gegeben, wobei die Parameter v_x, v_y und v_z Konstanten sind. Bestimmen Sie den Koordinatenvektor von $\vec{r}(t)$ bezüglich der von Bernd verwendeten Orthonormalbasis. [Hinweis: Schreibt man den Ortsvektor des Teilchens als Linearkombination der von Bernd verwendeten Basisvektoren, also

$$\vec{r}(t) = \sum_j r_j(t)\hat{e}_j,$$

dann ist es Ihr Ziel, die Koeffizienten $r_j(t)$ zu finden.]

2.2 Wiederholen Sie die Herleitung des Skalarprodukts der beiden Vektoren

$$\vec{a} = a_x \hat{e}_x + a_y \hat{e}_y + a_z \hat{e}_z$$

und

$$\vec{b} = b_x \hat{e}_x + b_y \hat{e}_y + b_z \hat{e}_z.$$

Vermeiden Sie dabei bewusst die kompakte Notation, die wir in Gl. 2.28 verwendet hatten. Nachdem Sie Ihre Herleitung abgeschlossen haben, vergleichen Sie Ihre Schritte mit denen in Gl. 2.28. Zum einen sollte Ihnen auf diese Weise klar werden, inwiefern das Arbeiten mit dem Kronecker-Delta praktische Vorteile bringt. Zum anderen sollten Sie besser verstehen, weshalb es in Gl. 2.28 notwendig war, die Summationsindizes voneinander zu unterscheiden.

2.3 Verifizieren Sie die Gleichungen

$$r = \sqrt{x^2 + y^2}$$

[Gl. 2.55] und

$$\tan \varphi = \frac{y}{x}$$

[Gl. 2.56] mithilfe von Gl. 2.53 und Gl. 2.54.

2.4 Bestimmen Sie die Polarkoordinaten zu den folgenden Punkten in der xy-Ebene:

(a) $x = 2, y = 3$,
(b) $x = -1, y = -10$.

2.5 Die Komponenten des Ortsvektors $\vec{r}(t)$ eines Teilchens bezüglich einer vorgegebenen Orthonormalbasis seien gegeben durch

$$x(t) = \frac{R}{\sqrt{2}} \left\{ \cos(\omega t) - \sin(\omega t) \right\},$$

$$y(t) = \frac{R}{2} \left\{ \sin(\omega t) + \cos(\omega t) \right\},$$

$$z(t) = -\frac{R}{2} \left\{ \sin(\omega t) + \cos(\omega t) \right\}.$$

(a) Berechnen Sie die Komponenten des Geschwindigkeitsvektors $\vec{v}(t)$ und des Beschleunigungsvektors $\vec{a}(t)$.
(b) Drücken Sie $\vec{a}(t)$ durch $\vec{r}(t)$ aus.
(c) Um welche Art von Bewegung handelt es sich?

2.6 Zeigen Sie, dass für das Skalarprodukt der beiden Vektoren $\vec{a}$ und $\vec{b}$ folgender Zusammenhang gilt:

$$\vec{a} \cdot \vec{b} = |\vec{a}| \left|\vec{b}\right| \cos \varphi.$$

Hierbei repräsentiert φ den von den beiden Vektoren eingeschlossenen Winkel.

[Hinweis: Wählen Sie das Koordinatensystem so, dass die beiden Vektoren in der xy-Ebene liegen.]

Dynamische Gesetze für einen Massenpunkt

© Springer-Verlag GmbH Deutschland, ein Teil von Springer Nature 2023
R. Santra, *Einführung in die Theoretische Physik*,
https://doi.org/10.1007/978-3-662-67439-0_3

Nachdem wir uns in Kap. 2 das mathematische Werkzeug angeeignet haben, um die Bewegung von Punktteilchen beschreiben zu können, kommen wir nun zu dynamischen Gesetzen, die die zeitliche Entwicklung des Zustands eines Punktteilchens bestimmen. Dabei legt das jeweils betrachtete dynamische Gesetz fest, mit welchen mathematischen Objekten gearbeitet werden muss, um den Zustandsbegriff zu präzisieren. Wir werden dies sowohl anhand der sogenannten Aristoteles'schen Bewegungsgleichung als auch anhand der Newton'schen Bewegungsgleichung illustrieren. Dabei werden wir uns auch mit den Prinzipien des Determinismus und der Reversibilität beschäftigen. Zuerst benötigen wir aber noch etwas weiteres mathematisches Rüstzeug.

3.1   Fundamentalsatz der Analysis

Bisher mussten wir Funktionen lediglich differenzieren. Im Zusammenhang mit der Lösung physikalischer dynamischer Gesetze müssen wir uns auch mit dem Integrieren auseinandersetzen. In diesem Abschnitt rekapitulieren wir die grundlegende Strategie, die bei der Integration von Funktionen herangezogen wird. Darüber hinaus werden Sie lernen, inwiefern Integrale selbst als Funktionen aufgefasst werden können.

Wenn Sie die Aufgabe erhalten, für eine vorgegebene Funktion $f(x)$ das Integral

$$I = \int_a^b f(x)\mathrm{d}x \qquad (3.1)$$

mit den Integrationsgrenzen a und b zu bestimmen, dann verwenden Sie die Strategie, eine Funktion $F(x)$ zu finden, die die Eigenschaft

$$F'(x) = \frac{\mathrm{d}F(x)}{\mathrm{d}x} = f(x) \qquad (3.2)$$

erfüllt. Mit der Funktion $F(x)$ erhalten Sie für das gesuchte Integral das Ergebnis

$$I = F(x)\big|_a^b = F(b) - F(a). \qquad (3.3)$$

Diesen grundlegenden Sachverhalt nennt man den *Fundamentalsatz der Analysis* (oder auch den Hauptsatz der Differenzial- und Integralrechnung). Die Funktion $F(x)$ wird eine Stammfunktion von $f(x)$ genannt. Die Stammfunktion ist nicht eindeutig, da die Funktion $\tilde{F}(x) = F(x) + C$ ebenfalls die Eigenschaft hat, dass ihre Ableitung gleich $f(x)$ ist, falls $F(x)$ Gl. 3.2 genügt. Dabei ist C eine frei wählbare *Integrationskonstante*, die bei der Bildung der Ableitung verschwindet. In Formelsammlungen wird die Integrationskonstante oft bewusst weggelassen.

Nehmen wir nun folgende Situation an: Wir integrieren die betrachtete Funktion von einer festen unteren Integrationsgrenze x_0 bis zu einer oberen Integrationsgrenze x. Wir suchen damit das Integral

$$I(x) = \int_{x_0}^{x} f(x')\mathrm{d}x'. \tag{3.4}$$

Die obere Integrationsgrenze x ist hier eine Variable, sodass sich für jedes x im Allgemeinen ein anderer Wert für das Integral ergibt. Das Resultat ist die Funktion $I(x)$. Um die Variable, über die integriert wird, von der oberen Integrationsgrenze unterscheiden zu können, nennen wir sie in Gl. 3.4 nicht x, sondern x'.

Wenden wir den Fundamentalsatz der Analysis auf Gl. 3.4 an, dann finden wir

$$I(x) = F(x) - F(x_0), \tag{3.5}$$

wobei $F(x)$ eine Stammfunktion von $f(x)$ ist. Kombinieren wir Gl. 3.4 und 3.5, dann können wir auch schreiben:

$$F(x) = \int_{x_0}^{x} f(x')\mathrm{d}x' + F(x_0). \tag{3.6}$$

Leiten wir diese Gleichung nach x ab, erhalten wir

$$F'(x) = \frac{\mathrm{d}}{\mathrm{d}x} \int_{x_0}^{x} f(x')\mathrm{d}x'. \tag{3.7}$$

▶ **Hinweis** Der Vergleich von Gl. 3.7 mit Gl. 3.2 ergibt, dass

$$\frac{\mathrm{d}}{\mathrm{d}x} \int_{x_0}^{x} f(x')\mathrm{d}x' = f(x) \tag{3.8}$$

ist. Dieser Ausdruck stellt eine kompakte Formulierung des wesentlichen Inhalts des Fundamentalsatzes der Analysis dar. Weiterhin können wir aus Gl. 3.6 schließen, dass $F(x_0)$ – also der Wert der Stammfunktion an der Stelle x_0 – die Rolle einer Integrationskonstanten spielt, die beim Übergang von Gl. 3.6 zu Gl. 3.7 weggefallen ist.

Betrachten wir für spätere Zwecke in diesem Kapitel noch die folgende Situation: Die Funktion $f(x)$ sei gegeben, und wir suchen eine Funktion $y(x)$, die die Gleichung

$$y'(x) = f(x) \tag{3.9}$$

erfüllt. Gleichungen für unbekannte Funktionen, hier $y(x)$, die Ableitungen enthalten, heißen *Differenzialgleichungen*. Es handelt sich bei Gl. 3.9 um eine besonders einfache Differenzialgleichung, da die gesuchte Funktion nur in der Ableitung auf der linken Seite der Gleichung erscheint (die rechte Seite ist keine Funktion von y).

Mit systematischen analytischen Lösungsmethoden für etwas allgemeinere Differenzialgleichungen werden wir uns erst in Kap. 4 auseinandersetzen.

Um die gesuchte Funktion $y(x)$ zu bestimmen, integrieren wir beide Seiten von Gl. 3.9 von x_0 bis x:

$$\int_{x_0}^{x} y'(x')\mathrm{d}x' = \int_{x_0}^{x} f(x')\mathrm{d}x'. \tag{3.10}$$

Wir wenden nun den Fundamentalsatz der Analysis separat auf die linke bzw. die rechte Seite dieser Gleichung an. Die rechte Seite kennen wir bereits: Ist $F(x)$ eine Stammfunktion von $f(x)$, dann ist

$$\int_{x_0}^{x} f(x')\mathrm{d}x' = F(x) - F(x_0) \tag{3.11}$$

[vergleichen Sie mit Gl. 3.6]. Für die linke Seite von Gl. 3.10 suchen wir ebenfalls eine Stammfunktion. Dabei handelt es sich per Definition um eine Funktion, deren Ableitung gleich $y'(x)$ ist. Eine solche Funktion kennen wir natürlich: die Funktion $y(x)$ selbst. Daher folgt aus dem Fundamentalsatz der Analysis, dass

$$\int_{x_0}^{x} y'(x')\mathrm{d}x' = y(x) - y(x_0) \tag{3.12}$$

ist. Wir haben es daher geschafft, die gesuchte Funktion $y(x)$ zu bestimmen. Denn aus Gl. 3.10 bis Gl. 3.12 folgt:

$$\begin{aligned} y(x) &= \int_{x_0}^{x} f(x')\mathrm{d}x' + y(x_0) \\ &= F(x) - F(x_0) + y(x_0). \end{aligned} \tag{3.13}$$

Sobald wir für $y(x_0)$ einen Wert wählen, ist die Funktion $y(x)$ vollständig festgelegt.

Der unbeschwerte Umgang mit Differenzialen ist in der Theoretischen Physik eine beliebte Rechenmethode, der Sie auch in diesem Lehrbuch wiederholt begegnen werden. Um die dabei praktizierte Herangehensweise an einem einfachen Beispiel kennenzulernen, begründen wir die entscheidende Gl. 3.12 unter Verwendung der Differenzialquotientenschreibweise:

$$\begin{aligned} \int_{x_0}^{x} y'(x')\mathrm{d}x' &= \int_{x_0}^{x} \frac{\mathrm{d}y(x')}{\mathrm{d}x'}\mathrm{d}x' \\ &= \int_{y(x_0)}^{y(x)} \mathrm{d}y \\ &= y\big|_{y(x_0)}^{y(x)} \\ &= y(x) - y(x_0). \end{aligned} \tag{3.14}$$

Hier haben wir beim Übergang von der ersten zur zweiten Zeile das Differenzial dx' *de facto* weggekürzt. Eine mathematisch sauberere Aussage ist, dass wir die Substitutionsregel der Integralrechnung angewandt haben. Da nun in der zweiten Zeile von Gl. 3.14 über die Variable y integriert wird, haben wir die Integrationsgrenzen entsprechend angepasst. Die Integrationsgrenzen x_0 und x für die Integrationsvariable x' entsprechen den Integrationsgrenzen $y(x_0)$ und $y(x)$ für die Integrationsvariable y. In der zweiten Zeile von Gl. 3.14 ist die Funktion, die integriert wird, die konstante Zahl 1. Da die Integrationsvariable dort y ist, ist die einfachste dazugehörige Stammfunktion gleich y, wie es in der dritten Zeile von Gl. 3.14 angegeben ist. Die Auswertung der Stammfunktion an den Integrationsgrenzen gibt schließlich die vierte Zeile von Gl. 3.14.

▶ **Hinweis** In der zweiten und dritten Zeile von Gl. 3.14 sind die untere Integrationsgrenze $y(x_0)$ und die obere Integrationsgrenze $y(x)$ von der Integrationsvariablen y zu unterscheiden. Um Notationskonflikte zu vermeiden, haben wir die Integrationsvariable nicht y' genannt. Es steht Ihnen aber natürlich frei, für die Integrationsvariable anstelle von y z. B. $\tilde{y}$ zu schreiben.

3.2 Aristoteles'sche Bewegungsgleichung

Nach Aristoteles (384–322 v. Chr.) tritt eine Bewegung ($\vec{v} \neq \vec{0}$) nur dann auf, wenn auf das Teilchen eine Kraft wirkt. Auf den ersten Blick scheint diese Vorstellung durch die Erfahrung bestätigt zu sein; sie ist aber dennoch falsch. Es ist die Reibung, die den Eindruck vermittelt, dass ohne eine (zusätzliche) Kraft eine Bewegung nicht aufrechterhalten werden kann. Die Rolle der Trägheit eines massebehafteten Teilchens war Aristoteles nicht bekannt. Um jedoch ein Gefühl dafür zu entwickeln, wie verschiedene dynamische Gesetze zu unterschiedlichen Anforderungen an den Zustandsraum eines Teilchens führen können, wollen wir Aristoteles hier ein wenig Aufmerksamkeit schenken.

Die Anschauung von Aristoteles können wir folgendermaßen formulieren: Der Geschwindigkeitsvektor eines Objekts ist proportional zur gesamten auf das Objekt wirkenden Kraft (= Kraftvektor). Als Gleichung ausgedrückt:

$$\vec{v} \propto \vec{F}. \tag{3.15}$$

Als Proportionalitätskonstante führen wir $1/\eta$ ein, wobei η ein Maß für die Stärke der Reibung ist, die das betrachtete Teilchen erfährt. (Der griechische Kleinbuchstabe η wird *eta* ausgesprochen.) Wir erhalten auf diese Weise:

$$\vec{v} = \frac{1}{\eta}\vec{F}. \tag{3.16}$$

Damit nimmt bei gegebener Kraft $\vec{F}$ der Betrag jeder Komponente von $\vec{v}$ mit zunehmendem Reibungsparameter η ab. Aus Gl. 3.16 folgt die Aristoteles'sche Bewegungsgleichung in ihrer Standardform:

$$\vec{F} = \eta\vec{v}. \tag{3.17}$$

3.2.1 Diskretisierung und Determinismus

Wie können wir mit der Aristoteles'schen Bewegungsgleichung $\vec{F} = \eta\vec{v}$ den zukünftigen Zustand des Teilchens vorhersagen? Betrachten wir dazu als erstes Beispiel die eindimensionale Bewegung eines Teilchens entlang der x-Achse unter dem Einfluss einer gegebenen Kraft

$$\vec{F}(t) = F(t)\hat{e}_x. \tag{3.18}$$

Bei der betrachteten Situation hängt die Kraft zwar von der Zeit ab, aber nicht vom Zustand des Teilchens. Wir setzen Gl. 3.18 in Gl. 3.17 ein und nehmen die x-Komponente der resultierenden vektoriellen Gleichung. Auf diese Weise erhalten wir:

$$F_x = F(t) = \eta v_x. \tag{3.19}$$

Unter Verwendung der Definition $v_x = \mathrm{d}x/\mathrm{d}t$ folgt somit:

$$\frac{\mathrm{d}x(t)}{\mathrm{d}t} = \frac{F(t)}{\eta}. \tag{3.20}$$

Bevor wir diese Differenzialgleichung lösen, vergleichen wir sie mit den dynamischen Gesetzen aus Kap. 1. Um die Analogie leichter erkennen zu können, nehmen wir an, dass t in kleine Intervalle der Länge Δt aufgeteilt wird. Dann ist

$$\frac{\mathrm{d}x(t)}{\mathrm{d}t} \approx \frac{x(t + \Delta t) - x(t)}{\Delta t}. \tag{3.21}$$

Dies bedeutet, dass wir die Ableitung (= Differenzialquotient) durch einen Differenzenquotienten nähern. Durch elementare Umformung erhalten wir hieraus, unter Verwendung von Gl. 3.20,

$$x(t + \Delta t) \approx x(t) + \Delta t \frac{F(t)}{\eta}. \tag{3.22}$$

Dies ist offenbar ein deterministisches Gesetz: Kennt man die Position $x(t)$ des Teilchens zur Zeit t und die Kraft $F(t)$ (die ohnehin als bekannt vorausgesetzt wird), dann folgt aus Gl. 3.22 unmittelbar die Position $x(t + \Delta t)$ zum Zeitpunkt $t + \Delta t$. Geben wir die Anfangsposition $x(0)$ zum Zeitpunkt $t = 0$ vor, dann können wir uns von einem diskreten Zeitpunkt zum nächsten diskreten Zeitpunkt entlang hangeln. Auf diese Weise gelingt es uns, die Position $x(n\,\Delta t)$ zum Zeitpunkt $t_n = n\,\Delta t$ für jede

beliebige ganze Zahl n vorherzusagen. In der Tat ist Gl. 3.22 die Grundlage eines
(sehr) einfachen Verfahrens – der sogenannten Euler-Methode – zur numerischen
Lösung der Aristoteles'schen Bewegungsgleichung in Gl. 3.20. Wir werden uns in
Kap. 6 mit solchen numerischen Verfahren auseinandersetzen.

Mit den Definitionen

$$x_n = x(t_n)$$

und

$$f(n) = \Delta t \frac{F(t_n)}{\eta}$$

können wir für Gl. 3.22 auch

$$x_{n+1} = x_n + f(n)$$

schreiben. Dies entspricht genau dem ersten Beispiel in Abschn. 1.3, bei dem wir für
beliebige $f(n)$ sowohl Determinismus als auch Reversibilität vorliegen hatten. Insbesondere erkennen wir, dass die natürliche Zustandsvariable bei dem vorliegenden
Beispiel die x-Komponente des Ortsvektors des Teilchens ist.

3.2.2 Integration der Bewegungsgleichung

Wie ist nun zur Lösung der Differenzialgleichung

$$\frac{dx(t)}{dt} = \frac{F(t)}{\eta}$$

für kontinuierliches t formell vorzugehen? Die rechte Seite dieser Gleichung, $F(t)/\eta$,
ist gegeben, und wir möchten die Funktion $x(t)$ bestimmen. Wir verwenden dazu die
Lösungsmethode, die wir bei Gl. 3.9 angewandt hatten. Wiederholen wir die dazu
notwendigen Schritte. Zuerst integrieren wir beide Seiten vom Anfangszeitpunkt
($t = 0$) bis t:

$$\int_0^t \frac{dx(t')}{dt'} dt' = \int_0^t \frac{F(t')}{\eta} dt'. \tag{3.23}$$

Für die linke Seite dieser Gleichung haben wir

$$\int_0^t \frac{dx(t')}{dt'} dt' = x\big|_{x(0)}^{x(t)} = x(t) - x(0). \tag{3.24}$$

Somit ist die Lösung von Gl. 3.20 durch

$$x(t) = x(0) + \int_0^t \frac{F(t')}{\eta} dt' \tag{3.25}$$

gegeben. Ist F beispielsweise konstant, dann ist

$$x(t) = x(0) + \frac{F}{\eta}t. \qquad (3.26)$$

In drei Dimensionen gilt für eine allgemeine, rein zeitabhängige Kraft $\vec{F}(t)$:

$$\vec{r}(t) = \vec{r}(0) + \int_0^t \frac{\vec{F}(t')}{\eta}\mathrm{d}t'. \qquad (3.27)$$

Dies lässt sich leicht nachvollziehen, indem man die x-, y- und z-Komponente der Aristoteles'schen Bewegungsgleichung $\vec{F} = \eta\vec{v}$ jeweils separat integriert. [Beachten Sie wiederum: Man muss sorgfältig zwischen der oberen Integrationsgrenze (hier t) und der Integrationsvariablen (hier t') unterscheiden.] Gemäß der Anschauung von Aristoteles genügt daher zur Angabe des Zustands die Position des Teilchens, da sich allein anhand der Anfangsbedingung $\vec{r}(0)$ auf $\vec{r}(t)$ für $t \neq 0$ schließen lässt. Im Rahmen des dynamischen Gesetzes von Aristoteles kann der Zustandsraum daher als $\mathbb{R}^3$ gewählt werden.

Da Gl. 3.27 auch für $t < 0$ angewandt werden kann, können wir aus der Anfangsposition $\vec{r}(0)$ den Zustand des Teilchens in der Vergangenheit berechnen. Aus diesem Grund ist die Aristoteles'sche Bewegungsgleichung [Gl. 3.17] für den Fall $\vec{F} = \vec{F}(t)$ sowohl deterministisch als auch reversibel.

3.2.3 Irreversible Dynamik

Betrachten wir als zweites Beispiel wiederum die Bewegung eines Teilchens entlang der x-Achse. Dieses Mal sei die Kraft aber keine explizite Funktion der Zeit, sondern sie soll von der x-Komponente des Ortsvektors des Teilchens abhängen. Konkret wählen wir

$$\vec{F}(x) = F(x)\hat{e}_x \qquad (3.28)$$

mit

$$F(x) = -kx^3. \qquad (3.29)$$

Das Vorzeichen in dieser Gleichung deutet darauf hin, dass die betrachtete Kraft in Richtung des Koordinatenursprungs bei $x = 0$ wirkt, unabhängig davon, ob sich das Teilchen zu einem gegebenen Zeitpunkt bei einem $x > 0$ oder bei einem $x < 0$ befindet. Die Konstante k kontrolliert die Stärke dieser rücktreibenden Kraft. Mithilfe der Aristoteles'schen Bewegungsgleichung erhalten wir aus Gl. 3.29 die Differenzialgleichung

$$\frac{\mathrm{d}x}{\mathrm{d}t} = -\frac{k}{\eta}x^3. \qquad (3.30)$$

Mit den Methoden aus Kap. 4 kann man zeigen, dass die Lösung von Gl. 3.30

$$x(t) = \pm \frac{x(0)}{\sqrt{1 + 2ktx(0)^2/\eta}} \qquad (3.31)$$

lautet. Sie sind vielleicht dazu geneigt, die entsprechende Dynamik auf den ersten Blick – aufgrund des formell unbestimmten Vorzeichens in Gl. 3.31 – als nichtdeterministisch anzusehen. Dies entspräche einem ähnlichen Argument, wie wir es in Abschn. 1.3 verwendet hatten. Allerdings gibt es hier einen wichtigen Unterschied zu Kap. 1: Die Zeit t ist ein kontinuierlicher Parameter. Da die Position eines Teilchens von einem Moment zum anderen keine Sprünge macht, fordern wir, dass $x(t)$ eine stetige Funktion der Zeit sein muss. Wäre $x(t)$ nicht stetig, wäre $x(t)$ auch nicht differenzierbar, und 3.30 würde jegliche Bedeutung verlieren. Insbesondere muss $x(t)$ im Grenzfall $t \to 0$ in $x(0)$ übergehen. Die einzige akzeptable Lösung von Gl. 3.30 ist daher

$$x(t) = \frac{x(0)}{\sqrt{1 + 2ktx(0)^2/\eta}}, \qquad (3.32)$$

und diese erlaubt es uns, aus einer gegebenen Anfangsposition eindeutig die Position $x(t)$ für $t > 0$ zu berechnen. Insofern ist die betrachtete Dynamik deterministisch.

Um die Frage der Reversibilität zu adressieren, machen wir folgende Beobachtung: Nehmen wir an, wir können die Position $x(t)$ zu einem gegebenen Zeitpunkt t mit einer Genauigkeit $\varepsilon > 0$ messen. (Der griechische Kleinbuchstabe ε wird *epsilon* ausgesprochen.) Da es keine perfekten Messungen gibt, kann ε niemals null sein. Nach einer Messung zum Zeitpunkt t können wir somit lediglich sagen, dass sich $x(t)$ in einem Intervall $(x_t - \varepsilon, x_t + \varepsilon)$ befindet.

Anhand von Gl. 3.32 sehen wir aber, dass $x(t)$ für große Zeiten gegen null konvergiert, und zwar unabhängig vom Anfangszustand $x(0)$. Insbesondere führen alle Anfangszustände zwischen

$$x_{\min} = -\frac{\varepsilon}{\sqrt{1 - 2kt\varepsilon^2/\eta}} \qquad (3.33)$$

und

$$x_{\max} = \frac{\varepsilon}{\sqrt{1 - 2kt\varepsilon^2/\eta}} \qquad (3.34)$$

bei einer Messung zum Zeitpunkt t zum gleichen Messergebnis, dass nämlich im Rahmen der Messgenauigkeit $x(t) = x_t = 0$ ist. Aus Gl. 3.33 und 3.34 können wir sogar schließen, dass es bei fester Messgenauigkeit ε einen kritischen Messzeitpunkt

$$t_{\mathrm{krit}} = \frac{\eta}{2k\varepsilon^2} \qquad (3.35)$$

gibt, sodass bei einer Messung zu einem Zeitpunkt $t \geq t_{\mathrm{krit}}$ jeder beliebige Anfangswert $x(0)$ mit dem Messwert $x(t) = 0$ kompatibel ist! Es ist demnach vollkommen unmöglich, aus dem Messwert $x(t) = 0$ den Anfangszustand $x(0)$ zu rekonstruieren. Die Dynamik ist somit *de facto* irreversibel.

▶ **Hinweis** Als grundlegendes dynamisches Gesetz ist die Bewegungsgleichung von Aristoteles falsch. Liegt aber starke Reibung vor, als Resultat der Wechselwirkung des beobachteten Objekts mit vielen nicht beobachteten (mikroskopischen) Teilchen, dann kann $\vec{F} = \eta\vec{v}$ als Näherung nützlich sein. In Kap. 4 werden Sie einem Beispiel dafür begegnen.

3.3 Newton'sche Bewegungsgleichung

3.3.1 Das zweite Newton'sche Gesetz

Seit Isaac Newton (1642–1727) haben wir eine Bewegungsgleichung, die als fundamentales dynamisches Gesetz für einen nichtrelativistischen, klassischen Massenpunkt der Masse m geeignet ist:

$$\vec{F} = m\vec{a}, \tag{3.36}$$

was als das *zweite Newton'sche Gesetz* (Aktionsgesetz) bezeichnet wird. Andere Schreibweisen für die Newton'sche Bewegungsgleichung lauten:

$$\vec{F} = m\frac{\mathrm{d}\vec{v}}{\mathrm{d}t} = m\dot{\vec{v}} = m\frac{\mathrm{d}^2\vec{r}}{\mathrm{d}t^2} = m\ddot{\vec{r}}. \tag{3.37}$$

Dabei ist die Kraft $\vec{F}$ eine gegebene Funktion, die im Allgemeinen sowohl vom Zustand des Teilchens als auch von der Zeit abhängt. Der Materialparameter m ist ebenfalls gegeben. Es gilt nun, $\vec{r}(t)$, $\vec{v}(t)$, ... zu bestimmen. Nach Gl. 3.37 kann eine zeitliche Änderung des Geschwindigkeitsvektors nur auftreten, wenn eine nichtverschwindende Kraft vorliegt.

3.3.2 Das erste Newton'sche Gesetz

Wirkt auf das Teilchen keine Kraft ($\vec{F} = \vec{0}$), dann gilt gemäß Gl. 3.37:

$$m\frac{\mathrm{d}\vec{v}}{\mathrm{d}t} = \vec{0}. \tag{3.38}$$

Diese Gleichung ist äquivalent zu

$$\frac{\mathrm{d}\vec{v}}{\mathrm{d}t} = \begin{pmatrix} \dot{v}_x \\ \dot{v}_y \\ \dot{v}_z \end{pmatrix} = \begin{pmatrix} 0 \\ 0 \\ 0 \end{pmatrix}. \tag{3.39}$$

Daraus folgt durch Integration, dass die Komponenten von $\vec{v}(t)$ durch

$$v_x(t) = v_x(0), \qquad v_y(t) = v_y(0), \qquad v_z(t) = v_z(0) \tag{3.40}$$

gegeben sind. Damit ist der Geschwindigkeitsvektor, also sowohl der Betrag der Geschwindigkeit als auch die Richtung der Bewegung, konstant. Die dazugehörige Bewegung wird als *gleichförmig und geradlinig* bezeichnet. Ohne äußere Kraft bleibt das Teilchen für alle Zeiten in dieser gleichförmigen geradlinigen Bewegung. Diese Aussage bezeichnet man als das *erste Newton'sche Gesetz* (Trägheitsgesetz) und ist eine einfache Folge von $\vec{F} = m\vec{a}$.

Im Fall der gleichförmigen geradlinigen Bewegung erhalten wir aus

$$v_x(t) = \dot{x}(t) = v_x(0) \tag{3.41}$$

durch Integration die x-Komponente des Ortsvektors des Teilchens zur Zeit t:

$$x(t) = x(0) + v_x(0)t. \tag{3.42}$$

Auf ähnliche Weise erhalten wir

$$y(t) = y(0) + v_y(0)t, \qquad z(t) = z(0) + v_z(0)t. \tag{3.43}$$

Somit ist der Ortsvektor des Teilchens durch

$$\vec{r}(t) = \vec{r}(0) + \vec{v}(0)t \tag{3.44}$$

gegeben. Anders als bei der Aristoteles'schen Bewegungsgleichung ist in der Newton'schen Mechanik die Position des Teilchens für $\vec{F} = \vec{0}$ im Allgemeinen nicht konstant.

▶ **Hinweis** Beachten Sie, dass wir zur Lösung der Newton'schen Bewegungs-gleichung im Prinzip *zweimal* eine Integration vorgenommen haben. Zuerst bestimmten wir durch Integration der Komponenten des Beschleunigungs-vektors die Komponenten des Geschwindigkeitsvektors. Dann bestimmten wir durch Integration der Komponenten des Geschwindigkeitsvektors die Komponenten des Ortsvektors des Teilchens. Dadurch sind insgesamt sechs Integrationskonstanten aufgetreten, und zwar die drei Komponenten von $\vec{r}(0)$ und die drei Komponenten von $\vec{v}(0)$.

3.3.3 Konstante Kraft

Als zweites Beispiel betrachten wir eine konstante Kraft in z-Richtung:

$$\vec{F}(t) = F_z\hat{e}_z, \tag{3.45}$$

wobei $F_z \neq 0$ sei. Offenbar gilt dann wiederum

$$x(t) = x(0) + v_x(0)t, \qquad y(t) = y(0) + v_y(0)t,$$

da per Annahme $F_x = F_y = 0$ ist. In z-Richtung müssen wir aber die Differenzial-gleichung

$$\dot{v}_z = \frac{F_z}{m}$$ (3.46)

lösen. Durch Integration von Gl. 3.46 folgt

$$v_z(t) = v_z(0) + \frac{F_z}{m}t.$$ (3.47)

Die Integration von Gl. 3.47, unter Berücksichtigung der Definition

$$v_z(t) = \dot{z}(t),$$

ergibt für die z-Komponente des Ortsvektors des Teilchens:

$$z(t) = z(0) + \int_0^t \left[v_z(0) + \frac{F_z}{m}t' \right] dt'$$
$$= z(0) + v_z(0)t + \frac{1}{2}\frac{F_z}{m}t^2.$$ (3.48)

Ist beispielsweise $F_z/m = -g$ (g: Erdbeschleunigung), dann liegt die Bewegung im homogenen Gravitationsfeld vor. Vergleichen Sie mit dem ersten Beispiel in Abschn. 2.3.

3.3.4 Harmonischer Oszillator

Betrachten wir schließlich einen einfachen harmonischen Oszillator. Wirkt die Kraft entlang der x-Achse, können wir schreiben:

$$F_x(x) = -kx.$$ (3.49)

Die hier gewählte Form der Kraft entspricht dem sogenannten Hooke'schen Gesetz. Beachten Sie, dass in diesem Fall die Kraft davon abhängig ist, wo sich das Teilchen befindet. Die Kraft ist also keine gegebene Funktion der Zeit, sondern sie hängt von der (noch) unbekannten Größe $x(t)$ ab. Wie schon bei Gl. 3.29 weist das Vorzeichen auf der rechten Seite von Gl. 3.49 darauf hin, dass unabhängig von der Position des Teilchens ($x > 0$ oder $x < 0$) die Kraft das Teilchen zum Ursprung bei $x = 0$ hinzieht. Wird die Kraft auf das Teilchen durch eine Feder ausgeübt, dann nennt man den Materialparameter k Federkonstante. Charakteristisch für das Hooke'sche Gesetz ist insbesondere, dass die Kraft, anders als in Gl. 3.29, eine lineare Funktion von x ist.

Wir haben dann die Newton'sche Bewegungsgleichung

$$m\ddot{x} = -kx,$$ (3.50)

woraus

$$\ddot{x} = -\frac{k}{m}x \tag{3.51}$$

folgt. Mit der Definition

$$\omega = \sqrt{\frac{k}{m}} \tag{3.52}$$

erhalten wir die Differenzialgleichung

$$\ddot{x} = -\omega^2 x. \tag{3.53}$$

Gl. 3.53 ist uns aus Abschn. 2.3 bereits in der Form

$$a_x = -\omega^2 x$$

[Gl. 2.46] bekannt. Wir wissen daher, dass

$$x(t) = A \cos{(\omega t)}$$

[Gl. 2.42] Gl. 3.53 erfüllt. Verifizieren Sie, dass auch

$$x(t) = A \cos{(\omega t)} + B \sin{(\omega t)} \tag{3.54}$$

eine Lösung von Gl. 3.53 ist. Gl. 3.54 beinhaltet Gl. 2.42 als Spezialfall. In Kap. 4 werden wir die Lösung in Gl. 3.54 systematisch konstruieren und dadurch demonstrieren, dass es sich um die *allgemeinste* Lösung von Gl. 3.53 handelt.

Das gefundene periodische Verhalten des Teilchens macht die Einführung der Kreisfrequenz ω in Gl. 3.52 nachvollziehbar. Dies ist auch der Grund, weshalb wir überhaupt von einem *Oszillator* sprechen. Überlegen Sie sich: Welche Bedeutung haben die Konstanten A bzw. B in Gl. 3.54?

3.4 Zustandsraum

Die Lösung der Newton'schen Bewegungsgleichung für $\vec{F} = \vec{0}$ (Abschn. 3.3.2) bzw. $\vec{F} = \text{const.}$ (Abschn. 3.3.3) legt nahe, dass wir als Anfangsbedingungen im Allgemeinen sowohl $\vec{r}(0)$ als auch $\vec{v}(0)$ benötigen. Diese Erwartung ist in der Tat korrekt. Insbesondere können wir daraus schließen, dass zur Charakterisierung des Zustands eines Teilchens in der Newton'schen Mechanik ein Zustandsraum erforderlich ist, der zu $\mathbb{R}^6$ äquivalent („isomorph") ist. Dabei entsprechen drei Achsen den x-, y- und z-Komponenten des Ortsvektors des Teilchens und drei weitere Achsen den x-, y- und z-Komponenten des Geschwindigkeitsvektors.

Die Struktur der Zustände, die in der Newton'schen Mechanik eines Punktteilchens erforderlich sind, wird besonders leicht ersichtlich, wenn wir die Zeit t wieder diskretisieren und mit den Zeitpunkten

$$t_n = n\,\Delta t$$

[Gl. 1.1] arbeiten. Für hinreichend kleine Δt nähern wir den Beschleunigungsvektor zur Zeit t_n durch

$$\vec{a}(t_n) = \dot{\vec{v}}(t_n) \approx \frac{\vec{v}(t_{n+1}) - \vec{v}(t_n)}{\Delta t}. \tag{3.55}$$

In der gemachten Näherung folgt daher aus der Newton'schen Bewegungsgleichung [Gl. 3.37]:

$$\vec{v}(t_{n+1}) = \vec{v}(t_n) + \Delta t \frac{\vec{F}(t_n, \vec{r}(t_n), \vec{v}(t_n))}{m}. \tag{3.56}$$

Hierbei haben wir angenommen, dass die Kraft $\vec{F}$ sowohl von der Zeit t, von der Position $\vec{r}$ des Teilchens als auch von dem Geschwindigkeitsvektor $\vec{v}$ des Teilchens abhängen kann.

Zusätzlich benötigen wir eine Gleichung, mit deren Hilfe wir den Ortsvektor des Teilchens berechnen können. Als Grundlage dafür dient die Differenzialgleichung

$$\dot{\vec{r}} = \vec{v}, \tag{3.57}$$

die wir durch

$$\frac{\vec{r}(t_{n+1}) - \vec{r}(t_n)}{\Delta t} \approx \vec{v}(t_n) \tag{3.58}$$

nähern. Demzufolge erhalten wir die Position des Teilchens zur Zeit t_{n+1} aus der Position des Teilchens zur Zeit t_n – und dem Geschwindigkeitsvektor des Teilchens zur Zeit t_n:

$$\vec{r}(t_{n+1}) = \vec{r}(t_n) + \Delta t\,\vec{v}(t_n). \tag{3.59}$$

Wir sehen somit, dass wir $\vec{r}$ nicht ohne $\vec{v}$ und $\vec{v}$ (im Allgemeinen) nicht ohne $\vec{r}$ bestimmen können. Wir müssen Gl. 3.56 und 3.59 simultan lösen.

Diese Beobachtung führt uns zu der Definition

$$\mathbf{Z}_n = \begin{pmatrix} \vec{r}(t_n) \\ \vec{v}(t_n) \end{pmatrix} \tag{3.60}$$

für den Zustand des Punktteilchens in der Newton'schen Mechanik. Dieser Zustand genügt dem dynamischen Gesetz

$$\mathbf{Z}_{n+1} = \mathbf{Z}_n + f(n, \mathbf{Z}_n), \tag{3.61}$$

wobei

$$f(n, \mathbf{Z}_n) = \begin{pmatrix} \Delta t\, \vec{v}(t_n) \\ \Delta t\, \vec{F}(t_n, \vec{r}(t_n), \vec{v}(t_n))/m \end{pmatrix} \tag{3.62}$$

ist. Die Struktur von Gl. 3.61, die für hinreichend kleine Δt eine gute Näherung zur exakten Newton'schen Mechanik darstellt, hat genau die Form von Gl. 1.5, die wir in Kap. 1 postuliert und untersucht hatten.

3.5 Prinzipien

In den betrachteten Beispielen in Abschn. 3.3 ist die Newton'sche Dynamik deterministisch und reversibel. Da aber in der Aristoteles'schen Dynamik irreversibles Verhalten auftreten kann (Abschn. 3.2.3) und die Aristoteles'sche Bewegungsgleichung als ein Grenzfall der Newton'schen Bewegungsgleichung im Fall von starker Reibung angesehen werden kann (mehr dazu in Kap. 4), müssen wir davon ausgehen, dass auch die Newton'sche Dynamik unter Umständen praktisch irreversibles Verhalten zeigt. In ähnlicher Weise erwarten wir, dass es sich trotz der deterministischen Natur der Newton'schen Bewegungsgleichung in der Praxis als unmöglich erweisen kann, die Zukunft eines Systems vorherzusagen (mehr dazu in Kap. 6). Insofern sind die Prinzipien des Determinismus und der Reversibilität zwar wichtige Leitgedanken, die es einem erlauben, manche eventuell denkbaren dynamischen Gesetze von vornherein auszuschließen. Dies bedeutet aber nicht, dass sich das Ziel der Vorhersage der Zukunft für jedes beliebige System tatsächlich realisieren lässt.

Ein weiterer grundlegender Leitgedanke ist das *Relativitätsprinzip* (Kap. 12), das in seiner Grundidee auf Galileo Galilei (1564–1642) zurückgeht. Das Relativitätsprinzip besagt, dass es kein ausgezeichnetes Bezugssystem zur Beschreibung der Physik gibt. Aus diesem Grund hatten wir in Kap. 2 auch betont, dass wir unser Koordinatensystem zur Beschreibung der Bewegung des Punktteilchens frei wählen dürfen. Ohne dass es ein ausgezeichnetes Bezugssystem gibt, kann man nicht die Aussage treffen, dass sich ein Körper A bewegt und ein anderer Körper B in Ruhe ist. Man kann lediglich sagen, dass sich A und B relativ zueinander bewegen. Daher ist jedes Bezugssystem – eines, das in A verankert ist, oder eines, das in B verankert ist – gleichermaßen dazu geeignet, physikalische Phänomene zu beschreiben. Die grundlegenden Gleichungen der Physik sollen dem Relativitätsprinzip zufolge die gleiche mathematische Form haben, egal ob das in A oder das in B verankerte Bezugssystem verwendet wird. Hat man demnach einen Ausdruck, mit dessen Hilfe man die Koordinaten im Bezugssystem A in die Koordinaten im Bezugssystem B transformieren kann, dann muss man aus einem dynamischen Gesetz im Bezugssystem A das entsprechende dynamische Gesetz im Bezugssystem B bestimmen können.

In der Klassischen Mechanik wird eine bestimmte Klasse von Bezugssystemen aber dennoch ausgezeichnet. Dies sind die sogenannten *Inertialsysteme*. Inertialsysteme sind diejenigen Bezugssysteme, in denen ein Teilchen, auf das keine Kraft wirkt, das erste Newton'sche Gesetz erfüllt. Bewegt sich ein Teilchen in einem Bezugssystem nicht gleichförmig und geradlinig, obwohl keine echte Kraft auf das Teilchen wirkt, dann ist das Bezugssystem kein Inertialsystem. Hat man ein Inertialsystem identifiziert, dann ist jedes andere Bezugssystem, das aus dem Inertialsystem durch eine konstante räumliche Verschiebung oder Drehung – oder durch eine Bewegung mit konstantem Geschwindigkeitsvektor – hervorgeht, ebenfalls ein Inertialsystem.

In der nichtrelativistischen Klassischen Mechanik ist die Transformation von den Koordinaten in einem Inertialsystem zu den Koordinaten in einem anderen Inertialsystem die sogenannte Galilei-Transformation. In der Speziellen Relativitätstheorie wird die Galilei-Transformation durch die sogenannte Lorentz-Transformation ersetzt. Bei der Lorentz-Transformation kommt es nicht nur zu einer Transformation der räumlichen Koordinaten, sondern jedem Inertialsystem wird seine eigene Zeitkoordinate zugeordnet, die ebenfalls beim Wechsel vom einen zum anderen Bezugssystem transformiert werden muss. Wir werden uns in Kap. 4 bis einschließlich Kap. 11 auf die nichtrelativistische Klassische Mechanik konzentrieren. Die Grundlagen der Speziellen Relativitätstheorie sind Gegenstand von Kap. 12.

▶   **Hinweis** Bezugssysteme, die sich beschleunigt gegenüber einem Inertialsystem bewegen, sind keine Inertialsysteme. Bewegt sich ein Teilchen in einem gegebenen Inertialsystem gleichförmig und geradlinig, dann bewegt es sich aus Sicht des beschleunigten Bezugssystems beschleunigt. In einem derartigen beschleunigten Bezugssystem kommt man als Beobachterin oder Beobachter zu dem Schluss, dass auf das Teilchen eine Kraft wirken muss, obwohl für diese Kraft keine physikalische Ursache angegeben werden kann. Es handelt sich daher um eine *Scheinkraft*. In diesem Lehrbuch arbeiten wir ausschließlich mit Inertialsystemen. Scheinkräfte treten daher nicht auf.

Aufgaben

3.1 Die Dynamik der Aristoteles'schen Bewegungsgleichung

$$\frac{\mathrm{d}x}{\mathrm{d}t} = -\frac{k}{\eta}x^3$$

[Gl. 3.30] weist praktisch irreversibles Verhalten auf.

(a) Zeigen Sie, dass

$$x(t) = \frac{x(0)}{\sqrt{1 + 2ktx(0)^2/\eta}}$$

[Gl. 3.32] die Bewegungsgleichung erfüllt.

(b) Bestimmen Sie mithilfe von (a) die Anfangsposition des Teilchens, $x(0)$, für eine gegebene Position $x(t)$ zu einem gegebenen Zeitpunkt $t > 0$. Unter welcher Bedingung hat das betrachtete $x(t)$ keine mögliche Anfangsposition? In welchem

x-Intervall sind grundsätzlich mögliche Teilchenpositionen zum betrachteten Zeitpunkt $t > 0$ somit zu finden?
(c) Leiten Sie mithilfe von (b) Gl. 3.33 bis Gl. 3.35 her und diskutieren Sie deren Implikationen.

3.2 Ein Teilchen befinde sich zum Zeitpunkt $t = 0$ bei $z = z_0$, sei zu diesem Zeitpunkt in Ruhe und erfahre für $t \geq 0$ die Beschleunigung

$$\vec{a}(t) = -g e^{-kt} \hat{e}_z.$$

Dabei seien g und k Konstanten.

(a) Bestimmen Sie $\vec{v}(t)$ für $t \geq 0$.
(b) Bestimmen Sie $\vec{r}(t)$ für $t \geq 0$.
(c) Zeigen Sie, dass, für hinreichend große t, $\dot{z}(t) \approx$ const.
(d) Zeigen Sie, dass, für hinreichend kleine t, $z(t) \approx z_0 - \frac{1}{2}gt^2$. (Beachten Sie die Reihenentwicklung $e^x = 1 + x + \frac{1}{2}x^2 + \frac{1}{6}x^3 + \dots$. Auf Reihenentwicklungen dieser Art werden wir in Kap. 4 genauer zu sprechen kommen.)
(Die betrachtete Bewegung entspricht näherungsweise der eines Fallschirmspringers.)

3.3 Untersuchen Sie mithilfe des ersten Newton'schen Gesetzes, wie sich ein Bezugssystem zu einem gegebenen Inertialsystem verhalten muss, damit es selbst ein Inertialsystem ist. Nehmen Sie an, dass beiden Bezugssystemen die gleiche Zeitkoordinate zugeordnet werden kann. Leiten Sie damit die Galilei-Transformation her. Sie dürfen die Möglichkeit unbeachtet lassen, dass die Koordinatenachsen der beiden Bezugssysteme relativ zueinander gedreht sind.

Gewöhnliche Differenzialgleichungen

R. Santra, *Einführung in die Theoretische Physik*,
https://doi.org/10.1007/978-3-662-67439-0_4

Eine Gleichung, in der Ableitungen der zu bestimmenden Funktion auftreten, heißt Differenzialgleichung. Liegt bei der Gleichung nur *eine* unabhängige Variable vor (z. B. die Zeit t), dann handelt es sich um eine *gewöhnliche* Differenzialgleichung. Auf diese wollen wir uns hier konzentrieren, da die dynamischen Gesetze für Punktteilchen von diesem Typ sind. In der Praxis hat man es oft mit einem *System von gewöhnlichen Differenzialgleichungen* zu tun, bei dem man also mehrere gewöhnliche Differenzialgleichungen simultan lösen muss (z. B. $F_x = m\ddot{x}$, $F_y = m\ddot{y}$, $F_z = m\ddot{z}$). Der Einfachheit halber konzentrieren wir uns in diesem Kapitel aber auf einzelne gewöhnliche Differenzialgleichungen. Die zentrale physikalische Anwendung der analytischen Methoden, die Sie im Folgenden kennenlernen werden, ist der harmonische Oszillator. Bei der Analyse des harmonischen Oszillators werden Sie einem wichtigen Grundphänomen der Physik begegnen – der Resonanz.

4.1   Bezeichnungen

4.1.1   Ordnung und Linearität

Im Zusammenhang mit der Aristoteles'schen Bewegungsgleichung hatten wir die beiden Differenzialgleichungen

$$\frac{\mathrm{d}x(t)}{\mathrm{d}t} = \frac{F(t)}{\eta}$$

[Gl. 3.20] und

$$\frac{\mathrm{d}x(t)}{\mathrm{d}t} = -\frac{k}{\eta}x(t)^3$$

[Gl. 3.30] untersucht. Dabei hatten wir für Gl. 3.20 die allgemeine Lösung

$$x(t) = x(0) + \int_0^t \frac{F(t')}{\eta}\mathrm{d}t'$$

[Gl. 3.25] gefunden. Für Gl. 3.30 hatten wir die allgemeine Lösung

$$x(t) = \frac{x(0)}{\sqrt{1 + 2ktx(0)^2/\eta}}$$

[Gl. 3.32] angegeben. Die dazugehörige Herleitung werden Sie in diesem Kapitel kennenlernen.

Die Gleichungen $\dot{x}(t) = F(t)/\eta$ und $\dot{x}(t) = -(k/\eta)x(t)^3$ sind Beispiele für Differenzialgleichungen *erster Ordnung,* da in diesen Gleichungen lediglich eine erste Ableitung, $\dot{x}$, auftritt. Den beiden allgemeinen Lösungen in Gl. 3.25 und 3.32 ist gemeinsam, dass sie von jeweils einer Integrationskonstanten, $x(0)$, abhängen. Häufig möchte man eine *spezifische* Lösung, die bestimmte Bedingungen erfüllt – sogenannte Randbedingungen oder auch, bei Angabe der Bedingungen für einen

Anfangszeitpunkt, Anfangsbedingungen. Sobald Sie für die Position des Teilchens zur Zeit $t = 0$ einen konkreten Wert angeben, erhalten Sie aus der allgemeinen Lösung eine solche spezifische Lösung. Die Situation ist analog zur Stammfunktion

$$F(x) = \int_{x_0}^{x} f(x')\mathrm{d}x' + F(x_0)$$

[Gl. 3.6] einer Funktion $f(x)$: Die Funktion $F(x)$ bleibt unbestimmt, solange der Wert der Stammfunktion an der Stelle x_0 nicht festgelegt wird.

▶ **Hinweis** Beachten Sie, dass, anders als bei Stammfunktionen wie in Gl. 3.6, die Integrationskonstante in der allgemeinen Lösung einer Differenzialgleichung erster Ordnung nicht zwingend eine additive Konstante ist. Betrachten Sie als Beispiel Gl. 3.32 und vergleichen Sie mit Gl. 3.25.

Im Zusammenhang mit der Newton'schen Bewegungsgleichung hatten wir uns mit den Differenzialgleichungen

$$\ddot{z} = \frac{F_z}{m}$$

[das ist Gl. 3.46 unter Verwendung des Zusammenhangs $v_z = \dot{z}$] mit konstantem F_z und

$$\ddot{x} = -\omega^2 x$$

[Gl. 3.53] beschäftigt. Ganz allgemein bezeichnet man als die *Ordnung* einer Differenzialgleichung die Ordnung der höchsten in der Gleichung auftretenden Ableitung der zu bestimmenden Funktion. Bei den Differenzialgleichungen $\ddot{z} = F_z/m$ und $\ddot{x} = -\omega^2 x$ ist die Ordnung der höchsten Ableitung gleich zwei. Bei der Newton'schen Bewegungsgleichung für die Ortskoordinate handelt es sich daher um eine Differenzialgleichung *zweiter* Ordnung.

Durch zweimalige Integration hatten wir die allgemeine Lösung

$$z(t) = z(0) + v_z(0)t + \frac{1}{2}\frac{F_z}{m}t^2$$

[Gl. 3.48] der Differenzialgleichung $\ddot{z} = F_z/m$ bestimmt. Die allgemeine Lösung

$$x(t) = A\cos(\omega t) + B\sin(\omega t)$$

[Gl. 3.54] der Differenzialgleichung $\ddot{x} = -\omega^2 x$ werden wir in Abschn. 4.7 herleiten. Die Konstanten A und B in Gl. 3.54 hängen direkt mit der Anfangsposition $x(0)$ und der Anfangsgeschwindigkeit $v_x(0)$ des Teilchens zusammen. (Bitte machen Sie sich dies klar.) Um aus Gl. 3.48 bzw. Gl. 3.54 eine spezifische Lösung zu erhalten, müssen nun jeweils *zwei* Integrationskonstanten festgelegt werden – und zwar die entsprechenden Komponenten des Positionsvektors und des Geschwindigkeitsvektors des Teilchens zum Anfangszeitpunkt $t = 0$.

Im Allgemeinen kann man erwarten, dass in der allgemeinen Lösung einer Differenzialgleichung n-ter Ordnung n voneinander unabhängige Integrationskonstanten in Erscheinung treten. Bei sogenannten *linearen* Differenzialgleichungen ist dies auch der Fall, sonst nicht notwendigerweise. Eine lineare Differenzialgleichung hat die allgemeine Form

$$a_0(t)x(t) + a_1(t)\frac{\mathrm{d}x(t)}{\mathrm{d}t} + a_2(t)\frac{\mathrm{d}^2x(t)}{\mathrm{d}t^2} + a_3(t)\frac{\mathrm{d}^3x(t)}{\mathrm{d}t^3} + \ldots = b(t), \qquad (4.1)$$

wobei t die unabhängige Variable sei, x sei die von t abhängige Variable, und die a_i bzw. b seien vorgegebene Funktionen von t (die a_i bzw. b können insbesondere auch konstant sein). Die Differenzialgleichungen $\dot{x}(t) = F(t)/m$, $\ddot{z}(t) = F_z/m$ und $\ddot{x}(t) = -\omega^2 x(t)$ sind linear. Die Differenzialgleichung $\dot{x}(t) = -(k/m)x(t)^3$ ist nicht linear, da die gesuchte Funktion $x(t)$ in der dritten Potenz auftritt. Die analytischen Lösungsverfahren für Differenzialgleichungen beschränken sich zu einem großen Teil auf lineare Differenzialgleichungen. Die Gleichung $\dot{x}(t) = -(k/m)x(t)^3$ nimmt als analytisch lösbare, nichtlineare Differenzialgleichung insofern eine gewisse Sonderrolle ein.

4.1.2   Weitere Beispiele

Wir werden im Folgenden immer wieder zwischen Differenzialgleichungen für Funktionen $x(t)$ (t ist die unabhängige Variable und x die gesuchte abhängige Variable) und Differenzialgleichungen für Funktionen $y(x)$ (x ist die unabhängige Variable und y die gesuchte abhängige Variable) hin und her wechseln. Um uns an diesen Sachverhalt leichter gewöhnen zu können, betrachten wir in diesem Abschnitt noch zwei konkrete Beispiele, bei denen wir die Notation $y(x)$ verwenden. Bei einer Differenzialgleichung in der unabhängigen Variablen x und der abhängigen Variablen y ist es unser Ziel, eine Funktion $y(x)$ zu finden, die die Differenzialgleichung erfüllt.

1. Im ersten Beispiel sei

$$y' = 3\cos(5x), \qquad (4.2)$$

   wobei

$$y' = \frac{\mathrm{d}y}{\mathrm{d}x}$$

die erste Ableitung der Funktion y nach x ist. Gl. 4.2 ist eine lineare Differenzialgleichung erster Ordnung vom Typ von Gl. 3.9, die wir unter Verwendung von Gl. 3.13 sofort lösen können:

$$y(x) = \int_{x_0}^{x} 3\cos(5x')\mathrm{d}x' + y(x_0)$$
$$= \frac{3}{5}\sin(5x')\Big|_{x_0}^{x} + y(x_0)$$

$$= \frac{3}{5} \{\sin (5x) - \sin (5x_0)\} + y(x_0). \tag{4.3}$$

Nehmen wir nun an, wir suchen die spezifische Lösung $y(x)$, die an der Stelle $x_0 = \pi/10$ den Wert $y(x_0) = -11$ annimmt. Dann müssen wir diese Randbedingung einfach in die allgemeine Lösung in Gl. 4.3 einsetzen:

$$y(x) = \frac{3}{5} \{\sin (5x) - \sin (5\pi/10)\} - 11$$

$$= \frac{3}{5} \{\sin (5x) - 1\} - 11$$

$$= \frac{1}{5} \{3 \sin (5x) - 58\}. \tag{4.4}$$

2. Im zweiten Beispiel sei

$$y'' = 2y. \tag{4.5}$$

Diese lineare Differenzialgleichung zweiter Ordnung hat, bis auf das unterschiedliche Vorzeichen, exakt die gleiche Struktur wie die Differenzialgleichung $\ddot{x} = -\omega^2 x$. Die allgemeine Lösung von Gl. 4.5,

$$y = A e^{\sqrt{2}x} + B e^{-\sqrt{2}x}, \tag{4.6}$$

sieht aber auf den ersten Blick völlig anders aus als die allgemeine Lösung

$$x(t) = A \cos (\omega t) + B \sin (\omega t)$$

[Gl. 3.54] von $\ddot{x} = -\omega^2 x$. In Gl. 4.6 treten Exponentialfunktionen (Abschn. A.6) auf, wohingegen in Gl. 3.54 trigonometrische Funktionen erscheinen. Tatsächlich deutet die Ähnlichkeit von Gl. 4.5 zu der Differenzialgleichung $\ddot{x} = -\omega^2 x$ aber vielmehr darauf hin, dass zwischen Exponentialfunktionen und trigonometrischen Funktionen ein enger Zusammenhang besteht. Diese Aussage wird Ihnen später klarer werden, wenn wir uns mit komplexen Zahlen auseinandersetzen.

Aus der allgemeinen Lösung in Gl. 4.6 erhalten wir eine spezifische Lösung, indem wir *zwei* Randbedingungen vorgeben, aus denen wir dann die Integrationskonstanten A und B bestimmen. Suchen wir beispielsweise diejenige Lösung von Gl. 4.5, die durch die Punkte $(0, 1)$ und $(1, -1)$ in der xy-Ebene geht, dann müssen die beiden folgenden Bedingungen erfüllt sein:

$$A + B = 1 \tag{4.7}$$

und

$$A e^{\sqrt{2}} + B e^{-\sqrt{2}} = -1, \tag{4.8}$$

was Sie durch Einsetzen des Punkts $(0, 1)$ bzw. des Punkts $(1, -1)$ in Gl. 4.6 nachvollziehen können.

Bei Gl. 4.7 und 4.8 handelt es sich insgesamt um ein lineares Gleichungssystem für die zu bestimmenden Integrationskonstanten A und B. Durch Addition von Gl. 4.7 und 4.8 finden wir:

$$\left(1 + e^{\sqrt{2}}\right) A + \left(1 + e^{-\sqrt{2}}\right) B = 0$$

bzw.

$$\begin{aligned}
B &= -\frac{\left(1 + e^{\sqrt{2}}\right)}{\left(1 + e^{-\sqrt{2}}\right)} A \\
&= -\frac{e^{\sqrt{2}}}{e^{\sqrt{2}}} \cdot \frac{\left(1 + e^{\sqrt{2}}\right)}{\left(1 + e^{-\sqrt{2}}\right)} A \\
&= -e^{\sqrt{2}} \frac{\left(1 + e^{\sqrt{2}}\right)}{\left(e^{\sqrt{2}} + 1\right)} A \\
&= -e^{\sqrt{2}} A.
\end{aligned} \tag{4.9}$$

Dieses Ergebnis setzen wir in Gl. 4.7 ein:

$$A - e^{\sqrt{2}} A = 1.$$

Daraus folgt, dass

$$A = \frac{1}{1 - e^{\sqrt{2}}} \tag{4.10}$$

sein muss. Die Integrationskonstante B erhalten wir dann unmittelbar aus Gl. 4.9:

$$B = -\frac{e^{\sqrt{2}}}{1 - e^{\sqrt{2}}} = \frac{1}{1 - e^{-\sqrt{2}}}. \tag{4.11}$$

Damit ist die spezifische Lösung von Gl. 4.5, die sowohl durch den Punkt $(0, 1)$ als auch durch den Punkt $(1, -1)$ geht, durch

$$y = \frac{e^{\sqrt{2}x}}{1 - e^{\sqrt{2}}} + \frac{e^{-\sqrt{2}x}}{1 - e^{-\sqrt{2}}} \tag{4.12}$$

gegeben.

4.2 Separable Differenzialgleichungen

Eine spezifische Klasse von Differenzialgleichungen erster Ordnung, für die es im Prinzip eine analytische Lösungsmethode gibt, sind die *separablen* Differenzialgleichungen. Bei dem im Folgenden gezeigten Lösungsverfahren erweist es sich wieder als praktisch zweckmäßig, mit Differenzialen so zu arbeiten, als ob es sich um reguläre mathematische Objekte handeln würde.

Im Allgemeinen haben separable Differenzialgleichungen die Form

$$\frac{\mathrm{d}y}{\mathrm{d}x} = \frac{f(x)}{g(y)}, \tag{4.13}$$

wobei f und g gegebene Funktionen sind. Beachten Sie dabei, dass hier, im Gegensatz zu Gl. 3.9, $g(y)$ nicht notwendigerweise gleich eins ist. Gl. 4.13 kann formell in

$$g(y)\mathrm{d}y = f(x)\mathrm{d}x \tag{4.14}$$

übergeführt werden. Durch Integration beider Seiten erhalten wir sofort

$$\int_{y(x_0)}^{y(x)} g(y)\mathrm{d}y = \int_{x_0}^{x} f(x')\mathrm{d}x'. \tag{4.15}$$

Vergleichen Sie dieses Resultat mit Gl. 3.10 und 3.14. Sehen Sie zur Notation auf der linken Seite von Gl. 4.15 auch den Hinweis am Ende von Abschn. 3.1.

Wir verifizieren, dass die Funktion $y(x)$, die auf der linken Seite von Gl. 4.15 als obere Integrationsgrenze auftritt, Gl. 4.13 tatsächlich rigoros löst. Dazu leiten wir beide Seiten von Gl. 4.15 nach x ab. Die Ableitung der rechten Seite ist uns aus Gl. 3.8 vertraut:

$$\frac{\mathrm{d}}{\mathrm{d}x} \int_{x_0}^{x} f(x')\mathrm{d}x' = f(x).$$

Um die linke Seite von Gl. 4.15 nach x abzuleiten, müssen wir beachten, dass die obere Integrationsgrenze $y(x)$ und nicht x ist. Wir müssen daher die Kettenregel wie folgt anwenden:

$$\frac{\mathrm{d}}{\mathrm{d}x} \int_{y(x_0)}^{y(x)} g(y)\mathrm{d}y = \left\{ \frac{\mathrm{d}}{\mathrm{d}\tilde{y}} \int_{y(x_0)}^{\tilde{y}} g(y)\mathrm{d}y \right\} \Bigg|_{\tilde{y}=y(x)} \frac{\mathrm{d}y(x)}{\mathrm{d}x} = g(y)y'.$$

Hierbei haben wir für den Ausdruck in den geschweiften Klammern wieder Gl. 3.8 verwendet. Damit haben wir gezeigt, dass die Funktion $y(x)$ in Gl. 4.15 die Differenzialgleichung

$$g(y)y' = f(x)$$

erfüllt, was zu Gl. 4.13 äquivalent ist.

4.2.1 Beispiele

Wenden wir die formelle Lösungsmethode, die Sie in Gl. 4.14 und 4.15 kennengelernt haben, nun auf die Aristoteles'sche Bewegungsgleichung an.

1. Zuerst lösen wir die nichtlineare Differenzialgleichung

$$\frac{dx}{dt} = -\frac{k}{\eta}x^3$$

[Gl. 3.30]. Dazu bemerken wir, dass diese Differenzialgleichung separabel ist und sich analog zu Gl. 4.14 umformen lässt:

$$\frac{dx}{x^3} = -\frac{k}{\eta}dt.$$

Wir integrieren nun beide Seiten dieser Gleichung, so wie wir es in Gl. 4.15 getan hatten:

$$\int_{x(0)}^{x(t)} \frac{dx'}{x'^3} = -\frac{k}{\eta}\int_0^t dt'.$$

Daraus folgt:

$$-\frac{1}{2}(x')^{-2}\Big|_{x(0)}^{x(t)} = -\frac{k}{\eta}t$$

bzw.

$$\frac{1}{x(t)^2} - \frac{1}{x(0)^2} = 2\frac{k}{\eta}t.$$

Lösen wir diese Gleichung nach $x(t)$ auf und wählen diejenige Wurzel, die sicherstellt, dass $x(t)$ im Grenzfall $t \to 0$ in $x(0)$ übergeht, dann reproduzieren wir den in Gl. 3.32 angegebenen Ausdruck:

$$x(t) = \frac{x(0)}{\sqrt{1 + 2ktx(0)^2/\eta}}.$$

2. Wir ersetzen nun in der Aristoteles'schen Bewegungsgleichung die nichtlineare Kraft $-kx^3$ durch die lineare, Hooke'sche Kraft $-kx$ [Gl. 3.49]. Wir stellen uns also die Aufgabe, die lineare Differenzialgleichung

$$\eta\dot{x} = -kx$$

bzw.

$$\frac{dx}{dt} = -\frac{k}{\eta}x \tag{4.16}$$

zu lösen. Auch diese Differenzialgleichung ist separabel:

$$\frac{\mathrm{d}x}{x} = -\frac{k}{\eta}\mathrm{d}t.$$

Integration beider Seiten ergibt:

$$\int_{x(0)}^{x(t)} \frac{\mathrm{d}x'}{x'} = \ln\{x(t)\} - \ln\{x(0)\} = -\frac{k}{\eta}t.$$

Hier haben wir genutzt, dass der natürliche Logarithmus, $\ln x$, eine Stammfunktion der Funktion $1/x$ ist (Abschn. A.6.3), d. h.

$$\frac{\mathrm{d}\ln x}{\mathrm{d}x} = \frac{1}{x}.$$

Berücksichtigen wir noch die Identität (Abschn. A.6.3)

$$\ln\{x(t)\} - \ln\{x(0)\} = \ln\frac{x(t)}{x(0)}$$

und die Tatsache, dass der natürliche Logarithmus die Umkehrfunktion der Exponentialfunktion ist (Abschn. A.6.3), d. h.

$$\exp(\ln x) = x$$

für $x > 0$, erhalten wir schließlich die allgemeine Lösung von Gl. 4.16:

$$x(t) = x(0)\mathrm{e}^{-\frac{k}{\eta}t}. \tag{4.17}$$

In diesem Beispiel nimmt die Auslenkung des Teilchens mit zunehmender Zeit exponentiell ab und strebt gegen null, unabhängig von der Anfangsposition des Teilchens.

▶ **Hinweis** Bei der mathematischen Beschreibung des Zerfalls metastabiler Systeme, z. B. beim Zerfall von radioaktiven Atomkernen, tritt eine Differenzialgleichung auf, die zu Gl. 4.16 strukturell identisch ist. Dabei entspricht die abhängige Variable $x(t)$ in Gl. 4.16 der Anzahl der zum Zeitpunkt t noch nicht zerfallenen metastabilen Systeme. In diesem Zusammenhang wird k/η in Gl. 4.16 als Zerfallsrate bezeichnet. Gl. 4.17 gibt dann wieder, dass die Anzahl der noch nicht zerfallenen metastabilen Systeme mit der Zeit exponentiell abfällt.

4.3   Lineare Differenzialgleichungen erster Ordnung

Die Separabilität der Aristoteles'schen Bewegungsgleichung $\eta\dot{x} = -kx$ geht verloren, sobald man zur Hooke'schen Kraft z. B. eine vorgegebene, mit der Zeit exponentiell zunehmende äußere Kraft hinzufügt:

$$\eta\dot{x} = -kx + Fe^{\alpha t}. \tag{4.18}$$

Hierbei ist F die Amplitude der äußeren Kraft bei $t = 0$, und der Parameter α kontrolliert, wie schnell die äußere Kraft mit der Zeit anwächst. (Der griechische Kleinbuchstabe α wird *alpha* ausgesprochen.) Gl. 4.18 ist zwar nicht separabel, aber sie ist eine *lineare* Differenzialgleichung erster Ordnung. Für solche Differenzialgleichungen existiert ein Lösungsverfahren, dem wir uns nun zuwenden.

Lineare Differenzialgleichungen erster Ordnung können allgemein in folgender Form geschrieben werden:

$$y' + Py = Q. \tag{4.19}$$

Hierbei sind P und Q Funktionen von x. Gl. 4.19 kann gelöst werden, indem man in einem ersten Schritt die dazugehörige *homogene* Differenzialgleichung löst:

$$y'_H + Py_H = 0. \tag{4.20}$$

Der Begriff „homogen" bedeutet hier, dass die rechte Seite von Gl. 4.19 gleich null gesetzt wird. Gl. 4.20 ist separabel:

$$\frac{\mathrm{d}y_H}{y_H} = -P(x)\mathrm{d}x.$$

Durch Integration beider Seiten erhalten wir:

$$\ln\frac{y_H(x)}{y_H(x_0)} = -\int_{x_0}^{x} P(x')\mathrm{d}x'$$

bzw.

$$y_H(x) = y_H(x_0)\exp\left\{-\int_{x_0}^{x} P(x')\mathrm{d}x'\right\}. \tag{4.21}$$

Ist $F_P(x)$ eine Stammfunktion der Funktion $P(x)$, dann können wir für Gl. 4.21 auch schreiben:

$$\begin{aligned} y_H(x) &= y_H(x_0)\exp\left\{-[F_P(x) - F_P(x_0)]\right\} \\ &= A\exp\left\{-F_P(x)\right\}. \end{aligned} \tag{4.22}$$

Hierbei verwenden wir die Abkürzung

$$A = y_H(x_0)\exp\left\{F_P(x_0)\right\}.$$

Diese Größe hängt zwar von der konkret gewählten Stammfunktion ab (Stammfunktionen sind nicht eindeutig!), aber sie ist keine Funktion der unabhängigen Variablen x. Gl. 4.22 ist die allgemeine Lösung der homogenen Differenzialgleichung in Gl. 4.20.

Die Lösung der inhomogenen Differenzialgleichung $y' + Py = Q$ erfolgt nun mit einer Methode, die unter dem Namen *Variation der Konstanten* bekannt ist. Wir verwenden die allgemeine Lösung der homogenen Differenzialgleichung als Ausgangspunkt und ersetzen die Konstante A durch eine noch zu bestimmende Funktion $f(x)$. Der Lösungsansatz lautet also

$$y(x) = f(x)e^{-F_P(x)}. \tag{4.23}$$

Mit diesem Ansatz folgt durch Einsetzen in die inhomogene Differenzialgleichung [Gl. 4.19]:

$$f'e^{-F_P} - fe^{-F_P}F_P' + Py =$$
$$f'e^{-F_P} - fe^{-F_P}P + Py =$$
$$f'e^{-F_P} - yP + Py =$$
$$f'e^{-F_P} = Q.$$

(Der entscheidende Schritt beruht auf der Identität $F_P' = P$, die zum Ausdruck bringt, dass F_P eine Stammfunktion von P ist.) Daher erfüllt die Funktion $f(x)$ die Differenzialgleichung

$$f' = Qe^{F_P}.$$

Da die rechte Seite per Annahme eine bekannte Funktion von x ist (sobald man eine Stammfunktion F_P gewählt hat), lautet die Lösung dieser Differenzialgleichung:

$$f(x) = \int_{x_0}^{x} Q(x')e^{F_P(x')}dx' + f(x_0).$$

Setzen wir dies in Gl. 4.23 ein, dann erhalten wir die gesuchte allgemeine Lösung der Differenzialgleichung $y' + Py = Q$:

$$y(x) = e^{-F_P(x)} \int_{x_0}^{x} Q(x')e^{F_P(x')}dx' + e^{-F_P(x)}f(x_0). \tag{4.24}$$

▶ **Hinweis**
Bei fester Wahl der Stammfunktion $F_P(x)$ der Funktion $P(x)$ stellt $f(x_0)$ die Integrationskonstante dar, die die allgemeine Lösung von Gl. 4.19 charakterisiert. Nennen wir $f(x_0)$ dementsprechend einfach C, bietet sich in der Praxis folgendes Rezept an: Wir konstruieren zuerst die Hilfsfunktion

$$f(x) = \int_{x_0}^{x} Q(x')e^{F_P(x')}dx' + C$$

und teilen dann das Resultat durch $\exp\{F_P(x)\}$.

Wenden wir dieses Rezept nun auf Gl. 4.18 an. In einem ersten Schritt führen wir
Gl. 4.18 in die kanonische Form von Gl. 4.19 über:

$$\dot{x} + \frac{k}{\eta}x = \frac{F}{\eta}e^{\alpha t}. \tag{4.25}$$

Der Vergleich mit Gl. 4.19 ergibt:

$$P(t) = \frac{k}{\eta}$$

und

$$Q(t) = \frac{F}{\eta}e^{\alpha t}.$$

Für die Stammfunktion der Funktion $P(t)$ ist

$$F_P(t) = \frac{k}{\eta}t$$

eine naheliegende Wahl. Unter Verwendung von dieser Stammfunktion konstruieren
wir die Hilfsfunktion

$$\begin{aligned}
f(t) &= \int_0^t Q(t')e^{F_P(t')}dt' + C \\
&= \int_0^t \frac{F}{\eta}e^{\alpha t'}e^{\frac{k}{\eta}t'}dt' + C \\
&= \frac{F}{\eta\alpha + k}\left\{e^{\left(\alpha + \frac{k}{\eta}\right)t} - 1\right\} + C.
\end{aligned}$$

Dabei haben wir als untere Integrationsgrenze $t_0 = 0$ gewählt. Darüber hinaus haben
wir verwendet, dass

$$e^a e^b = e^{a+b}$$

ist. Mathematikerinnen und Mathematiker nennen diese wichtige Relation das Additionstheorem der Exponentialfunktion (Abschn. A.6.2).

Die Hilfsfunktion $f(t)$ teilen wir durch $\exp\{F_P(t)\}$ und erhalten somit schließlich:

$$x(t) = \frac{F}{\eta\alpha + k}\left\{e^{\alpha t} - e^{-\frac{k}{\eta}t}\right\} + Ce^{-\frac{k}{\eta}t}.$$

Setzen wir $t = 0$ ein, dann sehen wir, dass

$$C = x(0)$$

ist, also gleich der Anfangsposition des Teilchens. Wir können die allgemeine Lösung von Gl. 4.25 daher auch in der Form

$$x(t) = \frac{F}{\eta\alpha + k}e^{\alpha t} + \left\{ x(0) - \frac{F}{\eta\alpha + k} \right\} e^{-\frac{k}{\eta}t} \tag{4.26}$$

schreiben. Sie sehen, dass sich die zeitliche Entwicklung der Position des Teilchens nun aus zwei Anteilen zusammensetzt: einem Anteil, der mit der Zeit exponentiell abfällt – mit der gleichen funktionalen Abhängigkeit wie in Gl. 4.17 – und einem Anteil, der das Langzeitverhalten des Teilchens bestimmt und durch den zeitlichen Verlauf der äußeren Kraft $F \exp(\alpha t)$ kontrolliert wird.

4.4 Komplexe Zahlen

Bei der Lösung von Differenzialgleichungen zweiter Ordnung wird es sich als nützlich erweisen, mit dem Umgang mit komplexen Zahlen vertraut zu sein. Daher fassen wir an dieser Stelle die für uns wichtigsten Tatsachen zu komplexen Zahlen zusammen.

Komplexe Zahlen können als Vektoren in einer zweidimensionalen Ebene aufgefasst werden. Diese Ebene heißt *komplexe Ebene*. Sehen Sie dazu Abb. 4.1. Es ist in diesem Zusammenhang üblich, die x-Achse in dieser Ebene als *reelle* Achse und die y-Achse als *imaginäre* Achse zu bezeichnen. Es ist aber nicht üblich, die Vektoren z in der komplexen Ebene mit einem Vektorpfeil zu versehen.

Jede komplexe Zahl in der zweidimensionalen Ebene der komplexen Zahlen lässt sich, wie für Vektoren üblich, in der Form

$$z = \begin{pmatrix} x \\ y \end{pmatrix} = x\begin{pmatrix} 1 \\ 0 \end{pmatrix} + y\begin{pmatrix} 0 \\ 1 \end{pmatrix} \tag{4.27}$$

angeben, wobei x und y reelle Zahlen sind. x ist dann der *Realteil* der komplexen Zahl z und y ist der *Imaginärteil*. Für den Einheitsvektor

$$\begin{pmatrix} 1 \\ 0 \end{pmatrix}$$

Abb. 4.1 Darstellung der komplexen Zahl z in der komplexen Ebene. Gezeigt sind der Realteil x, der Imaginärteil y, der Betrag r und das Argument φ von z

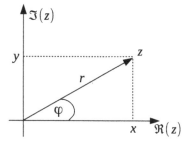

ist es üblich, einfach nur eine 1 zu schreiben, sodass die Menge der Zahlen auf der reellen Achse mit der Menge der reellen Zahlen gleichgesetzt wird. Der Einheitsvektor

$$\begin{pmatrix} 0 \\ 1 \end{pmatrix}$$

wird als i bezeichnet. Man nennt i die *imaginäre Einheit*. Wir erhalten für die komplexe Zahl z also die Schreibweise

$$z = x + \mathrm{i}y. \tag{4.28}$$

Da es sich einfach um Vektoren handelt, ist die Addition von zwei komplexen Zahlen sehr einfach. Sind

$$z_1 = \begin{pmatrix} x_1 \\ y_1 \end{pmatrix} = x_1 + \mathrm{i}y_1, \qquad z_2 = \begin{pmatrix} x_2 \\ y_2 \end{pmatrix} = x_2 + \mathrm{i}y_2 \tag{4.29}$$

zwei komplexe Zahlen, dann ist deren Summe

$$z_1 + z_2 = \begin{pmatrix} x_1 + x_2 \\ y_1 + y_2 \end{pmatrix} = (x_1 + x_2) + \mathrm{i}(y_1 + y_2). \tag{4.30}$$

Offenbar ist diese Summe ebenfalls eine komplexe Zahl.

Was die zweidimensionalen Vektoren, die als komplexe Zahlen bezeichnet werden, auszeichnet, ist, dass sie nicht nur so miteinander addiert werden können, dass eine komplexe Zahl resultiert, sondern dass sie auch so miteinander *multipliziert* werden können, dass eine komplexe Zahl resultiert. Mehr noch: In der zweidimensionalen Ebene kann die Multiplikation so bewerkstelligt werden, dass die uns von den reellen Zahlen bekannten Assoziativ-, Distributiv- und Kommutativgesetze gelten.

▶ **Hinweis**
Das Skalarprodukt von zwei reellen Vektoren [Gl. 2.28] ergibt eine reelle Zahl, keinen reellen Vektor. Das Kreuzprodukt von zwei reellen Vektoren in drei Dimensionen, mit dem wir uns in Kap. 9 beschäftigen werden, ergibt zwar einen reellen Vektor in drei Dimensionen, erfüllt aber weder das Kommutativgesetz noch das Assoziativgesetz.

Man kann die Multiplikationsregel für komplexe Zahlen in der Vektorschreibweise angeben, aber für unsere Zwecke ist es hinreichend, sich das Neue (im Vergleich zur Multiplikation reeller Zahlen) in folgender Form zu merken:

$$\mathrm{i}^2 = -1, \tag{4.31}$$

d. h., das Produkt der imaginären Einheit mit sich selbst ist das *Negative* der Zahl Eins. (Rufen Sie sich in Erinnerung, dass, für eine reelle Zahl $x \neq 0$, $x^2 > 0$

ist!) Diese einfache Gleichung ist die Grundlage für die Multiplikation beliebiger komplexer Zahlen:

$$
\begin{aligned}
z_1 z_2 &= (x_1 + iy_1)(x_2 + iy_2) \\
&= x_1 x_2 + i x_1 y_2 + i y_1 x_2 + i^2 y_1 y_2 \\
&= (x_1 x_2 - y_1 y_2) + i(x_1 y_2 + y_1 x_2).
\end{aligned}
\tag{4.32}
$$

Beim Übergang von der zweiten zur dritten Zeile haben wir Gl. 4.31 ausgenutzt. Verwendet man die dritte Zeile von Gl. 4.32 als *Definition* für das Produkt von z_1 und z_2, dann kann man leicht die oben angesprochenen Assoziativ-, Distributiv- und Kommutativgesetze für komplexe Zahlen nachweisen.

Die Multiplikation von zwei komplexen Zahlen wird vereinfacht, wenn man die Zahlen nicht durch ihre kartesischen (d. h. x- und y-) Komponenten angibt, sondern Polarkoordinaten wählt. (Sehen Sie dazu Abb. 4.1 und vergleichen Sie mit Abschn. 2.4.) In Polarkoordinaten gibt man für die komplexe Zahl $z = x + iy$ den Abstand r vom Ursprung an (also die Länge des Vektors z in der zweidimensionalen Ebene),

$$
r = \sqrt{x^2 + y^2},
\tag{4.33}
$$

und den Winkel φ des Vektors z bezüglich der reellen Achse,

$$
\tan \varphi = \frac{y}{x}.
\tag{4.34}
$$

Die reelle Zahl r in Gl. 4.33 wird in diesem Zusammenhang als *Betrag* von z bezeichnet, wofür man auch $|z|$ schreibt. Die reelle Zahl φ in Gl. 4.34 heißt *Argument* der komplexen Zahl z.

Um zu sehen, wie man eine komplexe Zahl $z = x + iy$ durch ihren Betrag r und ihr Argument φ ausdrückt, berücksichtigen wir, dass bei Polarkoordinaten in einer zweidimensionalen Ebene gilt:

$$
x = r \cos \varphi,
\tag{4.35}
$$

$$
y = r \sin \varphi.
\tag{4.36}
$$

Also ist

$$
\begin{aligned}
z &= x + iy \\
&= r \cos \varphi + ir \sin \varphi \\
&= r \left\{ \cos \varphi + i \sin \varphi \right\}.
\end{aligned}
\tag{4.37}
$$

Unter Ausnutzung der sogenannten Taylor-Reihen für die Exponentialfunktion und die trigonometrischen Funktionen kann man die *Euler'sche Formel*

$$
\cos \varphi + i \sin \varphi = e^{i\varphi}
\tag{4.38}
$$

herleiten. Diese wichtige Formel offenbart den engen Zusammenhang zwischen trigonometrischen Funktionen und der Exponentialfunktion, den wir schon in Abschn. 4.1.2 angesprochen hatten. Mithilfe der Euler'schen Formel folgt aus Gl. 4.37 die kompakte Darstellung

$$z = r e^{i\varphi}. \tag{4.39}$$

(In Abschn. 4.5 erfahren Sie mehr über Taylor-Reihen. Dort werden wir die Euler'sche Formel auch explizit herleiten.)

▶   **Hinweis**
Bevor Sie weiterlesen, arbeiten Sie bitte die folgenden Zahlenbeispiele durch:

$$i = e^{i\frac{\pi}{2}},$$
$$-1 = e^{i\pi},$$
$$-i = e^{i\frac{3}{2}\pi},$$
$$1 = e^{i2\pi},$$
$$1 + i = \sqrt{2}e^{i\frac{\pi}{4}},$$
$$1 - i = \sqrt{2}e^{-i\frac{\pi}{4}},$$
$$-2 + 2i = 2\sqrt{2}e^{i\frac{3}{4}\pi},$$
$$2 - 2i = 2\sqrt{2}e^{i\frac{7}{4}\pi}.$$

Beachten Sie bei der Umrechnung von der kartesischen Darstellung in die Polarkoordinatendarstellung der angegebenen komplexen Zahlen den Hinweis in Abschn. 2.4. Bestimmen Sie bei diesen Zahlenbeispielen (wo nötig) das Argument so, dass es im Intervall $(-\pi, \pi]$ liegt.

Multiplizieren wir nun also die Zahlen

$$z_1 = r_1 e^{i\varphi_1}$$

und

$$z_2 = r_2 e^{i\varphi_2}.$$

Dann erhalten wir

$$\begin{aligned} z_1 z_2 &= r_1 e^{i\varphi_1} r_2 e^{i\varphi_2} \\ &= r_1 r_2 e^{i(\varphi_1 + \varphi_2)}, \end{aligned} \tag{4.40}$$

d. h., wir multiplizieren die Beträge r_1 und r_2 und wir addieren die Argumente φ_1 und φ_2. Vergleichen Sie Gl. 4.40 mit Gl. 4.32 und Sie erkennen den Vorteil der Polarkoordinatendarstellung bei der Multiplikation von komplexen Zahlen.

Zum Abschluss unseres kleinen Ausflugs in den Umgang mit komplexen Zahlen vergegenwärtigen wir uns den Begriff der *komplexen Konjugation*. Ist

$$z = x + \mathrm{i}y = r\mathrm{e}^{\mathrm{i}\varphi},$$

dann ist die dazu komplex-konjugierte Zahl durch

$$z^* = x - \mathrm{i}y = r\mathrm{e}^{-\mathrm{i}\varphi} \tag{4.41}$$

definiert. Die Zahl z^* wird also dadurch aus der Zahl z konstruiert, indem man an der reellen Achse spiegelt. (In der Mathematik bevorzugt man die Notation $\bar{z}$ anstelle von z^*. Letzteres ist aber in der Physik weitverbreitet und wird daher in diesem Lehrbuch verwendet.) Damit ist das Produkt

$$zz^* = r^2\mathrm{e}^{\mathrm{i}(\varphi-\varphi)} = r^2 = x^2 + y^2 = |z|^2 \tag{4.42}$$

gleich dem Betragsquadrat von z. Aufgrund dieser Tatsache kann man leicht die komplexe Zahl $1/z$ konstruieren:

$$\frac{1}{z} = \frac{z^*}{zz^*} = \frac{z^*}{|z|^2} = \frac{x - \mathrm{i}y}{x^2 + y^2}. \tag{4.43}$$

4.5   Taylor-Reihen

Ein für die Theoretische Physik besonders wichtiges mathematisches Werkzeug sind die *Taylor-Reihen,* die wir im Zusammenhang mit der Euler'schen Formel [Gl. 4.38] bereits kurz erwähnt hatten. Mithilfe der Entwicklung in eine Taylor-Reihe gelingt es einem, eine gegebene Funktion lokal durch ein Polynom von niedriger Ordnung anzunähern. (Um sich an das Thema der Taylor-Reihen behutsam heranzutasten, ist die in Abschn. A.1 bis Abschn. A.4 gezeigte Analyse von Polynomen hilfreich.)

Ist eine Funktion $f(x)$ in der Umgebung eines Punkts x_0 beliebig häufig differenzierbar, dann lässt sich $f(x)$ durch folgende Taylor-Reihe darstellen:

$$f(x) = \sum_{n=0}^{\infty} \frac{f^{(n)}(x_0)}{n!}(x - x_0)^n. \tag{4.44}$$

Man spricht bei einer solchen Taylor-Reihe auch von der Reihenentwicklung der Funktion $f(x)$ um den Punkt x_0. Dabei repräsentiert $f^{(n)}(x_0)$ die n-te Ableitung der Funktion $f(x)$ an der Stelle x_0, mit

$$f^{(0)}(x_0) = f(x_0), \qquad f^{(1)}(x_0) = f'(x_0), \qquad f^{(2)}(x_0) = f''(x_0), \qquad \dots.$$

Das Symbol $n!$ in Gl. 4.44 wird n *Fakultät* ausgesprochen und ist durch die Gleichung

$$n! = 1 \cdot 2 \cdot \dots \cdot (n - 1) \cdot n \tag{4.45}$$

definiert. Speziell für $n = 0$ gilt die Definition

$$0! = 1.$$

Konzentrieren wir uns also beispielsweise auf die Terme von der nullten bis zur dritten Ordnung, dann können wir die Taylor-Reihe der Funktion $f(x)$ in der Form

$$f(x) = f(x_0) + f'(x_0)(x - x_0) + \frac{1}{2}f''(x_0)(x - x_0)^2 + \frac{1}{6}f'''(x_0)(x - x_0)^3 + \dots$$

(4.46)

schreiben.

Eine Variante von Gl. 4.46 erhält man, wenn man die Größe

$$\Delta x = x - x_0 \tag{4.47}$$

definiert. Δx gibt an, wie weit der Punkt x, an dem die Taylor-Reihe ausgewertet wird, vom Entwicklungspunkt x_0 entfernt ist. Dann ist $x = x_0 + \Delta x$, sodass Gl. 4.46 in

$$f(x_0 + \Delta x) = f(x_0) + f'(x_0)\Delta x + \frac{1}{2}f''(x_0)\Delta x^2 + \frac{1}{6}f'''(x_0)\Delta x^3 + \dots \tag{4.48}$$

übergeht. Die Möglichkeit der Taylor-Reihenentwicklung einer Funktion $f(x)$ sagt Ihnen, dass die Werte der Funktion an einer Stelle x durch Δx und die Ableitungen $f^{(n)}(x_0)$ an der Stelle x_0 bestimmt sind. In diesem Sinne bestimmen die Ableitungen an nur einer Stelle die gesamte Funktion!

Ganz so ideal, wie dies klingt, ist die Realität jedoch nicht. Im Allgemeinen stimmen die Funktion $f(x)$ und ihre Taylor-Reihe um einen Entwicklungspunkt x_0 nur in einem gewissen Bereich in der Umgebung von x_0 miteinander überein. In der Mathematik ist es eine zentrale Fragestellung, wie groß der Bereich um den Entwicklungspunkt x_0 ist, in dem die Taylor-Reihe konvergiert und die Funktion $f(x)$ darstellt. Dafür muss man alle Terme der Taylor-Reihe untersuchen, nicht nur die wenigen Terme, die in Gl. 4.46 und 4.48 angegeben sind.

In der Physik werden Taylor-Reihen jedoch primär derart verwendet, dass nur die ersten wenigen Terme der Taylor-Reihen betrachtet werden. Dabei wird die Annahme gemacht, dass der Betrag von Δx hinreichend klein ist, sodass die nicht betrachteten Terme ignoriert werden dürfen. Für diese Art der Verwendung von Taylor-Reihen werden Sie in diesem Lehrbuch mehreren Beispielen begegnen. Zum Abschluss dieses Abschnitts ziehen wir jedoch die vollständige Taylor-Reihenentwicklung, Gl. 4.44, heran, um die Euler'sche Formel zu begründen. Dazu wählen wir als Entwicklungspunkt $x_0 = 0$.

Für die Funktion $f(x) = \exp(x)$ ist die n-te Ableitung durch $f^{(n)}(x) = \exp(x)$ gegeben, sodass $f^{(n)}(0) = 1$ ist. Dadurch folgt die Taylor-Entwicklung der Exponentialfunktion um $x_0 = 0$:

$$e^x = \sum_{n=0}^{\infty} \frac{x^n}{n!}. \tag{4.49}$$

Bemerkenswerterweise gilt diese Reihenentwicklung für beliebige x – und zwar nicht nur für beliebige reelle Funktionsargumente, sondern auch für beliebige komplexe Funktionsargumente. Wir können Gl. 4.49 daher für das Funktionsargument $\mathrm{i}\varphi$ mit reellem φ einsetzen. Dabei beobachten wir, dass die Terme für gerade n reell und die Terme für ungerade n imaginär sind:

$$
\begin{aligned}
\mathrm{e}^{\mathrm{i}\varphi} &= \sum_{n=0}^{\infty} \frac{(\mathrm{i}\varphi)^n}{n!} \\
&= \sum_{n=0}^{\infty} \frac{\mathrm{i}^n \varphi^n}{n!} \\
&= \sum_{n=0,4,8,\ldots} \frac{\varphi^n}{n!} - \sum_{n=2,6,10,\ldots} \frac{\varphi^n}{n!} \\
&\quad + \mathrm{i} \sum_{n=1,5,9,\ldots} \frac{\varphi^n}{n!} - \mathrm{i} \sum_{n=3,7,11,\ldots} \frac{\varphi^n}{n!} \\
&= \sum_{n=0}^{\infty} (-1)^n \frac{\varphi^{2n}}{(2n)!} + \mathrm{i} \sum_{n=0}^{\infty} (-1)^n \frac{\varphi^{2n+1}}{(2n+1)!}.
\end{aligned}
\tag{4.50}
$$

Um die gemachten Schritte zu verstehen, überlegen Sie sich bitte, welche Werte i^n in der zweiten Zeile dieser Gleichung annehmen kann.

Um Gl. 4.44 auf die Sinusfunktion anwenden zu können, bestimmen wir die n-ten Ableitungen der Sinusfunktion an der Stelle 0: $f^{(0)}(0) = \sin(0) = 0$, $f^{(1)}(0) = \cos(0) = 1$, $f^{(2)}(0) = -\sin(0) = 0$, $f^{(3)}(0) = -\cos(0) = -1$. Ab $n = 4$ wiederholt sich dieses Muster. Damit ist die Taylor-Reihe der Sinusfunktion $\sin\varphi$ um den Entwicklungspunkt 0 durch

$$
\begin{aligned}
\sin\varphi &= \sum_{n=1,5,\ldots} \frac{\varphi^n}{n!} - \sum_{n=3,7,11,\ldots} \frac{\varphi^n}{n!} \\
&= \sum_{n=0}^{\infty} (-1)^n \frac{\varphi^{2n+1}}{(2n+1)!}
\end{aligned}
\tag{4.51}
$$

gegeben. Für die Kosinusfunktion $\cos\varphi$ findet man entsprechend

$$
\cos\varphi = \sum_{n=0}^{\infty} (-1)^n \frac{\varphi^{2n}}{(2n)!}.
\tag{4.52}
$$

Durch Vergleich von Gl. 4.50 mit Gl. 4.51 und 4.52 erhalten Sie die Euler'sche Formel, Gl. 4.38.

▶ **Hinweis**

Wie in Abschn. A.6.1 bzw. Abschn. A.8.1 angegeben, werden die Reihen in
Gl. 4.49, 4.51 und 4.52 in der Analysis zur *Definition* der Exponentialfunktion,
der Sinusfunktion und der Kosinusfunktion herangezogen. Wir sind hier
umgekehrt vorgegangen: Wir haben die Ableitungen dieser Funktionen
als bereits bekannt angenommen und mit dieser Information die Reihen
in Gl. 4.49, 4.51 und 4.52 als Taylor-Reihen um den Entwicklungspunkt 0
hergeleitet.

4.6 Homogene lineare Differenzialgleichungen zweiter Ordnung mit konstanten Koeffizienten

Kehren wir nun wieder zum Thema der gewöhnlichen Differenzialgleichungen
zurück und betrachten homogene lineare Differenzialgleichungen zweiter Ordnung
mit konstanten Koeffizienten. In diesem Fall haben wir die allgemeine Struktur

$$a_2 \frac{d^2 y}{dx^2} + a_1 \frac{dy}{dx} + a_0 y = 0, \tag{4.53}$$

wobei a_2, a_1 und a_0 Konstanten sind. Damit wir nicht einfach wieder eine Differenzialgleichung erster Ordnung vorliegen haben, sei $a_2 \neq 0$. Wir dürfen Gl. 4.53 daher
durch a_2 dividieren und erhalten die Differenzialgleichung

$$y'' + \frac{a_1}{a_2} y' + \frac{a_0}{a_2} y =$$
$$y'' + p y' + q y = 0 \tag{4.54}$$

mit den Koeffizienten $p = a_1/a_2$ und $q = a_0/a_2$.

Bei den Differenzialgleichungen, die in der Klassischen Mechanik auftreten, sind
die Koeffizienten im Allgemeinen reell. Die Koeffizienten p und q in Gl. 4.54 seien
im Folgenden also reell. Beispiele für Differenzialgleichungen von diesem Typ sind
$\ddot{x} + \omega^2 x = 0$ [Gl. 3.53] und $y'' - 2y = 0$ [Gl. 4.5]. (Den inhomogenen Fall, bei
dem die rechte Seite nicht verschwindet, behandeln wir später.) Die im Folgenden
beschriebene Vorgehensweise zur Lösung von Gl. 4.54 lässt sich im Prinzip auch auf
homogene lineare Differenzialgleichungen höherer Ordnung anwenden.

4.6.1 Faktorisierung

Wir führen das Symbol

$$D = \frac{d}{dx} \tag{4.55}$$

für den Differenzialoperator d/dx ein. Der Begriff *Operator* bezeichnet eine Abbildung, die eine Funktion auf eine andere Funktion abbildet. Dies ist analog zum

Begriff der linearen Abbildung in der Linearen Algebra, bei der ein Vektor auf einen anderen Vektor abgebildet wird. Operatoren sind allgegenwärtig in der Quantenmechanik, spielen aber auch darüber hinaus, so wie hier, eine wichtige Rolle.

Wirkt der Operator D auf die Funktion y, dann erhalten wir als Ergebnis

$$Dy = \frac{\mathrm{d}y}{\mathrm{d}x} = y'. \tag{4.56}$$

Lässt man D auf Dy wirken, ist das Resultat

$$D(Dy) = D^2 y = \frac{\mathrm{d}}{\mathrm{d}x}\left(\frac{\mathrm{d}y}{\mathrm{d}x}\right) = \frac{\mathrm{d}^2 y}{\mathrm{d}x^2} = y''. \tag{4.57}$$

Unter Verwendung des Operators D können wir die zweite Zeile von Gl. 4.54 also folgendermaßen schreiben:

$$\left(D^2 + pD + q\right)y = 0. \tag{4.58}$$

Der entscheidende Schritt zur analytischen Lösung von Gl. 4.54 bzw. Gl. 4.58 ist die Ausnutzung der Tatsache, dass die Koeffizienten p und q *Konstanten* sind. Dies hat zur Konsequenz, dass es immer möglich ist, bei Gl. 4.58 eine Faktorisierung der folgenden Form vorzunehmen:

$$(D^2 + pD + q)y = (D - a)(D - b)y = 0, \tag{4.59}$$

wobei a und b zu bestimmende Konstanten sind. Die durch Gl. 4.59 zum Ausdruck gebrachte Faktorisierbarkeit von $D^2 + pD + q$ in Faktoren $D - a$ und $D - b$ ist der Grund, weshalb wir den Operator D eingeführt haben.

Um die Gültigkeit von Gl. 4.59 zu sehen, beginnen wir mit der faktorisierten Form und multiplizieren die Klammern aus:

$$\begin{aligned}
(D - a)(D - b)y &= (D^2 - aD - Db + ab)y \\
&= (D^2 - aD - bD + ab)y \\
&= (D^2 - [a + b]D + ab)y. \tag{4.60}
\end{aligned}$$

Entscheidend bei dieser Rechnung ist, dass

$$Dby = D(by) = \frac{\mathrm{d}}{\mathrm{d}x}(by) = b\frac{\mathrm{d}}{\mathrm{d}x}y = bDy \tag{4.61}$$

ist. Da Gl. 4.61 für beliebige y gilt, schreibt man auch

$$Db = bD \tag{4.62}$$

und sagt, dass D und b miteinander vertauschen (kommutieren). Da entsprechend auch D und a miteinander vertauschen, kann die Reihenfolge der Faktoren in Gl. 4.60 keine Rolle spielen. Dies bestätigen Sie leicht mit folgender Überlegung:

$$
\begin{aligned}
(D - a)(D - b)y &= (D^2 - [a + b]D + ab)y \\
&= (D^2 - [b + a]D + ba)y \\
&= (D - b)(D - a)y.
\end{aligned}
\tag{4.63}
$$

Sie erkennen, dass $D^2 - [a + b]D + ab$ in Gl. 4.63 die gleiche Form wie $D^2 + pD + q$ in Gl. 4.59 besitzt. Wir haben somit die Zuordnungen

$$
a + b = -p
\tag{4.64}
$$

und

$$
ab = q.
\tag{4.65}
$$

Lösen Sie Gl. 4.64 nach b auf und setzen Sie das Resultat in Gl. 4.65 ein, dann erhalten Sie

$$
a(-a - p) = q
$$

bzw.

$$
a^2 + pa + q = 0.
\tag{4.66}
$$

Die Konstante a ist somit eine Nullstelle des quadratischen Polynoms

$$
f(\lambda) = \lambda^2 + p\lambda + q,
\tag{4.67}
$$

d. h. $f(a) = 0$. (Der griechische Kleinbuchstabe λ wird *lambda* ausgesprochen.) In analoger Weise gilt $f(b) = 0$. Man nennt das Polynom $f(\lambda)$ in Gl. 4.67 das zum Operator $D^2 + pD + q$ gehörige *charakteristische Polynom*.

Wir ziehen daraus folgenden Schluss: Will man $D^2 + pD + q$ faktorisieren, muss man die Lösungen der quadratischen Gleichung

$$
\lambda^2 + p\lambda + q = 0
\tag{4.68}
$$

bestimmen. Wie Sie aus der Schulmathematik wissen (Stichwort „pq-Formel"), lauten die gesuchten Nullstellen

$$
\lambda_\pm = -\frac{p}{2} \pm \sqrt{\frac{p^2}{4} - q}.
\tag{4.69}
$$

Damit ist

$$
\lambda^2 + p\lambda + q = (\lambda - \lambda_+)(\lambda - \lambda_-)
\tag{4.70}
$$

bzw.

$$D^2 + pD + q = (D - \lambda_+)(D - \lambda_-). \tag{4.71}$$

Der Vergleich mit Gl. 4.59 ergibt

$$a = \lambda_+, \quad b = \lambda_-. \tag{4.72}$$

4.6.2 Sukzessive Integration

Wir verwenden Gl. 4.59, um die zu lösende Differenzialgleichung

$$(D^2 + pD + q)y = 0$$

[Gl. 4.58] in der Form

$$(D - a)(D - b)y = 0 \tag{4.73}$$

zu schreiben. Mithilfe des Zwei-Schritt-Verfahrens der sukzessiven Integration leiten wir daraus die allgemeine Lösung von Gl. 4.58 (bzw. Gl. 4.54) her. Dazu konzentrieren wir uns auf den Fall $a \neq b$. Der Fall $a = b$ muss gesondert untersucht werden, erfordert aber grundsätzlich keine anderen Methoden als die im Folgenden gezeigte sukzessive Integration.

Bei der sukzessiven Integration führen wir zuerst die Funktion

$$u = (D - b)y \tag{4.74}$$

ein. Mit dieser Definition folgt aus Gl. 4.73, dass

$$(D - a)u = 0 \tag{4.75}$$

sein muss. Im ersten Schritt der sukzessiven Integration lösen wir diese Differenzialgleichung.

Bei Gl. 4.75 handelt es sich um eine separable Differenzialgleichung. Mit der Ihnen für derartige Differenzialgleichungen bekannten Methode (Abschn. 4.2) finden Sie die allgemeine Lösung von Gl. 4.75 für die Funktion u:

$$u = Ae^{ax}. \tag{4.76}$$

Hierbei wurde die Integrationskonstante A eingeführt. In Verbindung mit der ursprünglichen Definition $u = (D - b)y$ [Gl. 4.74] erhalten wir dann

$$(D - b)y = Ae^{ax}. \tag{4.77}$$

Im zweiten Schritt der sukzessiven Integration gilt es, diese Differenzialgleichung zu lösen.

Gl. 4.77 ist eine *inhomogene* lineare Differenzialgleichung erster Ordnung. Diese lösen wir mit den Ihnen aus Abschn. 4.3 bekannten Mitteln. Durch Vergleich von Gl. 4.77 mit der kanonischen Form

$$Dy + Py = Q$$

sehen wir, dass im vorliegenden Fall die Zuordnungen

$$P = -b, \qquad Q = Ae^{ax} \tag{4.78}$$

gemacht werden können. Als Stammfunktion von P bietet sich

$$F_P = -bx \tag{4.79}$$

an. Es folgt, dass

$$
\begin{aligned}
ye^{F_P} = ye^{-bx} &= \int_{x_0}^{x} Q(x')e^{F_P(x')}dx' + C \\
&= \int_{x_0}^{x} Ae^{ax'}e^{-bx'}dx' + C \\
&= \frac{A}{a-b}\left(e^{(a-b)x} - e^{(a-b)x_0}\right) + C \\
&= \underbrace{\frac{A}{a-b}}_{c_1} e^{(a-b)x} + \underbrace{C - \frac{A}{a-b}e^{(a-b)x_0}}_{c_2} \\
&= c_1 e^{(a-b)x} + c_2.
\end{aligned}
\tag{4.80}
$$

Dabei haben wir die von x unabhängigen Terme in den Konstanten c_1 und c_2 zusammengefasst.

An der vierten Zeile von Gl. 4.80 können Sie erkennen, weshalb es sinnvoll ist, den Fall $a = b$ separat zu betrachten. Für den Fall $a \neq b$ erhalten wir schließlich die allgemeine Lösung von $(D^2 + pD + q)y = 0$, indem wir Gl. 4.80 mit $\exp(bx)$ multiplizieren:

$$y = c_1 e^{ax} + c_2 e^{bx}. \tag{4.81}$$

Wie für eine Differenzialgleichung zweiter Ordnung erwartet, liegen in der allgemeinen Lösung mit c_1 und c_2 zwei freie Parameter (Integrationskonstanten) vor. Um diese Parameter für eine spezifische Lösung festzulegen, werden dementsprechend zwei Randbedingungen benötigt.

▶ **Hinweis**

Ist $a = b$, liegt also letzten Endes die Differenzialgleichung

$$(D - a)(D - a)y = 0 \qquad (4.82)$$

vor, dann findet man mithilfe des beschriebenen Verfahrens der sukzessiven Integration die allgemeine Lösung

$$y = (Ax + B)e^{ax} \qquad (4.83)$$

mit den Integrationskonstanten A und B. Man kann die allgemeine Lösung von Gl. 4.82 nicht dadurch erhalten, dass man in Gl. 4.81 b durch a ersetzt. Der Term proportional zu $x \exp(ax)$ in Gl. 4.83 würde fehlen.

Aus Gl. 4.81 können Sie schließen, dass sowohl die Funktion $\exp(ax)$ ($c_1 = 1$ und $c_2 = 0$) als auch die Funktion $\exp(bx)$ ($c_1 = 0$ und $c_2 = 1$) Lösungen der Differenzialgleichung $(D - a)(D - b)y = 0$ sind. Dies ist auch nachvollziehbar, weil die Identitäten

$$De^{ax} = ae^{ax}, \quad De^{bx} = be^{bx}$$

gelten. Mit deren Hilfe folgen unmittelbar die Gleichungen

$$(D - a)\underbrace{(D - b)e^{bx}}_{0} = 0$$

bzw.

$$(D - b)\underbrace{(D - a)e^{ax}}_{0} = 0.$$

Da die Operation der Ableitung linear ist, sind nicht nur $\exp(ax)$ und $\exp(bx)$ individuell Lösungen von $(D-a)(D-b)y = 0$, sondern beliebige Linearkombinationen dieser beiden Funktionen sind ebenfalls Lösungen. Dies ist genau, was Gl. 4.81 zum Ausdruck bringt.

Zur Lösung der Differenzialgleichung $(D^2 + pD + q)y = 0$ wird daher häufig so vorgegangen, dass für y der Ansatz $\exp(\lambda x)$ gemacht wird. Man rät also die Form der Lösung. Einsetzen von $y = \exp(\lambda x)$ in $(D^2 + pD + q)y = 0$ führt zu der Erkenntnis, dass λ eine Nullstelle des charakteristischen Polynoms $\lambda^2 + p\lambda + q$ [Gl. 4.67] sein muss. Man bestimmt dann die beiden Nullstellen a und b dieses quadratischen Polynoms, setzt sie jeweils in $\exp(\lambda x)$ ein und deklariert schließlich die Linearkombination von $\exp(ax)$ und $\exp(bx)$ mit Koeffizienten c_1 und c_2 zur allgemeinen Lösung von $(D^2 + pD + q)y = 0$. Für $a \neq b$ ist das so gewonnene Ergebnis auch korrekt, wie Gl. 4.81 demonstriert. Aber da man mit einem spezifischen Ansatz für y begonnen hat, kann man nicht ohne Weiteres sicher sein, wirklich die allgemeine Lösung gefunden zu haben. Dieses Problem haben wir nicht, weil wir die allgemeine Lösung systematisch hergeleitet haben. Ein weiterer Punkt ist, dass man mit dem Ansatz $y = \exp(\lambda x)$ nicht die allgemeine Lösung der Differenzialgleichung $(D^2 + pD + q)y = 0$ erhält, wenn der Fall $a = b$ vorliegt [Gl. 4.83].

4.6.3 Beispiel

Da wir die allgemeine Lösung von $(D^2 + pD + q)y = 0$ jetzt kennen, verwenden Sie in der Praxis folgende Lösungsmethode. Zuerst benutzen Sie die pq-Formel

$$\lambda_\pm = -\frac{p}{2} \pm \sqrt{\frac{p^2}{4} - q}$$

[Gl. 4.69], um die Nullstellen $a = \lambda_+$ und $b = \lambda_-$ des charakteristischen Polynoms $\lambda^2 + p\lambda + q$ zu berechnen. Ist $a \neq b$, dann ist die gesuchte allgemeine Lösung durch

$$y = c_1 e^{ax} + c_2 e^{bx}$$

[Gl. 4.81] gegeben. Ist aber $a = b$, dann verwenden Sie

$$y = (Ax + B)e^{ax}$$

[Gl. 4.83].

Wenden wir diese Strategie zur Übung nun auf ein konkretes Beispiel an:

$$y'' + 5y' + 6y = 0. \tag{4.84}$$

Wir schreiben diese Differenzialgleichung in der Form

$$(D^2 + 5D + 6)y = 0.$$

Es ist somit $p = 5$ und $q = 6$. Mit der pq-Formel folgt

$$\lambda_\pm = -\frac{5}{2} \pm \sqrt{\frac{25}{4} - 6} = -\frac{5}{2} \pm \sqrt{\frac{25}{4} - \frac{24}{4}} = -\frac{5}{2} \pm \sqrt{\frac{1}{4}} = -\frac{5}{2} \pm \frac{1}{2}.$$

Daher sind die Nullstellen des charakteristischen Polynoms durch

$$a = -\frac{5}{2} + \frac{1}{2} = -2$$

und

$$b = -\frac{5}{2} - \frac{1}{2} = -3$$

gegeben. Da a ,und b voneinander verschieden sind, lautet die gesuchte allgemeine Lösung von Gl. 4.84

$$y = c_1 e^{-2x} + c_2 e^{-3x}. \tag{4.85}$$

4.6.4 Komplex-konjugierte Nullstellen

Wir hatten zuvor betont, dass die Koeffizienten p und q in der Differenzialgleichung $(D^2 + pD + q)y = 0$ für die Zwecke der Klassischen Mechanik als reell anzusehen sind. Dies garantiert jedoch nicht, dass auch a und b reell sind. Die Nullstellen

$$\lambda_\pm = -\frac{p}{2} \pm \sqrt{\frac{p^2}{4} - q}$$

des charakteristischen Polynoms $\lambda^2 + p\lambda + q$ sind offenbar dann nicht reell, wenn $p^2/4 < q$ ist. In diesem Zusammenhang haben Sie die Gelegenheit, Ihre Kenntnisse über komplexe Zahlen (Abschn. 4.4) zum Einsatz zu bringen.

Es sei also im Folgenden $p^2/4 < q$. Dann ist

$$\sqrt{\frac{p^2}{4} - q} = \sqrt{(-1)\left(q - \frac{p^2}{4}\right)} = \sqrt{-1}\sqrt{q - \frac{p^2}{4}} = \mathrm{i}\sqrt{q - \frac{p^2}{4}} \qquad (4.86)$$

rein imaginär. Für die Nullstellen λ_+ bzw. λ_- haben wir damit die Situation, dass beide komplexe Zahlen sind:

$$\lambda_\pm = \underbrace{-\frac{p}{2}}_{\text{reell}} \pm \mathrm{i} \underbrace{\sqrt{q - \frac{p^2}{4}}}_{\text{reell}}. \qquad (4.87)$$

Zu beachten ist dabei vor allem, dass die beiden Nullstellen zueinander komplex konjugiert sind:

$$\lambda_-^* = \left(-\frac{p}{2} - \mathrm{i}\sqrt{q - \frac{p^2}{4}}\right)^* = -\frac{p}{2} + \mathrm{i}\sqrt{q - \frac{p^2}{4}} = \lambda_+. \qquad (4.88)$$

In diesem Fall ist demnach $a \neq b$ (da $\lambda_+ \neq \lambda_-$ ist), aber $a = b^*$ (da $\lambda_+ = \lambda_-^*$ ist).

Schreiben wir in der betrachteten Situation

$$a = \alpha + \mathrm{i}\beta, \qquad b = \alpha - \mathrm{i}\beta, \qquad (4.89)$$

mit

$$\alpha = -\frac{p}{2}, \qquad \beta = \sqrt{q - \frac{p^2}{4}}, \qquad (4.90)$$

dann folgt für die allgemeine Lösung von

$$(D - a)(D - b)y = 0$$

aus Gl. 4.81:

$$y = c_1 e^{(\alpha + i\beta)x} + c_2 e^{(\alpha - i\beta)x} = e^{\alpha x} \left(c_1 e^{i\beta x} + c_2 e^{-i\beta x} \right). \qquad (4.91)$$

(Der griechische Kleinbuchstabe β wird *beta* ausgesprochen.)
Unter Verwendung der Euler'schen Formel

$$e^{i\varphi} = \cos\varphi + i\sin\varphi$$

[Gl. 4.38] können wir Gl. 4.91 auch folgendermaßen schreiben:

$$\begin{aligned}
y &= e^{\alpha x} \{ c_1(\cos(\beta x) + i\sin(\beta x)) + c_2(\cos(\beta x) - i\sin(\beta x)) \} \\
&= e^{\alpha x} \{ (c_1 + c_2)\cos(\beta x) + i(c_1 - c_2)\sin(\beta x) \} \\
&= e^{\alpha x} \{ A\cos(\beta x) + B\sin(\beta x) \} \qquad (4.92)
\end{aligned}$$

mit den Integrationskonstanten $A = c_1 + c_2$ und $B = i(c_1 - c_2)$. Verwenden wir schließlich das Additionstheorem für die Sinusfunktion (Abschn. A.8),

$$\sin(\varphi_1 + \varphi_2) = \sin\varphi_1 \cos\varphi_2 + \cos\varphi_1 \sin\varphi_2, \qquad (4.93)$$

dann lässt sich die Lösung auch in der Form

$$y = c e^{\alpha x} \sin(\beta x + \gamma) \qquad (4.94)$$

mit den Integrationskonstanten c und γ schreiben. (Der griechische Kleinbuchstabe γ wird *gamma* ausgesprochen.)

Die Lösungen in Gl. 4.91, 4.92 und 4.94 von $(D^2 + pD + q)y = 0$ für $p^2/4 < q$ sind zueinander äquivalent. Machen Sie sich dies bitte klar, indem Sie die Konversion zwischen den verschiedenen Darstellungsformen nachrechnen. Welche Darstellungsform man wählt, hängt primär davon ab, welche Eigenschaften der Lösung man besonders betonen will bzw. welche Form es einem erlaubt, bei gegebenen Randbedingungen die Integrationskonstanten am leichtesten zu bestimmen.

4.7   Ungedämpfter bzw. gedämpfter harmonischer Oszillator

In Kap. 3 hatten wir uns bereits den ungedämpften harmonischen Oszillator kurz angeschaut. Dort hatten wir die Newton'sche Bewegungsgleichung des ungedämpften harmonischen Oszillators,

$$m\ddot{x} = -kx, \qquad (4.95)$$

in

$$\ddot{x} = -\omega^2 x \qquad (4.96)$$

übergeführt, wobei

$$\omega = \sqrt{\frac{k}{m}} \tag{4.97}$$

die Kreisfrequenz des ungedämpften harmonischen Oszillators ist.

Wir lösen nun Gl. 4.96 mit der Methode, die wir zur Lösung homogener linearer Differenzialgleichungen zweiter Ordnung mit konstanten Koeffizienten erarbeitet haben. Dazu bringen wir Gl. 4.96 in die kanonische Form

$$D^2 x + \omega^2 x = (D^2 + \omega^2)x = 0, \tag{4.98}$$

wo nun

$$D = \frac{\mathrm{d}}{\mathrm{d}t} \tag{4.99}$$

ist. Beachten Sie, dass in Gl. 4.96 die Zeit t die unabhängige Variable und der Ort x die abhängige Variable ist.

Der Vergleich von Gl. 4.98 mit der Standardform $(D^2 + pD + q)x = 0$ ergibt $p = 0$ und $q = \omega^2$. Mit der pq-Formel folgt

$$\lambda_{\pm} = 0 \pm \sqrt{0 - \omega^2}$$

und daher

$$a = \mathrm{i}\omega, \qquad b = -\mathrm{i}\omega.$$

Damit haben wir die Situation aus Abschn. 4.6.4 vorliegen, bei der $a \neq b$, aber $a = b^*$ ist.

Mit $\alpha = 0$ und $\beta = \omega$ [Gl. 4.89] erhalten wir mithilfe von Gl. 4.91, 4.92 und 4.94 drei Darstellungsformen für die allgemeine Lösung von Gl. 4.96:

$$x = c_1 \mathrm{e}^{\mathrm{i}\omega t} + c_2 \mathrm{e}^{-\mathrm{i}\omega t} \tag{4.100}$$

$$= A \cos(\omega t) + B \sin(\omega t) \tag{4.101}$$

$$= c \sin(\omega t + \gamma). \tag{4.102}$$

Die zweite dieser Darstellungsformen hatten wir in Gl. 3.54 bereits kennengelernt. Es liegt eine zeitlich periodische, oszillatorische Bewegung vor, deren Amplitude (der Parameter c in der dritten Darstellungsform) zeitlich konstant ist. Die Periode der Schwingung, $T = 2\pi/\omega$, ist durch die Kreisfrequenz ω in Gl. 4.97 gegeben. In Abb. 2.2 können Sie die zeitliche Entwicklung der Auslenkung des ungedämpften harmonischen Oszillators für $B = 0$ sehen.

Liegt Reibung („Dämpfung") vor, müssen wir davon ausgehen, dass die Amplitude der Bewegung zeitlich abnimmt (solange wir den Oszillator nicht regelmäßig wieder anstoßen). Außerdem müssen wir erwarten, dass bei fester Masse m und Federkonstante k die Kreisfrequenz $\omega = \sqrt{k/m}$ des ungedämpften harmonischen Oszillators nicht gleich der Kreisfrequenz des gedämpften harmonischen Oszillators ist, selbst dann nicht, wenn eine oszillatorische Bewegung (bei hinreichend schwacher Reibung) auftritt. Um diese Erwartungen mit Substanz zu untermauern, untersuchen wir als Nächstes die Newton'sche Bewegungsgleichung des gedämpften harmonischen Oszillators.

Im Zusammenhang mit dem dynamischen Gesetz von Aristoteles hatten wir in Kap. 3 bereits angesprochen, dass in Anwesenheit von Reibung eine effektive Kraft aufgrund der Wechselwirkung des Teilchens mit seiner Umgebung angegeben werden kann. Diese Kraft wird häufig durch

$$\vec{F}_{\text{reib}} = -\eta \vec{v} = -\eta \dot{\vec{r}} \tag{4.103}$$

beschrieben, wobei η eine geeignete positive Konstante ist. Gl. 4.103 beschreibt die intuitiv nachvollziehbare Situation, bei der der Betrag der Reibungskraft mit zunehmender Geschwindigkeit linear ansteigt und der dazugehörige Kraftvektor in die dem Geschwindigkeitsvektor entgegengesetzte Richtung zeigt.

Mit einem Reibungsgesetz dieser Art erhalten wir die Newton'sche Bewegungsgleichung für den gedämpften harmonischen Oszillator (wiederum betrachten wir eine Bewegung entlang der x-Achse):

$$m\ddot{x} = -kx - \eta\dot{x}. \tag{4.104}$$

Es liegen in dieser Form drei Materialparameter vor (m, k und η). Aber wie beim Übergang von Gl. 4.95 zu Gl. 4.96 können wir auch hier die Anzahl der wirklich entscheidenden Parameter um einen Parameter reduzieren. Nach Division von Gl. 4.104 durch die Masse m führen wir wiederum die Kreisfrequenz des *ungedämpften* harmonischen Oszillators ein:

$$\omega = \sqrt{\frac{k}{m}}.$$

Darüber hinaus führen wir die Dämpfungskonstante

$$\Gamma = \frac{\eta}{m} \tag{4.105}$$

ein. (Der griechische Großbuchstabe Γ wird *gamma* ausgesprochen.) Damit erhalten wir aus Gl. 4.104 die Bewegungsgleichung

$$\ddot{x} + \Gamma\dot{x} + \omega^2 x = (D^2 + \Gamma D + \omega^2)x = 0. \tag{4.106}$$

Wir faktorisieren den Operator $D^2 + \Gamma D + \omega^2$, indem wir die quadratische Gleichung

$$\lambda^2 + \Gamma\lambda + \omega^2 = 0$$

lösen. Die Wurzeln dieser Gleichung lauten, mit $p = \Gamma$ und $q = \omega^2$,

$$\lambda_\pm = -\frac{\Gamma}{2} \pm \sqrt{\frac{\Gamma^2}{4} - \omega^2}. \tag{4.107}$$

Je nachdem, ob das Argument der Wurzelfunktion in dieser Gleichung positiv, null oder negativ ist, unterscheiden wir die folgenden drei Situationen:

- $\Gamma^2/4 > \omega^2$: In dieser Situation ist die Bewegung *überdämpft* und man spricht vom *Kriechfall*.
- $\Gamma^2/4 = \omega^2$: Dieser Sonderfall wird als *aperiodischer Grenzfall* bezeichnet.
- $\Gamma^2/4 < \omega^2$: In dieser Situation treten Schwingungen auf, sodass man vom *Schwingfall* spricht.

Im *Kriechfall* ist $\sqrt{(\Gamma^2/4) - \omega^2}$ reell und ungleich null. Außerdem ist diese Größe stets kleiner als $\Gamma/2$. Damit sind die Nullstellen λ_+ und λ_- in Gl. 4.107 reell, negativ und voneinander verschieden. Wir können zur Bestimmung der allgemeinen Lösung von Gl. 4.106 daher unmittelbar Gl. 4.81 heranziehen:

$$x = c_1 e^{\lambda_+ t} + c_2 e^{\lambda_- t}. \tag{4.108}$$

Nutzen wir aus, dass λ_+ und λ_- beide negativ sind, bietet es sich an, folgende positive Größen zu definieren:

$$\gamma_1 = -\lambda_+ = \frac{\Gamma}{2} - \sqrt{\frac{\Gamma^2}{4} - \omega^2}, \tag{4.109}$$

$$\gamma_2 = -\lambda_- = \frac{\Gamma}{2} + \sqrt{\frac{\Gamma^2}{4} - \omega^2}. \tag{4.110}$$

Auf diese Weise können wir die allgemeine Lösung im Kriechfall in der transparenten Form

$$x = c_1 e^{-\gamma_1 t} + c_2 e^{-\gamma_2 t} \tag{4.111}$$

schreiben. Man kann schön erkennen, dass keine Schwingung vorliegt. Die Auslenkung des Teilchens nimmt als Funktion der Zeit exponentiell ab, bis $x(t)$ für $t \to \infty$ schließlich verschwindet (also null wird). Dabei liegen mit γ_1 und γ_2 zwei verschiedene Konstanten vor, deren jeweilige Größe kontrolliert, wie schnell die beiden Exponentialfunktionen in Gl. 4.111 als Funktion der Zeit abklingen. Der Kriechfall ist in Abb. 4.2 für zwei verschiedene Werte von Γ/ω illustriert.

Im Fall von sehr starker Dämpfung, $\Gamma^2/4 \gg \omega^2$, kann man die Ausdrücke für γ_1 und γ_2 näherungsweise vereinfachen. Bei der dabei verwendeten Vorgehensweise handelt es sich um ein schönes Beispiel dafür, wie in der Physik Taylor-Reihen von Funktionen zum Einsatz kommen. Konkret verwenden wir die Reihenentwicklung

$$(1 + x)^\alpha = \sum_{n=0}^{\infty} \binom{\alpha}{n} x^n = 1 + \alpha x + \dots. \tag{4.112}$$

Diese Taylor-Reihe heißt *binomische Reihe* und konvergiert für jedes x mit $|x| < 1$ (x ist bei dieser Gleichung eine allgemeine Variable, nicht die Auslenkung des Oszillators; α ist eine beliebige reelle oder komplexe Zahl). Dabei verwenden wir mit dem Symbol

$$\binom{\alpha}{n} = \frac{\alpha(\alpha - 1)\dots(\alpha - n + 1)}{n!} \tag{4.113}$$

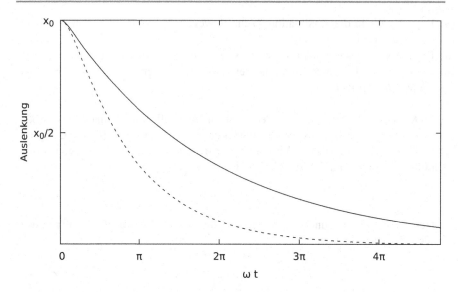

Abb. 4.2 Die zeitliche Entwicklung der Auslenkung $x(t)$ des gedämpften harmonischen Oszillators ist für den Kriechfall gezeigt. Anfangsbedingungen: $x(0) = x_0$ ($x_0 > 0$), $\dot{x}(0) = 0$. Durchgezogene Linie: $\Gamma/\omega = 6$, gestrichelte Linie: $\Gamma/\omega = 3$

einen sogenannten verallgemeinerten Binomialkoeffizienten – verallgemeinert, weil α keine natürliche Zahl sein muss. [Das Symbol $n!$ hatten wir in Gl. 4.45 definiert.] Gl. 4.112 ist in der Praxis dann besonders nützlich, wenn $|x| \ll 1$ ist, weil dann Terme der Ordnung x^2 und höherer Ordnung gegenüber $1 + \alpha x$ vernachlässigbar sind. In anderen Worten:

$$(1 + x)^\alpha \approx 1 + \alpha x$$

für $|x| \ll 1$.

Wir wenden die Bedingung $\Gamma^2/4 \gg \omega^2$ und die Reihe in Gl. 4.112 auf den Wurzelausdruck in Gl. 4.109 und 4.110 folgendermaßen an:

$$\begin{aligned}
\sqrt{\frac{\Gamma^2}{4} - \omega^2} &= \sqrt{\frac{\Gamma^2}{4}\left(1 - \frac{4\omega^2}{\Gamma^2}\right)} \\
&= \frac{\Gamma}{2}\sqrt{1 - \frac{4\omega^2}{\Gamma^2}} \\
&= \frac{\Gamma}{2}\left(1 - \frac{4\omega^2}{\Gamma^2}\right)^{1/2} \\
&= \frac{\Gamma}{2}\left(1 - \frac{2\omega^2}{\Gamma^2} + \ldots\right) \\
&\approx \frac{\Gamma}{2} - \frac{\omega^2}{\Gamma}.
\end{aligned} \qquad (4.114)$$

Dabei haben wir beim Übergang von der dritten zur vierten Zeile Gl. 4.112 mit $x = -4\omega^2/\Gamma^2$ und $\alpha = 1/2$ verwendet. Aufgrund der Annahme sehr starker Dämpfung ($|x| = 4\omega^2/\Gamma^2 \ll 1$) sind Terme höherer Ordnung in x bei der Reihenentwicklung vernachlässigbar.

Setzen wir das Resultat von Gl. 4.114 in Gl. 4.109 und 4.110 ein, dann finden wir

$$\gamma_1 \approx \frac{\Gamma}{2} - \left(\frac{\Gamma}{2} - \frac{\omega^2}{\Gamma}\right) = \frac{\omega^2}{\Gamma} \tag{4.115}$$

und

$$\gamma_2 \approx \frac{\Gamma}{2} + \frac{\Gamma}{2} - \frac{\omega^2}{\Gamma} \approx \Gamma. \tag{4.116}$$

Da per Annahme $\omega^2/\Gamma \ll \Gamma$ ist, ist $\gamma_1 \ll \gamma_2$. Sind demnach in Gl. 4.111 sowohl c_1 als auch c_2 von null verschieden (dies hängt von den gewählten Anfangsbedingungen ab), dann verschwindet auf der Zeitskala von $1/\gamma_2 \approx 1/\Gamma$ zuerst die zweite Exponentialfunktion in Gl. 4.111. Die erste Exponentialfunktion fällt aber viel langsamer ab, und zwar auf einer Zeitskala von $1/\gamma_1 \approx \Gamma/\omega^2 \gg 1/\Gamma$. Aus Gl. 4.111 können Sie daher schließen, dass das Langzeitverhalten von $x(t)$ bei sehr starker Dämpfung proportional zu $\exp(-\gamma_1 t)$ ist.

▶ **Hinweis**
Wir erhalten für den gedämpften harmonischen Oszillator als Näherung die Aristoteles'sche Bewegungsgleichung

$$\eta \dot{x} = -kx, \tag{4.117}$$

indem wir annehmen, dass in der Newton'schen Bewegungsgleichung $m\ddot{x} = -kx - \eta\dot{x}$ [Gl. 4.104] der Einfluss der Trägheit ($m\ddot{x}$) gegenüber der Dämpfung ($-\eta\dot{x}$) vernachlässigt werden kann. Gl. 4.117 ist im Wesentlichen identisch mit Gl. 4.16, sodass Sie die Lösung von Gl. 4.117 direkt Gl. 4.17 entnehmen können:

$$x(t) = x(0)\mathrm{e}^{-\frac{k}{\eta}t}. \tag{4.118}$$

Unter Verwendung von $\omega = \sqrt{k/m}$, $\Gamma = \eta/m$ und von Gl. 4.115 erkennen Sie, dass

$$\frac{k}{\eta} = \frac{\omega^2}{\Gamma} \approx \gamma_1 \tag{4.119}$$

ist. Somit reproduziert die Lösung der Aristoteles'schen Bewegungsgleichung das Langzeitverhalten, das wir oben im Fall von sehr starker Dämpfung durch Lösen der Newton'schen Bewegungsgleichung gefunden haben. Sie sehen dadurch, dass es sich unter bestimmten Bedingungen lohnen kann, die Newton'sche Bewegungsgleichung durch die Aristoteles'sche Bewegungsgleichung anzunähern, da die Aristoteles'sche Bewegungsgleichung lediglich eine Differenzialgleichung erster Ordnung in der Position des Teilchens ist.

Im *aperiodischen Grenzfall* ist $\sqrt{(\Gamma^2/4) - \omega^2}$ gleich null. Damit sind die beiden Nullstellen λ_+ und λ_- in Gl. 4.107 zueinander gleich und nehmen den reellen Wert $-\Gamma/2$ an. Unter Verwendung von Gl. 4.83 lautet die allgemeine Lösung von $(D^2 + \Gamma D + \omega^2)x = 0$ [Gl. 4.106] im aperiodischen Grenzfall daher

$$x = (At + B)\mathrm{e}^{-\frac{\Gamma}{2}t}. \tag{4.120}$$

Sehen Sie dazu Abb. 4.3.

Schwingungen im eigentlichen Sinn liegen beim gedämpften harmonischen Oszillator nur dann vor, wenn wir den *Schwingfall* haben ($\omega^2 > \Gamma^2/4$), sodass $\sqrt{(\Gamma^2/4) - \omega^2} = \mathrm{i}\sqrt{\omega^2 - (\Gamma^2/4)}$ rein imaginär ist. Sie erkennen, dass im Schwingfall die Nullstellen λ_+ und λ_- voneinander verschieden, aber zueinander komplex konjugiert sind. In der Notation von Gl. 4.89 folgt dann aus Gl. 4.107, dass $\alpha = -\Gamma/2$ und $\beta = \sqrt{\omega^2 - (\Gamma^2/4)}$ ist. Mithilfe von Gl. 4.94 können wir sofort die allgemeine Lösung von $(D^2 + \Gamma D + \omega^2)x = 0$ im Schwingfall hinschreiben:

$$x = c\mathrm{e}^{-\frac{\Gamma}{2}t} \sin\left(\sqrt{\omega^2 - \frac{\Gamma^2}{4}}t + \gamma\right). \tag{4.121}$$

Den Schwingfall finden Sie in Abb. 4.4 visualisiert.

Vergleichen wir diese Bewegung mit der des ungedämpften harmonischen Oszillators, Gl. 4.102, dann beobachten wir zwei Dinge. Zum einen fällt die Amplitude

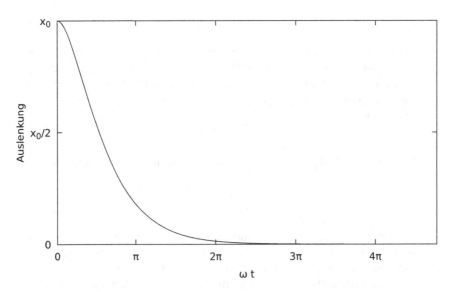

Abb. 4.3 Die zeitliche Entwicklung der Auslenkung $x(t)$ des gedämpften harmonischen Oszillators ist für den aperiodischen Grenzfall ($\Gamma/\omega = 2$) gezeigt. Anfangsbedingungen: $x(0) = x_0$ ($x_0 > 0$), $\dot{x}(0) = 0$

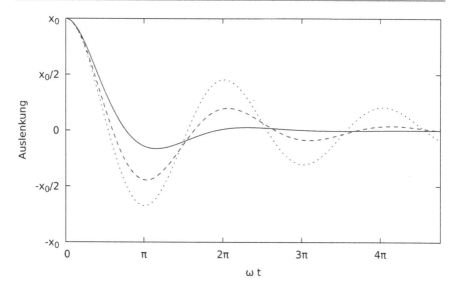

Abb. 4.4 Die zeitliche Entwicklung der Auslenkung $x(t)$ des gedämpften harmonischen Oszillators ist für den Schwingfall gezeigt. Anfangsbedingungen: $x(0) = x_0$ ($x_0 > 0$), $\dot{x}(0) = 0$. Durchgezogene Linie: $\Gamma/\omega = 1$, gestrichelte Linie: $\Gamma/\omega = 0{,}5$, gepunktete Linie: $\Gamma/\omega = 0{,}25$

des gedämpften harmonischen Oszillators mit

$$\exp\{-(\Gamma/2)t\}$$

exponentiell ab. Zum anderen ist die Kreisfrequenz der Schwingung im gedämpften Fall durch

$$\omega_D = \sqrt{\omega^2 - \frac{\Gamma^2}{4}} \tag{4.122}$$

gegeben. Im Fall $\omega^2 \gg \Gamma^2$ geht diese Kreisfrequenz in die Kreisfrequenz ω des ungedämpften harmonischen Oszillators über. Der exponentielle Abfall ändert sich aber nicht.

▶ **Hinweis** Vergleichen Sie Abb. 4.2, 4.3 und 4.4 miteinander. Welche bemerkenswerte Eigenschaft zeichnet den aperiodischen Grenzfall aus?

4.8 Inhomogene lineare Differenzialgleichungen zweiter Ordnung mit konstanten Koeffizienten

In Verallgemeinerung von Gl. 4.53 bzw. von Gl. 4.58 wenden wir uns nun der Differenzialgleichung

$$a_2 \frac{\mathrm{d}^2 y}{\mathrm{d}x^2} + a_1 \frac{\mathrm{d}y}{\mathrm{d}x} + a_0 y = f(x) \tag{4.123}$$

bzw.

$$\left(D^2 + pD + q\right) y = F(x) \tag{4.124}$$

zu $[F(x) = f(x)/a_2]$. Differenzialgleichungen dieser Art werden als inhomogene Differenzialgleichungen zweiter Ordnung mit konstanten Koeffizienten bezeichnet. Betrachten wir als Beispiel

$$(D^2 + 5D + 6)y = \cos\left(\sqrt{6}x\right). \tag{4.125}$$

Aus Gl. 4.85 kennen wir bereits die allgemeine Lösung

$$y_h = c_1 e^{-2x} + c_2 e^{-3x} \tag{4.126}$$

der dazugehörigen *homogenen* Gleichung $(D^2 + 5D + 6)y = 0$. Kennen wir nun irgendeine Lösung der inhomogenen Gleichung, dann können wir uns die allgemeine Lösung der inhomogenen Gleichung wie folgt konstruieren. Sei die spezifische Lösung in diesem Beispiel

$$y_p = \frac{1}{5\sqrt{6}} \sin\left(\sqrt{6}x\right). \tag{4.127}$$

Dass diese auch als *partikuläre* Lösung bezeichnete Lösung tatsächlich die inhomogene Gleichung erfüllt, ist schnell durch Einsetzen von Gl. 4.127 in die linke Seite von Gl. 4.125 verifiziert:

$$(D^2 + 5D + 6)\frac{1}{5\sqrt{6}} \sin\left(\sqrt{6}x\right) =$$
$$\frac{1}{5\sqrt{6}} \left\{ -6\sin\left(\sqrt{6}x\right) + 5\sqrt{6}\cos\left(\sqrt{6}x\right) + 6\sin\left(\sqrt{6}x\right) \right\} = \cos\left(\sqrt{6}x\right).$$

Damit ist die rechte Seite von Gl. 4.125 erfüllt. Offenbar erfüllt aber auch die Summe der „homogenen" Lösung und der partikulären Lösung,

$$y = y_h + y_p, \tag{4.128}$$

die inhomogene Gleichung:

$$(D^2 + 5D + 6)(y_h + y_p) = \underbrace{(D^2 + 5D + 6)y_h}_{0} + \underbrace{(D^2 + 5D + 6)y_p}_{\cos\left(\sqrt{6}x\right)} = \cos\left(\sqrt{6}x\right).$$

Die so gefundene Lösung $y = y_h + y_p$ ist die allgemeine Lösung von

$$(D^2 + 5D + 6)y = \cos\left(\sqrt{6}x\right).$$

Diese Vorgehensweise gilt allgemein für lineare inhomogene Differenzialgleichungen mit konstanten Koeffizienten: Man löst die homogene Gleichung durch eine allgemeine Lösung y_h; man findet die partikuläre Lösung y_p der inhomogenen Gleichung; dann ist die allgemeine Lösung der inhomogenen Gleichung gleich $y_h + y_p$. Mitunter kann man y_p raten. Systematischer ist es jedoch, wieder das in Abschn. 4.6.2 beschriebene Verfahren der sukzessiven Integration heranzuziehen.

4.8.1 Sukzessive Integration

Wir lösen als Beispiel

$$y'' - y' - 2y = e^{-x}. \tag{4.129}$$

Diese Differenzialgleichung lässt sich durch Faktorisieren der linken Seite (durch Bestimmen der Nullstellen des charakteristischen Polynoms $\lambda^2 - \lambda - 2$) in der Form

$$(D - 2)(D + 1)y = e^{-x} \tag{4.130}$$

schreiben. Sei nun

$$u = (D + 1)y, \tag{4.131}$$

dann erhalten wir aus Gl. 4.130 folgende lineare Differenzialgleichung erster Ordnung:

$$(D - 2)u = e^{-x} \tag{4.132}$$

bzw.

$$u' - 2u = e^{-x}. \tag{4.133}$$

Diese lösen wir mit der Methode aus Abschn. 4.3 für Differenzialgleichungen vom Typ $u' + Pu = Q$. Mit $P = -2$ und $Q = \exp(-x)$ ist

$$F_P = -2x$$

und damit

$$u e^{-2x} = \int_{x_0}^x e^{-x'} e^{-2x'} dx' + C = -\frac{1}{3}\left(e^{-3x} - e^{-3x_0}\right) + C,$$

sodass die allgemeine Lösung von Gl. 4.133

$$u = -\frac{1}{3}e^{-x} + \left(C + \frac{1}{3}e^{-3x_0}\right)e^{2x} \tag{4.134}$$

lautet (C ist, wie gehabt, eine Integrationskonstante).

Dies war der erste Schritt des sukzessiven Integrationsverfahrens. Im zweiten Schritt setzen wir u aus Gl. 4.134 in Gl. 4.131 ein,

$$(D + 1)y = y' + y = -\frac{1}{3}e^{-x} + \left(C + \frac{1}{3}e^{-3x_0}\right)e^{2x}, \tag{4.135}$$

und integrieren diese lineare Differenzialgleichung erster Ordnung. Hier sind nun $P = 1$ und $Q = u$ [Gl. 4.134]. Somit folgt

$$F_P = x$$

und damit

$$
\begin{aligned}
y\mathrm{e}^x &= \int_{x_0}^{x} \left\{ -\frac{1}{3}\mathrm{e}^{-x'} + \left(C + \frac{1}{3}\mathrm{e}^{-3x_0} \right) \mathrm{e}^{2x'} \right\} \mathrm{e}^{x'}\mathrm{d}x' + C' \\
&= \int_{x_0}^{x} \left\{ -\frac{1}{3} + \left(C + \frac{1}{3}\mathrm{e}^{-3x_0} \right) \mathrm{e}^{3x'} \right\} \mathrm{d}x' + C' \\
&= -\frac{1}{3}x + \underbrace{\frac{1}{3}\left(C + \frac{1}{3}\mathrm{e}^{-3x_0} \right)\mathrm{e}^{3x}}_{c_1} + \underbrace{\frac{1}{3}x_0 - \frac{1}{3}\left(C + \frac{1}{3}\mathrm{e}^{-3x_0} \right)\mathrm{e}^{3x_0} + C'}_{c_2} \\
&= -\frac{1}{3}x + c_1\mathrm{e}^{3x} + c_2.
\end{aligned}
$$

Daher ist die gesuchte allgemeine Lösung von Gl. 4.129 durch

$$y = \underbrace{-\frac{1}{3}x\mathrm{e}^{-x}}_{y_\mathrm{p}} + \underbrace{c_1\mathrm{e}^{2x} + c_2\mathrm{e}^{-x}}_{y_\mathrm{h}} \tag{4.136}$$

gegeben. Dass es sich bei $c_1 \exp(2x) + c_2 \exp(-x)$ um die allgemeine Lösung der zu Gl. 4.129 gehörigen homogenen Gleichung

$$y'' - y' - 2y = 0$$

handelt, können Sie anhand der faktorisierten Form

$$(D - 2)(D + 1)y = 0$$

leicht sehen [vergleichen Sie mit Gl. 4.73 und 4.81]. Daher erkennen Sie $-(x/3)$ $\exp(-x)$ in Gl. 4.136 als die partikuläre Lösung von Gl. 4.129.

Wir haben mit einigem Rechenaufwand die allgemeine Lösung konstruiert. Da aber die Lösung der homogenen Gleichung lediglich die Lösung einer quadratischen Gleichung erfordert, hätten wir uns auf die Suche nach der partikulären Lösung konzentrieren können. Zu diesem Zweck hätten wir bei den verschiedenen Integrationsschritten sowohl die Integrationskonstanten als auch Terme proportional zu Termen der homogenen Lösung einfach weglassen können (unter der Annahme, dass wir die homogene Gleichung bereits separat gelöst haben).

4.8.2 Spezialfall

Wie wir später im Zusammenhang mit erzwungenen Schwingungen des gedämpften harmonischen Oszillators sehen werden, ist der Spezialfall

$$F(x) = k\mathrm{e}^{cx} \tag{4.137}$$

in der Differenzialgleichung

$$\left(D^2 + pD + q\right)y = F(x)$$

[Gl. 4.124] von grundlegender Bedeutung für die Physik. Dabei sind k und c Konstanten.

Durch Faktorisierung der linken Seite der Differenzialgleichung können wir diese in

$$(D-a)(D-b)y = k\mathrm{e}^{cx} \tag{4.138}$$

überführen. Aufgrund unserer Erfahrung mit der homogenen Gleichung

$$(D-a)(D-b)y = 0$$

[Gl. 4.73], wo wir die Fälle $a = b$ und $a \neq b$ unterscheiden mussten, erwarten wir auch hier, dass es relevant sein wird, ob c gleich a oder b ist. Wie Sie in einer Übungsaufgabe verifizieren können, hat die partikuläre Lösung von Gl. 4.138 die Form

$$y_\mathrm{p} = \begin{cases} C\mathrm{e}^{cx}, & \text{wenn } c \neq a \text{ und } c \neq b \text{ (Fall 1)}, \\ Cx\mathrm{e}^{cx}, & \text{wenn } c = a \text{ oder } c = b \text{ und } a \neq b \text{ (Fall 2)}, \\ Cx^2\mathrm{e}^{cx}, & \text{wenn } c = a = b \text{ (Fall 3)}. \end{cases} \tag{4.139}$$

Die Konstante C wird in der Praxis durch Einsetzen in Gl. 4.138 bestimmt.

Als Beispiel betrachten wir nochmal Gl. 4.129:

$$\underbrace{y'' - y' - 2y}_{(D-2)(D+1)y} = \mathrm{e}^{-x}.$$

Damit haben wir $a = 2$, $b = -1$ und $c = -1$, was dem zweiten Fall in Gl. 4.139 entspricht. Die partikuläre Lösung hat daher die Form

$$y_\mathrm{p} = Cx\mathrm{e}^{-x}.$$

Wir benötigen die Ableitungen

$$y_\mathrm{p}' = C\left(\mathrm{e}^{-x} - x\mathrm{e}^{-x}\right)$$

und

$$y_p'' = C\left(xe^{-x} - 2e^{-x}\right).$$

Einsetzen in Gl. 4.129 ergibt

$$y_p'' - y_p' - 2y_p = C\underbrace{\left(xe^{-x} - 2e^{-x} - e^{-x} + xe^{-x} - 2xe^{-x}\right)}_{-3\exp(-x)} = e^{-x}.$$

Daraus folgt unmittelbar $C = -1/3$, sodass die gesuchte partikuläre Lösung

$$y_p = -\frac{1}{3}xe^{-x}$$

lautet. Wir reproduzieren damit die in Gl. 4.136 gemachte Identifikation.

In der Physik treten häufig Fragestellungen auf, bei denen auf ein Teilchen eine zeitlich periodische Kraft einwirkt. Möchte man dann die dazugehörige Newton'sche Bewegungsgleichung lösen, kann man folgendermaßen nutzen, dass wir die Lösung der Differenzialgleichung

$$(D - a)(D - b)y = ke^{cx}$$

[Gl. 4.138] kennen. Nehmen wir dazu an, dass die zeitlich sich ändernde, periodische Kraft rein harmonisch ist, sich also durch eine einfache Sinus- oder Kosinusfunktion beschreiben lässt. Nehmen wir beispielsweise an, wir wollen die partikuläre Lösung von

$$y'' - y' - 2y = 7\sin(5x) \tag{4.140}$$

bestimmen. [Die periodische Funktion $7\sin(5x)$ spielt also die Rolle der periodischen Kraft.] Lösen wir nun zuerst die Differenzialgleichung

$$Y'' - Y' - 2Y = 7e^{i5x}. \tag{4.141}$$

Dabei ist Y eine komplexe Hilfsfunktion mit Realteil Y_R und Imaginärteil Y_I, also

$$Y = Y_R + iY_I. \tag{4.142}$$

Zerlegen wir Gl. 4.141 in Real- und Imaginärteile, unter Zuhilfenahme der Euler'schen Formel [Gl. 4.38], erhalten wir

$$Y_R'' - Y_R' - 2Y_R = 7\cos(5x), \tag{4.143}$$

$$Y_I'' - Y_I' - 2Y_I = 7\sin(5x). \tag{4.144}$$

Wir erkennen daraus, dass Y_I, der Imaginärteil von Y, Gl. 4.140 erfüllt. Wir müssen also, durch Lösen von Gl. 4.141, Y bestimmen und dann den Imaginärteil Y_I nehmen.

Dazu führen wir Gl. 4.141 in die Form von Gl. 4.138 über:

$$(D - 2)(D + 1)Y = 7e^{i5x}. \tag{4.145}$$

Durch Vergleich mit

$$(D - a)(D - b)Y = ke^{cx}$$

erkennen Sie, dass $c = 5i$ ist. Insbesondere ist $c \neq a = 2$ und $c \neq b = -1$, und wir können für die partikuläre Lösung laut dem ersten Fall in Gl. 4.139 den Ansatz machen:

$$Y_p = Ce^{i5x}.$$

Einsetzen dieses Ansatzes in Gl. 4.141 ergibt:

$$Y_p'' - Y_p' - 2Y_p = (-25 - 5i - 2)Ce^{i5x} = 7e^{i5x}.$$

Wir lösen nach C auf und erhalten:

$$C = \frac{7}{-27 - 5i} = \frac{7(-27 + 5i)}{729 + 25} = \frac{-189 + 35i}{754}.$$

[Wir haben den ersten Bruch mit der zu $-27-5i$ komplex-konjugierten Zahl erweitert und 4.42 verwendet.] Die partikuläre Lösung von Gl. 4.141 lautet daher:

$$\begin{aligned} Y_p &= \frac{-189 + 35i}{754} e^{i5x} \\ &= \frac{-189 + 35i}{754} \{\cos(5x) + i\sin(5x)\} \\ &= \frac{-189}{754}\cos(5x) - \frac{35}{754}\sin(5x) \\ &\quad + i\left\{\frac{-189}{754}\sin(5x) + \frac{35}{754}\cos(5x)\right\}. \end{aligned} \tag{4.146}$$

Davon müssen wir schließlich den Imaginärteil nehmen, um die partikuläre Lösung der uns hier eigentlich interessierenden Gl. 4.140 zu erhalten:

$$y_p = \text{Im}\{Y_p\} = \frac{35}{754}\cos(5x) - \frac{189}{754}\sin(5x). \tag{4.147}$$

Diese partikuläre Lösung hätten Sie möglicherweise nicht ohne Weiteres erraten!

Wir können die generelle Strategie wie folgt zusammenfassen: Um die partikuläre Lösung von

$$(D - a)(D - b)y = k\sin(\alpha x) \tag{4.148}$$

bzw.

$$(D - a)(D - b)y = k\cos(\alpha x) \tag{4.149}$$

mit den Parametern a, b, k und α zu finden (wobei a und b entweder beide reell oder zueinander komplex konjugiert und k und α beide reell sein müssen), löst man zuerst

$$(D - a)(D - b)Y = k e^{i\alpha x} \qquad . \qquad (4.150)$$

mithilfe von Gl. 4.139 für $c = i\alpha$. Dann nimmt man den Imaginärteil bzw. den Realteil der so bestimmten partikulären Lösung.

4.9   Erzwungene Schwingungen des gedämpften harmonischen Oszillators

Die Bewegungsgleichung des gedämpften harmonischen Oszillators in Abwesenheit einer äußeren periodischen Kraft lautet

$$\ddot{x} + \Gamma \dot{x} + \omega^2 x = 0$$

[Gl. 4.106], wobei Γ die Dämpfungskonstante des Oszillators darstellt und ω die natürliche Kreisfrequenz des Oszillators ohne Dämpfung ist. Wenden wir nun auf diesen Oszillator eine zeitlich sinusförmige Kraft mit Kreisfrequenz ω' und Amplitude F an, dann erhalten wir die Bewegungsgleichung

$$\ddot{x} + \Gamma \dot{x} + \omega^2 x = \underbrace{\frac{F}{m}}_{F'} \sin(\omega' t) = F' \sin(\omega' t). \qquad (4.151)$$

[Falls Ihnen unklar ist, weshalb F/m auftritt, schauen Sie sich bitte nochmal den Übergang von Gl. 4.104 zu Gl. 4.106 an.] Wir haben demnach eine inhomogene Differenzialgleichung zweiter Ordnung mit konstanten Koeffizienten vorliegen, und zwar genau von dem Typ, den wir in Abschn. 4.8.2 behandelt hatten.

Die allgemeine Lösung von Gl. 4.151 ist wiederum die Summe der partikulären Lösung und der allgemeinen Lösung der dazugehörigen homogenen Gleichung:

$$x(t) = x_p(t) + x_h(t). \qquad (4.152)$$

Wie Sie in Abschn. 4.7 gelernt haben, gibt es für die Lösung der homogenen Gl. 4.106 drei verschiedene Fälle, die man unterscheiden muss. Allen drei Fällen ist gemeinsam, dass die Lösung in Anwesenheit von Dämpfung ($\Gamma \neq 0$) mit der Zeit exponentiell abfällt. [Sehen Sie dazu Gl. 4.111, 4.120 und 4.121.] Für hinreichend große Zeiten können wir x_h daher vernachlässigen. Das Langzeitverhalten des Systems ist durch die partikuläre Lösung x_p gegeben.

Um x_p zu bestimmen, lösen wir die Hilfsgleichung

$$\ddot{X} + \Gamma \dot{X} + \omega^2 X = F' e^{i\omega' t}. \qquad (4.153)$$

[Wir verwenden also die in Gl. 4.148 bis Gl. 4.150 formulierte Strategie.] Beachten Sie, dass die Wurzeln

$$\lambda_\pm = -\frac{\Gamma}{2} \pm \sqrt{\frac{\Gamma^2}{4} - \omega^2}$$

der zu der homogenen Gleichung gehörigen quadratischen Gleichung

$$\lambda^2 + \Gamma\lambda + \omega^2 = 0$$

für $\Gamma \neq 0$ nie rein imaginär und damit nie gleich $i\omega'$ sein können. Daher ziehen wir den ersten Fall in Gl. 4.139 heran und machen für die partikuläre Lösung von Gl. 4.153 den Ansatz

$$X_p(t) = Ce^{i\omega' t}. \tag{4.154}$$

Einsetzen in Gl. 4.153 ergibt

$$(-\omega'^2 + \Gamma i\omega' + \omega^2)Ce^{i\omega' t} = F'e^{i\omega' t}$$

bzw.

$$C = \frac{F'}{(\omega^2 - \omega'^2) + i\Gamma\omega'} = F'\frac{(\omega^2 - \omega'^2) - i\Gamma\omega'}{(\omega^2 - \omega'^2)^2 + \Gamma^2\omega'^2}. \tag{4.155}$$

Um diese komplexe Zahl auf einfache Weise mit $\exp(i\omega' t)$ multiplizieren zu können [Gl. 4.154], drücken wir sie in Polarkoordinaten aus:

$$C = |C|e^{-i\varphi}, \tag{4.156}$$

wobei

$$|C| = \frac{F'}{\sqrt{(\omega^2 - \omega'^2)^2 + \Gamma^2\omega'^2}} \tag{4.157}$$

und

$$\tan\varphi = \frac{\Gamma\omega'}{\omega^2 - \omega'^2}. \tag{4.158}$$

[Dies folgt aus Gl. 4.33, 4.34 und 4.39.] Beachten Sie, dass der Imaginärteil von C laut Gl. 4.155 für nichtverschwindende Γ und ω' stets negativ ist. Dies ist der Grund, weshalb wir in Gl. 4.156 die Wahl $\exp(-i\varphi)$ und nicht $\exp(i\varphi)$ getroffen haben. Bei dieser Wahl liegt das Argument φ in Gl. 4.156 im offenen Intervall $(0, \pi)$ (oder in einem um 2π verschobenen Intervall). Dies muss bei der Verwendung von Gl. 4.158 zur Bestimmung von φ berücksichtigt werden.

Unter Verwendung von Gl. 4.154, 4.156 und 4.157 lautet die partikuläre Lösung der Hilfsgleichung in Gl. 4.153 also

$$X_p(t) = \frac{F'}{\sqrt{(\omega^2 - \omega'^2)^2 + \Gamma^2\omega'^2}}e^{i(\omega' t - \varphi)}. \tag{4.159}$$

Die partikuläre Lösung der physikalisch relevanten Bewegungsgleichung in Gl. 4.151 erhalten wir, indem wir den Imaginärteil von Gl. 4.159 nehmen:

$$x_{\mathrm{p}}(t) = \frac{F'}{\sqrt{(\omega^2 - \omega'^2)^2 + \Gamma^2 \omega'^2}} \sin(\omega' t - \varphi). \qquad (4.160)$$

Wirkt auf einen gedämpften harmonischen Oszillator eine periodische Kraft proportional zu $\sin(\omega' t)$, dann können wir anhand des mathematischen Ergebnisses in Gl. 4.160 Folgendes über das Langzeitverhalten des Oszillators aussagen: Das System schwingt harmonisch (also mit einer einzigen Kreisfrequenz) als Funktion der Zeit. Die Kreisfrequenz der Schwingung ist aber nicht durch die grundlegenden Parameter ω und Γ des Oszillators definiert, sondern ist exakt die Kreisfrequenz der von außen auf den Oszillator einwirkenden periodischen Kraft. Die Parameter ω und Γ haben aber einen ausgeprägten Einfluss darauf, mit welcher Amplitude der Oszillator bei gegebenem ω' schwingt, und sie bestimmen, wie groß die Phasenverschiebung φ der Bewegung des Teilchens gegenüber der treibenden Kraft $F' \sin(\omega' t)$ ist.

Untersuchen wir die Phasenverschiebung φ anhand von

$$\tan \varphi = \frac{\Gamma \omega'}{\omega^2 - \omega'^2}$$

[Gl. 4.158] genauer. Wir betrachten drei Grenzfälle.

(i) Ist die Kreisfrequenz der äußeren Kraft viel kleiner als die Kreisfrequenz des (ungedämpften) Oszillators, $\omega' \ll \omega$, dann ist

$$0 \leq \tan \varphi \approx \frac{\Gamma \omega'}{\omega^2} = \frac{\omega'}{\omega} \frac{\Gamma}{\omega} \ll \frac{\Gamma}{\omega}.$$

Bei hinreichend geringer Dämpfung (liegt bei dem gedämpften harmonischen Oszillator z. B. der Schwingfall vor) dürfen wir im Grenzfall $\omega' \ll \omega$ schließen, dass $0 \leq \tan \varphi \ll 1$ ist. Da φ, wie oben angesprochen, im Intervall $(0, \pi)$ liegt, muss die Phasenverschiebung daher nahe null sein, damit $0 \leq \tan \varphi \ll 1$ erfüllt sein kann. (Betrachten Sie zur Erinnerung den Funktionsgraphen von $\tan \varphi$ in Abb. 2.6.) So wie wir es intuitiv auch erwarten würden, kann der Oszillator der äußeren Kraft bei hinreichend kleiner Anregungsfrequenz ω' praktisch ohne Phasenverschiebung folgen. Diese Tatsache erlaubt es uns, den Tangens zu linearisieren – also den Tangens in eine Taylor-Reihe um $\varphi = 0$ zu entwickeln und nur den Term führender nichtverschwindender Ordnung zu behalten:

$$\tan \varphi \approx \varphi.$$

Damit finden wir, dass, für $\omega' \ll \omega$, die Phasenverschiebung durch

$$\varphi \approx \frac{\Gamma \omega'}{\omega^2} \qquad (4.161)$$

gegeben ist.

(ii) Nehmen wir nun an, dass die Kreisfrequenz der äußeren Kraft in der Nähe der Kreisfrequenz des Oszillators liegt: $\omega' \approx \omega$. In diesem Fall haben wir

$$\tan \varphi = \frac{\Gamma \omega'}{(\omega + \omega')(\omega - \omega')} \approx \frac{\Gamma \omega}{2\omega(\omega - \omega')} = \frac{\Gamma/2}{\omega - \omega'}.$$

In diesem Bereich von ω' weist $\tan \varphi$ demnach eine Singularität bei $\omega' = \omega$ und einen Vorzeichenwechsel auf. Da φ im Intervall $(0, \pi)$ liegt, muss $\varphi = \pi/2$ bei $\omega' = \omega$ sein, da der Tangens im Intervall $(0, \pi)$ nur bei $\varphi = \pi/2$ divergiert. (Sehen Sie Abb. 2.6.) Ist diese Kondition erfüllt, dann ist die Bewegung des Oszillators also um $90°$ außer Phase bezüglich der äußeren Kraft.

▶ **Hinweis** Das Auftreten einer Singularität im Tangens der Phasenverschiebung ist charakteristisch für *Resonanzphänomene* in der Physik. Die Bedingung $\omega' \approx \omega$ nennt man dann Resonanzbedingung. Resonanzphänomene findet man nicht nur in der Klassischen Mechanik, sondern z. B. auch bei quantenmechanischen Prozessen wie der Absorption von Licht durch Moleküle. In letzterem Fall ist die Resonanzbedingung erfüllt, wenn die Kreisfrequenz des Lichts so gewählt ist, dass sie zu einer charakteristischen Kreisfrequenz des betrachteten Moleküls passt. Bei resonanter Anregung von Molekülschwingungen durch Infrarotlicht ist die Analogie zum mechanischen Oszillator besonders leicht nachvollziehbar. Aufgrund der Allgegenwart von Resonanzphänomenen in der Physik kann die Bedeutung der Theorie des harmonischen Oszillators nicht überbetont werden.

Ist die Resonanzbedingung $\omega' \approx \omega$ erfüllt, dann ist die Amplitude der erzwungenen Schwingung,

$$|C| = \frac{F'}{\sqrt{(\omega^2 - \omega'^2)^2 + \Gamma^2 \omega'^2}}$$

[vergleichen Sie mit Gl. 4.157 und 4.160], besonders groß. Untersuchen wir die Amplitude in der Nähe der Resonanz genauer:

$$\frac{F'}{\sqrt{(\omega^2 - \omega'^2)^2 + \Gamma^2 \omega'^2}} \approx \frac{F'}{\sqrt{[2\omega(\omega - \omega')]^2 + \Gamma^2 \omega^2}} = \frac{F'/(2\omega)}{\sqrt{(\omega - \omega')^2 + \Gamma^2/4}}.$$

In der gewählten Näherung, die für $\Gamma/\omega \ll 1$ in der Umgebung von ω genau wird, nimmt die Amplitude der Schwingung bei $\omega' = \omega$ ihr Maximum an. (Im Allgemeinen liegt das Maximum von $|C|$ nicht exakt bei $\omega' = \omega$.)

Die Dämpfungskonstante Γ des Oszillators kontrolliert die Breite der Amplitudenfunktion als Funktion von ω'. Weicht ω' von ω um $\Gamma/2$ ab (d. h. ist man entweder bei $\omega' = \omega - \Gamma/2$ oder bei $\omega' = \omega + \Gamma/2$), dann fällt die Amplitude

$$\frac{F'/(2\omega)}{\sqrt{(\omega - \omega')^2 + \Gamma^2/4}}$$

von ihrem Maximalwert auf das $1/\sqrt{2}$-Fache des Maximalwerts ab. Ist $\Gamma/\omega \ll$ 1 (sehr schwache Dämpfung), dann ist die Resonanz *scharf*, d. h., nur in einem relativ kleinen Frequenzbereich um $\omega' = \omega$ nimmt die Amplitude der erzwungenen Schwingung signifikante Werte an.

(iii) Im dritten Grenzfall betrachten wir die Situation, dass wir uns weit oberhalb der Resonanz befinden. Die Kreisfrequenz der äußeren Kraft ist somit viel größer als die Kreisfrequenz des Oszillators: $\omega' \gg \omega$. Aus Gl. 4.158 erhalten wir in diesem Grenzfall

$$\tan \varphi \approx -\frac{\Gamma}{\omega'}.$$

Ist speziell noch $\omega' \gg \Gamma$ (was für scharfe Resonanzen und $\omega' \gg \omega$ automatisch erfüllt ist), dann ist $\tan \varphi$ nicht nur negativ, sondern $|\tan \varphi| \ll 1$. Diese Eigenschaften erfüllt der Tangens im Intervall $(0, \pi)$ nur unmittelbar unterhalb von $\varphi = \pi$ (vergleichen Sie mit Abb. 2.6), sodass die Bewegung des Oszillators nun schließlich um praktisch 180° außer Phase ist. In diesem Grenzfall gilt

$$\varphi \approx \pi - \frac{\Gamma}{\omega'}, \tag{4.162}$$

wie man durch Reihenentwicklung des Tangens um $\varphi = \pi$ zeigen kann.

Zusammenfassend bemerken wir, dass die Phasenverschiebung φ bei Überstreichen der Resonanz als Funktion von ω' von 0 auf π springt, wobei direkt auf der

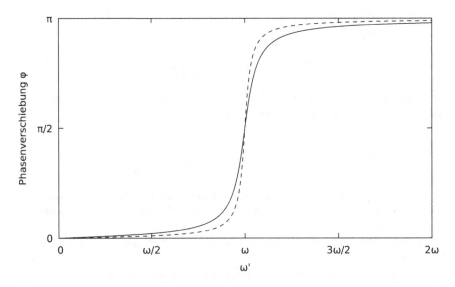

Abb. 4.5 Phasenverschiebung φ [Gl. 4.158] der Bewegung des gedämpften harmonischen Oszillators als Funktion der Kreisfrequenz ω' der harmonischen äußeren Kraft. Durchgezogene Linie: $\Gamma/\omega = 0{,}1$, gestrichelte Linie: $\Gamma/\omega = 0{,}05$

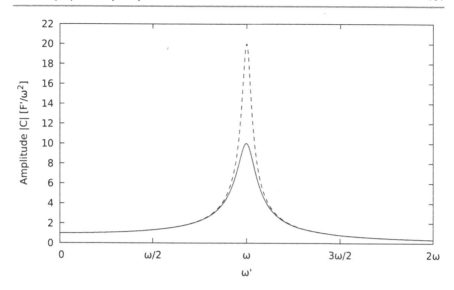

Abb. 4.6 Amplitude $|C|$ [Gl. 4.157] der Bewegung des gedämpften harmonischen Oszillators als Funktion der Kreisfrequenz ω' der harmonischen äußeren Kraft. Durchgezogene Linie: $\Gamma/\omega = 0{,}1$, gestrichelte Linie: $\Gamma/\omega = 0{,}05$

Resonanz ($\omega' = \omega$) die Phasenverschiebung gleich $\pi/2$ ist. Die Dämpfungskonstante Γ bestimmt die Breite des bei $\omega' = \omega$ zentrierten Resonanzbereichs (die Breite des Sprungbereichs). Sehen Sie dazu Abb. 4.5. Innerhalb des Resonanzbereichs weist die erzwungene Schwingung des Oszillators ihre größte Amplitude auf; relativ dazu ist die Amplitude der erzwungenen Schwingung außerhalb des Resonanzbereichs recht klein. Diesen Sachverhalt können Sie gut anhand von Abb. 4.6 erkennen.

▶   Hinweis Das besprochene Resonanzverhalten kann dazu verwendet wer-
    den, die Parameter ω und Γ eines gedämpften harmonischen Oszillators
    experimentell zu bestimmen. Dies ist die Grundidee von vielen sogenann-
    ten *spektroskopischen* Methoden, die in den Naturwissenschaften breite
    Anwendung finden.

4.10   Superpositionsprinzip

Es ist uns gelungen, das Antwortverhalten eines gedämpften harmonischen Oszillators bei Anregung durch eine rein harmonische periodische Kraft analytisch zu bestimmen. Was geschieht im Fall einer allgemeinen zeitlich periodischen Kraft?

Wir nähern uns einer Lösung dieser Fragestellung, indem wir zum Abschluss dieses Kapitels die folgende Aufgabe betrachten: Wir möchten die partikuläre Lösung der Differenzialgleichung

$$y'' - y' - 2y = (D-2)(D+1)y = \mathrm{e}^{-x} + 7\sin(5x)$$

bestimmen. Wir wissen bereits aus Gl. 4.136, dass

$$y_{p1} = -\frac{1}{3}x e^{-x}$$

die partikuläre Lösung von

$$(D - 2)(D + 1)y = e^{-x}$$

ist. Ebenso ist uns aus Gl. 4.147 bekannt, dass es sich bei

$$y_{p2} = \frac{35}{754}\cos(5x) - \frac{189}{754}\sin(5x)$$

um die partikuläre Lösung von

$$(D - 2)(D + 1)y = 7\sin(5x)$$

handelt. Addieren wir diese beiden partikulären Lösungen,

$$y_p = y_{p1} + y_{p2},$$

dann folgt:

$$
\begin{aligned}
(D - 2)(D + 1)y_p &= (D - 2)(D + 1)\{y_{p1} + y_{p2}\} \\
&= \underbrace{(D - 2)(D + 1)y_{p1}}_{\exp(-x)} + \underbrace{(D - 2)(D + 1)y_{p2}}_{7\sin(5x)} \\
&= e^{-x} + 7\sin(5x).
\end{aligned}
$$

Damit ist y_p die gesuchte partikuläre Lösung.

Für *lineare* Differenzialgleichungen gilt also das Superpositionsprinzip: Ist die rechte Seite der betrachteten Differenzialgleichung eine Summe von Termen, und kennt man die partikuläre Lösung für jeden dieser Terme, dann ist die partikuläre Gesamtlösung die Summe dieser jeweiligen partikulären Lösungen. Auf dieser Grundlage werden wir in Kap. 5 untersuchen, wie sich ein gedämpfter harmonischer Oszillator bei einer allgemeinen zeitlich periodischen äußeren Kraft verhält. Außer dem Superpositionsprinzip für lineare Differenzialgleichungen benötigen wir dazu als mathematisches Werkzeug den Begriff der Fourier-Reihe.

Aufgaben

4.1 Finden Sie, durch Separierung der Variablen, jeweils die allgemeine Lösung der folgenden Differenzialgleichungen. Finden Sie dann für jede Gleichung die spezifische Lösung, die die jeweils angegebene Randbedingung erfüllt.

(a) $x^2 y' = \sqrt{y}$; $y = 4$ bei $x = 1/2$.
(b) $y'/x^3 = 2y$; $y = \pi$ bei $x = 0$.
(c) $x y^2 - 5x^{3/2} y' = \sqrt{2} y^2$; $y = -1$ bei $x = 16$.

4.2 Bestimmen Sie jeweils die allgemeine Lösung der folgenden Differenzialgleichungen erster Ordnung.

(a) $y' - 4y = e^{2x}$
(b) $\sqrt{x}\, y' + (y/\sqrt{x}) = -3$
(c) $y' \sin x + y \cos x = 1$

4.3 Geben Sie für die folgenden komplexen Zahlen z jeweils den Realteil x, den Imaginärteil y, den Betrag r und das Argument φ an (φ ist nur eindeutig bis auf ein ganzzahliges Vielfaches von 2π). Geben Sie außerdem jeweils die zu z gehörige komplex-konjugierte Zahl z^* und die Inverse $z^{-1} = 1/z$ an.

(a) $z = 5 - i\sqrt{2}$
(b) $z = -3$
(c) $z = 6i$
(d) $z = 4 \{\cos (7\pi/6) + i \sin (7\pi/6)\}$
(e) $z = -\sqrt{5} \exp (i\pi/3)$

4.4 Leiten Sie die Taylor-Reihenentwicklung der Funktion

$$f(x) = (1 + x)^{\alpha}$$

um den Entwicklungspunkt $x_0 = 0$ her.

4.5 Entwickeln Sie die Funktion $f(x) = \sin (2x)$ für die beiden folgenden Entwicklungspunkte jeweils in eine Taylor-Reihe:

(a) $x_0 = 0$
(b) $x_0 = \pi/4$

4.6 Entwickeln Sie die Tangensfunktion $\tan x$ in eine Taylor-Reihe um $x_0 = 0$ bzw. um $x_0 = \pi$ bis zur niedrigsten nichtverschwindenden Ordnung.

4.7 Es sei $f(x)$ eine in der Umgebung eines Punkts x_0 beliebig häufig differenzierbare Funktion. Nehmen Sie an, dass sich $f(x)$ durch eine Potenzreihe bezüglich $x = x_0$ darstellen lässt:

$$f(x) = \sum_{n=0}^{\infty} c_n(x - x_0)^n.$$

Zeigen Sie, dass die Entwicklungskoeffizienten c_n dann durch

$$c_n = \frac{f^{(n)}(x_0)}{n!}$$

gegeben sein müssen. Auf diese Weise erhalten Sie eine Begründung für die Struktur der Taylor-Reihe in Gl. 4.44.

4.8 Verwenden Sie das Verfahren der sukzessiven Integration, um die allgemeine Lösung der homogenen Differenzialgleichung $(D - a)(D - a)y = 0$ herzuleiten.

4.9 Bestimmen Sie jeweils die allgemeine Lösung der folgenden homogenen Differenzialgleichungen zweiter Ordnung.

(a) $y'' - 2y' - 15y = 0$
(b) $y'' + 4y' + 4y = 0$
(c) $y'' + 2y' + 4y = 0$

4.10 Ohne Reibung sei die Schwingungsperiode eines harmonischen Oszillators gleich 3 s. In Anwesenheit von Reibung proportional zur Geschwindigkeit sei die Schwingungsperiode dieses Oszillators aber gleich 5 s. Geben Sie die dazugehörige Bewegungsgleichung (mit expliziten Werten für die auftretenden Konstanten) und deren allgemeine Lösung an.

4.11 Unter welcher Voraussetzung kann die partikuläre Lösung einer inhomogenen linearen Differenzialgleichung zweiter Ordnung mit konstanten Koeffizienten als eindeutig bezeichnet werden?

4.12 Leiten Sie, durch sukzessive Integration von zwei Differenzialgleichungen erster Ordnung, die partikuläre Lösung von

$$(D - a)(D - b)y = ke^{cx}$$

her. Unterscheiden Sie dabei die Fälle

(a) $c \neq a$ und $c \neq b$,
(b) $c = a$ oder $c = b$, aber $a \neq b$,
(c) $c = a = b$.

4.13 Bestimmen Sie jeweils die allgemeine Lösung der folgenden inhomogenen Differenzialgleichungen zweiter Ordnung:

(a) $y'' - 2y' - 15y = 30$
(b) $y'' + 4y' + 4y = 2e^{-2x}$
(c) $y'' + 2y' + 4y = \cos x$

Fourier-Reihen

5

In Kap. 4 haben Sie das Antwortverhalten des gedämpften harmonischen Oszillators bei einer rein harmonischen periodischen äußeren Kraft kennengelernt. Im Hinblick auf das Superpositionsprinzip (Abschn. 4.10) bedeutet dies, dass wir nun auch das Antwortverhalten des gedämpften harmonischen Oszillators berechnen können, wenn die äußere Kraft eine Summe von trigonometrischen Funktionen der Zeit ist: Die partikuläre Lösung der Bewegungsgleichung für diese äußere Kraft ist die Summe der partikulären Lösungen für die einzelnen trigonometrischen Funktionen.

In diesem Kapitel werden Sie lernen, dass sich allgemeine periodische Funktionen als eine im Allgemeinen unendliche Summe von trigonometrischen Funktionen darstellen lassen. Man nennt die Reihenentwicklung einer periodischen Funktion nach trigonometrischen Funktionen eine Fourier-Reihe. Fourier-Reihen sind in den Natur- und Ingenieurwissenschaften von enormer praktischer Bedeutung. In diesem Kapitel dienen Fourier-Reihen konkret dazu, das Antwortverhalten des gedämpften harmonischen Oszillators bei einer allgemeinen zeitlich periodischen äußeren Kraft analytisch zu bestimmen.

5.1   Beispiel

Ein einfaches Beispiel für eine periodische Funktion, die selbst keine trigonometrische Funktion ist, ist eine Dreieckschwingung. Eine solche können wir beispielsweise dadurch generieren, indem wir die auf dem Intervall $[-1, 1]$ definierte Funktion

$$f(x) = \begin{cases} -x - \frac{1}{2}, & -1 \leq x \leq 0 \\ x - \frac{1}{2}, & 0 \leq x \leq 1 \end{cases} \tag{5.1}$$

periodisch fortsetzen. Im Folgenden bezeichnen wir die auf diese Weise konstruierte periodische Funktion selbst als $f(x)$. Das Resultat ist in Abb. 5.1 gezeigt. Im gewählten Beispiel handelt es sich um eine periodische Funktion mit Periode 2, die zwischen den Werten $-1/2$ und $+1/2$ hin und her oszilliert. Es ist aber nicht schwer, Dreieckschwingungen mit beliebiger Periode und beliebigen Minimal- und Maximalwerten hinzuschreiben. (Probieren Sie es aus!)

Zum Vergleich betrachten wir folgende endliche Summe von Kosinusfunktionen:

$$f_N(x) = \sum_{\nu=1}^{N} a_\nu \cos(\nu \pi x) \tag{5.2}$$

mit

$$a_\nu = 2 \frac{(-1)^\nu - 1}{\nu^2 \pi^2}. \tag{5.3}$$

(Der griechische Kleinbuchstabe ν wird *nü* ausgesprochen.) Diese Funktionen können Sie in Abb. 5.2 für $N = 1, 3$ und 15 sehen. (Beachten Sie, dass die a_ν für gerade

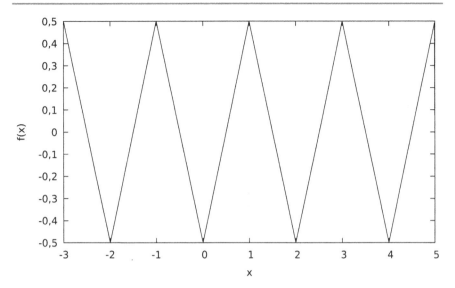

Abb. 5.1 Mithilfe von Gl. 5.1 konstruierte Dreieckschwingung

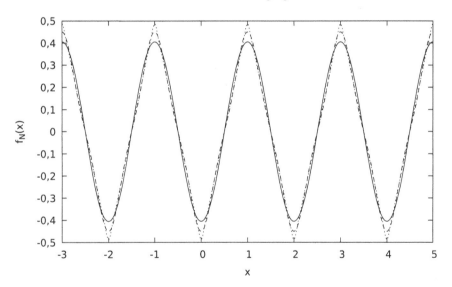

Abb. 5.2 Durch Gl. 5.2 und 5.3 definierte Summe von Kosinusfunktionen. Durchgezogene Linie: $N = 1$, gestrichelte Linie: $N = 3$, gepunktete Linie: $N = 15$

ν verschwinden.) Sie erkennen, dass sich die Funktion $f_N(x)$ mit zunehmendem N immer mehr der Dreieckschwingung $f(x)$ annähert. In Gleichungen ausgedrückt:

$$f_N(x) \to f(x) \text{ für } N \to \infty$$

oder auch

$$\lim_{N \to \infty} f_N(x) = f(x).$$

Dies ist zu der Schreibweise

$$f(x) = \sum_{\nu=1}^{\infty} a_\nu \cos(\nu\pi x) \tag{5.4}$$

bzw.

$$f(x) = -\frac{4}{\pi^2} \cos(\pi x) - \frac{4}{9\pi^2} \cos(3\pi x) - \frac{4}{25\pi^2} \cos(5\pi x) - \ldots \tag{5.5}$$

äquivalent. Dies ist die *Fourier-Reihe* oder Fourier-Darstellung der in Abb. 5.1 gezeigten Dreieckschwingung. Die Entwicklungskoeffizienten a_ν heißen Fourier-Koeffizienten.

Es gibt auch eine sogenannte komplexe Form der Fourier-Reihe. Diese erhält man, indem man die Kosinusfunktionen in Gl. 5.4 durch Exponentialfunktionen ausdrückt. Um diesen Schritt zu verstehen, rufen wir uns die Euler'sche Formel [Gl. 4.38] in Erinnerung:

$$e^{i\varphi} = \cos\varphi + i\sin\varphi.$$

Ersetzen wir darin φ durch $-\varphi$, erhalten wir

$$e^{-i\varphi} = \cos(-\varphi) + i\sin(-\varphi) = \cos\varphi - i\sin\varphi.$$

Addieren wir die Euler'sche Formel für $\exp(i\varphi)$ zur Euler'schen Formel für $\exp(-i\varphi)$, folgt

$$e^{i\varphi} + e^{-i\varphi} = 2\cos\varphi$$

bzw.

$$\cos\varphi = \frac{1}{2}\left\{e^{i\varphi} + e^{-i\varphi}\right\}. \tag{5.6}$$

Analog zeigt man durch Subtraktion der beiden Euler'schen Formeln, dass die Identität

$$\sin\varphi = \frac{1}{2i}\left\{e^{i\varphi} - e^{-i\varphi}\right\} \tag{5.7}$$

gilt.

Wenden wir nun Gl. 5.6 auf 5.4 an:

$$f(x) = \sum_{\nu=1}^{\infty} \frac{a_\nu}{2} \left\{ e^{i\nu\pi x} + e^{-i\nu\pi x} \right\}$$

$$= \sum_{\nu=1}^{\infty} \frac{a_\nu}{2} e^{i\nu\pi x} + \sum_{\nu=1}^{\infty} \frac{a_\nu}{2} e^{-i\nu\pi x}$$

$$= \sum_{\nu=1}^{\infty} \frac{a_\nu}{2} e^{i\nu\pi x} + \sum_{\nu=-1}^{-\infty} \frac{a_{-\nu}}{2} e^{i\nu\pi x}. \tag{5.8}$$

Beim Übergang von der zweiten zur dritten Zeile haben wir in der zweiten Summe den Summationsindex ν durch den Summationsindex $-\nu$ ersetzt. Überzeugen Sie sich davon, dass nach dieser Substitution in der zweiten Summe nach wie vor die gleichen Summanden wie in der zweiten Summe in der zweiten Zeile auftreten. (Sehen Sie bei Bedarf auch Abschn. A.4.)

Die dritte Zeile von Gl. 5.8 erlaubt es uns, die Dreieckschwingung durch eine einzelne Summe über Funktionen vom Typ $\exp(i\nu\pi x)$ auszudrücken:

$$f(x) = \sum_{\nu=-\infty}^{\infty} c_\nu e^{i\nu\pi x}. \tag{5.9}$$

Dabei sind die Fourier-Koeffizienten c_ν dieser komplexen Form der Fourier-Reihe durch

$$c_\nu = \begin{cases} \frac{a_\nu}{2} = \frac{(-1)^\nu - 1}{\nu^2 \pi^2}, & \nu > 0 \\ 0, & \nu = 0 \\ \frac{a_{-\nu}}{2} = \frac{(-1)^{-\nu} - 1}{(-\nu)^2 \pi^2} = \frac{(-1)^\nu - 1}{\nu^2 \pi^2}, & \nu < 0 \end{cases} \tag{5.10}$$

gegeben. Dass die c_ν hier reelle Zahlen sind, hängt damit zusammen, dass in der Fourier-Reihe der hier als Beispiel betrachteten Dreieckschwingung nur Kosinusfunktionen (also keine Sinusfunktionen) auftreten.

5.2 Herleitung der Fourier-Koeffizienten

Natürlich haben wir Gl. 5.4 nicht bewiesen, sondern diesen Zusammenhang durch den grafischen Vergleich von Abb. 5.1 und 5.2 lediglich plausibel gemacht. Und selbst wenn wir akzeptieren, dass sich periodische Funktionen im Allgemeinen durch eine Überlagerung von Sinus- und Kosinusfunktionen darstellen lassen, hätten wir die Fourier-Koeffizienten in Gl. 5.3 nicht ohne Weiteres erraten. Wir werden auch im Folgenden nicht beweisen, dass Sinus- und Kosinusfunktionen in einem gewissen Sinn eine Basis im Raum der periodischen Funktionen bilden (genauer gesagt, im Raum von solchen periodischen Funktionen, die bestimmten mathematischen Anforderungen genügen, die in der Physik im Allgemeinen automatisch erfüllt sind). Wir werden aber herleiten, wie man die in der Fourier-Darstellung einer periodischen Funktion auftretenden Entwicklungskoeffizienten berechnet.

Sei daher nun $f(x)$ eine periodische Funktion (nicht notwendigerweise eine Dreieckschwingung) mit der Periode l, d. h.

$$f(x + l) = f(x). \tag{5.11}$$

Der Begriff der Periode ist dabei nicht eindeutig. So folgt aus Gl. 5.11, dass

$$f(x + nl) = f(x), \qquad n = 1, 2, 3, \ldots . \tag{5.12}$$

In anderen Worten: Jedes ganzzahlige Vielfache von l ist ebenso eine Periode der Funktion $f(x)$. Wir nehmen an, dass l die kleinste Periode von $f(x)$ ist.

Die trigonometrischen Funktionen

$$\sin\left(v\frac{2\pi}{l}x\right), \qquad v = 1, 2, 3, \ldots ,$$

und

$$\cos\left(v\frac{2\pi}{l}x\right), \qquad v = 0, 1, 2, 3, \ldots ,$$

haben ebenfalls die Periode l:

$$\sin\left(v\frac{2\pi}{l}(x + l)\right) = \sin\left(v\frac{2\pi}{l}x + v2\pi\right) = \sin\left(v\frac{2\pi}{l}x\right),$$

$$\cos\left(v\frac{2\pi}{l}(x + l)\right) = \cos\left(v\frac{2\pi}{l}x + v2\pi\right) = \cos\left(v\frac{2\pi}{l}x\right).$$

Für $v > 1$ gibt es bei diesen trigonometrischen Funktionen darüber hinaus nicht nur längere, sondern auch kürzere Perioden als l.

Zur Darstellung der periodischen Funktion $f(x)$ benötigt man im Allgemeinen sowohl die Sinus- als auch die Kosinusfunktionen. Die Sinusfunktionen sind durchweg punktsymmetrisch zum Koordinatenursprung,

$$\sin\left(v\frac{2\pi}{l}(-x)\right) = -\sin\left(v\frac{2\pi}{l}x\right).$$

Funktionen, die punktsymmetrisch zum Koordinatenursprung sind, heißen auch *ungerade* Funktionen. Der Begriff „ungerade" für derartige Funktionen ist sowohl in der Physik als auch in der Mathematik weitverbreitet, da er deutlich kürzer ist als „punktsymmetrisch zum Koordinatenursprung". Die Kosinusfunktionen sind alle achsensymmetrisch zur y-Achse,

$$\cos\left(v\frac{2\pi}{l}(-x)\right) = \cos\left(v\frac{2\pi}{l}x\right).$$

Solche Funktionen werden auch als *gerade* Funktionen bezeichnet. Auch diesen Begriff lohnt es sich zu merken.

Da die in Abb. 5.1 gezeigte Dreieckschwingung eine gerade Funktion ist, genügten Kosinusfunktionen. Aber für allgemeine periodische Funktionen sind beide Typen von trigonometrischen Funktionen erforderlich. Unter Verwendung von $\cos(0) = 1$ für den Kosinusterm mit $\nu = 0$ entwickeln wir die periodische Funktion $f(x)$ in folgende Fourier-Reihe:

$$f(x) = a_0 + \sum_{\nu=1}^{\infty} \left\{ a_\nu \cos\left(\nu\frac{2\pi}{l}x\right) + b_\nu \sin\left(\nu\frac{2\pi}{l}x\right) \right\}. \qquad (5.13)$$

Mithilfe von Gl. 5.6 und 5.7 können wir die in dieser Fourier-Reihe auftretenden Terme auch folgendermaßen schreiben:

$$\begin{aligned}
&a_\nu \cos\left(\nu\frac{2\pi}{l}x\right) + b_\nu \sin\left(\nu\frac{2\pi}{l}x\right) \\
&= a_\nu \frac{1}{2}\left\{ e^{i\nu\frac{2\pi}{l}x} + e^{-i\nu\frac{2\pi}{l}x} \right\} + b_\nu \frac{1}{2i}\left\{ e^{i\nu\frac{2\pi}{l}x} - e^{-i\nu\frac{2\pi}{l}x} \right\} \\
&= \underbrace{\frac{1}{2}(a_\nu - ib_\nu)}_{c_\nu} e^{i\nu\frac{2\pi}{l}x} + \underbrace{\frac{1}{2}(a_\nu + ib_\nu)}_{c_{-\nu}} e^{-i\nu\frac{2\pi}{l}x}.
\end{aligned}$$

Setzen wir noch

$$a_0 = a_0 e^{i0\frac{2\pi}{l}x} = c_0 e^{i0\frac{2\pi}{l}x},$$

dann ist die Sinus-Kosinus-Form der Fourier-Reihe von $f(x)$ [Gl. 5.13] äquivalent zu der komplexen Form

$$f(x) = \sum_{\nu=-\infty}^{\infty} c_\nu e^{i\nu\frac{2\pi}{l}x}. \qquad (5.14)$$

In Kap. 2 hatten wir Vektoren in drei Dimensionen in der Form

$$\vec{r} = \sum_i r_i \hat{e}_i$$

[Gl. 2.14] geschrieben, wobei die Basisvektoren $\hat{e}_i$ die Orthonormierungsbedingung

$$\hat{e}_i \cdot \hat{e}_j = \delta_{ij}$$

[Gl. 2.12] erfüllten. Unter Ausnutzung dieser Bedingung ist es uns gelungen, für die Entwicklungskoeffizienten r_i folgende Relation zu zeigen:

$$r_i = \hat{e}_i \cdot \vec{r}$$

[Gl. 2.16]. Um die Fourier-Koeffizienten c_ν in Gl. 5.14 zu berechnen, verfolgen wir nun eine analoge Strategie.

Dazu müssen wir das Konzept des Skalarprodukts auf Funktionen erweitern. Für zwei (im Allgemeinen komplexe) periodische Funktionen $g(x)$ und $h(x)$ mit Periode l ist deren Skalarprodukt durch

$$(g, h) = \int_0^l g^*(x)h(x)\mathrm{d}x \qquad (5.15)$$

definiert. Hierbei bezeichnet $g^*(x)$ die zu $g(x)$ komplex-konjugierte Funktion. Aufgrund der Periodizität der beiden Funktionen kann man die Integration auf jedem beliebigen Intervall der Länge l durchführen. Man muss sich nicht auf das spezifische Intervall $[0, l]$ beschränken.

Um die in Gl. 5.15 formulierte Definition heuristisch nachvollziehen zu können, erinnern wir uns an das Skalarprodukt zweier reeller Koordinatenvektoren

$$\vec{g} = \begin{pmatrix} g_1 \\ g_2 \\ g_3 \end{pmatrix}, \qquad \vec{h} = \begin{pmatrix} h_1 \\ h_2 \\ h_3 \end{pmatrix},$$

das Ihnen aus der Schule in der Form

$$(\vec{g}, \vec{h}) = \vec{g} \cdot \vec{h} = \sum_i g_i h_i$$

bekannt ist. [Vergleichen Sie mit Gl. 2.28.] Dürfen die Komponenten der beiden Vektoren komplexe Zahlen sein, dann muss man dies durch

$$(\vec{g}, \vec{h}) = \sum_i g_i^* h_i \qquad (5.16)$$

ersetzen, da nur auf diese Weise sichergestellt werden kann, dass mithilfe des Skalarprodukts die Länge („Norm") eines Vektors durch

$$|\vec{g}| = \sqrt{(\vec{g}, \vec{g})}$$
$$= \sqrt{\sum_i g_i^* g_i}$$
$$= \sqrt{\sum_i |g_i|^2}$$

sinnvoll berechnet werden kann ($|\vec{g}|$ soll reell und, für $\vec{g} \neq \vec{0}$, positiv sein). Nehmen wir nun an, dass in Gl. 5.16 der diskrete Vektorindex i durch einen kontinuierlichen Vektorindex (= Funktionsargument) x und die Summation über i durch eine Integration über x ersetzt wird, dann erhalten wir Gl. 5.15.

Wir zeigen nun, dass die Funktionen

$$e_\nu(x) = \frac{1}{\sqrt{l}} e^{i\nu \frac{2\pi}{T} x} \tag{5.17}$$

unter Verwendung des in Gl. 5.15 definierten Skalarprodukts die Orthonormierungs-bedingung

$$(e_\mu, e_\nu) = \delta_{\mu\nu} \tag{5.18}$$

erfüllen. (Der griechische Kleinbuchstabe μ wird *mü* ausgesprochen.) Zuerst verifizieren wir die Orthogonalität für $\mu \neq \nu$:

$$(e_\mu, e_\nu) = \int_0^l e_\mu^*(x) e_\nu(x) dx = \int_0^l \frac{1}{\sqrt{l}} e^{-i\mu \frac{2\pi}{T} x} \frac{1}{\sqrt{l}} e^{i\nu \frac{2\pi}{T} x} dx$$

$$= \frac{1}{l} \int_0^l e^{i(\nu-\mu)\frac{2\pi}{T} x} dx = \left. \frac{e^{i(\nu-\mu)\frac{2\pi}{T} x}}{i(\nu-\mu)2\pi} \right|_0^l$$

$$= \frac{1}{i(\nu-\mu)2\pi} \left\{ e^{i(\nu-\mu)2\pi} - 1 \right\} = 0.$$

Die Normierung der Funktionen $e_\nu(x)$ ist noch leichter zu erkennen:

$$(e_\nu, e_\nu) = \frac{1}{l} \int_0^l e^{-i\nu \frac{2\pi}{T} x} e^{i\nu \frac{2\pi}{T} x} dx = \frac{1}{l} \int_0^l dx = 1.$$

Damit ist Gl. 5.18 gezeigt.

Kehren wir nun zu unserem Ziel zurück, die Fourier-Koeffizienten c_ν in der Reihe

$$f(x) = \sum_{\nu=-\infty}^{\infty} c_\nu e^{i\nu \frac{2\pi}{T} x}$$

zu bestimmen. Wir können diese Fourier-Reihe durch die orthonormalen Basisfunktionen $e_\nu(x)$ ausdrücken:

$$f(x) = \sum_{\nu=-\infty}^{\infty} c_\nu \sqrt{l} e_\nu(x).$$

In Analogie zu unserem Vorgehen in Gl. 2.15 bilden wir für beide Seiten dieser Gleichung das Skalarprodukt mit der Basisfunktion $e_\mu(x)$ (wobei μ fest, aber beliebig ist):

$$(e_\mu, f) = \int_0^l \frac{1}{\sqrt{l}} e^{-i\mu \frac{2\pi}{T} x} f(x) dx = \left(e_\mu, \sum_{\nu=-\infty}^{\infty} c_\nu \sqrt{l} e_\nu \right)$$

$$= \sum_{\nu=-\infty}^{\infty} c_\nu \sqrt{l} (e_\mu, e_\nu) = \sum_{\nu=-\infty}^{\infty} c_\nu \sqrt{l} \delta_{\mu\nu} = c_\mu \sqrt{l}.$$

Wir teilen durch $\sqrt{l}$ und erhalten damit die gesuchte Gleichung

$$c_\mu = \frac{1}{l} \int_0^l e^{-i\mu\frac{2\pi}{l}x} f(x)\mathrm{d}x. \tag{5.19}$$

▶ **Hinweis** Wir können die wichtigsten Aussagen zu Fourier-Reihen nach
Dirichlet folgendermaßen zusammenfassen: Ist die Funktion $f(x)$ periodisch mit der Periode l, beschränkt und stückweise monoton, so gilt für
alle x-Werte, an denen $f(x)$ auch stetig ist,

$$f(x) = \sum_{\nu=-\infty}^{\infty} c_\nu e^{i\nu\frac{2\pi}{l}x}, \qquad c_\nu = \frac{1}{l} \int_0^l e^{-i\nu\frac{2\pi}{l}x} f(x)\mathrm{d}x. \tag{5.20}$$

An den Sprungstellen dagegen gilt:

$$\sum_{\nu=-\infty}^{\infty} c_\nu e^{i\nu\frac{2\pi}{l}x} = \lim_{\varepsilon\to 0} \frac{1}{2} \{f(x+\varepsilon) + f(x-\varepsilon)\}, \tag{5.21}$$

d.h., die Fourier-Reihe gibt dort den Mittelwert der Funktionswerte direkt
vor und direkt nach der jeweiligen Sprungstelle.

Hat man die komplexe Form der Fourier-Reihe der periodischen Funktion $f(x)$
berechnet, dann bestimmt man aus Gl. 5.20, mithilfe der Euler'schen Formel
[Gl. 4.38], die Sinus-Kosinus-Form in Gl. 5.13:

$$\begin{aligned}
f(x) &= \sum_{\nu=-\infty}^{\infty} c_\nu e^{i\nu\frac{2\pi}{l}x} \\
&= \sum_{\nu=-\infty}^{\infty} c_\nu \left\{\cos\left(\nu\frac{2\pi}{l}x\right) + i\sin\left(\nu\frac{2\pi}{l}x\right)\right\} \\
&= c_0 + \sum_{\nu=1}^{\infty} c_\nu \left\{\cos\left(\nu\frac{2\pi}{l}x\right) + i\sin\left(\nu\frac{2\pi}{l}x\right)\right\} \\
&\quad + \sum_{\nu=-\infty}^{-1} c_\nu \left\{\cos\left(\nu\frac{2\pi}{l}x\right) + i\sin\left(\nu\frac{2\pi}{l}x\right)\right\} \\
&= c_0 + \sum_{\nu=1}^{\infty} c_\nu \left\{\cos\left(\nu\frac{2\pi}{l}x\right) + i\sin\left(\nu\frac{2\pi}{l}x\right)\right\} \\
&\quad + \sum_{\nu=1}^{\infty} c_{-\nu} \left\{\cos\left(-\nu\frac{2\pi}{l}x\right) + i\sin\left(-\nu\frac{2\pi}{l}x\right)\right\} \\
&= \underbrace{c_0}_{a_0} + \sum_{\nu=1}^{\infty} \left\{\underbrace{[c_\nu + c_{-\nu}]}_{a_\nu}\cos\left(\nu\frac{2\pi}{l}x\right) + \underbrace{i[c_\nu - c_{-\nu}]}_{b_\nu}\sin\left(\nu\frac{2\pi}{l}x\right)\right\}.
\end{aligned}$$

Will man die Berechnung der komplexen Form der Fourier-Reihe umgehen, kann man die Fourier-Koeffizienten der Sinus-Kosinus-Form auch direkt berechnen. Die dazu notwendigen Formeln können wir uns unmittelbar herleiten. Für $v > 0$:

$$
\begin{aligned}
a_v &= c_v + c_{-v} \\
&= \frac{1}{l} \int_0^l \left\{ e^{-iv\frac{2\pi}{l}x} + e^{iv\frac{2\pi}{l}x} \right\} f(x)\mathrm{d}x \\
&= \frac{2}{l} \int_0^l \cos\left(v\frac{2\pi}{l}x \right) f(x)\mathrm{d}x,
\end{aligned}
\tag{5.22}
$$

$$
\begin{aligned}
b_v &= i[c_v - c_{-v}] \\
&= \frac{i}{l} \int_0^l \left\{ e^{-iv\frac{2\pi}{l}x} - e^{iv\frac{2\pi}{l}x} \right\} f(x)\mathrm{d}x \\
&= \frac{2}{l} \int_0^l \sin\left(v\frac{2\pi}{l}x \right) f(x)\mathrm{d}x.
\end{aligned}
\tag{5.23}
$$

Für $v = 0$:

$$
\begin{aligned}
a_0 &= c_0 \\
&= \frac{1}{l} \int_0^l f(x)\mathrm{d}x.
\end{aligned}
\tag{5.24}
$$

5.3 Anwendungen

5.3.1 Dreieckschwingung

Wir haben nun das gesamte Handwerkszeug zusammen, das wir benötigen, um die Fourier-Koeffizienten der in Abb. 5.1 gezeigten Dreieckschwingung herzuleiten. Gemäß Gl. 5.1 ist die dazugehörige Funktion auf dem Intervall $[-1, 1]$ durch

$$
f(x) = \begin{cases} -x - \frac{1}{2}, & -1 \le x \le 0 \\ x - \frac{1}{2}, & 0 \le x \le 1 \end{cases}
$$

gegeben. Es liegt eine (minimale) Periode der Länge $l = 2$ vor.

Die zur komplexen Fourier-Darstellung

$$
f(x) = \sum_{v=-\infty}^{\infty} c_v e^{iv\pi x}
$$

gehörigen Fourier-Koeffizienten berechnen wir mithilfe von Gl. 5.20. Dabei benötigen wir das Verfahren der *partiellen Integration*. Die partielle Integration beruht auf der Produktregel für die Ableitung des Produkts von zwei Funktionen $f(x)$ und $g(x)$: $(fg)' = f'g + fg'$ oder $fg' = (fg)' - f'g$. Durch Integration beider Seiten der letzten Gleichung folgt daher

$$\int_a^b f(x)g'(x)\mathrm{d}x = [fg]_a^b - \int_a^b f'(x)g(x)\mathrm{d}x. \tag{5.25}$$

Das Verfahren der partiellen Integration besteht darin, bei einem Integral, dessen Integrand das Produkt von zwei Funktionen ist, die eine Funktion als $f(x)$ und die andere Funktion als $g'(x)$ zu interpretieren und dann Gl. 5.25 heranzuziehen.

Wenden wir die partielle Integration nun auf Gl. 5.20 für den Fourier-Koeffizienten c_ν an. Wir rufen uns dabei in Erinnerung, dass wir für das Integrationsintervall jedes Intervall der Länge $l = 2$ verwenden dürfen, also insbesondere auch das Intervall $[-1, 1]$:

$$\begin{aligned}
c_\nu &= \frac{1}{2} \int_{-1}^1 \mathrm{e}^{-\mathrm{i}\nu\pi x} f(x)\mathrm{d}x \\
&= \frac{1}{2} \int_{-1}^0 \mathrm{e}^{-\mathrm{i}\nu\pi x} \left(-x - \frac{1}{2}\right)\mathrm{d}x + \frac{1}{2} \int_0^1 \mathrm{e}^{-\mathrm{i}\nu\pi x} \left(x - \frac{1}{2}\right)\mathrm{d}x \\
&= \frac{1}{2} \left\{ \frac{\mathrm{e}^{-\mathrm{i}\nu\pi x}}{-\mathrm{i}\nu\pi} \left(-x - \frac{1}{2}\right) \bigg|_{-1}^0 - \int_{-1}^0 \frac{\mathrm{e}^{-\mathrm{i}\nu\pi x}}{-\mathrm{i}\nu\pi}(-1)\mathrm{d}x \right\} \\
&\quad + \frac{1}{2} \left\{ \frac{\mathrm{e}^{-\mathrm{i}\nu\pi x}}{-\mathrm{i}\nu\pi} \left(x - \frac{1}{2}\right) \bigg|_0^1 - \int_0^1 \frac{\mathrm{e}^{-\mathrm{i}\nu\pi x}}{-\mathrm{i}\nu\pi}(+1)\mathrm{d}x \right\} \\
&= \frac{1}{2} \left\{ \frac{1}{-\mathrm{i}\nu\pi} \left(-\frac{1}{2}\right) - \frac{\mathrm{e}^{\mathrm{i}\nu\pi}}{-\mathrm{i}\nu\pi} \left(+\frac{1}{2}\right) + \frac{1}{(-\mathrm{i}\nu\pi)^2} \left(1 - \mathrm{e}^{\mathrm{i}\nu\pi}\right) \right\} \\
&\quad + \frac{1}{2} \left\{ \frac{\mathrm{e}^{-\mathrm{i}\nu\pi}}{-\mathrm{i}\nu\pi} \left(+\frac{1}{2}\right) - \frac{1}{-\mathrm{i}\nu\pi} \left(-\frac{1}{2}\right) - \frac{1}{(-\mathrm{i}\nu\pi)^2} \left(\mathrm{e}^{-\mathrm{i}\nu\pi} - 1\right) \right\} \\
&= \frac{1}{2\mathrm{i}\nu\pi} \left\{ \frac{1}{2} + \frac{1}{2}\mathrm{e}^{\mathrm{i}\nu\pi} - \frac{1}{2}\mathrm{e}^{-\mathrm{i}\nu\pi} - \frac{1}{2} \right\} - \frac{1}{2\nu^2\pi^2} \left\{ 1 - \mathrm{e}^{\mathrm{i}\nu\pi} + 1 - \mathrm{e}^{-\mathrm{i}\nu\pi} \right\} \\
&= \frac{1}{2} \frac{\sin(\nu\pi)}{\nu\pi} + \frac{1}{\nu^2\pi^2} \left\{ \cos(\nu\pi) - 1 \right\}.
\end{aligned}$$

Hierbei haben wir, beim Übergang von der zweiten zur dritten und vierten Zeile, Gl. 5.25 mit

$$g'(x) = \mathrm{e}^{-\mathrm{i}\nu\pi x}$$

verwendet. (Die dritte Zeile entspricht dem ersten Integral in der zweiten Zeile, und die vierte Zeile entspricht dem zweiten Integral in der zweiten Zeile.)

Das gewonnene Ergebnis für c_ν ist nur für den Fall $\nu \neq 0$ anwendbar, da wir bei der Integration explizit durch ν geteilt haben. In diesem Fall gilt stets $\sin(\nu\pi)/(\nu\pi) = 0$

(v ist eine ganze Zahl!). Außerdem ist $\cos(v\pi) = (-1)^v$. Auf diese Weise sehen Sie, dass für $v \neq 0$

$$c_v = \frac{1}{v^2\pi^2}\left\{(-1)^v - 1\right\}$$

gilt. Für den Fall $v = 0$ müssen wir das Integral

$$c_0 = \frac{1}{2}\int_{-1}^{1} f(x)\mathrm{d}x$$

berechnen. Sie können zur Übung leicht selbst verifizieren, dass man damit $c_0 = 0$ erhält. Damit ist es uns gelungen, die in Gl. 5.10 angegebenen Fourier-Koeffizienten der komplexen Form der Fourier-Reihe der Dreieckschwingung herzuleiten. Für die Fourier-Koeffizienten der Sinus-Kosinus-Form, Gl. 5.13, folgt aus Gl. 5.22 und 5.23:

$$a_v = c_v + c_{-v} = \frac{2}{v^2\pi^2}\left\{(-1)^v - 1\right\}, \qquad b_v = \mathrm{i}[c_v - c_{-v}] = 0, \qquad v > 0$$

und

$$a_0 = c_0 = 0.$$

Damit haben wir auch Gl. 5.3 und 5.4 gezeigt.

5.3.2 Harmonischer Oszillator

Mithilfe von Fourier-Reihen untersuchen wir nun, wie ein gedämpfter harmonischer Oszillator auf zeitlich periodische Kräfte reagiert, die selbst keine einfachen trigonometrischen Funktionen der Zeit sind. Dazu ersetzen wir die rechte Seite von Gl. 4.151 durch eine allgemeine periodische Kraft:

$$\ddot{x} + \Gamma\dot{x} + \omega^2 x = F_0 f(t). \tag{5.26}$$

Dabei sei $f(t)$ eine periodische Funktion mit Periode T und Amplitude 1, sodass die Amplitude der äußeren Kraft $F_0 f(t)$ gleich F_0 ist. Wir verwenden hier aus Bequemlichkeit das Wort „Kraft", obwohl F_0 lediglich proportional zur äußeren Kraft ist. Vergleichen Sie dazu mit Gl. 4.151.

Da $f(t)$ periodisch ist, können wir diese Funktion in eine Fourier-Reihe entwickeln:

$$f(t) = a_0 + \sum_{v=1}^{\infty}\left\{a_v \cos\left(v\frac{2\pi}{T}t\right) + b_v \sin\left(v\frac{2\pi}{T}t\right)\right\}.$$

Um das Prinzip zu verstehen, ist es hier hinreichend, wenn wir uns auf die Situation konzentrieren, dass alle $a_v = 0$ sind, also

$$f(t) = \sum_{v=1}^{\infty} b_v \sin\left(v\frac{2\pi}{T}t\right)$$

bzw.

$$F_0 f(t) = \sum_{\nu=1}^{\infty} F_0 b_\nu \sin(\omega_\nu t), \tag{5.27}$$

wobei

$$\omega_\nu = \nu \frac{2\pi}{T} \tag{5.28}$$

ist.

Betrachten Sie als Beispiel die Rechteckschwingung in Abb. 5.3. Die dazugehörige Fourier-Reihe lautet

$$F_0 f(t) = F_0 \frac{4}{\pi} \left\{ \sin(\omega_1 t) + \frac{1}{3} \sin(3\omega_1 t) + \frac{1}{5} \sin(5\omega_1 t) + \dots \right\} \tag{5.29}$$

mit

$$\omega_1 = \frac{2\pi}{T}. \tag{5.30}$$

[Prüfen Sie Gl. 5.29 zur Übung nach.]

Bei einer allgemeinen, zeitlich periodischen Kraft mit Periode T wirkt auf den gedämpften harmonischen Oszillator daher nicht nur eine Kraft mit der Kreisfrequenz $\omega_1 = 2\pi/T$ (wie Sie es vielleicht intuitiv vermuten würden), sondern auch Kräfte mit der Kreisfrequenz $2\omega_1$, $3\omega_1$ usw. Die Fourier-Koeffizienten $F_0 b_\nu$ der äußeren Kraft $F_0 f(t)$ kontrollieren dabei die relativen Beiträge dieser jeweils harmonischen Kräfte.

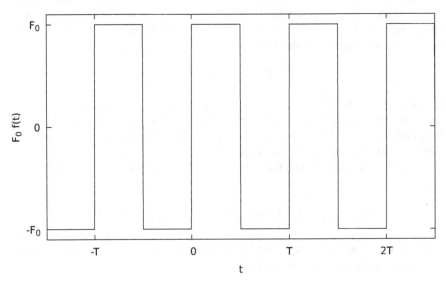

Abb. 5.3 Rechteckschwingung mit Amplitude F_0 und Periode T

Um das Langzeitverhalten des gedämpften harmonischen Oszillators unter Einwirkung der in Gl. 5.27 gegebenen Kraft zu berechnen, benötigen wir lediglich die
in Gl. 4.160 gefundene partikuläre Lösung für die Kraftamplitude $F' = F_0 b_\nu$ und
die Kreisfrequenz $\omega' = \omega_\nu$, zusammen mit dem in Abschn. 4.10 formulierten Superpositionsprinzip:

$$x_\mathrm{p}(t) = \sum_{\nu=1}^{\infty} \frac{F_0 b_\nu}{\sqrt{(\omega^2 - \omega_\nu^2)^2 + \Gamma^2 \omega_\nu^2}} \sin(\omega_\nu t - \varphi_\nu). \tag{5.31}$$

Dabei ist die Phasenverschiebung φ_ν durch

$$\tan \varphi_\nu = \frac{\Gamma \omega_\nu}{\omega^2 - \omega_\nu^2} \tag{5.32}$$

bestimmt. Konkret haben wir für unsere Rechteckschwingung aus Abb. 5.3:

$$\begin{aligned}
x_\mathrm{p}(t) = {}& \frac{4F_0}{\pi \sqrt{(\omega^2 - \omega_1^2)^2 + \Gamma^2 \omega_1^2}} \sin(\omega_1 t - \varphi_1) \\
& + \frac{4F_0}{3\pi \sqrt{(\omega^2 - (3\omega_1)^2)^2 + \Gamma^2 (3\omega_1)^2}} \sin(3\omega_1 t - \varphi_3) \\
& + \frac{4F_0}{5\pi \sqrt{(\omega^2 - (5\omega_1)^2)^2 + \Gamma^2 (5\omega_1)^2}} \sin(5\omega_1 t - \varphi_5) \\
& + \dots,
\end{aligned} \tag{5.33}$$

$$\begin{aligned}
\tan \varphi_1 &= \frac{\Gamma \omega_1}{\omega^2 - \omega_1^2}, \\
\tan \varphi_3 &= \frac{\Gamma 3\omega_1}{\omega^2 - (3\omega_1)^2}, \\
\tan \varphi_5 &= \frac{\Gamma 5\omega_1}{\omega^2 - (5\omega_1)^2}, \quad \dots
\end{aligned} \tag{5.34}$$

Beachten Sie, dass die durch Gl. 5.31 spezifizierte erzwungene Schwingung des
harmonischen Oszillators zwar nach wie vor periodisch ist, mit Periode T, die Bewegung aber nicht die gleiche funktionale Form wie die äußere Kraft hat. Ist die äußere
Kraft beispielsweise eine Rechteckschwingung, dann ist die Bewegung des harmonischen Oszillators im Allgemeinen keine Rechteckschwingung. Dies kann man daran
erkennen, dass $x_\mathrm{p}(t)$ nur dann proportional zu $F_0 f(t)$ [Gl. 5.27] (mit positiver Proportionalitätskonstante) wäre, wenn die Phasenverschiebungen φ_ν alle verschwinden
und die Fourier-Koeffizienten

$$\frac{F_0 b_\nu}{\sqrt{(\omega^2 - \omega_\nu^2)^2 + \Gamma^2 \omega_\nu^2}}$$

sich von den b_ν nur um eine von ν unabhängige Konstante unterscheiden würden.

Die Situation wird besonders durchsichtig und praktisch relevant, wenn wir annehmen, dass die Dämpfungskonstante Γ des harmonischen Oszillators sehr viel kleiner als die Grundfrequenz ω_1 der äußeren Kraft ist. Nehmen wir dazu weiter an, wir sind in der Lage, die natürliche Kreisfrequenz ω des harmonischen Oszillators durchzustimmen. Als Funktion von ω wird der harmonische Oszillator aufgrund des Resonanzverhaltens der einzelnen Fourier-Koeffizienten in Gl. 5.31 immer dann merklich schwingen, wenn ω gleich einer der Fourier-Kreisfrequenzen $\nu\omega_1$ ($\nu = 1, 2, 3, \ldots$) ist. Die Bedingung $\Gamma \ll \omega_1$ gewährleistet, dass die bei den einzelnen Fourier-Kreisfrequenzen $\nu\omega_1$ auftretenden Resonanzen so scharf sind, dass sie nicht miteinander überlappen. Ist $\omega = \nu_0\omega_1$ für ein festes ν_0 (positive ganze Zahl), dann dominiert in der erzwungenen Bewegung des harmonischen Oszillators der Term mit $\nu = \nu_0$:

$$x_{\mathrm{p}}(t) \approx \frac{F_0 b_{\nu_0}}{\Gamma \nu_0 \omega_1} \sin{(\nu_0 \omega_1 t - \pi/2)}. \qquad (5.35)$$

Alle anderen Terme in Gl. 5.31 sind dann relativ klein. Eine etwas sorgfältigere Analyse zeigt, dass dazu zwar $\Gamma \ll \omega_1$ notwendig, aber nicht hinreichend ist. Gl. 5.35 ist dann eine gute Näherung, wenn die Dämpfung des harmonischen Oszillators so klein ist, dass

$$\Gamma \ll \omega_1 \frac{|b_{\nu_0}|}{|b_{\max}|}.$$

Hierbei sei $b_{\nu_0} \neq 0$, und $F_0 b_{\max}$ sei der betragsmäßig größte Fourier-Koeffizient der äußeren Kraft.

▶   **Hinweis** Drücken wir unsere gewonnenen Erkenntnisse in Worten aus: Immer wenn die natürliche Kreisfrequenz des harmonischen Oszillators in Resonanz mit einer der Fourier-Komponenten der äußeren Kraft ist, dann reagiert der Oszillator praktisch nur auf diese eine Fourier-Komponente und führt eine einfache harmonische Bewegung bei der resonanten Kreisfrequenz $\nu_0\omega_1$ durch. Die Amplitude dieser harmonischen Bewegung ist $F_0 b_{\nu_0}/(\Gamma\omega)$ (wobei in Resonanz $\omega = \nu_0\omega_1$ ist) und damit proportional zum Fourier-Koeffizienten $F_0 b_{\nu_0}$ der äußeren Kraft. Wir können also mithilfe eines durchstimmbaren, hinreichend schwach gedämpften harmonischen Oszillators eine Fourier-Analyse der äußeren Kraft durchführen!

Dies ist für den Fall, dass die äußere Kraft eine Rechteckschwingung ist, in Abb. 5.4 illustriert. Vergleichen Sie die Amplitude der erzwungenen Schwingung des Oszillators bei den jeweiligen Resonanzkreisfrequenzen mit den Fourier-Koeffizienten der Rechteckschwingung in Gl. 5.29.

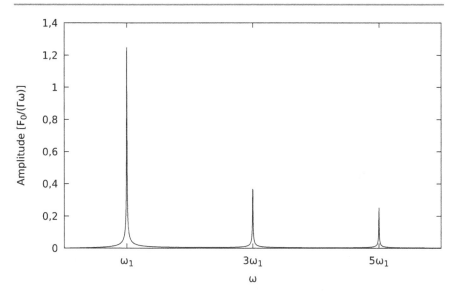

Abb. 5.4 Antwortverhalten eines harmonischen Oszillators aufgrund der in Abb. 5.3 gezeigten Rechteckschwingung. Die Amplitude der Bewegung des Oszillators ist als Funktion der natürlichen Kreisfrequenz ω des Oszillators aufgetragen ($\Gamma = 0{,}005\omega_1$)

Aufgaben

5.1 Skizzieren Sie die folgenden periodischen Funktionen mit Periode $l > 0$. Stellen Sie die Funktionen jeweils durch eine komplexe Fourier-Reihe dar. Drücken Sie das Ergebnis jeweils auch durch trigonometrische Funktionen aus.

(a)

$$f(x) = \begin{cases} 2, & -l/2 < x < 0, \\ 0, & 0 < x < l/2. \end{cases}$$

(b)

$$f(x) = \begin{cases} 0, & -l/2 < x < 0, \\ -1, & 0 < x < l/4, \\ 0, & l/4 < x < l/2. \end{cases}$$

5.2 Neben der Sinus-Kosinus-Form und der komplexen Form der Fourier-Reihe gibt es eine weitere Darstellung einer periodischen Funktion $f(x)$ mit Periode l:

$$f(x) = A_0 + \sum_{\nu=1}^{\infty} A_\nu \cos\left(\nu\frac{2\pi}{l}x - \varphi_\nu\right).$$

Man nennt diese Darstellung die Amplituden-Phasen-Form der Fourier-Reihe. Die A_ν sind die Amplituden und seien für $\nu \geq 1$ nichtnegativ. Die φ_ν sind die Phasen der Amplituden-Phasen-Form der Fourier-Reihe ($-\pi < \varphi_\nu \leq \pi$).

(a) Leiten Sie die Amplituden-Phasen-Form aus der Sinus-Kosinus-Form in Gl. 5.13 her.

(b) Leiten Sie die Amplituden-Phasen-Form aus der komplexen Form in Gl. 5.14 her.

5.3 In dieser Aufgabe haben Sie die Gelegenheit, die Überlegungen aus Abschn. 5.3.2 zu verallgemeinern.

(a) Entwickeln Sie die allgemeine periodische Kraft $F_0 f(t)$ in Gl. 5.26 in eine Fourier-Reihe. Verwenden Sie dabei die Amplituden-Phasen-Form.

(b) Bestimmen Sie, unter Verwendung der Amplituden-Phasen-Form der periodischen Kraft $F_0 f(t)$, die partikuläre Lösung $x_p(t)$ von Gl. 5.26. [Hinweis: Unterscheiden Sie bei Ihrer Rechnung sorgfältig zwischen den Phasen der periodischen Kraft und den Phasenverschiebungen, die im Antwortverhalten des harmonischen Oszillators auftreten.]

(c) Zeigen Sie, dass $x_p(t)$ periodisch ist, und schreiben Sie $x_p(t)$ in der Amplituden-Phasen-Form. Geben Sie die dabei auftretenden Amplituden und Phasen von $x_p(t)$ an.

(d) Zeigen Sie, dass mithilfe eines durchstimmbaren, hinreichend schwach gedämpften harmonischen Oszillators die Amplituden von $F_0 f(t)$ bestimmt werden können.

(e) Zeigen Sie, wie mithilfe eines oder mehrerer geeigneter harmonischer Oszillatoren auch die Phasen von $F_0 f(t)$ bestimmt werden können.

Nichtlineare Dynamik

R. Santra, *Einführung in die Theoretische Physik*,
https://doi.org/10.1007/978-3-662-67439-0_6

In Kap. 1 hatten wir herausgearbeitet, dass eine Grundeigenschaft der Klassischen Physik der Determinismus ist: Die Grundgleichungen der Klassischen Physik erlauben es einem, unter vollständiger Angabe der Anfangsbedingungen, das Verhalten eines Systems zu allen Zeiten vorherzusagen. Im Laufe der vergangenen 100 Jahre hat sich herauskristallisiert, dass diese Sichtweise zwar im Prinzip (im Rahmen der Klassischen Physik) korrekt ist, Determinismus im Allgemeinen aber nicht unbedingt Regularität und tatsächliche Vorhersagbarkeit der Zukunft impliziert.

Komplexe Dynamik kann auftreten, wenn die zugrunde liegenden Bewegungsgleichungen nichtlineare Differenzialgleichungen sind. Physikalische Systeme, deren Bewegungsgleichungen nichtlinear sind, werden in diesem Sinne *nichtlinear* genannt. In nichtlinearen Systemen kann unter Umständen extrem irreguläres Verhalten angetroffen werden, das als *Chaos* bezeichnet wird. Klassisches chaotisches Verhalten ist nichtsdestoweniger vollständig deterministisch. Man spricht daher auch von *deterministischem Chaos*.

Verhält sich ein System chaotisch, dann ist das Verhalten des Systems hochempfindlich auf die Anfangsbedingungen. Dies bedeutet, dass zwei Zustände, die bei zwei eng benachbarten Startpunkten im Zustandsraum beginnen, im Laufe der Zeit zunehmend – und zwar exponentiell – auseinanderlaufen. Beachten Sie in diesem Zusammenhang, dass es in der Praxis immer eine Messgenauigkeit gibt, die endlich ist. In Kombination mit der Empfindlichkeit auf die Anfangsbedingungen werden der praktischen Vorhersagbarkeit dadurch Schranken auferlegt: Da man die Anfangsbedingungen nie mit beliebig hoher Genauigkeit kennt, lässt sich das Verhalten eines chaotischen Systems in der Praxis nur über ein kurzes Zeitintervall vorhersagen.

Eines der einfachsten physikalischen Systeme, in dem man Chaos beobachten kann, ist das getriebene, gedämpfte Pendel. Diesem grundlegenden System wollen wir in diesem Kapitel unsere Aufmerksamkeit schenken.

6.1   Die Bewegungsgleichungen des getriebenen, gedämpften Pendels

6.1.1   Das ungedämpfte Pendel

Zuerst vernachlässigen wir die Dämpfung und die äußere treibende Kraft. Das Pendel ist dann dadurch charakterisiert, dass sich eine Masse m in einem festen Abstand l vom Aufhängepunkt unter dem Einfluss der Gravitation bewegt.

▶   Hinweis Das, was wir hier unter einem Pendel verstehen, ist eine der Idealisierungen, die für die Theoretische Physik so typisch sind. Als ausschließlich entscheidend werden die zwei Pendelparameter m und l angenommen. Die räumliche Ausdehnung des Pendelkörpers der Masse m wird vernachlässigt. Auch die Masse des starren Stabs, der den Pendelkörper mit der Pendelaufhängung verbindet, wird als vernachlässigbar angenommen. Ein Pendel ist in diesem Modell demnach ein Punktteilchen, das sich auf einer

Kreisbahn mit Radius l bewegt. Anders als in Kap. 2 ist die Kreisbewegung beim Pendel im Allgemeinen jedoch nicht gleichförmig.

Zur Beschreibung des Pendels wählen wir unser Koordinatensystem, wie in Abb. 6.1 gezeigt. Daher gilt für die Ortskoordinaten der Masse:

$$x(t) = l \cos (\vartheta(t)), \qquad y(t) = l \sin (\vartheta(t)). \tag{6.1}$$

Man kann daraus unmittelbar die Polarkoordinaten ablesen: Der Abstand vom Ursprung ist l ($=$ const.), und der Polarwinkel bezüglich der x-Achse ist $\vartheta(t)$. (Der griechische Kleinbuchstabe ϑ wird *theta* ausgesprochen. Das Symbol φ, das Ihnen aus Kap. 2 im Zusammenhang mit Polarkoordinaten geläufiger ist, benötigen wir in diesem Kapitel für andere Zwecke.)

Durch Ableiten nach der Zeit, und durch Verwendung der Kettenregel, erhalten wir aus Gl. 6.1 die Geschwindigkeitskomponenten

$$\dot{x}(t) = -l \sin (\vartheta(t))\dot{\vartheta}(t), \qquad \dot{y}(t) = l \cos (\vartheta(t))\dot{\vartheta}(t), \tag{6.2}$$

und daraus die Beschleunigungskomponenten

$$\ddot{x}(t) = l \left\{ -\cos (\vartheta(t)) \left[\dot{\vartheta}(t)\right]^2 - \sin (\vartheta(t))\ddot{\vartheta}(t) \right\},$$
$$\ddot{y}(t) = l \left\{ -\sin (\vartheta(t)) \left[\dot{\vartheta}(t)\right]^2 + \cos (\vartheta(t))\ddot{\vartheta}(t) \right\}. \tag{6.3}$$

Bei der Herleitung von Gl. 6.3 ist bei der Ableitung von Gl. 6.2 nach der Zeit neben der Kettenregel noch die Produktregel zum Einsatz gekommen.

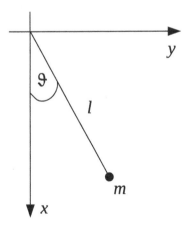

Abb. 6.1 Das Pendel wird durch ein Punktteilchen der Masse m beschrieben, das sich zu allen Zeiten im Abstand l von der Aufhängung befindet. Der Ort der Aufhängung ist als Koordinatenursprung gewählt. Die Gravitationskraft auf das Teilchen wirkt nach unten, also in positiver x-Richtung im gewählten Koordinatensystem. Die Kraft durch die Aufhängung wirkt in radialer Richtung, d. h. entlang der Verbindungslinie vom Ursprung zum Punktteilchen. Der Winkel ϑ gibt die Auslenkung des Pendels gegenüber der x-Achse an

Unser Ziel ist es, unter Verwendung des zweiten Newton'schen Gesetzes eine Bewegungsgleichung für den Auslenkungswinkel $\vartheta(t)$ zu bestimmen. Es bietet sich dafür an, die in Abschn. 2.4 eingeführten Einheitsvektoren für Polarkoordinaten heranzuziehen. [Rufen Sie sich dazu Gl. 2.63 und 2.64 in Erinnerung.] Mithilfe der Beschleunigungskomponenten aus Gl. 6.3 folgt für den Beschleunigungsvektor

$$
\begin{aligned}
\ddot{\vec{r}}(t) &= \begin{pmatrix} \ddot{x}(t) \\ \ddot{y}(t) \end{pmatrix} \\
&= l \left\{ -\left[\dot{\vartheta}(t) \right]^2 \begin{pmatrix} \cos(\vartheta(t)) \\ \sin(\vartheta(t)) \end{pmatrix} + \ddot{\vartheta}(t) \begin{pmatrix} -\sin(\vartheta(t)) \\ \cos(\vartheta(t)) \end{pmatrix} \right\} \\
&= l \left\{ -\left[\dot{\vartheta}(t) \right]^2 \hat{e}_r(t) + \ddot{\vartheta}(t)\hat{e}_\vartheta(t) \right\},
\end{aligned}
\tag{6.4}
$$

mit den orthonormalen, zeitabhängigen Basisvektoren

$$
\hat{e}_r(t) = \begin{pmatrix} \cos(\vartheta(t)) \\ \sin(\vartheta(t)) \end{pmatrix}
\tag{6.5}
$$

und

$$
\hat{e}_\vartheta(t) = \begin{pmatrix} -\sin(\vartheta(t)) \\ \cos(\vartheta(t)) \end{pmatrix}.
\tag{6.6}
$$

Der Vektor $\hat{e}_\vartheta(t)$ liegt, aufgrund von $\hat{e}_r(t) \cdot \hat{e}_\vartheta(t) = 0$, zu jedem Zeitpunkt tangential zum Bahnvektor $\vec{r}(t) = l\hat{e}_r(t)$.

Mit Gl. 6.4 ist es uns gelungen, den Beschleunigungsvektor $\ddot{\vec{r}}(t)$ zu jedem Zeitpunkt in radiale und tangentiale Komponenten zu zerlegen. Eine analoge Zerlegung benötigen wir für die gesamte auf unseren Massenpunkt wirkende Kraft. Die Kraft, die die Aufhängung über ihre Verbindung zum Massenpunkt ausübt, ist rein radial:

$$
\vec{F}_{\mathrm{AH}}(t) = F_{\mathrm{AH}}(t)\hat{e}_r(t),
\tag{6.7}
$$

wobei $F_{\mathrm{AH}}(t)$ eine im Prinzip zu bestimmende Funktion ist. Diese gibt an, mit welcher Kraft man am Massenpunkt ziehen oder drücken muss, damit der Massenpunkt stets auf einer Bahn vom Radius l bezüglich der Aufhängung bleibt.

Die Gravitationskraft auf das Teilchen wirkt in unserem Koordinatensystem (Abb. 6.1) entlang der positiven x-Achse:

$$
\vec{F}_{\mathrm{G}}(t) = mg \begin{pmatrix} 1 \\ 0 \end{pmatrix}.
\tag{6.8}
$$

Wir zerlegen den in dieser Gleichung auftretenden Einheitsvektor nach $\hat{e}_r(t)$ und $\hat{e}_\vartheta(t)$:

$$
\begin{pmatrix} 1 \\ 0 \end{pmatrix} = \alpha_r(t)\hat{e}_r(t) + \alpha_\vartheta(t)\hat{e}_\vartheta(t).
\tag{6.9}
$$

Diese Zerlegung ist völlig analog zu der Entwicklung des Ortsvektors in Gl. 2.14 bezüglich eines Satzes orthonormaler Basisvektoren. Die Entwicklungskoeffizienten in Gl. 6.9 erhält man, wie in Gl. 2.16, indem man den zu entwickelnden Vektor mit den jeweiligen Basisvektoren skalar multipliziert:

$$\alpha_r(t) = \hat{e}_r(t) \cdot \begin{pmatrix} 1 \\ 0 \end{pmatrix} = \cos(\vartheta(t)) \qquad (6.10)$$

bzw.

$$\alpha_\vartheta(t) = \hat{e}_\vartheta(t) \cdot \begin{pmatrix} 1 \\ 0 \end{pmatrix} = -\sin(\vartheta(t)). \qquad (6.11)$$

Sie berechnen das jeweilige Skalarprodukt in diesen beiden Gleichungen, indem Sie Gl. 6.5 und 6.6 heranziehen.

Aus dem zweiten Newton'schen Gesetz,

$$m\ddot{\vec{r}} = \vec{F}_{AH} + \vec{F}_G, \qquad (6.12)$$

erhalten wir, unter Verwendung von Gl. 6.4 und 6.7 bis 6.11, insgesamt:

$$ml\left\{ -\dot{\vartheta}^2 \hat{e}_r + \ddot{\vartheta} \hat{e}_\vartheta \right\} = F_{AH} \hat{e}_r + mg \left\{ \cos\vartheta\, \hat{e}_r - \sin\vartheta\, \hat{e}_\vartheta \right\}. \qquad (6.13)$$

Aufgrund der Orthogonalität von $\hat{e}_r$ und $\hat{e}_\vartheta$ müssen die Koeffizienten von $\hat{e}_r$ auf der linken und der rechten Seite dieser Gleichung zueinander gleich sein, sodass

$$F_{AH} = -mg\cos\vartheta - ml\dot{\vartheta}^2 \qquad (6.14)$$

ist. Mithilfe dieser Gleichung können wir bei gegebenem $\vartheta(t)$ und dessen Ableitung die Kraft bestimmen, mit der die Aufhängung am Massenpunkt ziehen oder drücken muss. Das Wort „ziehen" ist immer dann angebracht, wenn F_{AH} negativ ist. Dies ist beispielsweise dann der Fall, wenn das Pendel in Ruhe hängt, sodass $\vartheta = \dot{\vartheta} = 0$ ist. Drücken muss man, wenn F_{AH} positiv ist. Ein Beispiel dafür liegt vor, wenn sich das Pendel in Ruhe senkrecht oberhalb von der Aufhängung befindet ($\vartheta = \pi$, $\dot{\vartheta} = 0$).

Wir erhalten die gesuchte Bewegungsgleichung für ϑ, indem wir schließlich den Koeffizientenvergleich für $\hat{e}_\vartheta$ in Gl. 6.13 durchführen:

$$ml\ddot{\vartheta} = -mg\sin\vartheta \qquad (6.15)$$

bzw.

$$\ddot{\vartheta} = -\frac{g}{l}\sin\vartheta. \qquad (6.16)$$

Bei der so erhaltenen Differenzialgleichung zweiter Ordnung ist der Auslenkungswinkel ϑ die abhängige Variable. Da auf der rechten Seite von Gl. 6.16 die Funktion $\sin\vartheta$ erscheint, handelt es sich um eine *nichtlineare* Differenzialgleichung. (Sehen Sie zur Erinnerung die in Kap. 4 eingeführte Sprechweise.)

Nehmen wir nun vorübergehend an, dass bei der Pendelbewegung nur kleine Auslenkungen auftreten. Konkret nehmen wir an, dass zu allen Zeiten t die Bedingung $|\vartheta| \ll 1$ erfüllt ist. (Beachten Sie dabei, dass wir den Winkel ϑ im Bogenmaß messen. $\vartheta = 1$ entspricht etwa $57°$.) Wir nutzen die Taylor-Reihenentwicklung der Sinusfunktion um $\vartheta = 0$:

$$\sin \vartheta = \sum_{n=0}^{\infty} (-1)^n \frac{\vartheta^{2n+1}}{(2n+1)!}$$

$$= \vartheta - \frac{\vartheta^3}{6} + \frac{\vartheta^5}{120} - \dots \tag{6.17}$$

[Gl. 4.51]. Die Bedingung $|\vartheta| \ll 1$ hat zur Folge, dass die Ungleichung $|\vartheta^n| \ll |\vartheta|$ für $n > 1$ erfüllt ist. Daher gilt unter dieser Bedingung die Näherung

$$\sin \vartheta \approx \vartheta. \tag{6.18}$$

In dieser Näherung gelingt es uns, Gl. 6.16 in die Gleichung

$$\ddot{\vartheta} = -\frac{g}{l} \vartheta \tag{6.19}$$

zu überführen. Nun liegt eine *lineare* Differenzialgleichung vor, die uns in ihrer Struktur bereits vertraut ist [vergleichen Sie mit Gl. 3.53 bzw. 4.96]: Gl. 6.19 beschreibt einen harmonischen Oszillator.

▶   **Hinweis**
   Die übliche Sprechweise ist, dass wir die nichtlineare Differenzialgleichung in Gl. 6.16 unter Verwendung von Gl. 6.18 *linearisiert* haben. Das Resultat ist die lineare Differenzialgleichung in Gl. 6.19. Kombinieren wir die Annahme kleiner Auslenkungswinkel mit Gl. 6.1, dann folgt, dass die Position des Pendels durch

   $$x(t) \approx l, \qquad y(t) \approx l\vartheta(t)$$

   gegeben ist. Dabei haben wir Gl. 6.18 und

   $$\cos \vartheta = 1 - \frac{\vartheta^2}{2} + \dots \approx 1$$

   verwendet. Wir schließen, dass die für $|\vartheta| \ll 1$ gültige Linearisierung der nichtlinearen Bewegungsgleichung einer Bewegung entspricht, die in erster Näherung geradlinig ist und parallel zur y-Achse (senkrecht zur Gravitationskraft) in Abb. 6.1 verläuft.

Durch Vergleich von Gl. 6.19 mit 4.96 lesen wir die Kreisfrequenz des im linearisierten Fall vorliegenden harmonischen Oszillators ab:

$$\omega = \sqrt{\frac{g}{l}}. \tag{6.20}$$

Diese Notation können wir auch im allgemeinen, nichtlinearen Fall beibehalten, zu dem wir nun zurückkehren. Wir schreiben daher die nichtlineare Bewegungsgleichung des ungedämpften Pendels in der Form

$$\ddot{\vartheta} = -\omega^2 \sin \vartheta. \tag{6.21}$$

Hierbei stellt ω einfach nur eine kompakte Schreibweise für $\sqrt{g/l}$ dar. Sie dürfen aus Gl. 6.21 nicht schließen, dass $2\pi/\omega$ die Periode der Bewegung im nichtlinearen Fall ist.

Betrachten Sie dazu Abb. 6.2. Dort wird die dimensionslose Rückstellbeschleunigung

$$a_\vartheta = \frac{\ddot{\vartheta}}{\omega^2}$$

für den nichtlinearen Fall,

$$a_\vartheta = -\sin \vartheta,$$

und den linearisierten Fall,

$$a_\vartheta = -\vartheta,$$

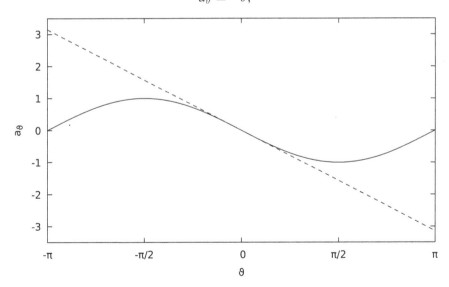

Abb. 6.2 Rückstellbeschleunigung $a_\vartheta = \ddot{\vartheta}/\omega^2$ des ungetriebenen, ungedämpften Pendels als Funktion des Auslenkungswinkels ϑ. Die durchgezogene Kurve repräsentiert a_ϑ für das nichtlineare Pendel. Die gestrichelte Kurve zeigt den linearisierten Fall

als Funktion des Auslenkungswinkels ϑ gezeigt. Wie wir es uns bereits überlegt haben [Gl. 6.18], sind die entsprechenden Kurven für kleine $|\vartheta|$ praktisch ununterscheidbar. Bei größeren Auslenkungswinkeln jedoch ist der Betrag der Rückstellbeschleunigung im nichtlinearen Fall durchweg sichtbar kleiner als im linearisierten Fall. Beim linearen Pendel ist die Schwingungsperiode gleich $2\pi/\omega$ [vergleichen Sie mit Gl. 2.43]. Aufgrund der betragsmäßig kleineren Rückstellbeschleunigung im nichtlinearen Pendel müssen wir eine im Allgemeinen längere Schwingungsperiode als $2\pi/\omega$ erwarten. Wir werden diese Erwartung später in diesem Kapitel bestätigt sehen.

6.1.2 Dämpfung und äußere Kraft

Zur Bewegungsgleichung des nichtlinearen Pendels, Gl. 6.21, fügen wir nun noch sowohl einen zur Winkelgeschwindigkeit proportionalen Dämpfungsterm als auch eine harmonische äußere Kraft hinzu. Dann erhalten wir

$$\ddot{\vartheta} + \Gamma\dot{\vartheta} + \omega^2 \sin\vartheta = F' \sin(\omega' t). \tag{6.22}$$

In Kap. 4 hatten wir die linearisierte Version dieser Gleichung,

$$\ddot{\vartheta} + \Gamma\dot{\vartheta} + \omega^2\vartheta = F' \sin(\omega' t) \tag{6.23}$$

[Gl. 4.151], untersucht und analytisch gelöst (nur dass dort das Symbol ϑ durch x ersetzt war). Wir hatten gesehen, dass nach Abklingen der homogenen Lösung das Verhalten des gedämpften linearen (= harmonischen) Oszillators mit äußerer harmonischer Kraft durch die partikuläre Lösung

$$\vartheta_{\mathrm{p}}(t) = \frac{F'}{\sqrt{(\omega^2 - \omega'^2)^2 + \Gamma^2\omega'^2}} \sin(\omega' t - \varphi) \tag{6.24}$$

mit

$$\tan\varphi = \frac{\Gamma\omega'}{\omega^2 - \omega'^2} \tag{6.25}$$

gegeben ist. Insbesondere ist das Langzeitverhalten im linearen Fall eine perfekt periodische („reguläre") Bewegung mit der Periode der äußeren harmonischen Kraft. Wie wir sehen werden, kann sich das nichtlineare Pendel qualitativ völlig anders verhalten.

Für die Bewegungsgleichung

$$\ddot{\vartheta} + \Gamma\dot{\vartheta} + \omega^2 \sin\vartheta = F' \sin(\omega' t)$$

ist, falls Γ, ω und F' nicht verschwinden, keine analytische Lösung bekannt. Wir werden diese Herausforderung daher mit einem *numerischen* Verfahren angehen.

Dafür machen wir zwei vorbereitende Schritte. Zum einen eliminieren wir den Parameter ω, indem wir die Zeit t durch einen dimensionslosen Zeitparameter $t' = \omega t$ ersetzen. Dazu teilen wir Gl. 6.22 durch ω^2:

$$\frac{1}{\omega^2}\frac{\mathrm{d}^2\vartheta}{\mathrm{d}t^2} + \frac{\Gamma}{\omega^2}\frac{\mathrm{d}\vartheta}{\mathrm{d}t} + \sin\vartheta = \frac{F'}{\omega^2}\sin\left(\frac{\omega'}{\omega}\omega t\right)$$

bzw.

$$\frac{\mathrm{d}^2\vartheta}{\mathrm{d}(\omega t)^2} + \frac{\Gamma}{\omega}\frac{\mathrm{d}\vartheta}{\mathrm{d}(\omega t)} + \sin\vartheta = \frac{F'}{\omega^2}\sin\left(\frac{\omega'}{\omega}\omega t\right).$$

Die einzigen freien Parameter des Modells sind somit

$$\gamma = \frac{\Gamma}{\omega} \tag{6.26}$$

(ein Maß für die Dämpfung des Oszillators),

$$A = \frac{F'}{\omega^2} \tag{6.27}$$

(ein Maß für die Amplitude der äußeren harmonischen Kraft) und

$$\omega_{\mathrm{ext}} = \frac{\omega'}{\omega} \tag{6.28}$$

(ein Maß für die Kreisfrequenz der äußeren harmonischen Kraft). Mit dieser Notation ist die Bewegungsgleichung des getriebenen, gedämpften Pendels durch

$$\frac{\mathrm{d}^2\vartheta}{\mathrm{d}t'^2} + \gamma\frac{\mathrm{d}\vartheta}{\mathrm{d}t'} + \sin\vartheta = A\sin\left(\omega_{\mathrm{ext}}t'\right) \tag{6.29}$$

gegeben.

Der zweite Schritt, den wir vornehmen, ist, dass wir diese Differenzialgleichung zweiter Ordnung in ein System von zwei Differenzialgleichungen erster Ordnung überführen:

$$\frac{\mathrm{d}\vartheta}{\mathrm{d}t'} = \zeta, \tag{6.30}$$

$$\frac{\mathrm{d}\zeta}{\mathrm{d}t'} = -\gamma\zeta - \sin\vartheta + A\sin\left(\omega_{\mathrm{ext}}t'\right). \tag{6.31}$$

Hier wurde für die Winkelgeschwindigkeit $\mathrm{d}\vartheta/\mathrm{d}t'$ das Symbol ζ eingeführt. (Der griechische Kleinbuchstabe ζ wird *zeta* ausgesprochen. Das Symbol ω ist für die Winkelgeschwindigkeit eher gebräuchlich, aber dieses steht hier bereits für die Kreisfrequenz des ungedämpften, harmonischen Pendels.) Der Zustand des Systems zum Zeitpunkt t' wird durch den Winkel $\vartheta(t')$ und die Winkelgeschwindigkeit $\zeta(t')$ des Pendels beschrieben.

6.2 Elementare Verfahren zur numerischen Lösung von gewöhnlichen Differenzialgleichungen erster Ordnung

Betrachten wir die Differenzialgleichung

$$\frac{dy}{dt} = f(t, y) \tag{6.32}$$

für die Funktion $y(t)$, die es zu bestimmen gilt [$f(t, y)$ sei eine gegebene Funktion von t und y]. Konkret suchen wir diejenige Funktion $y(t)$, die die Anfangsbedingung

$$y(t_0) = y_0 \tag{6.33}$$

erfüllt (t_0 bzw. y_0 seien also ebenfalls vorgegeben). Es handelt sich um ein sogenanntes Anfangswertproblem, zu dessen numerischer Lösung diskrete Zeitpunkte

$$t_0 < t_1 < \ldots < t_n < t_{n+1} < \ldots$$

eingeführt werden. Ziel ist es, einen Algorithmus zu formulieren, sodass man zu den Zeitpunkten t_n Näherungswerte

$$y_n \approx y(t_n)$$

erhält. Per Anfangsbedingung, Gl. 6.33, sei bei $t = t_0$ bzw. $n = 0$ die Gleichheit, $y_0 = y(t_0)$, erfüllt.

Die einfachsten Algorithmen dieser Art verwenden zur Konstruktion von y_{n+1} [$\approx y(t_{n+1})$] nur Information vom unmittelbar vorhergehenden Zeitpunkt [$y_n \approx y(t_n)$]. Entwickeln wir dazu $y(t)$ in eine Taylor-Reihe um $t = t_n$:

$$y(t) = y(t_n) + \dot{y}(t_n)(t - t_n) + \frac{1}{2}\ddot{y}(t_n)(t - t_n)^2 + \ldots. \tag{6.34}$$

[Vergleichen Sie dies mit Gl. 4.46.] Nun werten wir diesen Ausdruck bei $t = t_{n+1}$ aus:

$$y(t_{n+1}) = y(t_n) + \dot{y}(t_n)(t_{n+1} - t_n) + \frac{1}{2}\ddot{y}(t_n)(t_{n+1} - t_n)^2 + \ldots. \tag{6.35}$$

Wir führen für die Länge des Zeitschritts von t_n nach t_{n+1} das Symbol

$$\Delta t = t_{n+1} - t_n \tag{6.36}$$

ein. Wir nehmen dabei der Einfachheit halber an, die t_n sind äquidistant verteilt, sodass Δt nicht vom Index n abhängt. Auf diese Weise erhalten wir aus Gl. 6.35

$$y(t_{n+1}) = y(t_n) + \dot{y}(t_n)\Delta t + \frac{1}{2}\ddot{y}(t_n)\Delta t^2 + \ldots. \tag{6.37}$$

Der allereinfachste Algorithmus zur numerischen Integration von $\dot{y} = f(t, y)$ [Gl. 6.32] ist das Euler-Verfahren, das wir im Zusammenhang mit der Aristoteles'schen Bewegungsgleichung in Kap. 3 schon kurz angesprochen hatten. Im Euler-Verfahren vernachlässigt man in Gl. 6.37 einfach alle Terme jenseits der nullten und der ersten Ordnung in Δt, d. h., man setzt

$$y_{n+1} = y_n + f(t_n, y_n)\Delta t. \tag{6.38}$$

Dabei haben wir genutzt, dass wegen Gl. 6.32

$$\dot{y}(t_n) = f(t_n, y(t_n)) \approx f(t_n, y_n)$$

gilt.

Gemäß seiner Konstruktion ist das Euler-Verfahren ein Verfahren *erster Ordnung:* Bei der Herleitung waren wir konsistent bis zum Term proportional zu Δt; der Fehler des Euler-Verfahrens ist von der Ordnung Δt^2. Der Fehler des Euler-Verfahrens, der im Prinzip für hinreichend kleines Δt klein gemacht werden kann, rührt nicht nur daher, dass wir die zweite und höhere Ableitungen in Gl. 6.37 vernachlässigt haben, sondern ist auch eine Folge der Näherung $f(t_n, y(t_n)) \approx f(t_n, y_n)$.

Ein Verfahren zweiter Ordnung, das also korrekt bis zur Ordnung Δt^2 ist und dessen Fehler von der Ordnung Δt^3 ist, ist das sogenannte Runge-Kutta-Verfahren zweiter Ordnung. Bei diesem bildet man in jedem Zeitschritt zuerst die Hilfsgröße

$$k_1 = f(t_n, y_n)\Delta t, \tag{6.39}$$

dann daraus die weitere Hilfsgröße

$$k_2 = f\left(t_n + \frac{\Delta t}{2}, y_n + \frac{k_1}{2}\right)\Delta t \tag{6.40}$$

und damit schließlich

$$y_{n+1} = y_n + k_2. \tag{6.41}$$

Wir werden dieses Verfahren erst später in Kap. 8 herleiten, mithilfe des dort diskutierten Konzepts der partiellen Ableitungen.

Verfahren höherer Ordnung sind wünschenswert, da sie bei gegebenem Zeitschritt Δt genauer sind als Verfahren niedriger Ordnung. Andererseits erfordern sie mehr Funktionsauswertungen und damit mehr Aufwand (there *is* no free lunch!). Als ein guter Kompromiss zwischen Genauigkeit und Aufwand gilt das Runge-Kutta-Verfahren vierter Ordnung, das hier ohne Herleitung angegeben ist:

$$k_1 = f(t_n, y_n)\Delta t,$$
$$k_2 = f\left(t_n + \frac{\Delta t}{2}, y_n + \frac{k_1}{2}\right)\Delta t,$$
$$k_3 = f\left(t_n + \frac{\Delta t}{2}, y_n + \frac{k_2}{2}\right)\Delta t,$$

$$k_4 = f\,(t_n + \Delta t,\, y_n + k_3)\,\Delta t,$$

$$y_{n+1} = y_n + \frac{k_1}{6} + \frac{k_2}{3} + \frac{k_3}{3} + \frac{k_4}{6}. \tag{6.42}$$

Liegt ein System von gewöhnlichen Differenzialgleichungen vor,

$$\dot{y}(t) = f(t, y), \tag{6.43}$$

wobei

$$y = \begin{pmatrix} y_1(t) \\ \vdots \\ y_N(t) \end{pmatrix}, \quad f = \begin{pmatrix} f_1(t, y) \\ \vdots \\ f_N(t, y) \end{pmatrix} \tag{6.44}$$

sind, dann sind in Gl. 6.42 k_1, k_2, k_3, k_4, y_n und y_{n+1} durch entsprechende N-Tupel k_1, k_2, k_3, k_4, y_n und y_{n+1} zu ersetzen. Für das nichtlineare Pendel haben wir die Bewegungsgleichungen

$$\frac{d\vartheta}{dt'} = \zeta$$

[Gl. 6.30] und

$$\frac{d\zeta}{dt'} = -\gamma\zeta - \sin\vartheta + A\sin\left(\omega_{\text{ext}}t'\right)$$

[Gl. 6.31]. Wenden wir die Schreibweise von Gl. 6.43 und 6.44 also auf die Bewegungsgleichungen des nichtlinearen Pendels an, dann ist $N = 2$, mit

$$y_1 = \vartheta, \quad y_2 = \zeta \tag{6.45}$$

und

$$f_1(t', y_1, y_2) = y_2, \quad f_2(t', y_1, y_2) = -\gamma y_2 - \sin y_1 + A\sin\left(\omega_{\text{ext}}t'\right). \tag{6.46}$$

Ein Computerprogramm zur numerischen Berechnung des Verhaltens des getriebenen, gedämpften Pendels finden Sie in Anhang C. Die im Folgenden gezeigten Ergebnisse wurden auf der Grundlage dieses Programms berechnet. Insbesondere können Sie in Anhang C erkennen, wie das Runge-Kutta-Verfahren vierter Ordnung, unter Zuhilfenahme der in Gl. 6.45 und 6.46 angegebenen Zuordnungen, implementiert werden kann.

6.3 Numerische Ergebnisse

6.3.1 Reguläres Verhalten

Wir betrachten in Abb. 6.3 zuerst das ungedämpfte, linearisierte (harmonische) Pendel. Der Dämpfungsparameter γ ist in der numerischen Rechnung auf null gesetzt. Außerdem liegt keine äußere treibende Kraft vor ($A = 0$). Die numerische Lösung für den in Abb. 6.3 gezeigten Auslenkungswinkel ϑ bzw. die Winkelgeschwindigkeit ζ stellt eine harmonische Bewegung dar mit der Periode $T = 2\pi$, wie wir es analytisch für $\omega = 1$ auch erwartet hätten. Sie können in Abb. 6.3 sehen, dass das Pendel zu den Zeiten $t' = 2\pi$ und $t' = 4\pi$ wieder seine Ausgangslage und -geschwindigkeit bei $t = 0$ einnimmt.

Wir haben uns in Kap. 1 bis 3 mit dem Begriff des *Zustands* eines klassischen physikalischen Systems beschäftigt. Im vorliegenden Fall des Pendels ist das Paar (ϑ, ζ) dazu geeignet, den Zustand anzugeben. Die $\vartheta\zeta$-Ebene stellt also den Zustandsraum des Pendels dar. Aufgrund der niedrigen Dimension dieses Zustandsraumes ist es leicht, die Dynamik des Pendels zu visualisieren. Dabei beschränken wir ϑ auf das Intervall $(-\pi, \pi]$, da andere Winkel keine neue physikalische Information ergeben. Die Winkelgeschwindigkeit ζ ist aber im Prinzip unbeschränkt. Zu jedem Zeitpunkt t' ist der Zustand ($\vartheta(t')$, $\zeta(t')$) ein Punkt im Zustandsraum. Die Kurve, die ($\vartheta(t')$, $\zeta(t')$) als Funktion von t' im Zustandsraum beschreibt, heißt *Zustandstrajektorie*. Wie Sie in Abb. 6.4 sehen, ist die Zustandstrajektorie beim ungedämpften, linearen Pendel (= ungedämpfter harmonischer Oszillator) ein Kreis. Dabei spielt die Tatsache eine Rolle, dass hier die natürliche Kreisfrequenz ω des linearisierten Pendels effektiv gleich 1 ist. Ansonsten hätte die Zustandstrajektorie eine elliptische Form.

In Abb. 6.5 ist nun die Dynamik für das ungedämpfte, *nichtlineare* Pendel gezeigt. Wie schon beim vorherigen Fall wird keine äußere treibende Kraft angewandt. Die Bewegung ist nach wie vor periodisch, aber im Vergleich zum linearisierten Fall ist die Periode bei der gewählten Anfangsbedingung etwas länger. Zum Beispiel hat das Pendel bei $t' = 4\pi$ seine Ausgangslage und -geschwindigkeit noch nicht erreicht. Wie in Abschn. 6.1.1 besprochen, ist die längere Schwingungsperiode intuitiv nachvollziehbar, da der Betrag der zu $\sin\vartheta$ proportionalen Rückstellkraft des nichtlinearen Pendels kleiner ist als die linearisierte (Hooke'sche) Form. Eine kleinere Rückstellkraft impliziert eine langsamere Bewegung. Beachten Sie auch, dass der Auslenkungswinkel $\vartheta(t')$ und die Winkelgeschwindigkeit $\zeta(t')$ im nichtlinearen Fall keine reinen Sinus- bzw. Kosinusfunktionen sind. Dies können Sie insbesondere am zeitlichen Verhalten der Winkelgeschwindigkeit in Abb. 6.5 gut erkennen. Eine Konsequenz davon ist, dass die Zustandstrajektorie beim ungedämpften, nichtlinearen Pendel (Abb. 6.6) im Vergleich zu einem Kreis etwas deformiert ist.

Man kann auch Anfangsbedingungen wählen, sodass sich das Pendel überschlagen kann. Die Zustandstrajektorie kann sich dann z. B. mit $\zeta > 0$ dem Wert $\vartheta = \pi$ nähern und dann bei $\vartheta = -\pi$ (genauer gesagt, unmittelbar unterhalb von $\vartheta = -\pi$) und dem gleichen $\zeta > 0$ wieder auftauchen.

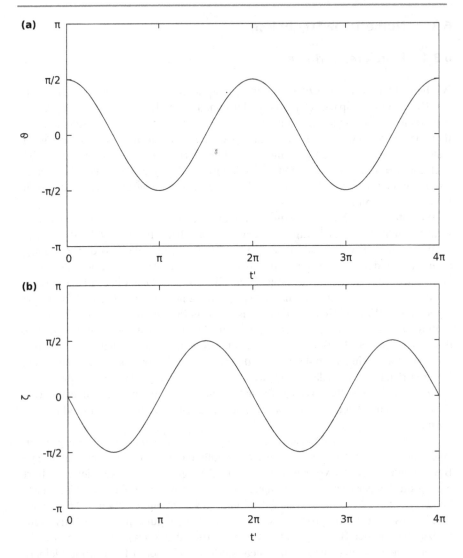

Abb. 6.3 **a** Auslenkungswinkel ϑ und **b** Winkelgeschwindigkeit ζ des ungedämpften, linearisierten Pendels, als Funktion der Zeit t' [$\gamma = 0$, $A = 0$, $\vartheta(0) = \pi/2$, $\zeta(0) = 0$]

Nun betrachten wir in Abb. 6.7 das *gedämpfte,* nichtlineare Pendel (nach wie vor für $A = 0$). Dazu wählen wir $\gamma = 1/3$. Unsere analytische Lösung für den gedämpften *harmonischen* Oszillator in Kap. 4 ergab im Schwingfall einen exponentiellen Abfall der Schwingungsamplitude proportional zu $\exp(-\Gamma t/2)$. Sehen Sie dazu Gl. 4.121. Im vorliegenden Fall wird die Rolle von Γ durch γ übernommen. In harmonischer Näherung haben wir mit

$$\Gamma/2 = \gamma/2 = 1/6 < 1 = \omega$$

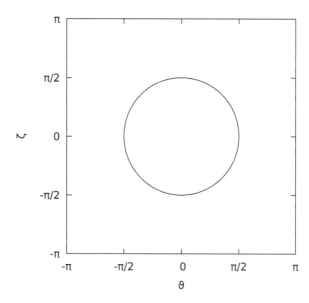

Abb. 6.4 Zustandstrajektorie für das ungedämpfte, linearisierte Pendel [$\gamma = 0$, $A = 0$, $\vartheta(0) = \pi/2$, $\zeta(0) = 0$]

den in Gl. 4.121 angenommenen Schwingfall. Wir würden also erwarten, dass die Schwingungsamplitude nach der Zeit $2/\gamma = 6$ auf das $1/e$-Fache ($\approx 0{,}37$) des Anfangswerts abfällt. Wie Sie in Abb. 6.7 anhand der gestrichelten, exponentiell abfallenden Kurve sehen können, ist dies in etwa der Fall.

Die in Abb. 6.8 gezeigte Zustandstrajektorie des gedämpften Pendels (ohne äußere treibende Kraft) ist spiralförmig und konvergiert für $t' \gg 1/\gamma$ gegen den Punkt $(\vartheta, \zeta) = (0, 0)$. Dies ist der Fall für praktisch beliebige Anfangsbedingungen. (Überlegen Sie sich: Welche Ausnahmen gibt es?) Man nennt Punkte bzw. Mengen von Punkten im Zustandsraum, auf die die Trajektorien einer Menge von Anfangszuständen $(\vartheta(0), \zeta(0))$ zustreben, *Attraktoren*. Der Punkt $(0, 0)$ im zweidimensionalen Zustandsraum des Pendels ist hier also ein Attraktor.

Zum gedämpften Pendel des vorherigen Beispiels fügen wir nun eine äußere harmonische Kraft hinzu. Bevor wir uns dazu aber numerische Ergebnisse anschauen, rufen wir uns nochmal Gl. 6.30 und 6.31 in Erinnerung:

$$\frac{\mathrm{d}\vartheta}{\mathrm{d}t'} = \zeta,$$

$$\frac{\mathrm{d}\zeta}{\mathrm{d}t'} = -\gamma\zeta - \sin\vartheta + A\sin\left(\omega_{\text{ext}}t'\right).$$

Ist $A = 0$, dann hängen die Bewegungsgleichungen nicht explizit von der Zeit t' ab (lediglich implizit über ϑ und ζ). In diesem Fall existieren sogenannte stationäre Lösungen der beiden miteinander gekoppelten Bewegungsgleichungen. Stationäre Lösungen von Gl. 6.30 und 6.31 sind dadurch gekennzeichnet, dass sowohl der Auslenkungswinkel ϑ als auch die Winkelgeschwindigkeit ζ zeitlich konstant sind. Bei

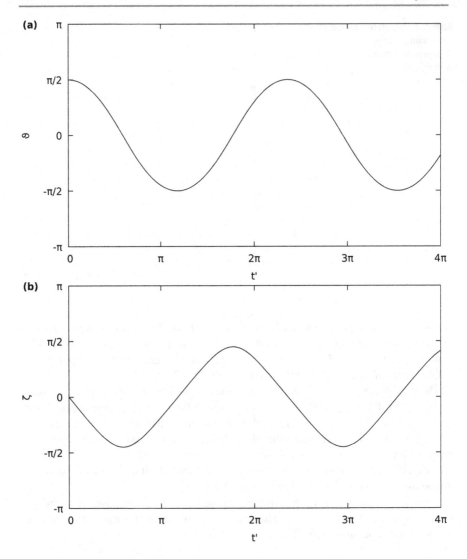

Abb. 6.5 **a** Auslenkungswinkel ϑ und **b** Winkelgeschwindigkeit ζ des ungedämpften, *nichtlinearen* Pendels als Funktion der Zeit t' $[\gamma = 0,\, A = 0,\, \vartheta(0) = \pi/2,\, \zeta(0) = 0]$

stationären Lösungen muss also

$$\frac{\mathrm{d}\vartheta}{\mathrm{d}t'} = 0$$

und

$$\frac{\mathrm{d}\zeta}{\mathrm{d}t'} = 0$$

gelten. Solange $A = 0$ ist, folgen aus diesen beiden Bedingungen und aus Gl. 6.30 und 6.31 sofort die beiden stationären Lösungen $(\vartheta, \zeta) = (0, 0)$ und $(\vartheta, \zeta) = (\pi, 0)$.

Abb. 6.6 Zustandstrajektorie für das ungedämpfte, nichtlineare Pendel [$\gamma = 0$, $A = 0$, $\vartheta(0) = \pi/2$, $\zeta(0) = 0$]

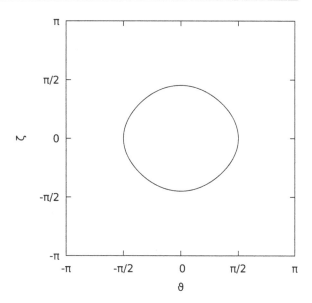

Wir erkennen die erste dieser beiden Lösungen als den im Zusammenhang mit Abb. 6.8 besprochenen Attraktor des gedämpften Pendels ohne äußere treibende Kraft. Ist $A = 0$, dann ist der das Langzeitverhalten beschreibende Attraktor eine stationäre Lösung der Bewegungsgleichungen.

Ist aber $A \neq 0$, dann würde aus den Stationaritätsbedingungen und aus Gl. 6.30 und 6.31

$$\sin \vartheta = A \sin \left(\omega_{\text{ext}} t' \right)$$

folgen. Diese Gleichung impliziert ein zeitlich nicht konstantes ϑ, was mit $d\vartheta/dt' = 0$ unvereinbar ist. (Darüber hinaus ist die Gleichung auch nicht für beliebige A und $t' > 0$ lösbar.) In Anwesenheit einer äußeren treibenden Kraft existieren demnach keine stationären Lösungen der Bewegungsgleichungen des Pendels. Diese intuitiv unmittelbar nachvollziehbare Erkenntnis hat zur Folge, dass wir einen Zeitparameter benötigen, um den Attraktor für $A \neq 0$ zu charakterisieren. Aufgrund der angenommenen Form der äußeren Kraft, $A \sin \left(\omega_{\text{ext}} t' \right)$, spielt auf der rechten Seite von Gl. 6.31 jedoch nicht die absolute Zeit t' die entscheidende Rolle. Entscheidend für das Langzeitverhalten ist lediglich, bei welcher Phase der äußeren Kraft die Bewegung des Pendels betrachtet wird.

Mit dieser Aussage ist Folgendes gemeint: Für die Sinusfunktion $\sin \varphi$ gilt bekanntermaßen

$$\sin (\varphi + n2\pi) = \sin \varphi,$$

wobei n eine ganze Zahl ist. Daher sind bei der Sinusfunktion $\sin \varphi$ für eine gegebene Phase φ_0 im Intervall $[0, 2\pi)$ alle φ_n mit

$$\varphi_n = \varphi_0 + n2\pi$$

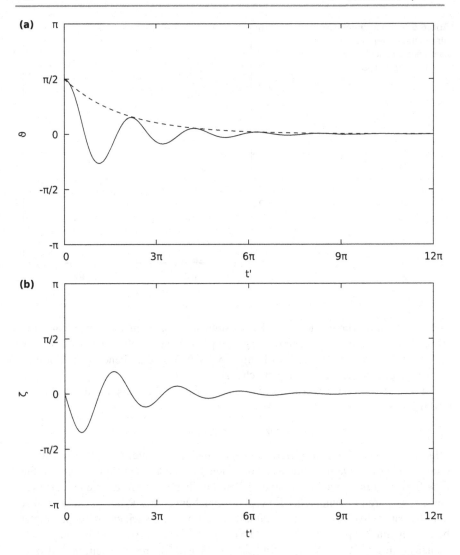

Abb. 6.7 a Auslenkungswinkel ϑ und **b** Winkelgeschwindigkeit ζ des gedämpften, nichtlinearen Pendels als Funktion der Zeit t' [$\gamma = 1/3$, $A = 0$, $\vartheta(0) = \pi/2$, $\zeta(0) = 0$]. Im oberen Teil der Abbildung ist außer dem Auslenkungswinkel die Funktion $(\pi/2)\exp(-t'/6)$ gestrichelt gezeigt

zueinander äquivalent. Dementsprechend sind bei der äußeren Kraft $A\sin(\omega_{\text{ext}}t')$ die Zeitpunkte

$$t'_n = t'_0 + nT_{\text{ext}} \tag{6.47}$$

zueinander äquivalent, in dem Sinne, dass zu diesen Zeitpunkten die äußere Kraft jeweils den gleichen Wert annimmt. Hierbei ist

$$t'_0 \in [0, T_{\text{ext}}) \tag{6.48}$$

Abb. 6.8 Zustandstrajektorie
für das gedämpfte,
nichtlineare Pendel
[$\gamma = 1/3$, $A = 0$,
$\vartheta(0) = \pi/2$, $\zeta(0) = 0$]

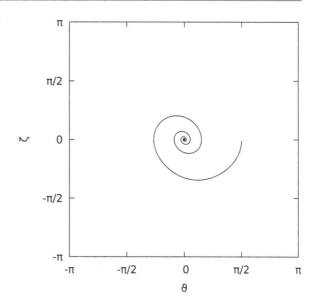

der Zeitparameter, den wir zur Charakterisierung des Attraktors des getriebenen Pendels heranziehen. In Gl. 6.47 und 6.48 repräsentiert

$$T_{\text{ext}} = \frac{2\pi}{\omega_{\text{ext}}} \tag{6.49}$$

die Periode der äußeren treibenden Kraft.

Wenden wir uns nun den numerischen Ergebnissen für $A \neq 0$ zu. Für die Kreisfrequenz der äußeren treibenden Kraft wählen wir $\omega_{\text{ext}} = 2/3$. Diesen Wert behalten wir auch in allen Folgebeispielen bei. Darüber hinaus wählen wir für die Kraftamplitude zunächst $A = 0{,}5$. Für diesen Wert von A beobachten wir in Abb. 6.9 ein Verhalten, wie wir es qualitativ vom getriebenen, gedämpften harmonischen Oszillator erwarten würden (Kap. 4): Nach einer Einschwingzeit $t' \gg 1/\gamma$ liegt eine periodische Bewegung vor, mit einer Periode, die $T_{\text{ext}} = 2\pi/\omega_{\text{ext}} = 3\pi$ ist. (Zwischen $t' = 30\pi$ und $t' = 60\pi$ zählen Sie in Abb. 6.9 zehn vollständige Schwingungen, was einer Periode von 3π entspricht.)

Die Zustandstrajektorie des moderat getriebenen Pendels im zweidimensionalen Zustandsraum sehen Sie in Abb. 6.10a. (In Abb. 6.10a ist die Zustandstrajektorie nur ab $t' = 30\pi \gg 1/\gamma$ gezeigt, also nur das Langzeitverhalten.) Aufgrund der äußeren periodischen Kraft wird dem System Energie zugeführt, sodass die Trajektorie nicht gegen den Punkt $(0, 0)$ konvergiert. Vielmehr liegt ein ellipsenähnlicher, eindimensionaler Attraktor vor, der als Grenzzyklus bezeichnet wird.

Bei Abb. 6.10a handelt es sich um die Projektion des Attraktors für $A = 0{,}5$ auf die $\vartheta\zeta$-Ebene. Verwendet man, senkrecht zur $\vartheta\zeta$-Ebene, als dritte Achse die in Gl. 6.47 und 6.48 eingeführte Zeitvariable t_0', dann entspricht der Grenzzyklus einer spiralförmigen Kurve um die t_0'-Achse. Wie wir sehen werden, besucht die Zustandstrajektorie im chaotischen Fall im Laufe der Zeit so viele verschiedene Zustände,

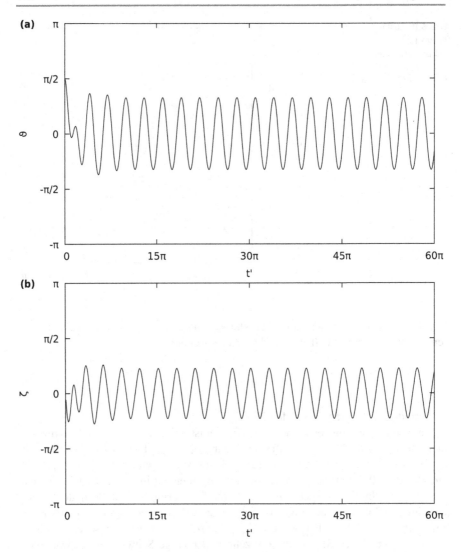

Abb. 6.9 a Auslenkungswinkel ϑ und **b** Winkelgeschwindigkeit ζ des getriebenen, gedämpften, nichtlinearen Pendels, als Funktion der Zeit t', für $A = 0,5$ [$\gamma = 1/3$, $\vartheta(0) = \pi/2$, $\zeta(0) = 0$]

dass die Projektion des Attraktors auf den zweidimensionalen Zustandsraum sehr unübersichtlich wird. Daher ist es hilfreich, den Attraktor bei einem spezifischen Wert für t'_0 zu betrachten. Dazu führen wir das Konzept eines *Poincaré-Schnitts* ein.

Anstelle alle Punkte einer Zustandstrajektorie für alle hinreichend großen t' in einem Zustandsdiagramm aufzutragen, betrachtet man beim Poincaré-Schnitt die Zustandstrajektorie nur bei periodisch aufgenommenen Schnappschüssen. Wir konstruieren einen Poincaré-Schnitt bei einem gegebenen t'_0, indem wir im Zustandsdiagramm nur den jeweiligen Zustand zu den Zeitpunkten

Abb. 6.10 a
Zustandstrajektorie und
b Poincaré-Schnitt für das
getriebene, gedämpfte,
nichtlineare Pendel für
$A = 0{,}5$ [$\gamma = 1/3$,
$\vartheta(0) = \pi/2$, $\zeta(0) = 0$]

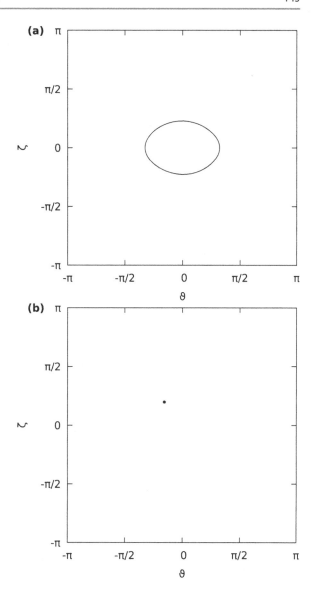

$$t'_n = t'_0 + n T_{\text{ext}}$$

[Gl. 6.47] auftragen. Auf diese Weise sammeln wir die Zustände, die als Funktion der Zeit jeweils bei der gleichen Phase der äußeren Kraft vorliegen. Konkret wählen wir im Folgenden $t'_0 = 0$.

Als Beispiel ist in Abb. 6.10b der Poincaré-Schnitt für das moderat getriebene Pendel ($A = 0{,}5$) gezeigt. Da in diesem Fall die Bewegung periodisch ist mit der Periode T_{ext}, ist in dem Poincaré-Schnitt nur ein Punkt sichtbar. Wie bei der

Zustandstrajektorie in Abb. 6.10a ist nur das Langzeitverhalten gezeigt. Die Punkte des Poincaré-Schnitts für $n \leq 10$ bzw. $t' \leq 30\pi$ haben wir verworfen.

6.3.2   Übergang zum Chaos

Erhöhen wir die Amplitude der äußeren harmonischen Kraft auf $A = 1,14$, dann beobachten wir in Abb. 6.11 etwas, das sich qualitativ (nicht nur quantitativ) vom linearen Fall unterscheidet: Nach einer Einschwingphase tritt zwar wieder ein periodisches Schwingverhalten auf, aber die Periode ist nicht mehr T_{ext}, sondern $2T_{\text{ext}}$. (In Abb. 6.11 sehen Sie zwischen $t' = 30\pi$ und $t' = 60\pi$ fünf vollständige Schwingungen. Die Periode ist demnach 6π.) Es hat also eine Periodenverdopplung stattgefunden.

Die Bewegung bei $A = 1,14$ ist bereits recht komplex und keineswegs sinusförmig. Sie können an Abb. 6.11 erkennen, dass sich das Pendel pro Periode zweimal überschlägt und sich dabei oberhalb der Aufhängung jeweils von der linken Halbebene ($-\pi < \vartheta \leq 0$) in die rechte Halbebene ($0 < \vartheta \leq \pi$) bewegt. Außerdem ist die Schwingung nicht mehr um $\vartheta = 0$ zentriert, was auch qualitativ anders ist als beim linearisierten Pendel.

Die dazugehörige Zustandstrajektorie in Abb. 6.12a ist dementsprechend gegenüber $(\vartheta, \zeta) = (0, 0)$ verschoben. Darüber hinaus ist die Projektion des Attraktors auf den zweidimensionalen Zustandsraum nicht mehr ellipsenförmig, sondern besteht aus zwei Schlaufen. Im Poincaré-Schnitt in Abb. 6.12b kann man zwei Punkte erkennen, was die Tatsache widerspiegelt, dass die Bewegung periodisch ist, aber eine Periodenverdopplung stattgefunden hat. Insgesamt ist das Langzeitverhalten (nur dieses ist in Abb. 6.12 gezeigt) aber nach wie vor regulär.

Bei $A = 1,58$ schließlich liegt eine neue Situation vor: *Chaos*. Obwohl hier nirgendwo stochastische Elemente eingeführt wurden, ist die in Abb. 6.13 dargestellte Bewegung des Pendels hochgradig irregulär. Das Pendel überschlägt sich immer wieder, und ein periodisches Verhalten ist nicht mehr zu erkennen. Man sieht das irreguläre Verhalten in diesem chaotischen Fall sowohl in der Auslenkung ϑ als auch in der Winkelgeschwindigkeit ζ.

Obwohl hier nur Daten bis $t' = 20T_{\text{ext}} = 60\pi$ berechnet wurden, wirkt die Zustandstrajektorie in Abb. 6.14a bereits recht unübersichtlich. Im dazugehörigen Poincaré-Schnitt (Abb. 6.14b) sieht man aber lediglich eine handvoll Punkte. Um herauszufinden, ob wir in Abb. 6.14 bereits ein hinreichend vollständiges Bild des Verhaltens des chaotischen Pendels gewonnen haben, propagieren wir das System bis $t' = 10^3 T_{\text{ext}}$. [*Propagieren* bedeutet in diesem Zusammenhang das schrittweise numerische Lösen der Bewegungsgleichungen Gl. 6.30 und 6.31 unter Berücksichtigung der Anfangsbedingungen.] Dementsprechend haben wir im resultierenden Poincaré-Schnitt (Abb. 6.15b) nun etwa 10^3 Punkte. Wir sehen, dass der Poincaré-Schnitt des chaotischen Pendels einen Attraktor erkennen lässt, der nicht einfach nur eine Menge (Anhäufung) von Zustandspunkten ist, sondern diese eine geometrische Figur beschreiben. Die Zustandstrajektorie (Abb. 6.15a) zeigt, dass das chaotische System praktisch jeden Zustand (in einem bestimmten Bereich des Zustandsraums)

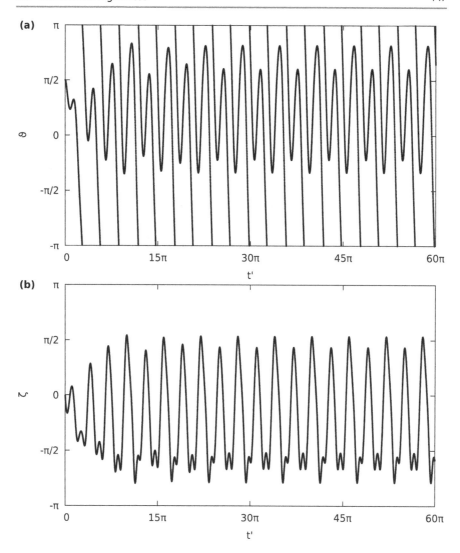

Abb. 6.11 a Auslenkungswinkel ϑ und **b** Winkelgeschwindigkeit ζ des getriebenen, gedämpften, nichtlinearen Pendels, als Funktion der Zeit t', für $A = 1,14$ [$\gamma = 1/3$, $\vartheta(0) = \pi/2$, $\zeta(0) = 0$]

irgendwann einmal besucht. Ansonsten lassen sich an der Zustandstrajektorie keine Strukturen mehr erkennen.

Wir müssen noch herausarbeiten, dass es sich bei den Strukturen, die wir im Poincaré-Schnitt einer einzigen Zustandstrajektorie gefunden haben, tatsächlich um Eigenschaften von Attraktoren handelt. Im Sinne der Definition eines Attraktors erfordert dies, dass die Zustandstrajektorien von vielen Anfangszuständen auf entsprechende Strukturen konvergieren müssen. Dazu propagieren wir nun einen ganzen Satz von Anfangsbedingungen von $t' = 0$ bis zu einem Endzeitpunkt, der groß ist gegenüber der Einschwingphase des Pendels und der ein ganzzahliges Vielfaches der

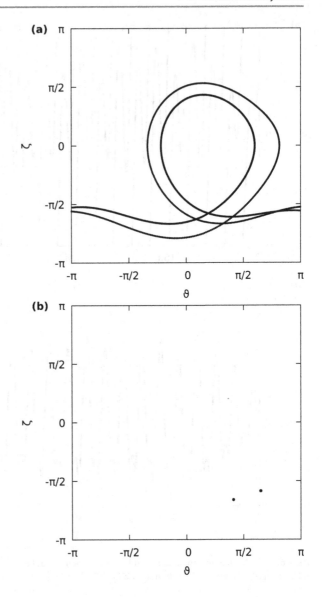

Abb. 6.12 a
Zustandstrajektorie und
b Poincaré-Schnitt für das
getriebene, gedämpfte,
nichtlineare Pendel für
$A = 1,14$ $[\gamma = 1/3,$
$\vartheta(0) = \pi/2, \zeta(0) = 0]$

Periode der treibenden äußeren Kraft ist. Konkret wählen wir für den Endzeitpunkt $t' = 100T_{\text{ext}}$. (Aufgrund der Periodizität der treibenden äußeren Kraft wäre z. B. $t' = 101T_{\text{ext}}$ eine genauso gute Wahl.) Auf diese Weise berechnen wir den Attraktor des nichtlinearen Pendels bei $t'_0 = 0$. Andere Schnitte des Attraktors erhält man, indem man als Endzeitpunkt der Propagation $t' = t'_0 + 100T_{\text{ext}}$ mit einem t'_0 im offenen Intervall $(0, T_{\text{ext}})$ wählt.

Die Anfangszustände, die wir betrachten, bilden das in Abb. 6.16 und 6.17 gezeigte Quadrat im zweidimensionalen Zustandsraum. Mit Kreuzen dargestellt sind die Endzustände, die von den Anfangszuständen ausgehend beim Endzeitpunkt

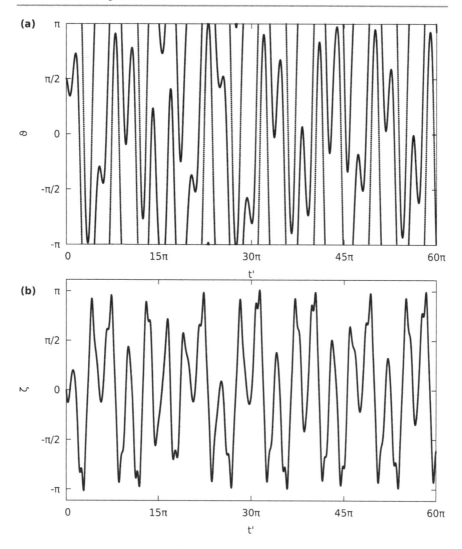

Abb. 6.13 a Auslenkungswinkel ϑ und **b** Winkelgeschwindigkeit ζ des getriebenen, gedämpften, nichtlinearen Pendels, als Funktion der Zeit t', für $A = 1{,}58$ [$\gamma = 1/3$, $\vartheta(0) = \pi/2$, $\zeta(0) = 0$]

$t' = 100T_{\text{ext}}$ jeweils erreicht werden. Beachten Sie dabei: Würden wir von jedem individuellen Anfangszustand ausgehend jeweils einen Poincaré-Schnitt für $t_0' = 0$ konstruieren, so würde der Zeitpunkt $t' = 100T_{\text{ext}}$ einen Beitrag zu jedem dieser Poincaré-Schnitte liefern. Bei $A = 0{,}5$ (Abb. 6.16a) ist die bei $t' = 100T_{\text{ext}}$ erreichte Menge ein Punkt. Es handelt sich dabei in der Tat um denselben Punkt wie im Poincaré-Schnitt in Abb. 6.10. Der betrachtete Schnitt des Attraktors für $A = 0{,}5$ ist also nulldimensional. Offenbar ist das Verhalten des Systems in diesem Fall vollkommen unempfindlich auf die Anfangsbedingungen.

Abb. 6.14 a
Zustandstrajektorie und
b Poincaré-Schnitt für das
getriebene, gedämpfte,
nichtlineare Pendel für
$A = 1{,}58$ [$\gamma = 1/3$,
$\vartheta(0) = \pi/2$, $\zeta(0) = 0$]. Der
Endzeitpunkt der gezeigten
Dynamik ist bei
$t' = 20T_{\text{ext}} = 60\pi$, wie in
Abb. 6.13

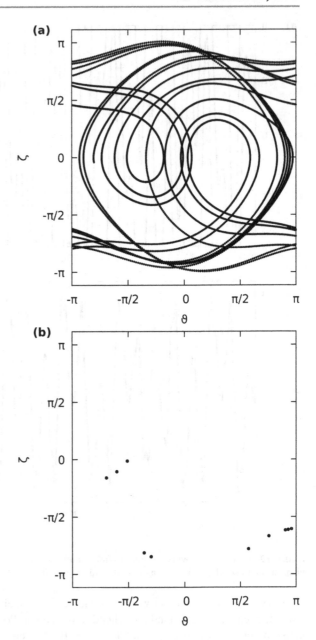

Abb. 6.15 a
Zustandstrajektorie und
b Poincaré-Schnitt für das
getriebene, gedämpfte,
nichtlineare Pendel für
$A = 1{,}58$ [$\gamma = 1/3$,
$\vartheta(0) = \pi/2$, $\zeta(0) = 0$]. Der
Endzeitpunkt der gezeigten
Dynamik ist bei $t' = 10^3 T_{\text{ext}}$

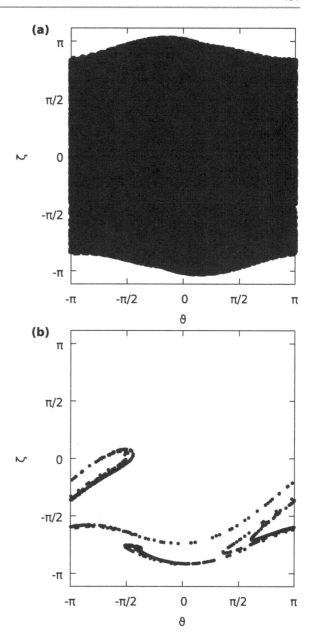

Abb. 6.16 Durch das Quadrat wird jeweils eine Menge von Anfangszuständen (Zustände bei $t' = 0$) gekennzeichnet. Diese werden für $\gamma = 1/3$ bis zum Zeitpunkt $t' = 100T_{\text{ext}}$ propagiert. Die Menge der resultierenden Endzustände (= Zustände bei $t' = 100T_{\text{ext}}$) ist durch Kreuze markiert. **a** $A = 0,5$, **b** $A = 1,14$

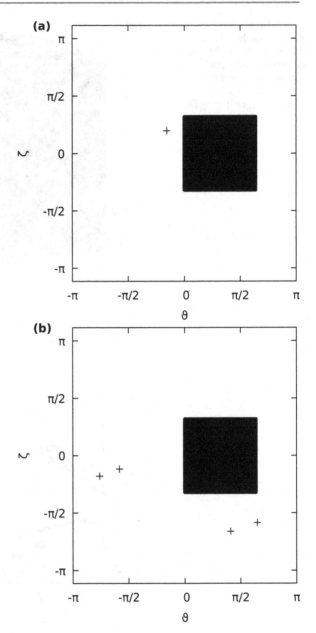

Abb. 6.17 Wie in Abb. 6.16, nur dass hier $A = 1,58$ ist

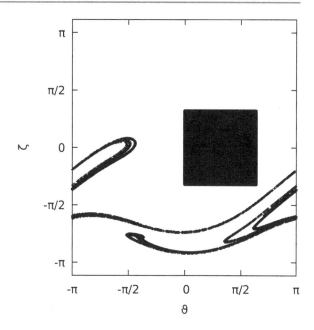

Bei $A = 1,14$ (Abb. 6.16b) können Sie vier Punkte bei $t' = 100 T_{\text{ext}}$ erkennen. Vergleichen Sie diese Beobachtung mit dem Poincaré-Schnitt in Abb. 6.12, wo bei einem einzigen Anfangszustand aufgrund der Periodenverdopplung zwei Punkte vorliegen. Diese beiden Punkte sind auch in Abb. 6.16b wiederzufinden. Aber es kommen zwei weitere Punkte im Zustandsraum hinzu, was darauf hinweist, dass eine Untermenge unserer Anfangszustände einen anderen als den in Abb. 6.12 gezeigten Poincaré-Schnitt besitzt. Bei $A = 1,14$ ist das dynamische Verhalten insofern etwas empfindlicher auf die Anfangsbedingungen. Es ist insbesondere auch interessant, wie die zusammenhängende Menge von Anfangszuständen durch die nichtlineare Dynamik in klar separierte Untermengen von Endzuständen aufgebrochen wird.

Der chaotische Fall ($A = 1,58$) ist in Abb. 6.17 gezeigt. Nun entspricht die Verteilung der Endzustände bei $t' = 100 T_{\text{ext}}$ dem Poincaré-Schnitt einer einzelnen Zustandstrajektorie, die über ein hinreichend großes Zeitintervall betrachtet wird. Vergleichen Sie dazu mit Abb. 6.15. Bei chaotischer Dynamik schrumpft das zweidimensionale Quadrat von Anfangszuständen nicht auf einen Punkt (oder einige wenige Punkte), sondern es entsteht eine Struktur, die auf den ersten Blick eindimensional wirkt.

Aufschluss über den Ursprung dieser Struktur erhält man, wenn man die dynamische Entwicklung der Anfangszustände für $A = 1,58$ als Funktion der Zeit zwischen $t' = 0$ und $t' = 100 T_{\text{ext}}$ beobachtet (Übungsaufgabe). Dabei findet man, dass das anfängliche Quadrat im Laufe der Zeit im Zustandsraum immer wieder horizontal gestreckt und die resultierende Menge von Zuständen zurückgefaltet wird. Denken Sie zur Veranschaulichung an ein anfänglich rechteckiges Kaugummi, das Sie strecken, dann die Mitte festhalten und die beiden Enden zusammenfalten. Nun wiederholen Sie diesen Vorgang viele Male, aber so, dass das Kaugummi bei den

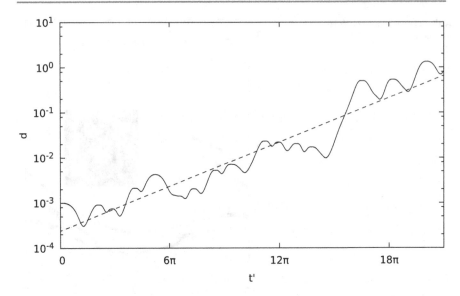

Abb. 6.18 Euklidischer Abstand d zwischen zwei Zustandstrajektorien als Funktion der Zeit t' (durchgezogene Linie). Bei der ersten der beiden zugrunde liegenden Trajektorien lauten die Anfangsbedingungen $\vartheta^{(1)}(0) = \pi/2$, $\zeta^{(1)}(0) = 0$. Bei der zweiten Trajektorie lauten die Anfangsbedingungen $\vartheta^{(2)}(0) = \pi/2 + 0{,}001$, $\zeta^{(2)}(0) = 0$. Für die Amplitude der treibenden Kraft ist $A = 1{,}58$ angenommen, für den Dämpfungsparameter $\gamma = 1/3$. Zum Vergleich ist die Funktion $0{,}00024 \cdot \exp(0{,}12 \cdot t')$ gestrichelt eingezeichnet

Streckvorgängen nicht zerreißt. Auf diese Weise erhalten Sie ein langgezogenes, zusammenhängendes Objekt mit einer sehr feinen Faltenstruktur.

Der Attraktor des chaotischen Pendels hat analoge Eigenschaften und ist deutlich feiner strukturiert, als man es in Abb. 6.17 ohne Weiteres erkennen kann. Bei zunehmend genauerer Betrachtung (durch „Reinzoomen") trifft man immer wieder neue, feinere Faltenstrukturen an. Bei dem betrachteten Schnitt des Attraktors des chaotischen Pendels handelt es sich daher nicht um eine eindimensionale Struktur, sondern um ein geometrisches Objekt mit gebrochenzahliger Dimension. Solche Objekte heißen Fraktale. Im Allgemeinen handelt es sich bei den Attraktoren chaotischer Systeme um Fraktale, die in diesem Zusammenhang auch *seltsame* Attraktoren genannt werden.

Eine wichtige Konsequenz der wiederholten Streck- und Faltvorgänge im Zustandsraum des chaotischen Pendels ist, dass Zustände, die bei $t' = 0$ noch nahe beieinander liegen, sich im Laufe der Zeit schnell voneinander wegbewegen. Dies führt zu der am Anfang dieses Kapitels angesprochenen Empfindlichkeit auf die Anfangsbedingungen, die für chaotische Systeme charakteristisch ist. Abb. 6.18 illustriert diesen Sachverhalt, wiederum für $A = 1{,}58$ und $\gamma = 1/3$. In dieser Abbildung ist der euklidische Abstand

$$d(t') = \sqrt{[\vartheta^{(1)}(t') - \vartheta^{(2)}(t')]^2 + [\zeta^{(1)}(t') - \zeta^{(2)}(t')]^2} \qquad (6.50)$$

zwischen zwei Zustandstrajektorien $(\vartheta^{(1)}(t'), \zeta^{(1)}(t'))$ und $(\vartheta^{(2)}(t'), \zeta^{(2)}(t'))$ im Zustandsraum des Pendels als Funktion der Zeit t' gezeigt. Die Anfangsbedingungen wurden so gewählt, dass der Abstand der beiden Zustandstrajektorien bei $t' = 0$ lediglich $0{,}001$ beträgt.

Wie Sie in Abb. 6.18 sehen können, nimmt der Abstand d der beiden Zustandstrajektorien im Laufe der Zeit rapide zu. Innerhalb von nur sieben Perioden T_{ext} der äußeren treibenden Kraft ($7T_{\text{ext}} = 21\pi$) wächst d um einen Faktor von etwa 1000 an, von $0{,}001$ auf etwa 1. Beachten Sie, dass wir für die vertikale Achse in Abb. 6.18 eine logarithmische Skala verwenden. Auf dieser logarithmischen Skala ist die gezeigte Kurve im Großen und Ganzen, abgesehen von den erkennbaren Oszillationen, linear ansteigend. Dies bedeutet, dass im chaotischen Pendel der Abstand $d(t')$ von zwei anfänglich unmittelbar benachbarten Zustandstrajektorien mit der Zeit im Wesentlichen exponentiell zunimmt.

Um uns schließlich einen systematischen Überblick davon zu verschaffen, bei welchen äußeren Kraftamplituden A beim nichtlinearen Pendel reguläres bzw. chaotisches Verhalten vorliegt, tragen wir in Abb. 6.19 für jedes A diejenigen ζ-Werte auf, die in den jeweiligen Attraktoren bei $t_0' = 0$ in Erscheinung treten. Der Konstruktion von Abb. 6.19 liegen konkret folgende Schritte zugrunde: (i) Zuerst wird für jedes A eine Menge von Anfangszuständen, wie in Abb. 6.16 und 6.17, bis $t' = 100T_{\text{ext}}$ propagiert. Dadurch erhält man für jedes A eine numerische Approximation des dazugehörigen Attraktors bei $t_0' = 0$. (ii) Dann wird der gewonnene zweidimensionale Schnitt auf die ζ-Achse projiziert, indem von jedem der bei $t' = 100T_{\text{ext}}$ erreichten Zustände (ϑ, ζ) die ζ-Komponente genommen wird.

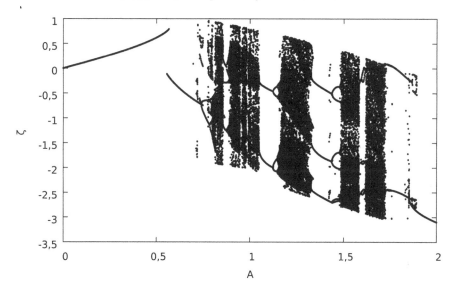

Abb. 6.19 Die Winkelgeschwindigkeit $\zeta(100T_{\text{ext}})$ ist als Funktion der äußeren Kraftamplitude A aufgetragen. Die verwendeten Anfangszustände sind dem in Abb. 6.16 und 6.17 gezeigten Quadrat im Zustandsraum entnommen. Bei den zugrunde liegenden Rechnungen ist $\gamma = 1/3$

Tritt in Abb. 6.19 bei einem gegebenen A nur ein Punkt auf, hat man periodisches Langzeitverhalten mit der Periode T_{ext}. Dies ist zwischen $A = 0$ und $A \approx 0{,}6$ der Fall, wo die Winkelgeschwindigkeit auf dem Attraktor bei $t_0' = 0$ eine einwertige, monotone Funktion der äußeren Kraftamplitude ist. Dann tritt bei $A \approx 0{,}6$ ein Sprung auf, gefolgt von einem Übergang in ein zunehmend irreguläres Regime. Auffällig sind die gabelartigen Strukturen (z. B. bei $A \approx 0{,}75$ und $A \approx 1{,}12$), die als *Bifurkationen* bezeichnet werden. Solche Bifurkationen treten jeweils unmittelbar links von chaotischen Regionen auf. Eventuell überraschend ist, dass nach chaotischen Regionen im Allgemeinen wieder Regionen regulären Verhaltens folgen können. Falls Sie sich mit den Aufgaben in Kap. 1 beschäftigt haben, sollten Sie Ähnlichkeiten erkennen können.

▶   **Hinweis** Erinnern wir uns an das in Kap. 1 wiedergegebene Zitat von Laplace und seine Erwartung der Berechenbarkeit des dynamischen Verhaltens deterministischer Systeme. Zeigen klassische Systeme (wie unser Pendel) chaotisches Verhalten, liegt nach wie vor Determinismus vor. Aber das Verhalten ist hochempfindlich auf die Anfangsbedingungen. Da die Anfangsbedingungen nie mit beliebig hoher Präzision festgelegt (oder gemessen) werden können, und da numerische Rechnungen nur mit begrenzter Präzision und endlich vielen Zeitschritten durchgeführt werden können, impliziert das Auftreten von Chaos, dass Vorhersagen des Zustands eines nichtlinearen Systems im Allgemeinen (wenn Chaos vorliegt) nur für die nahe Zukunft gemacht werden können.

Aufgaben

6.1 Wir betrachten ein ungedämpftes Pendel der Länge l und der Masse m. Für dieses haben wir in diesem Kapitel aus

$$m\ddot{\vec{r}} = \vec{F}_{AH} + \vec{F}_G$$

eine Bewegungsgleichung für $\vartheta(t)$ und eine Gleichung für $F_{AH}(t)$ hergeleitet.

(a) Entwickeln Sie $\sin \vartheta$ und $\cos \vartheta$ um $\vartheta = 0$ bis zur ersten Ordnung in ϑ (d. h., erst Terme ab der Ordnung ϑ^2 sollen vernachlässigt werden). Leiten Sie in dieser Näherung die allgemeine Lösung der resultierenden Bewegungsgleichung für $\vartheta(t)$ her. Bestimmen Sie damit den Kraftvektor $\vec{F}_{AH}(t)$ in erster Ordnung in ϑ. Welche physikalische Situation liegt vor bzw. unter welchen Bedingungen ist die gefundene Lösung für $\vartheta(t)$ eine gute Näherung der Lösung der nichtlinearen Bewegungsgleichung?

(b) Entwickeln Sie $\sin \vartheta$ und $\cos \vartheta$ um $\vartheta = \pi$ bis zur ersten Ordnung in $\vartheta - \pi$. Leiten Sie in dieser Näherung die allgemeine Lösung der resultierenden Bewegungsgleichung für $\vartheta(t)$ her. Bestimmen Sie damit den Kraftvektor $\vec{F}_{AH}(t)$ in erster Ordnung in $\vartheta - \pi$. Welche physikalische Situation liegt vor? Kann die gefundene Lösung für $\vartheta(t)$ im Allgemeinen für alle $t \geq 0$ gültig sein? Identifizieren Sie Spezialfälle, in denen Sie die Gültigkeit garantieren können.

6.2 Visualisieren und untersuchen Sie die Zustandsraumdynamik des getriebenen, gedämpften, nichtlinearen Pendels. Betrachten Sie als Anfangszustände das in Abb. 6.16 und 6.17 gezeigte Quadrat und berechnen Sie, wie sich die Menge der betrachteten Zustände bei gegebenen Werten für A, γ und ω_{ext} als Funktion der Zeit t' verhält. Modifizieren Sie für diesen Zweck das Programm in Anhang C oder erstellen Sie ein neues Programm in einer Programmiersprache Ihrer Wahl. Visualisieren Sie insbesondere auch, wie sich der Attraktor verhält, wenn der Parameter t'_0 eine Periode der äußeren Kraft überstreicht.

Systeme mit mehr als einem Teilchen

R. Santra, *Einführung in die Theoretische Physik*,
https://doi.org/10.1007/978-3-662-67439-0_7

Bisher haben wir die Newton'sche Bewegungsgleichung nur für Situationen betrachtet, bei denen auf ein einzelnes Teilchen eine Kraft wirkte und wir die resultierende Bewegung des Teilchens bestimmten. Mit diesem Kapitel beginnend erweitern wir unsere Untersuchungen auf Systeme, bei denen wir explizit mehr als ein Teilchen berücksichtigen. Dabei wird es sich als sinnvoll erweisen, zur Charakterisierung des Zustands des Systems nicht die Geschwindigkeitsvektoren, sondern die sogenannten Impulsvektoren der Teilchen heranzuziehen (zusätzlich zu den Ortsvektoren). Auf diese Weise wird es uns gelingen, einen ersten Erhaltungssatz zu beweisen: den sogenannten Impulserhaltungssatz. Der Impulserhaltungssatz wird es uns erlauben, die Bewegung des Schwerpunkts eines Mehrteilchensystems in geschlossener Form vorherzusagen.

7.1 Abgeschlossene Systeme

Stellen wir uns folgende Frage: Wirkt auf ein Teilchen eine Kraft, was ist der Ursprung dieser Kraft? Gäbe es im gesamten Universum nur dieses eine Teilchen und sonst nichts, dann würden wir davon ausgehen, dass auf das Teilchen überhaupt keine Kraft wirkt. Im Allgemeinen würden wir die Ursache einer Kraft auf das Teilchen daher in der Anwesenheit von anderen Teilchen suchen.

Üben diese anderen Teilchen aber eine Kraft auf das betrachtete Teilchen aus, dann sagt uns das dritte Newton'sche Gesetz, dass dieses Teilchen eine entsprechende Kraft auf diese anderen Teilchen ausübt. (Wir werden den Inhalt des dritten Newton'schen Gesetzes später in diesem Kapitel präzisieren.) Darüber hinaus üben die anderen Teilchen auch aufeinander Kräfte aus. Die Konsequenz ist, dass sowohl das ursprünglich betrachtete Teilchen als auch die anderen Teilchen eine dynamische Entwicklung durchlaufen. Dabei hängt die Kraft, die eines der Teilchen zu einem gegebenen Zeitpunkt erfährt, im Allgemeinen davon ab, in welchem Zustand sich die restlichen Teilchen als Funktion der Zeit befinden. Daher muss man die Newton'schen Bewegungsgleichungen für alle diese miteinander wechselwirkenden Teilchen gleichzeitig lösen.

Unter bestimmten Bedingungen kann es hinreichend sein, die Newton'sche Bewegungsgleichung nur für ein einzelnes Teilchen zu betrachten (wie in den vorherigen Kapiteln). Dies gilt dann, wenn sich die gesamte Kraft auf das betrachtete Teilchen in guter Näherung nach den folgenden Typen von Kräften zerlegen lässt:

1. Das Verhalten (eines Teils) der anderen Teilchen als Funktion der Zeit wird als bekannt angenommen und ist vorgegeben. Auf diese Weise erhält man eine Kraft auf das betrachtete Teilchen, die eine gegebene Funktion der Zeit ist. Die sinusförmige äußere Kraft, die wir sowohl beim gedämpften harmonischen Oszillator (Kap. 4) als auch beim gedämpften nichtlinearen Pendel (Kap. 6) herangezogen hatten, fällt in diese Kategorie. Im Allgemeinen sind Kräfte in dieser Kategorie aber nicht nur explizit von der Zeit abhängig, sondern können auch vom Ortsvektor oder dem Geschwindigkeitsvektor des betrachteten Teilchens abhängen.

2. Ein Spezialfall der ersten Kategorie liegt vor, wenn angenommen wird, dass sich die anderen Teilchen (oder manche von diesen) überhaupt nicht bewegen. Diese Annahme kann z. B. gerechtfertigt sein, wenn die Masse dieser Teilchen sehr viel größer ist als die Masse des betrachteten Teilchens. Dies führt zu einer Kraft auf das betrachtete Teilchen, die keine explizite Zeitabhängigkeit hat und nur vom Ortsvektor des betrachteten Teilchens abhängt. Sowohl die Hooke'sche Rückstellkraft aus Kap. 4 als auch die nichtlineare Rückstellkraft aus Kap. 6 sind von diesem Typ.

3. Es gelingt einem, unter Nutzung von bestimmten Modellannahmen, für einen Teil der anderen Teilchen die explizite Abhängigkeit von deren Orts- und Geschwindigkeitsvektoren aus deren Kraft auf das betrachtete einzelne Teilchen zu eliminieren. Dabei wird die zeitliche Entwicklung dieser anderen Teilchen nicht als vorgegeben angenommen, sondern ist eine Funktion des zeitlichen Verhaltens des betrachteten Teilchens. In einem solchen Rahmen kann man eine Reibungskraft herleiten, die proportional zur Geschwindigkeit des betrachteten Teilchens ist. Eine entsprechende Dämpfungskraft haben wir in Kap. 4 und 6 verwendet.

Wollen wir diese Näherungsannahmen vermeiden, dann müssen wir alle miteinander wechselwirkenden Teilchen explizit behandeln. Dies führt uns zu dem Begriff eines *abgeschlossenen* Systems aus N Teilchen (N Massenpunkten). Abgeschlossen bedeutet hier, dass auf das System keine äußeren Kräfte wirken, also keine Kräfte, die nicht von den Teilchen des Systems selbst ausgehen. Definiert man das betrachtete System hinreichend groß (betrachtet man z. B. das gesamte Universum), dann lässt sich das Konzept der Abgeschlossenheit rechtfertigen. Im Allgemeinen handelt es sich aber nur um eine Idealisierung, genauso wie das Konzept der Massenpunkte selbst.

Die fundamentalen Kräfte, wie z. B. die Gravitationskraft oder auch die elektrostatische Coulomb-Kraft, hängen nur von den Positionen der Teilchen ab, nicht von den Geschwindigkeiten (die Lorentz-Kraft ist eine Ausnahme). Diesen Fall wollen wir hier genauer anschauen. Darüber hinaus gibt es intrinsische Eigenschaften der Teilchen, wie die Masse oder auch die Ladung, die in der Klassischen Physik (wie auch in der Quantenphysik) systemspezifische, zeitunabhängige Parameter sind.

Wir führen nun Ortskoordinaten für alle Teilchen des abgeschlossenen N-Teilchensystems ein: x_1, y_1, z_1 für das erste Teilchen, x_2, y_2, z_2 für das zweite Teilchen usw. Die Kraft auf das i-te Teilchen hängt nun im Allgemeinen von den Positionen aller anderen Teilchen ab:

$$\vec{F}_i = \vec{F}_i \left(\{\vec{r}\}\right), \qquad (7.1)$$

wobei $\{\vec{r}\}$ eine Kurzschreibweise für die Ortsvektoren $\vec{r}_1$, $\vec{r}_2$, ..., $\vec{r}_N$ der N Teilchen ist. Die Newton'sche Bewegungsgleichung für das erste Teilchen lautet dann

$$m_1 \ddot{\vec{r}}_1 = \vec{F}_1 \left(\{\vec{r}\}\right). \qquad (7.2)$$

Analog für die restlichen Teilchen:

$$m_2 \ddot{\vec{r}}_2 = \vec{F}_2 \left(\{ \vec{r} \} \right),$$

$$\vdots$$

$$m_N \ddot{\vec{r}}_N = \vec{F}_N \left(\{ \vec{r} \} \right). \tag{7.3}$$

In kompakter Form schreiben wir dafür:

$$m_i \ddot{\vec{r}}_i = \vec{F}_i \left(\{ \vec{r} \} \right), \qquad i = 1, \dots, N. \tag{7.4}$$

Für jedes i haben wir drei Komponenten und damit drei Differenzialgleichungen:

$$m_i \ddot{x}_i = \left(\vec{F}_i \left(\{ \vec{r} \} \right) \right)_x,$$

$$m_i \ddot{y}_i = \left(\vec{F}_i \left(\{ \vec{r} \} \right) \right)_y,$$

$$m_i \ddot{z}_i = \left(\vec{F}_i \left(\{ \vec{r} \} \right) \right)_z. \tag{7.5}$$

Um die Bewegung der N Teilchen zu beschreiben, haben wir also $3N$ Differenzialgleichungen zweiter Ordnung. Diese Gleichungen sind miteinander *gekoppelt* (da jedes $\vec{F}_i$ im Allgemeinen von allen Teilchenkoordinaten abhängt), sodass man die einzelnen Gleichungen nicht unabhängig voneinander lösen kann. Nur in wenigen Spezialfällen gelingt eine analytische Lösung dieses Problems (dazu mehr in Kap. 10 und 11). Der Normalfall ist, dass die $3N$ gekoppelten Differenzialgleichungen nur numerisch integriert (gelöst) werden können. Dies wiederum hat zur Konsequenz, dass die Größe der Systeme, die man konkret berechnen kann, durch die zur Verfügung stehende Rechnerleistung begrenzt ist.

Neben der analytischen Lösbarkeit (in Spezialfällen) oder der Entwicklung effizienter numerischer Strategien ist es in der Physik aber auch von großer Bedeutung, *grundlegende* Eigenschaften der Lösungen der Bewegungsgleichungen zu identifizieren. Dies bringt uns zur Frage nach dem Zustandsraum und nach Erhaltungssätzen, die es einem erlauben, den Zustandsraum in disjunkte Mengen zu unterteilen, die durch die Dynamik nicht miteinander vermischt werden.

7.2   Der Zustandsraum eines Vielteilchensystems

Der Zustand eines Systems ist die gesamte Information, die man (mit absoluter Genauigkeit und Vollständigkeit) kennen muss, um die Zukunft des Systems bei gegebenem dynamischem Gesetz vorhersagen zu können. (Vergleichen Sie mit Kap. 1 und 2.) Unser Satz von $3N$ Differenzialgleichungen, Gl. 7.4, gibt uns zu jedem Zeitpunkt die Beschleunigungsvektoren aller Teilchen. Da es sich um Differenzialgleichungen zweiter Ordnung handelt (für die Ortsvektoren $\vec{r}_i$), benötigen wir pro Gleichung zwei Anfangsbedingungen (Integrationskonstanten), nämlich die Anfangsposition und die dazugehörige Geschwindigkeitskomponente.

Wie wir bereits in Kap. 3 angesprochen hatten, ist der Zustandsraum *eines* Teilchens sechsdimensional, mit den Achsen x, y, z, v_x, v_y und v_z (den Komponenten des Orts- bzw. Geschwindigkeitsvektors des Teilchens). Ein Zustand dieses Teilchens ist ein Punkt (ein Vektor mit sechs Komponenten) in diesem Raum. Ändert sich der Zustand mit der Zeit, muss man die Funktionen $x(t)$, $y(t)$, $z(t)$, $v_x(t)$, $v_y(t)$ und $v_z(t)$ angeben, um die durch die Zeit t parametrisierte Trajektorie des Zustands des Systems durch den Zustandsraum beschreiben zu können.

In Kap. 6 hatten wir für das Pendel numerisch Zustandstrajektorien berechnet und visualisiert. Aufgrund der festen Länge des Pendels und aufgrund der Tatsache, dass wir Konditionen betrachtet hatten, bei denen das Pendel in einer Ebene schwingt, war es uns gelungen, in dem sechsdimensionalen Zustandsraum des beim Pendel untersuchten Massenpunkts einen zweidimensionalen Unterraum (Auslenkungswinkel und Winkelgeschwindigkeit) auszuwählen, in dem sich die gesamte interessante Physik abspielt. Beachten Sie aber, dass das Pendel kein abgeschlossenes System ist, da die Teilchen, die die Erdanziehung, die feste Pendellänge, die Dämpfung und die antreibende harmonische Kraft hervorrufen, nicht explizit berücksichtigt wurden. In einem abgeschlossenen System, das aus nur einem Teilchen besteht, wirken auf das Teilchen überhaupt keine Kräfte und es gilt das wenig spektakuläre erste Newton'sche Gesetz (Abschn. 3.3.2). Abgeschlossene Systeme werden dann spannend, wenn sie aus mehr als einem Teilchen bestehen.

Liegen nun N Teilchen vor, müssen wir den Zustand jedes Teilchens spezifizieren. Für jedes der N Teilchen erfordert dies drei Ortskoordinaten und drei Geschwindigkeitskoordinaten. Ein Zustand des N-Teilchensystems ist also durch $6N$ Variablen charakterisiert. Der Zustandsraum ist $6N$-dimensional. Ein Zustand des N-Teilchensystems ist ein Punkt in diesem $6N$-dimensionalen Raum, und die zeitliche Entwicklung des Systems entspricht der Trajektorie eines Punkts in diesem $6N$-dimensionalen Raum.

Auf den ersten Blick mag es überraschen, dass wir nur $3N$ Gleichungen für die Bewegung eines Punkts in einem $6N$-dimensionalen Raum haben. Dem können wir Abhilfe schaffen, indem wir unser System von $3N$ Differenzialgleichungen zweiter Ordnung, Gl. 7.4, in ein System von $6N$ Differenzialgleichungen erster Ordnung überführen:

$$\dot{\vec{r}}_i = \vec{v}_i, \tag{7.6}$$

$$\dot{\vec{v}}_i = \frac{\vec{F}_i}{m_i}. \tag{7.7}$$

Gl. 7.6 ist die Definition des Geschwindigkeitsvektors durch die Zeitableitung des Ortsvektors; Gl. 7.7 repräsentiert das zweite Newton'sche Gesetz unter Verwendung der Definition des Beschleunigungsvektors durch die Zeitableitung des Geschwindigkeitsvektors. Diese insgesamt $6N$ Gleichungen ($i = 1, \ldots, N$) spiegeln die $6N$-dimensionale Struktur des Zustandsraums wider. Der hier gemachte Übergang von

Gl. 7.4 zu 7.6 und 7.7 ist völlig analog zu dem in Kap. 6 gemachten Übergang von
Gl. 6.29 zu 6.30 und 6.31.

7.3   Impuls und Phasenraum

Ein erstes Erhaltungsgesetz finden wir, indem wir den Begriff des Impulses einführen:

$$\vec{p}_i = m_i \vec{v}_i, \qquad i = 1, \dots, N. \tag{7.8}$$

Wählen wir nach dieser einfachen Reskalierung der Geschwindigkeitsvektoren für
unseren Zustandsraum die Achsen x_1, y_1, z_1, p_{x1}, p_{y1}, p_{z1}, ..., x_N, y_N, z_N, p_{xN},
p_{yN}, p_{zN}, oder auch x_1, y_1, z_1, ..., x_N, y_N, z_N, p_{x1}, p_{y1}, p_{z1}, ..., p_{xN}, p_{yN}, p_{zN},
oder auch x_1, x_2, ..., x_{3N}, p_1, p_2, , ..., p_{3N}, dann nennt man den Zustandsraum des
N-Teilchensystems *Phasenraum*. Aus

$$\vec{p}_i = m_i \vec{v}_i$$

folgt unter Verwendung von Gl. 7.7:

$$\dot{\vec{p}}_i = m_i \dot{\vec{v}}_i = \vec{F}_i. \tag{7.9}$$

Die Bewegungsgleichungen für einen Zustand (einen Punkt) im $6N$-dimensionalen
Phasenraum lauten also

$$\dot{\vec{r}}_i = \frac{\vec{p}_i}{m_i}, \tag{7.10}$$

$$\dot{\vec{p}}_i = \vec{F}_i \tag{7.11}$$

$(i = 1, \dots, N)$, die zu Gl. 7.6 und 7.7 äquivalent sind.

7.3.1   Impulserhaltungssatz

Wir zeigen im Folgenden, dass der Gesamtimpuls des abgeschlossenen N-
Teilchensystems eine Konstante (eine Erhaltungsgröße) ist. Nennen wir den Gesamtimpuls

$$\vec{P} = \sum_i \vec{p}_i. \tag{7.12}$$

Diese Schreibweise impliziert, dass i von 1 bis N läuft, ist also eine Kurzschreibweise
für

$$\vec{P} = \sum_{i=1}^{N} \vec{p}_i.$$

Dann ist $\vec{P}$ erhalten, falls gilt:

$$\dot{\vec{P}} = \vec{0}.$$

Um dies zu zeigen, benötigen wir hier das *dritte Newton'sche Gesetz*. Wir schreiben $\vec{f}_{ij}$ für die Kraft, die das j-te Teilchen auf das i-te Teilchen ausübt. Dann besagt das dritte Newton'sche Gesetz, dass

$$\vec{f}_{ji} = -\vec{f}_{ij} \tag{7.13}$$

ist („Aktion gleich Reaktion"). Die Gesamtkraft auf das i-te Teilchen ist

$$\vec{F}_i = \sum_j \vec{f}_{ij}. \tag{7.14}$$

Wir nehmen hier an, dass das i-te Teilchen keine Kraft auf sich selbst ausübt:

$$\vec{f}_{ii} = \vec{0}. \tag{7.15}$$

Dies folgt formell auch aus Gl. 7.13 für $i = j$:

$$\vec{f}_{ii} = -\vec{f}_{ii}.$$

Nun können wir die zeitliche Änderung des Gesamtimpulses bestimmen:

$$\dot{\vec{P}} = \frac{\mathrm{d}}{\mathrm{d}t} \left\{ \sum_i \vec{p}_i \right\} = \sum_i \dot{\vec{p}}_i = \sum_i \vec{F}_i = \sum_i \sum_j \vec{f}_{ij} = \vec{0}. \tag{7.16}$$

Hierbei sind Gl. 7.11, 7.12 und 7.14 zum Einsatz gekommen. Dass die Doppelsumme $\sum_i \sum_j \vec{f}_{ij}$ in Gl. 7.16 verschwindet, sehen Sie leicht, wenn Sie beachten, dass zu jedem $\vec{f}_{ij}$ in der Doppelsumme (z. B. $\vec{f}_{12}$) auch der Term $\vec{f}_{ji}$ (also $\vec{f}_{21}$) auftritt. Nach dem dritten Newton'schen Gesetz ist aber

$$\vec{f}_{ij} + \vec{f}_{ji} = \vec{0}.$$

Eine äquivalente Herangehensweise, um das Verschwinden der Doppelsumme zu zeigen, ist folgende (wir betrachten sie, weil sie Methoden verwendet, die auch bei weniger einfachen Fällen Verwendung finden):

$$\sum_i \sum_j \vec{f}_{ij} = \sum_i \left\{ \sum_{\substack{j \\ j<i}} \vec{f}_{ij} + \sum_{\substack{j \\ j>i}} \vec{f}_{ij} \right\} = \sum_i \sum_{\substack{j \\ j<i}} \vec{f}_{ij} + \sum_i \sum_{\substack{j \\ j>i}} \vec{f}_{ij}$$

$$= \sum_{j<i} \vec{f}_{ij} + \sum_{j>i} \vec{f}_{ij} = \sum_{j<i} \vec{f}_{ij} + \sum_{i>j} \vec{f}_{ji} = \sum_{j<i} \vec{f}_{ij} + \sum_{j<i} \vec{f}_{ji}$$

$$= \sum_{j<i} \left\{ \vec{f}_{ij} + \vec{f}_{ji} \right\} = \vec{0}.$$

Wir haben dabei in der ersten Zeile die Summe über j, bei gegebenem i, in zwei Summen aufgeteilt: eine Summe, bei der nur Terme auftreten, bei denen j kleiner ist als das gegebene i, und eine Summe, bei der nur Terme auftreten, bei denen j größer ist als das gegebene i. Daraufhin haben wir in der zweiten Zeile die übliche Kurzschreibweise

$$\sum_{j<i} \vec{f}_{ij} = \sum_{i} \sum_{\substack{j \\ j<i}} \vec{f}_{ij}$$

bzw.

$$\sum_{j>i} \vec{f}_{ij} = \sum_{i} \sum_{\substack{j \\ j>i}} \vec{f}_{ij}$$

eingeführt. Dann haben wir in der Doppelsumme $\sum_{j>i} \vec{f}_{ij}$ die Namen der Summationsvariablen ausgetauscht:

$$\sum_{j>i} \vec{f}_{ij} = \sum_{i>j} \vec{f}_{ji}.$$

(Ob man den ersten Summationsindex i nennt und den zweiten j oder umgekehrt, ist völlig unerheblich für den Wert der Doppelsumme.) Auf diese Weise gelang es uns, in der dritten Zeile die erste und die zweite Doppelsumme in einer einzigen Doppelsumme zusammenzufassen und schließlich das dritte Newton'sche Gesetz anzuwenden.

Wir haben damit gezeigt, dass

$$\dot{\vec{P}} = \vec{0}$$

ist, woraus folgt, dass

$$\vec{P} = \text{const.}$$

sein muss. Der Gesamtimpuls eines abgeschlossenen N-Teilchensystems ist somit *erhalten* (ändert sich nicht mit der Zeit). Durch diesen Erhaltungssatz wird der Phasenraum in Unterregionen zerlegt, die durch die zeitliche Entwicklung des Systems nie gemischt werden: Jedem Punkt im Phasenraum können wir durch

$$\vec{P} = \sum_{i} \vec{p}_i$$

[Gl. 7.12] einen Gesamtimpuls zuordnen. Wählt man insbesondere einen bestimmten Punkt im Phasenraum als Startpunkt (durch Wahl der Anfangsbedingungen), dann definiert dieser Startpunkt ein bestimmtes $\vec{P}$:

$$\vec{P} = \sum_{i} \vec{p}_i(0).$$

Bei diesem durch die Anfangsbedingungen gegebenen $\vec{P}$ überstreicht die Trajektorie des Systems im Phasenraum aufgrund der Erhaltung des Gesamtimpulses als Funktion der Zeit t nur solche Punkte, die

$$\sum_i \vec{p}_i(t) = \vec{P}$$

erfüllen. In Worten ausgedrückt: Die Impulsvektoren der Teilchen ändern sich mit der Zeit. Die Summe der Impulsvektoren der Teilchen ändert sich mit der Zeit jedoch nicht.

7.4 Der Schwerpunkt

Schreiben wir den im abgeschlossenen N-Teilchensystem erhaltenen Gesamtimpuls unter Verwendung von Gl. 7.10 und 7.12 in der Form

$$\vec{P} = \sum_i m_i \dot{\vec{r}}_i, \tag{7.17}$$

so liegt es nahe, den Gesamtimpuls als Produkt aus *einer* Masse und *einem* Geschwindigkeitsvektor auszudrücken. Für die Masse wählt man die Gesamtmasse des Systems,

$$M = \sum_i m_i. \tag{7.18}$$

Der zum Gesamtimpuls gehörige Geschwindigkeitsvektor ist dann durch

$$\dot{\vec{r}}_S = \frac{\vec{P}}{M} = \frac{1}{M} \sum_i m_i \dot{\vec{r}}_i \tag{7.19}$$

gegeben, sodass

$$\vec{P} = M \dot{\vec{r}}_S$$

erfüllt ist.

Aus Gl. 7.19 können wir zwei Dinge schließen. Zum einen liegt eine Differenzialgleichung für einen Ortsvektor $\vec{r}_S(t)$ vor. Da $\vec{P}/M$ konstant ist, ist die Lösung einfach

$$\vec{r}_S(t) = \vec{r}_S(0) + \frac{\vec{P}}{M} t. \tag{7.20}$$

Zum anderen können wir aus Gl. 7.19 schließen, dass wir $\vec{r}_S(t)$ anhand der Teilchenpositionen $\vec{r}_i(t)$ bestimmen können:

$$\vec{r}_S(t) = \frac{1}{M} \sum_i m_i \vec{r}_i(t). \tag{7.21}$$

Mit dieser Wahl (die bis auf die Addition eines zeitunabhängigen Vektors, den wir als den Nullvektor gewählt haben, eindeutig ist) bezeichnet $\vec{r}_S(t)$ den Ortsvektor des sogenannten *Schwerpunkts* des Systems.

Damit erlaubt uns der Impulserhaltungssatz folgende wichtige Aussage: Die Teilchen in einem abgeschlossenen N-Teilchensystem bewegen sich so, dass der Schwerpunkt des Systems [Gl. 7.21] eine gleichförmige geradlinige Bewegung [Gl. 7.20] durchläuft. Die Bewegung des Schwerpunkts ist durch Gl. 7.20 vollständig bestimmt, da die Anfangsposition des Schwerpunkts, $\vec{r}_S(0)$, und der zeitlich konstante Gesamtimpuls, $\vec{P}$, mithilfe der Anfangsbedingungen für die Teilchen berechnet werden können:

$$\vec{r}_S(0) = \frac{1}{M} \sum_i m_i \vec{r}_i(0), \tag{7.22}$$

$$\vec{P} = \sum_i m_i \dot{\vec{r}}_i(0). \tag{7.23}$$

Aufgaben

7.1 Betrachten Sie ein abgeschlossenes N-Teilchensystem, das aus

$$N = N_1 + N_2$$

Teilchen besteht. Die Gesamtmenge der Teilchen sei also in zwei Untermengen zerlegt, unter denen Sie sich zwei verschiedene Objekte (z. B. zwei Moleküle) vorstellen können. Das erste Objekt bestehe demnach aus N_1 Teilchen und das zweite Objekt aus N_2 Teilchen. Nehmen Sie nun an, dass die beiden Objekte während Zeiten lange vor und lange nach $t = 0$ nicht miteinander wechselwirken und nur um $t = 0$ herum Kräfte aufeinander ausüben. Betrachten Sie speziell einen *nichtreaktiven* Stoßprozess zwischen den beiden Objekten, bei dem sich die Teilchenzusammensetzung der beiden Objekte durch deren Kollision miteinander nicht ändert. Beachten Sie dabei, dass die Kräfte zwischen den N_1 Teilchen im ersten Objekt bzw. zwischen den N_2 Teilchen im zweiten Objekt im Allgemeinen zu keinem Zeitpunkt vernachlässigbar sind.

(a) Definieren Sie für jedes dieser beiden Objekte einen entsprechenden Gesamtimpuls und leiten Sie einen Zusammenhang zwischen diesen Impulsvektoren lange vor und lange nach dem Stoß her.
(b) Zusätzlich zu den Impulsvektoren seien die Positionen der Schwerpunkte der beiden Objekte zu einem Zeitpunkt $t = t_V$ vor dem Stoß gegeben. Leiten Sie einen Zusammenhang zwischen den Positionen der Schwerpunkte der beiden Objekte zu einem Zeitpunkt $t = t_N$ nach dem Stoß her.

Partielle Ableitungen

Außer dem Impulserhaltungssatz (Kap. 7) werden wir uns noch mit dem Energie-erhaltungssatz (Kap. 9) und dem Drehimpulserhaltungssatz (Kap. 10 und 11) für abgeschlossene N-Teilchensysteme auseinandersetzen. Zur Vorbereitung auf den Energieerhaltungssatz beschäftigen wir uns in diesem Kapitel mit dem Thema der partiellen Ableitungen, durch die der Begriff der Ableitung für Funktionen mit meh-reren Variablen verallgemeinert wird. Die Kenntnisse, die Sie sich dabei aneignen werden, sind nicht nur für die Klassische Mechanik von großer Bedeutung, sondern spielen auch in der Elektrodynamik, in der Thermodynamik (= Wärmelehre) und in der Quantenmechanik eine wichtige Rolle.

8.1   Ableitung von Funktionen mit mehreren Variablen

Sie kennen den Ableitungsbegriff für Funktionen $f(x)$, die von einer einzigen Varia-blen x abhängen. Trägt man die Kurve $y = f(x)$ als Funktion von x auf, dann ist die Ableitung

$$\frac{\mathrm{d}y}{\mathrm{d}x} = \frac{\mathrm{d}f}{\mathrm{d}x} = f'(x)$$

die Steigung der Kurve an der Stelle x. In der Physik gibt es häufig Fragestellungen, bei denen die betrachtete Größe (z. B. die Temperatur) von mehr als einer Variablen abhängt. Erweitert man den Ableitungsbegriff auf Funktionen, die von mehreren Veränderlichen abhängen, kommt man zu sogenannten *partiellen* Ableitungen.

Sei beispielsweise z eine Funktion der beiden Variablen x und y. Die Funktion $z = f(x, y)$ können wir veranschaulichen, indem wir ein rechtwinkliges Koordina-tensystem mit den Achsen x, y und z einführen. Jedem Punkt (x, y) in der xy-Ebene ($z = 0$) ordnet die Funktion $f(x, y)$ einen Wert $z = f(x, y)$ zu. Auf diese Weise erhält man einen wohldefinierten Punkt (x, y, z) in drei Dimensionen.

Die Menge aller Punkte (x, y, z), die man so durch die Funktion $z = f(x, y)$ erhält, bildet im Allgemeinen eine zweidimensionale Fläche. Auf dieser Fläche wird es Höhen (Maxima) und Tiefen (Minima) geben. Es wird auch sogenannte Sattel-punkte geben. Sehen Sie dazu als Beispiel Abb. 8.1. Man kann an der Abbildung schön erkennen, wie der Begriff Sattelpunkt zustande kommt.

Wie auch bei Funktionen von einer Veränderlichen möchte man die Fläche durch lokale Steigungen charakterisieren. Halten wir z. B. x konstant. Dann ist $z = f(x, y)$ für dieses feste x eine Funktion von nur einer Variablen, y. Um die Steigung dieser Funktion zu bestimmen, bilden wir die Ableitung $\mathrm{d}z/\mathrm{d}y$. Um uns aber stets in Erin-nerung zu rufen, dass eigentlich zwei Variablen vorliegen und wir x nur festgehalten haben, schreiben wir für diese Ableitung

$$\frac{\partial z}{\partial y}.$$

Wir nennen $\partial z/\partial y$ die partielle Ableitung von z bezüglich y.

In analoger Weise können wir y konstant halten und die resultierende Funktion nach x ableiten. Dies ergibt $\partial z/\partial x$, also die partielle Ableitung von z bezüglich x.

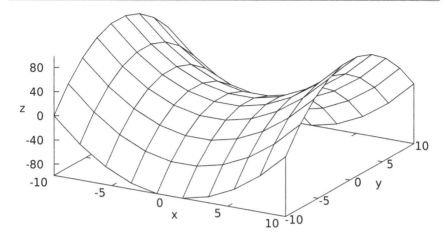

Abb. 8.1 Die Funktion $z = x^2 - y^2$ hat an der Stelle $(x, y) = (0, 0)$ einen Sattelpunkt

Diese partiellen Ableitungen kann man weiter ableiten:

$$\frac{\partial}{\partial x}\frac{\partial z}{\partial x} = \frac{\partial^2 z}{\partial x^2}, \qquad \frac{\partial}{\partial x}\frac{\partial z}{\partial y} = \frac{\partial^2 z}{\partial x \partial y}, \qquad \frac{\partial}{\partial x}\frac{\partial^2 z}{\partial x \partial y} = \frac{\partial^3 z}{\partial x^2 \partial y}, \qquad \cdots$$

8.1.1   Beispiel

Betrachten wir als Beispiel die Funktion

$$z = f(x, y) = \frac{x^2}{y^3} + \sin{(y - 4x)}$$

und bilden zuerst die beiden ersten partiellen Ableitungen:

$$\frac{\partial f}{\partial x} = \frac{\partial}{\partial x}\left\{\frac{x^2}{y^3} + \sin{(y - 4x)}\right\} = 2\frac{x}{y^3} - 4\cos{(y - 4x)},$$

$$\frac{\partial f}{\partial y} = \frac{\partial}{\partial y}\left\{\frac{x^2}{y^3} + \sin{(y - 4x)}\right\} = -3\frac{x^2}{y^4} + \cos{(y - 4x)}.$$

Durch partielles Ableiten der beiden ersten partiellen Ableitungen bestimmen wir die zweiten partiellen Ableitungen:

$$\frac{\partial^2 f}{\partial x^2} = \frac{\partial}{\partial x}\left\{\frac{\partial f}{\partial x}\right\} = \frac{\partial}{\partial x}\left\{2\frac{x}{y^3} - 4\cos{(y - 4x)}\right\} = \frac{2}{y^3} - 16\sin{(y - 4x)},$$

$$\frac{\partial^2 f}{\partial y \partial x} = \frac{\partial}{\partial y}\left\{\frac{\partial f}{\partial x}\right\} = \frac{\partial}{\partial y}\left\{2\frac{x}{y^3} - 4\cos(y - 4x)\right\} = -6\frac{x}{y^4} + 4\sin(y - 4x),$$

$$\frac{\partial^2 f}{\partial y^2} = \frac{\partial}{\partial y}\left\{\frac{\partial f}{\partial y}\right\} = \frac{\partial}{\partial y}\left\{-3\frac{x^2}{y^4} + \cos(y - 4x)\right\} = 12\frac{x^2}{y^5} - \sin(y - 4x),$$

$$\frac{\partial^2 f}{\partial x \partial y} = \frac{\partial}{\partial x}\left\{\frac{\partial f}{\partial y}\right\} = \frac{\partial}{\partial x}\left\{-3\frac{x^2}{y^4} + \cos(y - 4x)\right\} = -6\frac{x}{y^4} + 4\sin(y - 4x).$$

Wir beobachten dabei, dass

$$\frac{\partial^2 f}{\partial x \partial y} = \frac{\partial^2 f}{\partial y \partial x}$$

ist. Es macht somit keinen Unterschied, ob man f zuerst nach y und dann nach x ableitet oder umgekehrt. Diese Gleichheit gilt immer dann, wenn $\partial^2 f/\partial x \partial y$ und $\partial^2 f/\partial y \partial x$ beide stetig sind – in der Physik also praktisch immer.

8.1.2   Variablenwechsel

Da man eine abhängige Variable z durch Variablenwechsel als Funktion verschiedener unabhängiger Variablen ausdrücken kann, schreibt man mitunter z. B.

$$\left(\frac{\partial z}{\partial x}\right)_y,$$

um zu betonen, dass z hier als Funktion von x und y aufgefasst und y bei der Ableitung nach x festgehalten wird. Den Zweck dieser Notation kann man am besten anhand eines Beispiels nachvollziehen.

Sei

$$z = \frac{y^2}{x^4}.$$

Wir haben damit die abhängige Variable z durch die kartesischen Variablen x und y ausgedrückt. Verwenden wir Polarkoordinaten r und φ (Abschn. 2.4), die mit den kartesischen Koordinaten x und y über

$$x = r \cos \varphi$$

und

$$y = r \sin \varphi$$

in Verbindung stehen, können wir z auf verschiedene Weisen schreiben. Für jeden der resultierenden Ausdrücke berechnen wir die partielle Ableitung $\partial z/\partial r$.

Zum einen können wir z durch r und φ ausdrücken:

$$z = \frac{y^2}{x^4} = \frac{r^2 \sin^2 \varphi}{r^4 \cos^4 \varphi} = \frac{1}{r^2} \frac{\tan^2 \varphi}{\cos^2 \varphi}.$$

In diesem Fall schreiben wir für die partielle Ableitung von z nach r:

$$\left(\frac{\partial z}{\partial r}\right)_\varphi = -\frac{2}{r^3} \frac{\tan^2 \varphi}{\cos^2 \varphi}.$$

Man kann als Variablen aber auch r und x heranziehen:

$$z = \frac{y^2}{x^4} = \frac{x^2 + y^2 - x^2}{x^4} = \frac{r^2 - x^2}{x^4}.$$

Die entsprechende partielle Ableitung nach r lautet

$$\left(\frac{\partial z}{\partial r}\right)_x = 2\frac{r}{x^4}.$$

Wählen wir als Variablen schließlich r und y, sodass

$$z = \frac{y^2}{x^4} = \frac{y^2}{(x^2)^2} = \frac{y^2}{(r^2 - y^2)^2}$$

ist, dann erhalten wir die partielle Ableitung

$$\left(\frac{\partial z}{\partial r}\right)_y = -2\frac{y^2}{(r^2 - y^2)^3}2r = -4\frac{ry^2}{(r^2 - y^2)^3}.$$

Indem wir die drei so gewonnenen partiellen Ableitungen wieder durch die Variablen x und y ausdrücken, erkennen wir, dass alle drei Ableitungen unterschiedlich sind:

$$\left(\frac{\partial z}{\partial r}\right)_\varphi = -\frac{2}{r^3} \frac{\tan^2 \varphi}{\cos^2 \varphi} = -\frac{2}{\sqrt{x^2 + y^2}} \frac{y^2/x^2}{x^2} = -\frac{2}{\sqrt{x^2 + y^2}} \frac{y^2}{x^4},$$

$$\left(\frac{\partial z}{\partial r}\right)_x = 2\frac{r}{x^4} = 2\frac{\sqrt{x^2 + y^2}}{x^4},$$

$$\left(\frac{\partial z}{\partial r}\right)_y = -4\frac{ry^2}{(r^2 - y^2)^3} = -4\frac{\sqrt{x^2 + y^2}y^2}{x^6}.$$

In der Mathematik würde man diese verschiedenen partiellen Ableitungen nicht durch Subskripte voneinander unterscheiden, sondern man würde mit unterschiedlichen Funktionssymbolen arbeiten:

$$z = f(r, \varphi) = \frac{1}{r^2} \frac{\tan^2 \varphi}{\cos^2 \varphi},$$

$$z = g(r, x) = \frac{r^2 - x^2}{x^4},$$

$$z = h(r, y) = \frac{y^2}{(r^2 - y^2)^2}.$$

Dies ist auch in logischer Hinsicht sehr sinnvoll, da die funktionale Abhängigkeit von den jeweiligen Variablen jedes Mal eine andere ist. Es gilt daher:

$$\left(\frac{\partial z}{\partial r}\right)_\varphi = \frac{\partial f}{\partial r}, \qquad \left(\frac{\partial z}{\partial r}\right)_x = \frac{\partial g}{\partial r}, \qquad \left(\frac{\partial z}{\partial r}\right)_y = \frac{\partial h}{\partial r}.$$

In der Physik möchte man aber die Anzahl der verwendeten Symbole so weit wie möglich übersichtlich gestalten. Außerdem haben die gewählten Symbole im Allgemeinen eine bestimmte physikalische Bedeutung, die durch Symbolwechsel für die abhängige Variable nicht mehr ersichtlich wäre. Daher wird in der Physik mit Subskripten bei partiellen Ableitungen gearbeitet, und zwar dann, wenn die Verwendung verschiedener Kombinationen von unabhängigen Variablen von Interesse ist und es bei fester Symbolwahl für die abhängige Variable nicht eindeutig wäre, welche Kombination von unabhängigen Variablen bei der Bildung der jeweiligen partiellen Ableitung gemeint ist. Dies ist z. B. in der Wärmelehre von Bedeutung.

8.2   Totale Differenziale

Um den Begriff des totalen Differenzials bei Funktionen von mehreren Variablen zu verstehen, werfen wir an dieser Stelle zuerst einen weiteren Blick auf die Differenziale, die bei Funktionen von nur einer Variablen auftreten. Betrachten wir dazu eine Funktion $y = f(x)$ in der unmittelbaren Umgebung einer bestimmten Stelle x (Abb. 8.2). Verschieben wir die unabhängige Variable von x nach $x + \Delta x$, dann ändert sich der Wert von y von $f(x)$ auf $f(x + \Delta x)$.

Um die Änderung

$$\Delta y = f(x + \Delta x) - f(x) \tag{8.1}$$

zu bestimmen, entwickeln wir $f(x + \Delta x)$ in eine Taylor-Reihe (Abschn. 4.5) um den Punkt x:

$$f(x + \Delta x) = f(x) + f'(x)\Delta x + \frac{1}{2}f''(x)\Delta x^2 + \frac{1}{6}f'''(x)\Delta x^3 + \dots. \tag{8.2}$$

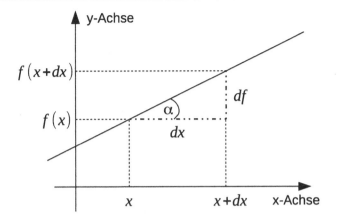

Abb. 8.2 In einer infinitesimalen Umgebung eines Punkts x lässt sich die Funktion f durch eine Gerade darstellen, wobei $\tan\alpha = f'(x)$ die Steigung der Geraden ist

Man verwendet für die Verschiebung Δx die Differenzialschreibweise $\mathrm{d}x$, wenn die Verschiebung so klein ist, dass Terme der zweiten oder höherer Ordnung vollständig vernachlässigt werden dürfen und Gl. 8.2 somit in

$$f(x + \mathrm{d}x) = f(x) + f'(x)\mathrm{d}x \qquad (8.3)$$

übergeht. (Anders als in der Mathematik ist eine formelle Grenzwertbildung vom Typ Limes $\varepsilon \to 0$ in der Physik nicht üblich. Wie Sie bereits wissen, arbeitet man in der Physik mit infinitesimalen Größen praktisch wie mit gewöhnlichen mathematischen Objekten.) Gl. 8.3 besagt, dass die Funktion f in einer infinitesimalen Umgebung von x durch eine Gerade mit Steigung $f'(x)$ gegeben ist, so wie in Abb. 8.2 dargestellt.

Die Änderung Δy [Gl. 8.1] bei der Verschiebung vom Punkt x zum Punkt $x + \mathrm{d}x$ geht damit in das Differenzial

$$\mathrm{d}y = f(x + \mathrm{d}x) - f(x) \qquad (8.4)$$

über. Mithilfe von Gl. 8.3 erhalten wir daraus

$$\mathrm{d}y = f'(x)\mathrm{d}x, \qquad (8.5)$$

wofür wir mit

$$f'(x) = \frac{\mathrm{d}f}{\mathrm{d}x}$$

[Gl. 2.29] auch

$$\mathrm{d}y = \frac{\mathrm{d}f}{\mathrm{d}x}\mathrm{d}x \qquad (8.6)$$

bzw., in besonders suggestiver Weise,

$$\mathrm{d}y = \frac{\mathrm{d}y}{\mathrm{d}x}\mathrm{d}x \qquad (8.7)$$

schreiben dürfen. Kennen wir die Ableitung von f an der Stelle x, dann sind wir unter Verwendung von Gl. 8.6 bzw. Gl. 8.7 in der Lage, bei gegebener, hinreichend kleiner Verschiebung dx die Änderung dy der Funktion f zu berechnen.

Betrachten wir nun eine Funktion $z = f(x, y)$ von zwei Variablen. Bei festem (x, y) möchten wir angeben, wie sich z ändert, wenn wir vom Punkt (x, y) zum Punkt $(x + \Delta x, y + \Delta y)$ übergehen. Dabei werden wir uns wiederum nur für sehr kleine (infinitesimale) Verschiebungen Δx und Δy interessieren. Um die Änderung in z zu bestimmen, entwickeln wir die Funktion $f(x + \Delta x, y + \Delta y)$ folgendermaßen in eine Taylor-Reihe um den Punkt (x, y):

$$
\begin{aligned}
f(x + \Delta x, y + \Delta y) &= f(x, y + \Delta y) + \frac{\partial f(x, y + \Delta y)}{\partial x} \Delta x + \dots \\
&= f(x, y) + \frac{\partial f(x, y)}{\partial y} \Delta y + \frac{\partial f(x, y)}{\partial x} \Delta x + \dots . \quad (8.8)
\end{aligned}
$$

In der ersten Zeile dieser Gleichung haben wir $y + \Delta y$ als eine Konstante behandelt und die resultierende Funktion von $x + \Delta x$ in eine Taylor-Reihe um x entwickelt. Beim Übergang zur zweiten Zeile haben wir in $f(x, y+\Delta y)$ bzw. $\partial f(x, y+\Delta y)/\partial x$ die Variable x festgehalten und in eine Taylor-Reihe um y entwickelt. Die Änderung in z ist damit gegeben durch

$$
\begin{aligned}
\Delta z &= f(x + \Delta x, y + \Delta y) - f(x, y) \\
&= \frac{\partial f(x, y)}{\partial x} \Delta x + \frac{\partial f(x, y)}{\partial y} \Delta y + \dots . \quad (8.9)
\end{aligned}
$$

Wir betrachten nun infinitesimale Δx und Δy, für die wir die Differenzialschreibweise

$$
\Delta x = dx, \qquad \Delta y = dy
$$

verwenden. In diesem Grenzfall sind in Gl. 8.9 Terme höherer Ordnung, wie z. B. solche proportional zu $\Delta x \Delta y$, gegenüber den Termen der führenden (ersten) Ordnung vernachlässigbar. Die endliche Änderung Δz geht dabei in die infinitesimale Änderung

$$
\begin{aligned}
dz &= \frac{\partial f}{\partial x} dx + \frac{\partial f}{\partial y} dy \\
&= \frac{\partial z}{\partial x} dx + \frac{\partial z}{\partial y} dy \quad (8.10)
\end{aligned}
$$

über. Dieser Ausdruck definiert das *totale Differenzial* von $z = f(x, y)$. Das totale Differenzial gibt die Gesamtänderung der abhängigen Funktion $z = f(x, y)$ an, wenn beide Funktionsargumente infinitesimal verschoben werden dürfen.

▶ **Hinweis** Für das totale Differenzial einer allgemeinen Funktion $A(x_1, \ldots, x_N)$ schreiben wir:

$$\mathrm{d}A = \frac{\partial A}{\partial x_1}\mathrm{d}x_1 + \ldots + \frac{\partial A}{\partial x_N}\mathrm{d}x_N$$

$$= \sum_{i=1}^{N} \frac{\partial A}{\partial x_i}\mathrm{d}x_i$$

$$= \sum_{i} \frac{\partial A}{\partial x_i}\mathrm{d}x_i. \tag{8.11}$$

Mitunter treffen Sie hierfür auch folgende Schreibweise an:

$$\delta A = \sum_{i} \frac{\partial A}{\partial x_i}\delta x_i. \tag{8.12}$$

Auch hier handelt es sich bei δA und den δx_i um Differenziale, also um infinitesimale Größen.

8.2.1 Herleitung des Runge-Kutta-Verfahrens zweiter Ordnung

In Abschn. 6.2 hatten wir uns mit elementaren Verfahren zur numerischen Lösung von gewöhnlichen Differenzialgleichungen beschäftigt. Insbesondere hatten wir dort das Runge-Kutta-Verfahren zweiter Ordnung kennengelernt [Gl. 6.39 bis Gl. 6.41]. Dieses Verfahren wollen wir hier nun mithilfe des Konzepts des totalen Differenzials bzw. der daraus resultierenden totalen Ableitung begründen.

Zur Erinnerung: Wir suchen die Lösung $y(t)$ der Differenzialgleichung

$$\frac{\mathrm{d}y}{\mathrm{d}t} = f(t, y)$$

bei einer gegebenen Anfangsbedingung. (Wie in Abschn. 6.2 verwenden wir für die unabhängige Variable das Symbol t.) Um eine Näherung für y bei $t = t_{n+1}$ aus gegebener Information bei $t = t_n$ zu erhalten, verwenden wir die Taylor-Entwicklung aus Gl. 6.37:

$$y(t_{n+1}) = y(t_n) + \dot{y}(t_n)\Delta t + \frac{1}{2}\ddot{y}(t_n)\Delta t^2 + \ldots.$$

Wir wissen, aufgrund der zugrunde liegenden Differenzialgleichung, dass

$$\dot{y}(t_n) = f(t_n, y(t_n)). \tag{8.13}$$

Um über das daraus unmittelbar folgende Euler-Verfahren (ein Verfahren erster Ordnung) hinauszukommen, benötigen wir nun noch einen Ausdruck für $\ddot{y}(t_n)$:

$$\ddot{y}(t_n) = \frac{\mathrm{d}}{\mathrm{d}t}\dot{y}(t)\bigg|_{t=t_n} = \frac{\mathrm{d}}{\mathrm{d}t}f(t, y(t))\bigg|_{t=t_n}. \tag{8.14}$$

Wir bemerken, dass es dabei erforderlich ist, eine Ableitung einer Funktion (f) zu bilden, die von zwei Variablen (t und y) abhängt. Um diese Ableitung zu bestimmen, ziehen wir das totale Differenzial von f heran:

$$\mathrm{d}f = \frac{\partial f}{\partial t}\mathrm{d}t + \frac{\partial f}{\partial y}\mathrm{d}y.$$

Hinzu kommt, dass y selbst von t abhängt, sodass

$$\mathrm{d}y = \dot{y}\mathrm{d}t$$

ist. Damit erhält man für die sogenannte *totale Ableitung* der Funktion f:

$$\frac{\mathrm{d}f(t, y(t))}{\mathrm{d}t} = \frac{\partial f}{\partial t} + \frac{\partial f}{\partial y}\dot{y}. \tag{8.15}$$

Der gesuchte Ausdruck für $\ddot{y}(t_n)$ ist daher

$$\ddot{y}(t_n) = \left.\left\{\frac{\partial f(t, y)}{\partial t} + \frac{\partial f(t, y)}{\partial y}f(t, y)\right\}\right|_{t=t_n}. \tag{8.16}$$

Wir setzen nun Gl. 8.13 und 8.16 in die Taylor-Reihe aus Gl. 6.37 ein:

$$\begin{aligned}
y(t_{n+1}) &= y(t_n) + f(t_n, y(t_n))\Delta t \\
&\quad + \frac{1}{2}\left.\left\{\frac{\partial f(t, y)}{\partial t} + \frac{\partial f(t, y)}{\partial y}f(t, y)\right\}\right|_{t=t_n}\Delta t^2 + \dots \\
&= y(t_n) + f\left(t_n + \frac{\Delta t}{2}, y(t_n) + \frac{f(t_n, y(t_n))\Delta t}{2}\right)\Delta t \\
&\quad + \dots \tag{8.17}
\end{aligned}$$

Beim zweiten Gleichheitszeichen haben wir die zweite Zeile von Gl. 8.8 verwendet (nach geeigneter Umbenennung von x und y bzw. Δx und Δy). Die Punkte in der letzten Zeile von Gl. 8.17 stehen für Terme von dritter und höherer Ordnung in Δt. Nach Vernachlässigung dieser Terme ersetzen wir $y(t_{n+1})$ durch y_{n+1} und $y(t_n)$ durch y_n und erhalten schließlich das Runge-Kutta-Verfahren zweiter Ordnung:

$$\begin{aligned}
k_1 &= f(t_n, y_n)\Delta t, \\
k_2 &= f\left(t_n + \frac{\Delta t}{2}, y_n + \frac{k_1}{2}\right)\Delta t, \\
y_{n+1} &= y_n + k_2.
\end{aligned}$$

8.3 Maximierungs- und Minimierungsaufgaben

Um bei einer Funktion $f(x)$ Maxima oder Minima zu finden, bestimmen wir alle x_0, bei denen die erste Ableitung $f'(x_0) = 0$ ist. Diese Vorgehensweise bedeutet, dass wir Punkte x_0 identifizieren, in deren unmittelbarer Umgebung die Funktion $f(x)$ praktisch konstant ist:

$$\mathrm{d}f = f'(x_0)\mathrm{d}x = 0 \tag{8.18}$$

für infinitesimale, nichtverschwindende Verschiebungen $\mathrm{d}x$ relativ zu x_0. [Natürlich ist dies nur eine notwendige und keine hinreichende Bedingung für ein Extremum. Um z. B. Maxima und Minima voneinander zu unterscheiden, untersucht man dann noch $f''(x_0)$.] Im Fall von Funktionen mit mehreren Veränderlichen findet man stationäre Punkte (Minima, Maxima oder Sattelpunkte) in analoger Weise, indem man diejenigen Punkte bestimmt, an denen das totale Differenzial der Funktion verschwindet.

Haben wir also beispielsweise die Funktion $z = f(x, y)$, dann finden wir stationäre Punkte durch die Bedingung

$$\mathrm{d}z = \frac{\partial f}{\partial x}\mathrm{d}x + \frac{\partial f}{\partial y}\mathrm{d}y = 0. \tag{8.19}$$

Liegt keine Nebenbedingung vor, durch die zwischen den Variablen x und y ein Zusammenhang hergestellt wird, dann dürfen x und y als voneinander unabhängig betrachtet werden. Insbesondere können $\mathrm{d}x$ und $\mathrm{d}y$ dann unabhängig voneinander beliebige infinitesimale Werte annehmen. Daher kann $\mathrm{d}z = 0$ nur dann erfüllt sein, wenn gilt:

$$\frac{\partial f}{\partial x} = 0, \qquad \frac{\partial f}{\partial y} = 0. \tag{8.20}$$

Die Kriterien zur Unterscheidung von Maxima, Minima und Sattelpunkten sind im Allgemeinen etwas umständlich (und haben etwas mit den Eigenschaften der sogenannten Hesse-Matrix zu tun). Aber sehr häufig konzentrieren wir uns in der Physik auf das Auffinden stationärer Punkte, ohne dass eine weitere Klassifizierung notwendig ist. Häufig ist bei einer gegebenen Aufgabenstellung auch unmittelbar klar, ob es sich bei einem gefundenen stationären Punkt um ein Maximum, ein Minimum oder einen Sattelpunkt handelt.

Betrachten wir als Beispiel die in Abb. 8.1 gezeigte Funktion

$$z = f(x, y) = x^2 - y^2.$$

Mithilfe von Gl. 8.20 finden wir folgende Bedingungen, die ein stationärer Punkt (x_0, y_0) erfüllen muss:

$$2x_0 = 0, \qquad -2y_0 = 0.$$

Daraus schließen wir, dass die Funktion $z = x^2 - y^2$ genau einen stationären Punkt besitzt: $(x_0, y_0) = (0, 0)$. Bei diesem stationären Punkt handelt es sich weder um ein

Minimum noch um ein Maximum, sondern um einen Sattelpunkt, was wir bereits zuvor im Zusammenhang mit Abb. 8.1 angesprochen hatten. Machen Sie sich zum Vergleich klar, dass die Funktion $z = x^2 + y^2$ an der Stelle $(x_0, y_0) = (0, 0)$ ein globales Minimum besitzt.

8.3.1 Berücksichtigung von einer Nebenbedingung

Wir betrachten nun eine Minimierungsaufgabe mit einer Nebenbedingung, und zwar wollen wir im dreidimensionalen Raum den kürzesten Abstand vom Koordinatenursprung zur Ebene

$$z = -5x + y - 1$$

finden.

▶   **Hinweis** Sie wissen, dass es sich bei der Funktion

$$y = ax + b$$

mit den Parametern a und b um eine gerade Linie in der xy-Ebene handelt. In analoger Weise stellt die Funktion

$$z = ax + by + c$$

eine Ebene im xyz-Raum dar. Sind beispielsweise a und b gleich null, dann nimmt z unabhängig von x und y den Wert c an. Daher liegt eine Ebene vor, die parallel zur xy-Ebene ist und die z-Achse bei $z = c$ schneidet.

Wir wollen also den Abstand

$$d = \sqrt{x^2 + y^2 + z^2}$$

vom Koordinatenursprung minimieren, wobei (x, y, z) ein Punkt auf der Ebene $z = -5x + y - 1$ sei.

Äquivalent dazu ist es, das Quadrat von d,

$$f = x^2 + y^2 + z^2,$$

zu minimieren. Diese Funktion hängt zwar von drei Variablen ab (x, y und z), aber diese drei Variablen sind wegen der Nebenbedingung $z = -5x + y - 1$ nicht voneinander unabhängig. Eine einfache Strategie, die sich hier anbietet, ist es, die Nebenbedingung zu nutzen, um in der Funktion f die Variable z zu eliminieren. Somit erhalten wir:

$$f(x, y) = x^2 + y^2 + (-5x + y - 1)^2.$$

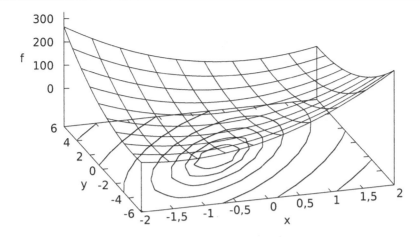

Abb. 8.3 Diese Abbildung zeigt die Funktion $f(x, y) = x^2 + y^2 + (-5x + y - 1)^2$. Die durch Gitterlinien beschriebene Fläche repräsentiert diese Funktion und ist durchsichtig gezeichnet. Dadurch können Sie leichter die zu der Funktion gehörenden Höhenlinien erkennen. Wie bei einer Landkarte können Sie anhand der Höhenlinien auf die Existenz eines lokalen Minimums in der Nähe von $x = y = 0$ schließen. Von der innersten zur äußersten Höhenlinie nimmt f jeweils die Werte 3, 6, 12, 24, 48, 96 und 192 an

Diese Funktion ist in Abb. 8.3 in Abhängigkeit von den beiden voneinander unabhängigen Variablen x und y gezeigt. Die Existenz eines lokalen Minimums können Sie grafisch erkennen.

Die Position (x_0, y_0) des Minimums von f berechnen wir mit den Bedingungen

$$\frac{\partial f(x_0, y_0)}{\partial x} = 0, \qquad \frac{\partial f(x_0, y_0)}{\partial y} = 0,$$

also

$$\frac{\partial}{\partial x}\left\{x^2 + y^2 + (-5x + y - 1)^2\right\}\bigg|_{x=x_0, y=y_0} = $$
$$2x_0 + 2(-5x_0 + y_0 - 1)(-5) = $$
$$2(26x_0 - 5y_0 + 5) = 0,$$

$$\frac{\partial}{\partial y}\left\{x^2 + y^2 + (-5x + y - 1)^2\right\}\bigg|_{x=x_0, y=y_0} = $$
$$2y_0 + 2(-5x_0 + y_0 - 1) = $$
$$2(-5x_0 + 2y_0 - 1) = 0.$$

Dieses lineare Gleichungssystem für die zu bestimmenden Größen x_0 und y_0 können wir z. B. dadurch lösen, indem wir die Gleichung $-5x_0 + 2y_0 - 1 = 0$ dazu nutzen, um y_0 durch x_0 auszudrücken:

$$y_0 = \frac{5}{2}x_0 + \frac{1}{2}.$$

Setzen wir dies in die Gleichung $26x_0 - 5y_0 + 5 = 0$ ein, erhalten wir:

$$26x_0 - 5\left(\frac{5}{2}x_0 + \frac{1}{2}\right) + 5 = \frac{27}{2}x_0 + \frac{5}{2} = 0.$$

Damit folgt

$$x_0 = -\frac{5}{27}$$

und daraus wiederum

$$y_0 = \frac{5}{2}x_0 + \frac{1}{2} = -\frac{5}{2}\frac{5}{27} + \frac{1}{2} = \frac{1}{27}.$$

Aus der Gleichung für die Ebene können wir schließen, dass der gesuchte Punkt die z-Koordinate

$$z_0 = -5x_0 + y_0 - 1 = (-5)\left(-\frac{5}{27}\right) + \frac{1}{27} - 1 = -\frac{1}{27}$$

besitzt. Der somit gefundene Punkt $(x_0, y_0, z_0) = (-5/27, 1/27, -1/27)$ im dreidimensionalen Raum hat vom Koordinatenursprung den Abstand

$$d_0 = \sqrt{x_0^2 + y_0^2 + z_0^2} = \sqrt{\left(\frac{5}{27}\right)^2 + 2\left(\frac{1}{27}\right)^2} = \frac{1}{\sqrt{27}} = \frac{1}{3\sqrt{3}}.$$

8.3.2 Lagrange-Multiplikatoren

Obwohl man die Suche nach stationären Punkten von Funktionen bei Angabe von Nebenbedingungen im Prinzip mit Strategien wie der eben verwendeten durchführen kann, ist es für komplexere Fragestellungen schneller, mit der Methode der Lagrange-Multiplikatoren zu arbeiten. Um diese Methode zu verstehen, betrachten wir folgende Situation: Wir suchen stationäre Punkte der Funktion $f(x, y, z)$ unter der Nebenbedingung $\phi(x, y, z) = $ const. Da wir stationäre Punkte von f suchen, muss an solchen Punkten

$$df = \frac{\partial f}{\partial x}dx + \frac{\partial f}{\partial y}dy + \frac{\partial f}{\partial z}dz = 0 \qquad (8.21)$$

gelten. Weil $\phi(x, y, z)$ konstant sei, haben wir darüber hinaus

$$d\phi = \frac{\partial \phi}{\partial x}dx + \frac{\partial \phi}{\partial y}dy + \frac{\partial \phi}{\partial z}dz = 0 \qquad (8.22)$$

an allen Punkten (x, y, z), die die Nebenbedingung erfüllen. Gl. 8.22 besagt, dass infolge der Nebenbedingung die infinitesimalen Verschiebungen dx, dy und dz nicht voneinander unabhängig gewählt werden können. Dies ist der Grund, weshalb wir aus Gl. 8.21 nicht schließen können, dass die einzelnen partiellen Ableitungen von f verschwinden.

Anstelle nun Gl. 8.22 nach z. B. dz aufzulösen und in Gl. 8.21 einzusetzen, führen wir einen unbestimmten Parameter λ – einen Lagrange-Multiplikator – ein und bilden die Funktion

$$F = f + \lambda\phi. \tag{8.23}$$

Das totale Differenzial von F,

$$dF = \left(\frac{\partial f}{\partial x} + \lambda\frac{\partial \phi}{\partial x}\right) dx + \left(\frac{\partial f}{\partial y} + \lambda\frac{\partial \phi}{\partial y}\right) dy + \left(\frac{\partial f}{\partial z} + \lambda\frac{\partial \phi}{\partial z}\right) dz, \tag{8.24}$$

muss an den gesuchten stationären Punkten von f gemäß Gl. 8.21 und 8.22 verschwinden:

$$dF = df + \lambda d\phi = 0. \tag{8.25}$$

Da x, y und z zueinander in einer bestimmten Relation stehen (aufgrund von $\phi = $ const. nicht voneinander unabhängig sind), gibt es hier nur zwei unabhängige Variablen, z. B. x und y. Entsprechend können wir dx und dy frei wählen; dz ist dann festgelegt. Es steht uns aber frei, den Lagrange-Multiplikator λ so zu wählen, dass

$$\frac{\partial f}{\partial z} + \lambda\frac{\partial \phi}{\partial z} = 0 \tag{8.26}$$

erfüllt ist. Damit folgt aus Gl. 8.24 und 8.25

$$\frac{\partial f}{\partial x} + \lambda\frac{\partial \phi}{\partial x} = 0, \qquad \frac{\partial f}{\partial y} + \lambda\frac{\partial \phi}{\partial y} = 0, \tag{8.27}$$

da wir x und y als voneinander unabhängig angenommen haben.

Um die stationären Punkte von f unter der Nebenbedingung $\phi = $ const. zu finden, konstruieren wir also $F = f + \lambda\phi$ und setzen die drei partiellen Ableitungen von F gleich null. Dann lösen wir die drei resultierenden Gleichungen zusammen mit der Gleichung $\phi(x, y, z) = $ const. nach den vier unbekannten Größen x, y, z und λ auf.

Als Beispiel betrachten wir ein Ellipsoid, das durch die Gleichung

$$\frac{x^2}{a^2} + \frac{y^2}{b^2} + \frac{z^2}{c^2} = 1 \tag{8.28}$$

beschrieben wird. Sehen Sie zur Veranschaulichung Abb. 8.4. Das Koordinatensystem ist so gewählt, dass das Ellipsoid am Koordinatenursprung zentriert ist und die x-, y- und z-Achsen Symmetrieachsen des Ellipsoids sind. In diesen Körper wollen wir einen Quader (einen rechtwinkligen Kasten) setzen, sodass dessen Eckpunkte

Abb. 8.4 Das durch Gl. 8.28
beschriebene Ellipsoid ist für
$a = 6, b = 2$ und $c = 3$
gezeigt

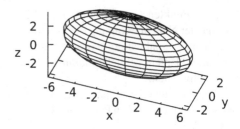

die Oberfläche des Ellipsoids berühren. Das Ziel ist es nun, das Volumen des Quaders zu maximieren.

Liegt ein Punkt (x, y, z) auf der Oberfläche des Ellipsoids, dann folgt aus Gl. 8.28, dass auch der Punkt $(x, y, -z)$ auf der Oberfläche des Ellipsoids liegt. Das Ellipsoid ist daher spiegelsymmetrisch bezüglich der xy-Ebene des betrachteten Koordinatensystems. In analoger Weise ist das Ellipsoid auch spiegelsymmetrisch bezüglich der xz-Ebene und der yz-Ebene. Der gesuchte Quader, der perfekt in das Ellipsoid passen soll, muss ebenfalls spiegelsymmetrisch bezüglich der drei Koordinatenebenen sein.

Durch die xy-, xz- und yz-Ebenen wird der dreidimensionale Raum in acht Bereiche zerlegt, die jeweils als Oktanten bezeichnet werden. Sei nun (x, y, z) der Eckpunkt des Quaders in demjenigen Oktanten, in dem die x-, y- und z-Koordinaten alle positiv sind. Das Volumen des Quaders ist damit

$$V = 8xyz. \tag{8.29}$$

(Wir haben acht Oktanten, und jeder Oktant trägt zum Gesamtvolumen des Quaders das Volumen xyz bei.) Wir müssen also die Funktion

$$f(x, y, z) = 8xyz \tag{8.30}$$

maximieren, mit der Nebenbedingung

$$\phi(x, y, z) = \frac{x^2}{a^2} + \frac{y^2}{b^2} + \frac{z^2}{c^2} = 1, \tag{8.31}$$

d. h., der Eckpunkt (x, y, z) des Quaders soll auf der Oberfläche des Ellipsoids liegen.

Unter Verwendung eines Lagrange-Multiplikators λ konstruieren wir die Funktion

$$F = f + \lambda\phi = 8xyz + \lambda\left(\frac{x^2}{a^2} + \frac{y^2}{b^2} + \frac{z^2}{c^2}\right). \tag{8.32}$$

Einen stationären Punkt (x_0, y_0, z_0) bestimmen wir, indem wir die partiellen Ableitungen von F gleich null setzen:

$$\frac{\partial F}{\partial x} = 8y_0z_0 + \lambda\frac{2x_0}{a^2} = 0, \tag{8.33}$$

$$\frac{\partial F}{\partial y} = 8x_0z_0 + \lambda\frac{2y_0}{b^2} = 0, \tag{8.34}$$

$$\frac{\partial F}{\partial z} = 8x_0y_0 + \lambda\frac{2z_0}{c^2} = 0. \tag{8.35}$$

Um diese Gleichungen zusammen mit Gl. 8.31 zu lösen (vier Gleichungen für vier Unbekannte), ist es am einfachsten, Gl. 8.33 mit x_0, Gl. 8.34 mit y_0 und Gl. 8.35 mit z_0 zu multiplizieren. Addiert man die resultierenden Gleichungen, folgt:

$$24x_0y_0z_0 + 2\lambda \underbrace{\left(\frac{x_0^2}{a^2} + \frac{y_0^2}{b^2} + \frac{z_0^2}{c^2}\right)}_{=1} = 0 \tag{8.36}$$

bzw.

$$\lambda = -12x_0y_0z_0. \tag{8.37}$$

Mithilfe von Gl. 8.33 finden wir somit:

$$8y_0z_0 - 12x_0y_0z_0\frac{2x_0}{a^2} = 0. \tag{8.38}$$

Da $y_0z_0 \neq 0$ ist (ansonsten hätte der Quader ein verschwindendes Volumen), erhalten wir daraus

$$x_0^2 = \frac{1}{3}a^2,$$

sodass

$$x_0 = \frac{1}{\sqrt{3}}a \tag{8.39}$$

sein muss. Aufgrund der Symmetrie des Problems folgt entsprechend:

$$y_0 = \frac{1}{\sqrt{3}}b, \qquad z_0 = \frac{1}{\sqrt{3}}c. \tag{8.40}$$

Das maximale Volumen des Quaders ist daher

$$V_{\text{max}} = 8x_0y_0z_0 = \frac{8abc}{3\sqrt{3}}. \tag{8.41}$$

Noch eine abschließende Bemerkung zu diesem Thema: Für jede Nebenbedingung muss ein dazugehöriger Lagrange-Multiplikator eingeführt werden. Sucht man beispielsweise stationäre Punkte der Funktion f unter den Nebenbedingungen $\phi_1 = $ const. und $\phi_2 = $ const., dann konstruiert man

$$F = f + \lambda_1\phi_1 + \lambda_2\phi_2$$

und setzt die partiellen Ableitungen von F gleich null. Diese Gleichungen löst man zusammen mit den beiden Nebenbedingungen nach den Variablen und den beiden Lagrange-Multiplikatoren auf.

Aufgaben

8.1 Sei $z = x^5y^2 - x^3y^4 + 3xy^2 - 7y + 8$. Bestimmen Sie alle ersten und zweiten partiellen Ableitungen dieser Funktion.

8.2 Sei $f(x, y) = x^3 - y^3 - 2xy + 6$. Bestimmen Sie $\partial^2 f/\partial x^2, \partial^2 f/\partial y^2, \partial^2 f/\partial x\partial y$ und $\partial^2 f/\partial y\partial x$ an allen Punkten in der xy-Ebene, an denen $\partial f/\partial x = \partial f/\partial y = 0$ ist.

8.3 Seien $z = 3x^2 - 2y^4$, $x = r\cos\varphi$ und $y = r\sin\varphi$. Bestimmen Sie die folgenden partiellen Ableitungen:

(a) $(\partial z/\partial x)_y$
(b) $(\partial z/\partial x)_r$
(c) $(\partial z/\partial x)_\varphi$

8.4 In ein Aquarium mit senkrecht stehenden, rechteckigen Seitenwänden und rechteckigem Boden (keine Decke) sollen genau 20 l Wasser passen. Dabei sei der Boden aus dem gleichen Material wie die Seitenwände, aber zweimal dicker. Bestimmen Sie die Proportionen des Aquariums so, dass für das Aquarium möglichst wenig Material benötigt wird.

8.5 Bestimmen Sie denjenigen Punkt auf der Ebene $z = 7x - 4y + 2$, für den die Funktion $f(x, y, z) = x^2 + 2y^2 + 3z^2$ ein Minimum annimmt.

(a) Verwenden Sie dabei zuerst die Methode der Lagrange-Multiplikatoren.
(b) Lösen Sie die Aufgabe zusätzlich dadurch, dass Sie die Nebenbedingung verwenden, um in $f(x, y, z)$ eine der Variablen zu eliminieren.

Energie

9

© Springer-Verlag GmbH Deutschland, ein Teil von Springer Nature 2023
R. Santra, *Einführung in die Theoretische Physik*,
https://doi.org/10.1007/978-3-662-67439-0_9

In diesem Kapitel postulieren wir für abgeschlossene N-Teilchensysteme die Existenz eines sogenannten Potenzials. Auf dieser Grundlage werden wir den Energieerhaltungssatz beweisen. Wir werden uns die Frage stellen, ob der Energieerhaltungssatz auch gilt, wenn sich ein Teilchen unter der Wirkung von einer äußeren Kraft bewegt. In diesem Zusammenhang werden Sie den sogenannten Nabla-Operator kennenlernen, der auch in der Elektrodynamik und in der Quantenmechanik immer wieder in Erscheinung tritt. Über den mathematischen Begriff des Wegintegrals definieren wir den physikalischen Begriff der Arbeit und untersuchen die Eigenschaften von sogenannten konservativen Kräften.

9.1 Potenzial und Energieerhaltung

Wir kehren nun zum abgeschlossenen N-Teilchensystem zurück. Für dieses hatten wir in Kap. 7 gezeigt, dass der Gesamtimpuls eine Erhaltungsgröße ist. Die Bewegungsgleichungen für das abgeschlossene N-Teilchensystem lauten

$$m_i \ddot{x}_i = F_i(\{x\}), \qquad i = 1, \dots, 3N. \tag{9.1}$$

Wir verwenden hier eine noch etwas abstraktere Schreibweise, als wir es in Kap. 7 getan hatten. Das Symbol $\{x\}$ steht kollektiv für den gesamten Satz von Teilchenkoordinaten x_1, ..., x_{3N}. [Erinnern Sie sich dazu an die nach Gl. 7.8 eingeführte Notation.] Das Symbol $F_i(\{x\})$ in Gl. 9.1 repräsentiert die Kraft, die auf die i-te Ortskoordinate wirkt. (Der Index i bezeichnet also nicht mehr das i-te Teilchen.)

Das Grundprinzip der Erhaltung der Energie (genauer: der Gesamtenergie) in einem abgeschlossenen System hängt eng mit dem Prinzip zusammen, dass es für ein abgeschlossenes System ein *Potenzial* $V(\{x\})$ gibt, sodass

$$F_i(\{x\}) = -\frac{\partial V(\{x\})}{\partial x_i} \tag{9.2}$$

ist, für $i = 1, \dots, 3N$. Wir nehmen also an, dass die Kraft auf die i-te Ortskoordinate sich als (negative) partielle Ableitung des Potenzials nach der i-ten Ortskoordinate angeben lässt. Beachten Sie dabei, dass $V(\{x\})$ keine explizite Abhängigkeit von der Zeit haben darf, sondern lediglich über die Ortskoordinaten des Systems implizit von der Zeit abhängt.

Diese Darstellung der Kraft ist gemäß der experimentellen Erfahrung immer dann anwendbar, wenn es sich um Kräfte zwischen den relevanten dynamischen Freiheitsgraden eines abgeschlossenen Systems handelt. Wir konzentrieren uns hier auf die Mechanik von Punktteilchen. Die Art und Weise, wie z. B. elektromagnetische Felder als Teil eines abgeschlossenen Systems berücksichtigt werden können, werden Sie zu einem späteren Zeitpunkt in Ihrem Studium lernen.

Effektive Kräfte wie Reibungskräfte lassen sich nicht in der Form von Gl. 9.2 darstellen. Zum Beispiel liegt im Modell des gedämpften harmonischen Oszillators (Kap. 4) keine Energieerhaltung vor. Durch die Reibung (Wechselwirkung mit der Umgebung) verliert der Oszillator Energie, die in die Umgebung fließt. Da die Freiheitsgrade der Umgebung im Modell des gedämpften harmonischen Oszillators nicht explizit berücksichtigt sind, stellt der gedämpfte harmonische Oszillator kein abgeschlossenes System dar.

Stellen wir uns eine Potenziallandschaft vor, in der die Funktion $V(\{x\})$ die Höhe an jedem Punkt $\{x\}$ (ein Punkt im Raum $\mathbb{R}^{3N}$) angibt. Das Minuszeichen in der Gleichung

$$F_i(\{x\}) = -\frac{\partial V(\{x\})}{\partial x_i}$$

bedeutet, dass die Kraft per Konvention stets in Abwärtsrichtung in dieser Potenziallandschaft zeigt. (Anschaulich gesprochen ist das Vorzeichen so gewählt, dass eine anfänglich ruhende Kugel von einem Hügel in der Potenziallandschaft herunterrollt und nicht den Hügel hochrollt.) Darüber hinaus ist die Kraft größer in denjenigen Richtungen, in denen die Steigung steiler ist.

Wieso können wir aus der Existenz eines Potenzials $V(\{x\})$ – einer *potenziellen Energie* – auf die Erhaltung der Gesamtenergie schließen? Um dies zu verstehen, schreiben wir für die gesamte *kinetische Energie* des Systems

$$T = \frac{1}{2}\sum_i m_i \dot{x}_i^2. \tag{9.3}$$

Die Gesamtenergie ist dann definiert durch

$$E = T(\{\dot{x}\}) + V(\{x\}). \tag{9.4}$$

Die Energie (= Gesamtenergie) ist damit eine Funktion der Ortskoordinaten (durch V) und der Geschwindigkeitskoordinaten (durch T). Die Änderung von E mit der Zeit untersuchen wir durch Ableitung nach t:

$$\begin{aligned}
\frac{\mathrm{d}E}{\mathrm{d}t} &= \frac{\mathrm{d}T}{\mathrm{d}t} + \frac{\mathrm{d}V}{\mathrm{d}t} \\
&= \frac{1}{2}\sum_i m_i \frac{\mathrm{d}}{\mathrm{d}t}\left(\dot{x}_i^2\right) + \sum_i \frac{\partial V(\{x\})}{\partial x_i}\frac{\mathrm{d}x_i}{\mathrm{d}t} \\
&= \sum_i m_i \dot{x}_i \ddot{x}_i + \sum_i (-F_i)\dot{x}_i \\
&= \sum_i \dot{x}_i (m_i \ddot{x}_i - F_i) \\
&= 0.
\end{aligned} \tag{9.5}$$

Beim Übergang von der ersten zur zweiten Zeile dieser Gleichung haben wir das totale Differenzial (Abschn. 8.2) der Funktion $V(\{x\})$ genutzt. Dann haben wir beim Übergang von der zweiten zur dritten Zeile die Kettenregel auf die Ableitung von

$\dot{x}_i^2$ und Gl. 9.2 angewandt. Das Endergebnis in der letzten Zeile folgt schließlich aus Gl. 9.1. Damit haben wir gezeigt, dass

$$\frac{\mathrm{d}E}{\mathrm{d}t} = 0$$

ist, d. h., die Energie $E = T + V$ ist erhalten.

Es lohnt sich, diese Herleitung zu wiederholen, aber dieses Mal das Konzept des totalen Differenzials für $E(\{x\}, \{\dot{x}\})$ selbst zum Einsatz zu bringen:

$$
\begin{aligned}
\mathrm{d}E &= \sum_i \frac{\partial E(\{x\}, \{\dot{x}\})}{\partial x_i} \mathrm{d}x_i + \sum_i \frac{\partial E(\{x\}, \{\dot{x}\})}{\partial \dot{x}_i} \mathrm{d}\dot{x}_i \\
&= \sum_i \left(\frac{\partial E(\{x\}, \{\dot{x}\})}{\partial x_i} \mathrm{d}x_i + \frac{\partial E(\{x\}, \{\dot{x}\})}{\partial \dot{x}_i} \mathrm{d}\dot{x}_i \right) \\
&= \sum_i \left(\frac{\partial V(\{x\})}{\partial x_i} \mathrm{d}x_i + \frac{\partial T(\{\dot{x}\})}{\partial \dot{x}_i} \mathrm{d}\dot{x}_i \right).
\end{aligned}
\tag{9.6}
$$

Damit ist die totale Ableitung der Energie nach der Zeit gegeben durch:

$$
\begin{aligned}
\frac{\mathrm{d}E}{\mathrm{d}t} &= \sum_i \left(\frac{\partial V(\{x\})}{\partial x_i} \frac{\mathrm{d}x_i}{\mathrm{d}t} + \frac{\partial T(\{\dot{x}\})}{\partial \dot{x}_i} \frac{\mathrm{d}\dot{x}_i}{\mathrm{d}t} \right) \\
&= \sum_i \left\{ (-F_i)\dot{x}_i + \frac{\partial T(\{\dot{x}\})}{\partial \dot{x}_i} \frac{F_i}{m_i} \right\} \\
&= 0,
\end{aligned}
\tag{9.7}
$$

weil

$$
\frac{\partial T(\{\dot{x}\})}{\partial \dot{x}_i} = \frac{\partial}{\partial \dot{x}_i} \left(\frac{1}{2} \sum_j m_j \dot{x}_j^2 \right) = \frac{1}{2} m_i \frac{\partial \dot{x}_i^2}{\partial \dot{x}_i} = m_i \dot{x}_i
\tag{9.8}
$$

ist. Bei dieser Variante der Herleitung machen wir uns expliziter bewusst, dass die Energie eine Funktion der voneinander unabhängigen Variablen $\{x\}$ und $\{\dot{x}\}$ ist, d. h., ähnlich wie in Kap. 7 werden die Zustandsvariablen klar herausgearbeitet. Analysen dieser Art spielen eine wichtige Rolle in der kanonischen Mechanik, mit der Sie sich in einem späteren Stadium Ihres Studiums beschäftigen werden.

9.2   Der Nabla-Operator

Ist das System nicht abgeschlossen, kann die Energie des Systems erhalten sein, muss es aber nicht. Dies hängt davon ab, ob es möglich ist, die Kraft auf das System mithilfe eines Potenzials anzugeben, das nur aufgrund der Koordinaten des Systems von der Zeit abhängig ist. In anderen Worten: Die Umgebung, die die äußere Kraft ausübt, darf selbst keine dynamische Entwicklung durchlaufen, muss also komplett stationär sein, sodass die Umgebung weder Energie aufnehmen noch abgeben kann. Diese Bedingung ist im Allgemeinen nie exakt erfüllt, ist aber häufig eine gute Näherung.

Betrachten wir beispielsweise die Bewegung eines Teilchens im Gravitationsfeld der Erde. Denken Sie dabei an ein Objekt, dessen Masse klein ist gegenüber der Masse der Erde. Vernachlässigt man die Bewegung der Erde aufgrund der Kraft, die das Teilchen auf die Erde ausübt, und betrachtet man die Erde als stationär, so kann man in guter Näherung die Beschreibung der Dynamik nur auf das Teilchen beschränken. Das Teilchen ist somit unser System. Zwar ist der Impuls des Teilchens in Anwesenheit der äußeren Kraft (Erdanziehung) nicht erhalten, aber solange wir die Komponenten der Kraft auf das Teilchen am Ort (x, y, z) in der Form

$$F_x(x, y, z) = -\frac{\partial V(x, y, z)}{\partial x},$$

$$F_y(x, y, z) = -\frac{\partial V(x, y, z)}{\partial y},$$

$$F_z(x, y, z) = -\frac{\partial V(x, y, z)}{\partial z} \tag{9.9}$$

schreiben können, ist die Energie $E = T + V$ des Teilchens erhalten.

Das Potenzial $V(x, y, z)$ ist ein Beispiel für ein sogenanntes *skalares Feld*, d.h., durch $V(x, y, z)$ wird jedem Punkt im Raum ein Skalar (eine Zahl) zugeordnet. Das Kraftfeld

$$\vec{F}(x, y, z) = \begin{pmatrix} F_x(x, y, z) \\ F_y(x, y, z) \\ F_z(x, y, z) \end{pmatrix}$$

ist ein Beispiel für ein sogenanntes *Vektorfeld*, wodurch jedem Punkt im Raum ein Vektor zugeordnet wird. Unter Nutzung von Gl. 9.9 erhalten wir für das Kraftfeld:

$$\vec{F}(x, y, z) = -\begin{pmatrix} \dfrac{\partial V(x, y, z)}{\partial x} \\ \dfrac{\partial V(x, y, z)}{\partial y} \\ \dfrac{\partial V(x, y, z)}{\partial z} \end{pmatrix}. \tag{9.10}$$

Mit der Ihnen mittlerweile geläufigen Operatornotation können wir dies auch in der Form

$$\vec{F}(x, y, z) = -\begin{pmatrix} \dfrac{\partial}{\partial x} \\ \dfrac{\partial}{\partial y} \\ \dfrac{\partial}{\partial z} \end{pmatrix} V(x, y, z) \tag{9.11}$$

schreiben. Das betrachtete Vektorfeld $\vec{F}$ lässt sich demnach als Produkt eines vektoriellen Differenzialoperators und eines skalaren Feldes ausdrücken, wobei der Vektoroperator auf das skalare Feld wirkt.

▶   **Hinweis** Der in Gl. 9.11 auftretende Vektoroperator hat einen offiziellen Namen und heißt *Nabla-Operator*. Für den Nabla-Operator verwendet man das Symbol

$$\vec{\nabla} = \begin{pmatrix} \dfrac{\partial}{\partial x} \\[1ex] \dfrac{\partial}{\partial y} \\[1ex] \dfrac{\partial}{\partial z} \end{pmatrix}. \tag{9.12}$$

Damit erhalten wir aus Gl. 9.11 die kompakte Schreibweise

$$\vec{F} = -\vec{\nabla} V. \tag{9.13}$$

Man nennt $\vec{\nabla} V$ auch den *Gradienten* von V und schreibt dafür mitunter auch grad V. Der Gradient bildet ein skalares Feld auf ein Vektorfeld ab.

9.2.1 Divergenz

Sowohl für die Elektrodynamik als auch für die Quantenmechanik werden sich über den Gradienten hinaus auch noch einige weitere mathematische Operationen, die mit dem Nabla-Operator zusammenhängen, als außerordentlich nützlich erweisen. Sei $\vec{F}(x, y, z)$ nun ein beliebiges differenzierbares Vektorfeld im dreidimensionalen Raum. Dann können wir das Skalarprodukt mit dem Nabla-Operator in folgender Weise durchführen:

$$\vec{\nabla} \cdot \vec{F} = \frac{\partial F_x(x, y, z)}{\partial x} + \frac{\partial F_y(x, y, z)}{\partial y} + \frac{\partial F_z(x, y, z)}{\partial z}. \tag{9.14}$$

Man nennt das resultierende skalare Feld die *Divergenz* von $\vec{F}$:

$$\vec{\nabla} \cdot \vec{F} = \operatorname{div} \vec{F}. \tag{9.15}$$

Ein Spezialfall dieser Situation liegt vor, wenn das Vektorfeld, dessen Divergenz bestimmt wird, der Gradient eines differenzierbaren skalaren Feldes V ist:

$$\begin{aligned} \operatorname{div} \operatorname{grad} V &= \vec{\nabla} \cdot \vec{\nabla} V \\ &= \frac{\partial^2 V(x, y, z)}{\partial x^2} + \frac{\partial^2 V(x, y, z)}{\partial y^2} + \frac{\partial^2 V(x, y, z)}{\partial z^2}. \end{aligned} \tag{9.16}$$

Für den dabei auftretenden Operator $\vec{\nabla} \cdot \vec{\nabla}$ verwendet man die Schreibweisen

$$\vec{\nabla} \cdot \vec{\nabla} = \frac{\partial^2}{\partial x^2} + \frac{\partial^2}{\partial y^2} + \frac{\partial^2}{\partial z^2}$$
$$= \nabla^2$$
$$= \Delta. \tag{9.17}$$

Man nennt den skalaren Differenzialoperator $\Delta = \nabla^2$ *Laplace-Operator*. Damit ist

$$\operatorname{div}\operatorname{grad} V = \Delta V. \tag{9.18}$$

(Merkregel: „div grad gleich Delta".)

9.2.2 Kreuzprodukt

Man kann mit dem Vektoroperator $\vec{\nabla}$ und dem Vektorfeld $\vec{F}$ nicht nur, durch Bildung des Skalarprodukts, ein skalares Feld formen (div $\vec{F}$), sondern man kann auch das Kreuzprodukt bilden. Auf diese Weise entsteht ein Vektorfeld. Um dies zu verstehen, betrachten wir kurz einige wichtige Eigenschaften des Kreuzprodukts (auch Vektorprodukt genannt). Diese Kenntnisse werden Sie auch später in Kap. 10 und 11 benötigen.

Das Kreuzprodukt ist für Vektoren im dreidimensionalen Raum definiert. Sind $\vec{a}$ und $\vec{b}$ Elemente des $\mathbb{R}^3$, dann steht der Vektor

$$\vec{c} = \vec{a} \times \vec{b}$$

senkrecht auf der Ebene, die von den beiden Vektoren $\vec{a}$ und $\vec{b}$ aufgespannt wird. Sind $\vec{a}$ und $\vec{b}$ zueinander parallel oder antiparallel, dann spannen diese keine Ebene auf und $\vec{c} = \vec{0}$. Die Richtung des Vektors $\vec{c}$ merkt man sich mithilfe der „Rechte-Hand-Regel": Zeigt der Daumen der rechten Hand in die Richtung von Vektor $\vec{a}$ und der Zeigefinger in die Richtung von $\vec{b}$, dann zeigt der senkrecht zu Daumen und Zeigefinger ausgestreckte Mittelfinger in die Richtung von $\vec{c}$.

Ausgedrückt durch die Komponenten von $\vec{a}$ und $\vec{b}$ ist das Kreuzprodukt konkret gegeben durch:

$$\vec{a} \times \vec{b} = \begin{pmatrix} a_y b_z - a_z b_y \\ a_z b_x - a_x b_z \\ a_x b_y - a_y b_x \end{pmatrix} = \begin{pmatrix} c_x \\ c_y \\ c_z \end{pmatrix} = \vec{c}. \tag{9.19}$$

Unter Verwendung des Skalarprodukts können Sie anhand von Gl. 9.19 sehen, dass der Vektor $\vec{c} = \vec{a} \times \vec{b}$ in der Tat senkrecht zu $\vec{a}$ ist:

$$\begin{aligned}
\vec{a} \cdot \vec{c} &= a_x c_x + a_y c_y + a_z c_z \\
&= a_x(a_y b_z - a_z b_y) \\
&\quad + a_y(a_z b_x - a_x b_z) \\
&\quad + a_z(a_x b_y - a_y b_x) \\
&= 0.
\end{aligned}$$

Eine analoge Rechnung zeigt, dass auch $\vec{b}$ und $\vec{c}$ zueinander senkrecht stehen.

Außerdem kann man mithilfe von Gl. 9.19 zeigen, dass das Kreuzprodukt eine Art Distributivgesetz („Bilinearität")

$$\vec{a} \times (\beta \vec{b} + \gamma \vec{c}) = \beta(\vec{a} \times \vec{b}) + \gamma(\vec{a} \times \vec{c}) \tag{9.20}$$

bzw.

$$(\alpha \vec{a} + \beta \vec{b}) \times \vec{c} = \alpha(\vec{a} \times \vec{c}) + \beta(\vec{b} \times \vec{c}) \tag{9.21}$$

für Vektoren $\vec{a}$, $\vec{b}$ und $\vec{c}$ und Skalare α, β und γ erfüllt. Die Rechenregeln 9.20 und 9.21 erlauben es uns, mit dem Kreuzprodukt in recht intuitiver Weise zu arbeiten.

▶ **Hinweis** Beachten Sie aber, dass das Kreuzprodukt nicht das Kommutativgesetz erfüllt, sondern antikommutativ ist:

$$\vec{a} \times \vec{b} = -\vec{b} \times \vec{a}. \tag{9.22}$$

Auch gilt das Assoziativgesetz nicht:

$$\vec{a} \times (\vec{b} \times \vec{c}) \neq (\vec{a} \times \vec{b}) \times \vec{c}. \tag{9.23}$$

In diesem Zusammenhang ist aber die Graßmann-Identität

$$\vec{a} \times (\vec{b} \times \vec{c}) = \vec{b}(\vec{a} \cdot \vec{c}) - \vec{c}(\vec{a} \cdot \vec{b}) \tag{9.24}$$

nützlich („bac minus cab"-Regel).

9.2.3 Rotation

Nach diesem kleinen Exkurs bilden wir nun unter Verwendung von Gl. 9.19 das Kreuzprodukt von $\vec{\nabla}$ und $\vec{F}$:

$$\vec{\nabla} \times \vec{F} = \begin{pmatrix} \dfrac{\partial}{\partial y} F_z - \dfrac{\partial}{\partial z} F_y \\[2mm] \dfrac{\partial}{\partial z} F_x - \dfrac{\partial}{\partial x} F_z \\[2mm] \dfrac{\partial}{\partial x} F_y - \dfrac{\partial}{\partial y} F_x \end{pmatrix}. \tag{9.25}$$

Dieses ist ein Vektorfeld und wird als die *Rotation* von $\vec{F}$ bezeichnet. Dabei verwendet man die Schreibweise

$$\vec{\nabla} \times \vec{F} = \text{rot } \vec{F}. \tag{9.26}$$

Wir betrachten im Zusammenhang mit der Rotation drei Spezialfälle. Zum einen ist die Rotation des Gradienten eines skalaren Feldes V von Interesse. In diesem Fall erhält man

$$\text{rot grad } V = \vec{0}, \tag{9.27}$$

d. h., das Vektorfeld rot grad V ordnet jedem Punkt im Raum den Nullvektor zu („rot grad gleich null").

▶ **Hinweis** Gl. 9.27 hat für die Klassische Mechanik eine wichtige Konsequenz: Kraftfelder, die sich von einem Potenzial ableiten lassen [Gl. 9.13], haben stets eine verschwindende Rotation. Im Umkehrschluss gilt: Hat ein gegebenes Kraftfeld $\vec{F}(x, y, z)$ eine nichtverschwindende Rotation, dann kann Gl. 9.13 – und damit die Energieerhaltung – nicht erfüllt sein.

Darüber hinaus ist es wichtig, die Divergenz der Rotation eines Vektorfeldes $\vec{F}$ zu kennen:

$$\text{div rot } \vec{F} = 0. \tag{9.28}$$

Das resultierende skalare Feld verschwindet an allen Punkten im Raum („div rot gleich null"). Schließlich kommt es vor, dass man die Rotation der Rotation eines Vektorfeldes $\vec{F}$ benötigt:

$$\text{rot rot } \vec{F} = \text{grad div } \vec{F} - \Delta \vec{F} \tag{9.29}$$

(„rot rot gleich grad div minus Delta"). Sie sollten Gl. 9.27, 9.28 und 9.29 zur Übung im Umgang mit dem Nabla-Operator selbst verifizieren.

9.3 Wegintegrale

Wir wenden uns nun dem Begriff des *Wegintegrals* zu, mit dessen Hilfe wir die Konzepte der Kraft und der *Arbeit* miteinander verbinden können. Das Wegintegral wird auch als Kurven- oder Linienintegral bezeichnet.

9.3.1 Weglänge

Um uns dem Wegintegral zu nähern, betrachten wir folgende Fragestellung: Ein Teilchen bewegt sich im Raum auf einer Trajektorie (= Weg = Kurve = Linie). Diese Trajektorie ist eine eindimensionale Menge und lässt sich durch *eine* reelle

Variable parametrisieren. Nennen wir diesen Parameter ξ und die Trajektorie $\vec{r}(\xi)$. (Der griechische Kleinbuchstabe ξ wird xi ausgesprochen.)

Entspricht nun ξ_1 dem Anfangspunkt der Trajektorie und ξ_2 dem Endpunkt, dann fragen wir, welche Strecke das Teilchen zwischen dem Anfangspunkt und dem Endpunkt zurückgelegt hat. Wir erhalten die gesuchte Weglänge durch folgende Überlegung. Verschiebt man das Teilchen vom Punkt $\vec{r}(\xi)$ zum Punkt $\vec{r}(\xi + d\xi)$ ($d\xi > 0$), dann ist die Länge der dazugehörigen infinitesimalen Teilstrecke gleich

$$
\begin{aligned}
ds &= |\vec{r}(\xi + d\xi) - \vec{r}(\xi)| \\
&= \left| \frac{d\vec{r}(\xi)}{d\xi} d\xi \right| \\
&= \left| \frac{d\vec{r}(\xi)}{d\xi} \right| d\xi \\
&= \sqrt{\left(\frac{dx(\xi)}{d\xi} \right)^2 + \left(\frac{dy(\xi)}{d\xi} \right)^2 + \left(\frac{dz(\xi)}{d\xi} \right)^2} \, d\xi.
\end{aligned}
\tag{9.30}
$$

Die Gesamtlänge erhalten wir durch Aufsummieren von allen infinitesimalen Teillängen:

$$
\begin{aligned}
L &= \int_{\vec{r}} ds \\
&= \int_{\xi_1}^{\xi_2} \left| \frac{d\vec{r}(\xi)}{d\xi} \right| d\xi.
\end{aligned}
\tag{9.31}
$$

Die Weglänge ist ein einfaches Beispiel für ein Wegintegral. Das Wegintegral hängt vom parametrisierten Weg $\vec{r}(\xi)$ ab und lässt sich letzten Endes als ein gewöhnliches Integral über den Parameter ξ ausdrücken.

In der Physik handelt es sich bei ξ häufig um die Zeit t. Dann ist der Weg

$$
\vec{r}(t) = \begin{pmatrix} x(t) \\ y(t) \\ z(t) \end{pmatrix},
\tag{9.32}
$$

sodass die infinitesimale Teillänge

$$
ds = \left| \frac{d\vec{r}(t)}{dt} \right| dt = |\vec{v}(t)| dt
\tag{9.33}
$$

das Produkt der instantanen Geschwindigkeit $|\vec{v}(t)|$ und des infinitesimalen Zeitschritts dt ist. In diesem Fall ergibt sich die Gesamtlänge des betrachteten Wegs durch

$$
L = \int_{\vec{r}} ds = \int_{t_1}^{t_2} |\vec{v}(t)| dt = \int_{t_1}^{t_2} \sqrt{v_x^2 + v_y^2 + v_z^2} \, dt.
\tag{9.34}
$$

Mitunter bietet es sich jedoch an, nicht die Zeit zur Parametrisierung heranzuziehen. Wollen wir beispielsweise den Umfang eines Kreises mit Radius R berechnen, verwenden wir

$$x(\varphi) = R \cos \varphi, \qquad y(\varphi) = R \sin \varphi.$$

In dieser Polarkoordinatendarstellung der kartesischen Komponenten des Ortsvektors in der xy-Ebene ist R fest und der Polarwinkel φ dient der Parametrisierung des Weges entlang des Kreisrandes. Die gesuchte Länge ist damit

$$L = \int_0^{2\pi} \sqrt{\left(\frac{\mathrm{d}x(\varphi)}{\mathrm{d}\varphi}\right)^2 + \left(\frac{\mathrm{d}y(\varphi)}{\mathrm{d}\varphi}\right)^2} \, \mathrm{d}\varphi.$$

Mithilfe der Ableitungen

$$\frac{\mathrm{d}x(\varphi)}{\mathrm{d}\varphi} = -R \sin \varphi, \qquad \frac{\mathrm{d}y(\varphi)}{\mathrm{d}\varphi} = R \cos \varphi$$

folgt unmittelbar

$$L = R \int_0^{2\pi} \underbrace{\sqrt{\sin^2 \varphi + \cos^2 \varphi}}_{1} \, \mathrm{d}\varphi = 2\pi R.$$

Wir haben auf diese Weise die Ihnen aus der Schule bekannte Formel für den Umfang eines Kreises hergeleitet.

9.3.2 Arbeit

Die Arbeit, die eine Kraft $\vec{F}$ an einem Massenpunkt verrichtet, ist durch ein Wegintegral definiert:

$$W = \int_{\vec{r}} \vec{F}(\vec{r}) \cdot \mathrm{d}\vec{r}, \tag{9.35}$$

wobei die betrachtete Bahn (der Weg) des Teilchens z. B. über die Zeit parametrisiert sei $[\vec{r} = \vec{r}(t)]$. Mit dieser Parametrisierung kann man, wie zuvor, das Wegintegral in eine einfache Integration über den Parameter t überführen:

$$\begin{aligned}
W &= \int_{\vec{r}} \vec{F}(\vec{r}) \cdot \mathrm{d}\vec{r} \\
&= \int_{t_1}^{t_2} \vec{F}(\vec{r}(t)) \cdot \vec{v}(t) \, \mathrm{d}t \\
&= \int_{t_1}^{t_2} \left[F_x(\vec{r}(t)) v_x(t) + F_y(\vec{r}(t)) v_y(t) + F_z(\vec{r}(t)) v_z(t) \right] \mathrm{d}t. \tag{9.36}
\end{aligned}$$

Um zu untersuchen, ob die Arbeit vom gewählten Integrationsweg abhängt, betrachten wir ein konkretes Beispiel. Gegeben sei die Kraft

$$\vec{F} = \frac{y}{1+x^2+y^2}\hat{e}_x - \frac{x}{1+x^2+y^2}\hat{e}_y.$$

Wir wollen die Arbeit an einem Teilchen für zwei verschiedene Wege in der xy-Ebene berechnen, wobei beide Wege sowohl den gleichen Anfangspunkt als auch den gleichen Endpunkt haben sollen. Der Weg 1 habe die Form

$$\vec{r}_1(\varphi) = \begin{pmatrix} \cos\varphi \\ \sin\varphi \end{pmatrix}.$$

Dabei beginnen wir bei $\varphi = 0$ und enden bei $\varphi = \pi$. Dieser Weg beschreibt einen Halbkreis in der oberen xy-Ebene mit dem Anfangspunkt $(x, y) = (1, 0)$ und dem Endpunkt $(x, y) = (-1, 0)$. Der Weg 2 habe die Form

$$\vec{r}_2(\varphi) = \begin{pmatrix} \cos\varphi \\ \sin\varphi \end{pmatrix}.$$

Dieses Mal beginnen wir wieder bei $\varphi = 0$, enden nun aber bei $\varphi = -\pi$. Dieser Weg beschreibt einen Halbkreis in der unteren xy-Ebene mit dem Anfangspunkt $(x, y) = (1, 0)$ und dem Endpunkt $(x, y) = (-1, 0)$. Sehen Sie zur Veranschaulichung Abb. 9.1. Entlang der beiden betrachteten Wege können wir für die Kraft schreiben:

$$\vec{F} = \frac{\sin\varphi}{1+\cos^2\varphi+\sin^2\varphi}\hat{e}_x - \frac{\cos\varphi}{1+\cos^2\varphi+\sin^2\varphi}\hat{e}_y = \frac{1}{2}\begin{pmatrix} \sin\varphi \\ -\cos\varphi \end{pmatrix}.$$

Berechnen wir zuerst die Arbeit entlang des ersten Weges:

$$W_1 = \int_{\vec{r}_1} \vec{F}(\vec{r}) \cdot d\vec{r} = \int_0^\pi \vec{F} \cdot \frac{d\vec{r}}{d\varphi} d\varphi = \int_0^\pi \vec{F} \cdot \begin{pmatrix} -\sin\varphi \\ \cos\varphi \end{pmatrix} d\varphi$$

$$= \frac{1}{2}\int_0^\pi \left[-\sin^2\varphi - \cos^2\varphi\right] d\varphi = -\frac{1}{2}\int_0^\pi d\varphi = -\frac{\pi}{2}.$$

Abb. 9.1 Zwei verschiedene Wege in der xy-Ebene. Die beiden Wege haben den Anfangspunkt $(1, 0)$ und den Endpunkt $(-1, 0)$ gemeinsam

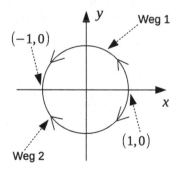

Für den zweiten Weg erhalten wir:

$$W_2 = \int_{\vec{r}_2} \vec{F}(\vec{r}) \cdot d\vec{r} = \int_0^{-\pi} \vec{F} \cdot \frac{d\vec{r}}{d\varphi} d\varphi = \int_0^{-\pi} \vec{F} \cdot \begin{pmatrix} -\sin\varphi \\ \cos\varphi \end{pmatrix} d\varphi$$

$$= \frac{1}{2} \int_0^{-\pi} \left[-\sin^2\varphi - \cos^2\varphi \right] d\varphi = -\frac{1}{2} \int_0^{-\pi} d\varphi = +\frac{\pi}{2}.$$

Offenbar sind W_1 und W_2 voneinander verschieden. Anhand dieses Beispiels sehen Sie, dass Wegintegrale bei gleichem Anfangs- und Endpunkt in der Regel vom spezifischen Weg abhängen, entlang dessen man vom Anfangs- zum Endpunkt gelangt. Insbesondere ist die Arbeit, die ein beliebiges Kraftfeld an einem Massenpunkt zwischen Anfangs- und Endpunkt des Weges verrichtet, im Allgemeinen wegabhängig.

9.4 Konservative Kräfte

Kräfte, für die die an einem Teilchen verrichtete Arbeit unabhängig vom Weg des Teilchens ist, bezeichnen wir als *konservativ*. Bei konservativen Kräften hängt die Arbeit nur vom Anfangs- und Endpunkt ab. Wir hatten weiter oben gesehen [Gl. 9.27], dass, falls sich die Kraft $\vec{F}(\vec{r})$ von einem Potenzial $V(\vec{r})$ ableiten lässt, also

$$\vec{F}(\vec{r}) = -\vec{\nabla}V(\vec{r})$$

ist, dann gilt

$$\text{rot}\,\vec{F} = \vec{0}.$$

Mithilfe des sogenannten Integralsatzes von Stokes, den Sie im Zusammenhang mit der Elektrodynamik später in Ihrem Studium kennenlernen werden, kann man zeigen, dass aus rot $\vec{F} = \vec{0}$ die Wegunabhängigkeit der von dieser Kraft verrichteten Arbeit folgt. Kräfte der Form $\vec{F}(\vec{r}) = -\vec{\nabla}V(\vec{r})$ sind also stets konservativ. Im Folgenden begründen wir, dass die Eigenschaft $\vec{F}(\vec{r}) = -\vec{\nabla}V(\vec{r})$ für eine konservative Kraft nicht nur hinreichend, sondern auch notwendig ist (bis auf das per Konvention eingeführte Vorzeichen).

Liegt eine konservative Kraft vor, dann ist die von dieser Kraft zwischen dem Koordinatenursprung $\vec{0}$ und einem Punkt $\vec{r}_0$ verrichtete Arbeit nur eine Funktion dieser beiden Punkte, d. h.

$$\int_{\vec{0}}^{\vec{r}_0} \vec{F}(\vec{r}) \cdot d\vec{r} = W(\vec{0}, \vec{r}_0). \tag{9.37}$$

Sei nun $\vec{r}_1$ der Anfangspunkt und $\vec{r}_2$ der Endpunkt. Dann gilt offenbar

$$\int_{\vec{r}_1}^{\vec{r}_2} \vec{F}(\vec{r}) \cdot d\vec{r} = W(\vec{r}_1, \vec{r}_2). \tag{9.38}$$

Wir können aber noch mehr sagen. Da die Arbeit per Annahme wegunabhängig ist, können wir $W(\vec{r}_1, \vec{r}_2)$ dadurch berechnen, dass wir einen Weg von $\vec{r}_1$ zum Ursprung und vom Ursprung zu $\vec{r}_2$ wählen:

$$W(\vec{r}_1, \vec{r}_2) = \int_{\vec{r}_1}^{\vec{0}} \vec{F}(\vec{r}) \cdot \mathrm{d}\vec{r} + \int_{\vec{0}}^{\vec{r}_2} \vec{F}(\vec{r}) \cdot \mathrm{d}\vec{r}$$

$$= -\int_{\vec{0}}^{\vec{r}_1} \vec{F}(\vec{r}) \cdot \mathrm{d}\vec{r} + \int_{\vec{0}}^{\vec{r}_2} \vec{F}(\vec{r}) \cdot \mathrm{d}\vec{r} = -W(\vec{0}, \vec{r}_1) + W(\vec{0}, \vec{r}_2). \quad (9.39)$$

Dabei haben wir ausgenutzt, dass aus der angenommenen Wegunabhängigkeit der Arbeit

$$0 = \int_{\vec{0}}^{\vec{0}} \vec{F}(\vec{r}) \cdot \mathrm{d}\vec{r} = \int_{\vec{0}}^{\vec{r}_1} \vec{F}(\vec{r}) \cdot \mathrm{d}\vec{r} + \int_{\vec{r}_1}^{\vec{0}} \vec{F}(\vec{r}) \cdot \mathrm{d}\vec{r}$$

folgt.

Verwenden wir nun für die Funktion $W(\vec{0}, \vec{r})$ die Schreibweise

$$W(\vec{0}, \vec{r}) = -V(\vec{r}) \qquad (9.40)$$

(das Symbol V haben wir hier bereits in weiser Voraussicht eingeführt), dann erhalten wir aus Gl. 9.38 und 9.39:

$$\int_{\vec{r}_1}^{\vec{r}_2} \vec{F}(\vec{r}) \cdot \mathrm{d}\vec{r} = V(\vec{r}_1) - V(\vec{r}_2) = -\int_{V(\vec{r}_1)}^{V(\vec{r}_2)} \mathrm{d}V$$

$$= -\int_{\vec{r}_1}^{\vec{r}_2} \left\{ \frac{\partial V}{\partial x}\mathrm{d}x + \frac{\partial V}{\partial y}\mathrm{d}y + \frac{\partial V}{\partial z}\mathrm{d}z \right\} = -\int_{\vec{r}_1}^{\vec{r}_2} \vec{\nabla}V(\vec{r}) \cdot \mathrm{d}\vec{r}. \quad (9.41)$$

Da diese Gleichung für beliebige $\vec{r}_1$ und $\vec{r}_2$ gilt, muss

$$\vec{F}(\vec{r}) = -\vec{\nabla}V(\vec{r})$$

erfüllt sein.

▶ **Hinweis** Konservative Kräfte sind demnach genau diejenigen Kraftfelder $\vec{F}(\vec{r})$, die sich durch den negativen Gradienten eines Potenzials $V(\vec{r})$ ausdrücken lassen. Eine konservative äußere Kraft führt dem System weder Energie zu, noch entzieht sie dem System Energie. Die Energie E des Systems ist erhalten. Eine konservative Kraft vermag es aber, die relativen Beiträge von kinetischer und potenzieller Energie zur Energie E zu verändern (also kinetische Energie in potenzielle Energie umzuwandeln und umgekehrt).

9.4.1 Zentralkräfte

Eine spezielle Klasse der konservativen Kräfte bilden die *Zentralkräfte*. Eine Zentralkraft lässt sich in der Form

$$\vec{F}(\vec{r}) = f(r)\frac{\vec{r}}{r} \tag{9.42}$$

darstellen, wobei

$$r = |\vec{r}| \tag{9.43}$$

der Betrag (die Länge) des Ortsvektors $\vec{r}$ ist. In dem in Gl. 9.42 angegebenen Ausdruck nehmen wir an, dass sich das Zentrum der Zentralkraft am Koordinatenursprung befindet (r ist damit der Abstand vom Ursprung).

Bezeichnen wir den normierten Vektor $\vec{r}/r$ mit $\hat{e}_r$, also

$$\hat{e}_r = \frac{\vec{r}}{r}, \tag{9.44}$$

dann handelt es sich bei $\hat{e}_r$ um einen Einheitsvektor in radialer Richtung bezüglich des Ursprungs. Für einen Vektor $\vec{r}$ in der xy-Ebene ist dies einfach der bereits in Gl. 2.63 eingeführte Einheitsvektor. (Sehen Sie zur Erinnerung auch Abb. 2.5.) Ist $\vec{r}$ jedoch ein Vektor im dreidimensionalen Raum, dann stellt Gl. 9.44 eine Verallgemeinerung von Gl. 2.63 dar.

Mit dieser Notation können wir die Zentralkraft in Gl. 9.42 folgendermaßen schreiben:

$$\vec{F}(\vec{r}) = f(r)\hat{e}_r. \tag{9.45}$$

Bei einer Zentralkraft hängt der Betrag der Kraft, $|f(r)|$, nur vom Abstand r vom Kraftzentrum ab. Bei einer abstoßenden Zentralkraft am Ort $\vec{r}$ ist $f(r)$ positiv und $\vec{F}(\vec{r})$ zeigt damit radial vom Ursprung weg. Eine anziehende Zentralkraft ist durch $f(r) < 0$ charakterisiert, sodass $\vec{F}(\vec{r})$ vom Ort $\vec{r}$ zum Ursprung hin zeigt.

Um zu zeigen, dass die in Gl. 9.45 gegebene Zentralkraft tatsächlich konservativ ist, müssen wir ein Potenzial V finden, sodass $\vec{F} = -\vec{\nabla}V$ erfüllt ist. Dazu gehen wir in mehreren Schritten vor. Zuerst berechnen wir die kartesischen Komponenten von $\vec{\nabla}r$:

$$\frac{\partial r}{\partial x} = \frac{\partial}{\partial x}\sqrt{x^2 + y^2 + z^2}$$

$$= \frac{1}{2}\left(x^2 + y^2 + z^2\right)^{-1/2}\frac{\partial}{\partial x}\left(x^2 + y^2 + z^2\right) = \frac{1}{2}\frac{1}{r}2x = \frac{x}{r}.$$

In analoger Weise erhalten wir

$$\frac{\partial r}{\partial y} = \frac{y}{r}, \qquad \frac{\partial r}{\partial z} = \frac{z}{r}.$$

Insgesamt folgt:

$$\vec{\nabla} r = \begin{pmatrix} x/r \\ y/r \\ z/r \end{pmatrix} = \frac{1}{r} \begin{pmatrix} x \\ y \\ z \end{pmatrix} = \frac{\vec{r}}{r} = \hat{e}_r. \tag{9.46}$$

Auf dieser Grundlage berechnen wir im nächsten Schritt $\vec{\nabla} V(r)$ für eine Funktion $V(r)$, die nur vom Abstand r vom Koordinatenursprung abhängt:

$$\vec{\nabla} V(r) = \begin{pmatrix} V'(r)\dfrac{\partial r}{\partial x} \\ V'(r)\dfrac{\partial r}{\partial y} \\ V'(r)\dfrac{\partial r}{\partial z} \end{pmatrix} = V'(r)\vec{\nabla} r = V'(r)\hat{e}_r. \tag{9.47}$$

Im dritten und letzten Schritt beobachten wir anhand von Gl. 9.45 und 9.47, dass wir $\vec{F} = -\vec{\nabla} V$ erfüllen können, wenn wir ein $V(r)$ angeben können, für das

$$f(r) = -V'(r) \tag{9.48}$$

gilt. Aber für eine integrierbare Funktion $f(r)$ ist dies offensichtlich erfüllt: $V(r)$ ist einfach das Negative einer Stammfunktion von $f(r)$. Die Tatsache, dass es sich bei einer Zentralkraft um eine konservative Kraft handelt, haben wir somit auf den Fundamentalsatz der Analysis (Abschn. 3.1) zurückgeführt. Wie immer bei unbestimmten Integrationen ist $V(r)$ nur bis auf eine Integrationskonstante eindeutig bestimmt. Bei der Bildung der Ableitung in Gl. 9.48 fällt diese Konstante wieder weg.

Ein für die Klassische Mechanik besonders wichtiges Beispiel für eine Zentralkraft ist die Newton'sche Gravitationskraft. Befindet sich die Masse m_1 am Ort $\vec{r}$ und die Masse m_2 am Ursprung, dann ist die Gravitationskraft, die die Masse m_2 auf die Masse m_1 ausübt, durch

$$\vec{F}(\vec{r}) = -G\frac{m_1 m_2}{r^2}\hat{e}_r \tag{9.49}$$

gegeben. Dabei bezeichnet G die Gravitationskonstante. Wir haben also

$$f(r) = -G\frac{m_1 m_2}{r^2}.$$

Wir erfüllen Gl. 9.48, wenn wir das dazugehörige Potenzial in der Form

$$V(r) = -G\frac{m_1 m_2}{r} \tag{9.50}$$

wählen. Die Integrationskonstante ist hier so gewählt, dass V für $r \to \infty$ verschwindet.

Aufgaben

9.1 Auf ein Punktteilchen der Masse m, das sich nur entlang der x-Achse bewegen kann, wirke die Kraft

$$F(x, t) = -kx + A \sin(\omega' t)$$

entlang der x-Achse, wobei $-kx$ die Hooke'sche Federkraft ist (die vom Ort des Teilchens abhängt, aber nicht explizit von der Zeit) und $A \sin(\omega' t)$ eine vorgegebene, explizite Funktion der Zeit mit Amplitude A und Kreisfrequenz ω' sei. [Die angegebene Kraft $F(x, t)$ stellt die Grundlage dar des Modells des getriebenen, ungedämpften harmonischen Oszillators.]

(a) Geben Sie ein Potenzial $V(x, t)$ an, sodass

$$F(x, t) = -\frac{\partial V(x, t)}{\partial x}$$

   erfüllt ist.
(b) Zeigen Sie, durch Ableitung der Energie

$$E = \frac{1}{2} m \dot{x}^2 + V(x, t)$$

   nach der Zeit [unter Verwendung von (a)], dass der Energieerhaltungssatz trotz der Existenz eines Potenzials nicht gilt. [Beachten Sie: $x = x(t)$.]

9.2 Bestimmen Sie den Gradienten der Funktion $f(x, y, z) = x^2 y^3 z$ am Raumpunkt $(1, 2, -1)$.

9.3 Bestimmen Sie den Gradienten der Funktion $f(x, y, z) = z e^x \cos y$ am Raumpunkt $(1, 0, \pi/3)$.

9.4 Sei $f(x, y, z)$ eine gegebene reelle Funktion der räumlichen Variablen x, y und z. Drücken Sie das totale Differenzial von f am Raumpunkt (x, y, z) mithilfe von $\vec{\nabla} f(x, y, z)$ aus. Nutzen Sie dies, um zu zeigen, dass $\vec{\nabla} f(x, y, z)$ die räumliche Richtung des größten Anstiegs von $f(x, y, z)$ bezüglich des Raumpunkts (x, y, z) angibt.

9.5 Es seien

$$\vec{a} = \begin{pmatrix} \frac{1}{2} \\ \frac{1}{2} \\ -\frac{\sqrt{2}}{2} \end{pmatrix}, \qquad \vec{b} = \begin{pmatrix} \frac{\sqrt{2}-2}{4} \\ \frac{\sqrt{2}+2}{4} \\ \frac{1}{2} \end{pmatrix}, \qquad \vec{c} = \begin{pmatrix} \frac{1}{\sqrt{3}} \\ -\frac{1}{\sqrt{3}} \\ \frac{1}{\sqrt{3}} \end{pmatrix}$$

Koordinatenvektoren bezüglich einer gegebenen Orthonormalbasis im dreidimensionalen Raum. Berechnen Sie $\vec{a} \times \vec{b}$, $\vec{b} \times \vec{c}$, $(\vec{a} \times \vec{b}) \times \vec{c}$ und $\vec{a} \times (\vec{b} \times \vec{c})$.

9.6 Zeigen Sie, dass für das Kreuzprodukt von zwei beliebigen Vektoren $\vec{a}$ und $\vec{b}$ im dreidimensionalen Raum folgender Zusammenhang gilt:

$$\left| \vec{a} \times \vec{b} \right| = |\vec{a}| \left| \vec{b} \right| \sin \varphi.$$

Hierbei repräsentiert φ den von den beiden Vektoren eingeschlossenen Winkel. [Hinweis: Wählen Sie das Koordinatensystem so, dass die beiden Vektoren in der xy-Ebene liegen und nutzen Sie, dass Sie die Ausrichtung des xy-Achsenpaares in dieser Ebene frei wählen können.]

9.7 Bestimmen Sie die Rotation des Vektorfeldes

$$\vec{F}(x, y, z) = \begin{pmatrix} x \\ y \\ z \end{pmatrix}.$$

9.8 Bestimmen Sie die Rotation des Vektorfeldes

$$\vec{F}(x, y, z) = \begin{pmatrix} y \\ z \\ x \end{pmatrix}.$$

9.9 Zeigen Sie, dass für skalare Felder $V(x, y, z)$

$$\vec{\nabla} \times (\vec{\nabla} V(x, y, z)) = \text{rot grad } V(x, y, z) = \vec{0}$$

[Gl. 9.27] und für Vektorfelder $\vec{F}(x, y, z)$

$$\vec{\nabla} \cdot (\vec{\nabla} \times \vec{F}(x, y, z)) = \text{div rot } \vec{F}(x, y, z) = 0$$

[Gl. 9.28] gilt.

9.10 Gegeben sei die Kraft

$$\vec{F}(x, y) = \begin{pmatrix} 3x + 2y \\ y^2 - x^2 \end{pmatrix}$$

in der xy-Ebene. Bestimmen Sie die von dieser Kraft an einem Punktteilchen verrichtete Arbeit jeweils entlang der folgenden Wege vom Punkt $(0, 0)$ zum Punkt $(1, 1)$:

(a) $y = \sqrt{x}$,
(b) $y = x$,

(c) $y = x^2$.

9.11 Betrachten Sie das Langzeitverhalten des periodisch getriebenen, eindimensionalen harmonischen Oszillators mit Dämpfung:

$$m\ddot{x} = -m\Gamma\dot{x} - m\omega^2 x + F\sin(\omega' t).$$

(a) Welche Arbeit insgesamt verrichtet die Reibungskraft $-m\Gamma\dot{x}$ an dem Teilchen während einer Periode $T' = 2\pi/\omega'$?
(b) Leiten Sie für den Fall $\omega' \approx \omega$ einen möglichst einfachen Näherungsausdruck für die in Teil (a) bestimmte Arbeit als Funktion von ω' her.

▶ **Hinweis** Man nennt die normierte Funktion

$$L(\omega') = \frac{1}{\pi} \frac{\Gamma/2}{(\omega' - \omega)^2 + \Gamma^2/4}$$

eine Lorentz-Funktion. Diese spielt eine wichtige Rolle in der Spektroskopie. Der Parameter Γ ist die volle Breite der Lorentz-Funktion bei halber Höhe und wird daher auch *Halbwertsbreite* genannt. Sehen Sie dazu auch Abschn. A.5.

9.12 Es sei das Kraftfeld

$$\vec{F}(x, y, z) = Cr^\alpha \hat{e}_r$$

gegeben, wobei C und α reelle Konstanten sind und $\hat{e}_r = \vec{r}/r$ der von x, y und z abhängige radiale Einheitsvektor ist. (Denken Sie z. B. an $C = -Gm_1 m_2$ und $\alpha = -2$.) Verwenden Sie die Kettenregel, um $-\vec{\nabla}V(r)$ [$V(r)$ beliebig] in die Form $f(r)\hat{e}_r$ überzuführen. Bestimmen Sie damit das zu $\vec{F}$ gehörige Potenzial.

Zweiteilchenproblem mit Gravitationskraft

10

© Springer-Verlag GmbH Deutschland, ein Teil von Springer Nature 2023

R. Santra, *Einführung in die Theoretische Physik*,

https://doi.org/10.1007/978-3-662-67439-0_10

Das Problem eines abgeschlossenen Zweiteilchensystems, in dem die beiden Teilchen miteinander über die Gravitation wechselwirken, lässt sich analytisch lösen. Es handelt sich hierbei um ein grundlegendes Modell für die Bewegung eines Planeten um einen Stern, z. B. die Sonne. Wie Ihnen aus der Experimentalphysik vertraut ist, wird diese Bewegung empirisch durch die Kepler'schen Gesetze beschrieben. In diesem Kapitel lernen Sie, wie sich die Kepler'schen Gesetze mithilfe der Newton'schen Gesetze und des Newton'schen Gravitationsgesetzes herleiten lassen.

Die Herleitung besteht aus den beiden folgenden, zentralen Schritten:

- Unter Ausnutzung der Erhaltung des Gesamtimpulses separieren wir die triviale Bewegung des Schwerpunkts des Zweiteilchensystems ab. Dadurch reduzieren wir das Zweiteilchenproblem auf ein effektives Einteilchenproblem. Dieses effektive Einteilchenproblem bezieht sich auf die Bewegung eines fiktiven Teilchens in *drei* Raumdimensionen.
- Bei dem effektiven Einteilchenproblem liegen weitere Erhaltungssätze vor, und zwar die Erhaltung der Energie und die Erhaltung des Drehimpulses, dem wir in diesem Kapitel zum ersten Mal begegnen. Auf diese Weise gelingt es uns, die Beschreibung des effektiven Einteilchenproblems auf eine Bewegung in nur *einer* Raumdimension einzuschränken.

Dieser analytischen Lösung des sogenannten Kepler-Problems wenden wir uns jetzt zu.

10.1 Schwerpunkts- und Relativkoordinaten

Seien $\vec{r}_1$ bzw. $\vec{r}_2$ die Positionsvektoren der beiden Teilchen; m_1 und m_2 seien die dazugehörigen Massen. Die Bewegungsgleichungen für die beiden Teilchen lauten

$$m_1 \ddot{\vec{r}}_1 = \vec{f}_{12} = -G \frac{m_1 m_2}{r^2} \frac{(\vec{r}_1 - \vec{r}_2)}{r} \tag{10.1}$$

bzw.

$$m_2 \ddot{\vec{r}}_2 = \vec{f}_{21} = -G \frac{m_1 m_2}{r^2} \frac{(\vec{r}_2 - \vec{r}_1)}{r}, \tag{10.2}$$

wobei wir für die Kraft $\vec{f}_{12}$ bzw. $\vec{f}_{21}$ zwischen den beiden Teilchen das Newton'sche Gravitationsgesetz, Gl. 9.49, verwendet haben. Die Variable

$$r = |\vec{r}_1 - \vec{r}_2|$$

repräsentiert den Teilchenabstand.

▶ **Hinweis** Beachten Sie, dass die in Gl. 10.1 und 10.2 auftretenden Kräfte ausschließlich vom Relativvektor

$$\vec{r} = \vec{r}_1 - \vec{r}_2 \tag{10.3}$$

bzw. dessen Länge, r, abhängen.

Aufgrund unserer Analyse in Kap. 7 wissen wir, dass sich in abgeschlossenen Systemen wie dem vorliegenden Zweiteilchensystem der Schwerpunkt gleichförmig geradlinig bewegt. Konkret gilt hier, dass der Schwerpunktsortsvektor

$$\vec{r}_S(t) = \frac{1}{m_1 + m_2} \{m_1 \vec{r}_1(t) + m_2 \vec{r}_2(t)\} \tag{10.4}$$

die Gleichung

$$\vec{r}_S(t) = \vec{r}_S(0) + \frac{\vec{P}}{m_1 + m_2} t \tag{10.5}$$

erfüllt. [Vergleichen Sie dazu mit Gl. 7.20 und Gl. 7.21.] Dabei sind die Anfangsposition des Schwerpunkts, $\vec{r}_S(0)$, und der Gesamtimpuls, $\vec{P}$, gegeben durch:

$$\vec{r}_S(0) = \frac{1}{m_1 + m_2} \{m_1 \vec{r}_1(0) + m_2 \vec{r}_2(0)\}, \tag{10.6}$$

$$\vec{P} = m_1 \dot{\vec{r}}_1(0) + m_2 \dot{\vec{r}}_2(0). \tag{10.7}$$

Diese Beobachtungen legen es nahe, nicht direkt mit den Vektoren für die beiden individuellen Teilchen zu arbeiten, sondern die Schwerpunkts- und Relativvektoren in den Vordergrund zu stellen. Dabei beachten wir, dass wir die jeweiligen Orts- und Geschwindigkeitsvektoren der beiden Teilchen durch die Orts- und Geschwindigkeitsvektoren für die Schwerpunkts- bzw. Relativbewegung ausdrücken können.

Um dies zu sehen, ziehen wir Gl. 10.3 und 10.4 heran:

$$m_1 \vec{r}_1 + m_2 \vec{r}_2 = (m_1 + m_2) \vec{r}_S, \qquad \vec{r}_1 - \vec{r}_2 = \vec{r}.$$

Lösen wir die zweite dieser Gleichungen nach $\vec{r}_2$ bzw. $\vec{r}_1$ auf und setzen das Resultat jeweils in die erste Gleichung ein, erhalten wir die Gleichungen

$$m_1 \vec{r}_1 + m_2 (\vec{r}_1 - \vec{r}) = (m_1 + m_2) \vec{r}_S$$

und

$$m_1 (\vec{r}_2 + \vec{r}) + m_2 \vec{r}_2 = (m_1 + m_2) \vec{r}_S.$$

Somit folgt durch Auflösen nach $\vec{r}_1$ bzw. $\vec{r}_2$:

$$\vec{r}_1 = \vec{r}_S + \frac{m_2}{m_1 + m_2} \vec{r}, \tag{10.8}$$

$$\vec{r}_2 = \vec{r}_S - \frac{m_1}{m_1 + m_2} \vec{r}. \tag{10.9}$$

Kennen wir das Verhalten der Ortsvektoren $\vec{r}_S$ und $\vec{r}$, dann kennen wir aufgrund dieser beiden Gleichungen auch die Ortsvektoren $\vec{r}_1$ und $\vec{r}_2$. Durch Ableiten von

Gl. 10.8 und 10.9 nach der Zeit sehen wir, dass eine analoge Aussage auch für die entsprechenden Geschwindigkeitsvektoren getroffen werden kann:

$$\dot{\vec{r}}_1 = \dot{\vec{r}}_S + \frac{m_2}{m_1 + m_2}\dot{\vec{r}}, \tag{10.10}$$

$$\dot{\vec{r}}_2 = \dot{\vec{r}}_S - \frac{m_1}{m_1 + m_2}\dot{\vec{r}}. \tag{10.11}$$

Wie oben erläutert, ist die Bewegung des Schwerpunkts aufgrund des Impulserhaltungssatzes vollständig bekannt. Um das Zweiteilchenproblem zu lösen, müssen wir nun die Relativbewegung genauer untersuchen.

10.2   Relativbewegung

Um eine Bewegungsgleichung für die Relativbewegung zu bestimmen, leiten wir den Ausdruck für den Relativvektor [Gl. 10.3] zweimal nach der Zeit ab und nutzen das zweite bzw. dritte Newton'sche Gesetz:

$$\ddot{\vec{r}} = \ddot{\vec{r}}_1 - \ddot{\vec{r}}_2 = \frac{\vec{f}_{12}}{m_1} - \frac{\vec{f}_{21}}{m_2} = \frac{\vec{f}_{12}}{m_1} + \frac{\vec{f}_{12}}{m_2}$$

$$= \left(\frac{1}{m_1} + \frac{1}{m_2}\right)\vec{f}_{12} = \frac{m_1 + m_2}{m_1 m_2}\vec{f}_{12}.$$

Wir formen dieses Resultat folgendermaßen um:

$$\frac{m_1 m_2}{m_1 + m_2}\ddot{\vec{r}} = \vec{f}_{12} = -G\frac{m_1 m_2}{r^2}\frac{\vec{r}}{r}.$$

Dabei haben wir Gl. 10.1 genutzt.

Man bezeichnet die oben auftretende Größe

$$\mu = \frac{m_1 m_2}{m_1 + m_2} \tag{10.12}$$

als *reduzierte Masse*. Dadurch ausgedrückt lautet die gesuchte Bewegungsgleichung für die Relativbewegung

$$\mu\ddot{\vec{r}} = -G\frac{m_1 m_2}{r^2}\frac{\vec{r}}{r}. \tag{10.13}$$

Damit ist die Relativbewegung identisch zu der Bewegung *eines* fiktiven Teilchens der Masse μ unter der Wirkung der Zentralkraft

$$-G\frac{m_1 m_2}{r^2}\frac{\vec{r}}{r}.$$

Wir haben das Zweiteilchenproblem also auf ein Einteilchenproblem reduziert! Um dieses Einteilchenproblem in den Griff zu bekommen, nutzen wir weitere Erhaltungssätze.

10.2.1 Energie- und Drehimpulserhaltung

Da die Gravitationskraft in Gl. 10.13 konservativ ist (Kap. 9), ist die zur Relativbewegung (= Bewegung unseres fiktiven Teilchens) gehörige Energie erhalten:

$$E_{\text{rel}} = T_{\text{rel}} + V = \text{const.}, \tag{10.14}$$

wobei

$$T_{\text{rel}} = \frac{1}{2}\mu \dot{\vec{r}}^2 \tag{10.15}$$

die kinetische Energie der Relativbewegung ist und

$$V = -G\frac{m_1 m_2}{r} \tag{10.16}$$

das Potenzial. Vergleichen Sie dazu mit Gl. 9.50.

▶ **Hinweis** Wie wir sehen werden, sind $\dot{\vec{r}}^2$ und $\dot{r}^2$ im Allgemeinen voneinander verschieden. Zwar gilt, per Definition, $r = |\vec{r}|$, aber $\dot{r}$ ist nicht das Gleiche wie $|\dot{\vec{r}}|$. In Worten ausgedrückt: Es macht einen Unterschied, ob man einen Vektor zuerst ableitet und dann den Betrag des resultierenden Vektors nimmt oder ob man zuerst den Betrag eines Vektors nimmt und dann diesen Betrag ableitet. Es ist daher falsch, $T_{\text{rel}} = \frac{1}{2}\mu \dot{r}^2$ zu schreiben.

Eine weitere Größe, die in dem vorliegenden Problem erhalten ist, ist der *Drehimpuls* der Relativbewegung. Dieser ist anhand des in Kap. 9 angesprochenen Kreuzprodukts definiert:

$$\vec{l} = \mu \vec{r} \times \dot{\vec{r}}. \tag{10.17}$$

Dass der Drehimpulsvektor $\vec{l}$ erhalten ist, folgt aus

$$\frac{\mathrm{d}}{\mathrm{d}t}\vec{l} = \mu\{\underbrace{\dot{\vec{r}} \times \dot{\vec{r}}}_{\vec{0}} + \underbrace{\vec{r} \times \ddot{\vec{r}}}_{\vec{0}}\} = \vec{0}. \tag{10.18}$$

Hier haben wir die Produktregel auf Gl. 10.17 angewandt. Das Kreuzprodukt $\dot{\vec{r}} \times \dot{\vec{r}}$ verschwindet, da parallele Vektoren vorliegen; der Vektor $\ddot{\vec{r}}$ ist antiparallel zu $\vec{r}$ [Gl. 10.13], und somit verschwindet das Kreuzprodukt $\vec{r} \times \ddot{\vec{r}}$ ebenfalls.

Der Drehimpuls $\vec{l}$, der in diesem Zusammenhang auch als Bahndrehimpuls bezeichnet wird, ist also ein zeitlich sich nicht verändernder Vektor, der damit insbesondere eine feste Richtung im Raum hat. Wir nehmen an, dass der Betrag

$$l = |\vec{l}| \tag{10.19}$$

des Bahndrehimpulses nicht verschwindet, da nur in diesem Fall das klassische
Kepler-Problem eine Lösung besitzt. (Im Gegensatz dazu besitzt das strukturell analoge Problem des quantenmechanischen Wasserstoffatoms auch bei verschwinden-
dem Bahndrehimpuls eine Lösung, wie Sie später in Ihrem Studium lernen werden.)
Wir können daher den zeitunabhängigen Einheitsvektor

$$\hat{e}_z = \frac{\vec{l}}{l} \qquad (10.20)$$

einführen, den wir zur Definition der z-Richtung im Raum heranziehen. Wählen
wir zusätzlich zwei beliebige Einheitsvektoren $\hat{e}_x$ und $\hat{e}_y$, die zueinander und zu $\hat{e}_z$
senkrecht stehen, dann ist der Koordinatenvektor des Bahndrehimpulses bezüglich
der resultierenden Basis durch

$$\vec{l} = \begin{pmatrix} 0 \\ 0 \\ l \end{pmatrix} \qquad (10.21)$$

gegeben.

Aufgrund der Eigenschaften des in Gl. 10.17 auftretenden Kreuzprodukts müssen
die Vektoren $\vec{r}$ und $\dot{\vec{r}}$ in der von $\hat{e}_x$ und $\hat{e}_y$ aufgespannten xy-Ebene, senkrecht zur
gewählten z-Achse, liegen. Die Erhaltung des Bahndrehimpulses hat also zur Konse-
quenz, dass sich das fiktive Teilchen ausschließlich in der xy-Ebene bewegen kann.
Zur Beschreibung des Ortsvektors $\vec{r}$ in dieser Ebene ziehen wir Polarkoordinaten
heran:

$$x(t) = r(t) \cos(\varphi(t)), \qquad (10.22)$$

$$y(t) = r(t) \sin(\varphi(t)). \qquad (10.23)$$

Die kartesischen Komponenten des Geschwindigkeitsvektors $\dot{\vec{r}}$ ergeben sich daraus
zu:

$$\dot{x}(t) = \dot{r}(t) \cos(\varphi(t)) - r(t) \sin(\varphi(t))\dot{\varphi}(t), \qquad (10.24)$$

$$\dot{y}(t) = \dot{r}(t) \sin(\varphi(t)) + r(t) \cos(\varphi(t))\dot{\varphi}(t). \qquad (10.25)$$

Mithilfe dieser Darstellung berechnen wir anhand von Gl. 10.17 die nichtverschwindende, zeitlich konstante z-Komponente des Bahndrehimpulsvektors in
Gl. 10.21:

$$\begin{aligned} l &= \mu\{x\dot{y} - y\dot{x}\} \\ &= \mu\{r\cos\varphi(\dot{r}\sin\varphi + r\dot{\varphi}\cos\varphi) - r\sin\varphi(\dot{r}\cos\varphi - r\dot{\varphi}\sin\varphi)\} \\ &= \mu r^2\dot{\varphi}. \end{aligned} \qquad (10.26)$$

Damit können wir die Winkelgeschwindigkeit der Bahnbewegung in der Form

$$\dot{\varphi}(t) = \frac{l}{\mu r^2(t)} \qquad \qquad (10.27)$$

schreiben. Kennen wir bei gegebenem l den Abstand $r(t)$, dann kennen wir demnach
automatisch auch die Winkelgeschwindigkeit $\dot{\varphi}(t)$.

10.2.2 Reduktion auf eine räumliche Dimension

Machen wir uns bewusst, was wir erreicht haben: Wir haben das Zweiteilchenproblem auf das Einteilchenproblem der Relativbewegung reduziert. (Das Einteilchenproblem der Schwerpunktsbewegung hatten wir in Kap. 7 im Zusammenhang mit der Impulserhaltung adressiert.) Grundsätzlich handelt es sich bei der Relativbewegung um einen dynamischen Vorgang, der im dreidimensionalen Raum stattfindet. Die Erhaltung des Bahndrehimpulses hat es uns jedoch erlaubt, die Beschreibung auf eine zweidimensionale Ebene zu beschränken.

Wir zeigen nun, dass wir mithilfe der Energieerhaltung [Gl. 10.14] und mithilfe von Gl. 10.27 eine Bewegungsgleichung für eine rein *eindimensionale* Bewegung herleiten können. Dazu schreiben wir die kinetische Energie der Relativbewegung folgendermaßen:

$$
\begin{aligned}
T_{\text{rel}} &= \frac{1}{2}\mu \dot{\vec{r}}^2 \\
&= \frac{1}{2}\mu \left\{ \dot{x}^2 + \dot{y}^2 \right\} \\
&= \frac{1}{2}\mu \left\{ \dot{r}^2 + r^2\dot{\varphi}^2 \right\} \\
&= \frac{1}{2}\mu \left\{ \dot{r}^2 + r^2 \frac{l^2}{\mu^2 r^4} \right\} \\
&= \frac{1}{2}\mu \dot{r}^2 + \frac{l^2}{2\mu r^2}.
\end{aligned}
\tag{10.28}
$$

Dabei haben wir beim Übergang von der zweiten zur dritten Zeile Gl. 10.24 und 10.25 verwendet. Beim Übergang von der dritten zur vierten Zeile haben wir Gl. 10.27 eingesetzt.

Der erste Term in der letzten Zeile von Gl. 10.28, $\frac{1}{2}\mu \dot{r}^2$, repräsentiert die kinetische Energie der radialen Relativbewegung, die mit der zeitlichen Änderung des Abstands r einhergeht. Der zweite Term, $l^2/(2\mu r^2)$, entspricht der kinetischen Energie der Winkelbewegung, die mit $\dot{\varphi}$ zusammenhängt. Gl. 10.28 zeigt die zuvor gemachte Aussage, dass $\dot{\vec{r}}^2$ und $\dot{r}^2$ im Allgemeinen voneinander verschieden sind.

Mithilfe von Gl. 10.28 nimmt der Energieerhaltungssatz, Gl. 10.14, die Gestalt

$$
\begin{aligned}
E_{\text{rel}} &= T_{\text{rel}} + V \\
&= \frac{1}{2}\mu \dot{r}^2 + \frac{l^2}{2\mu r^2} + V \\
&= \text{const.}
\end{aligned}
\tag{10.29}
$$

an. Erinnern wir uns, dass

$$
V = -G\frac{m_1 m_2}{r}
$$

ist, dann können wir ein rein radiales (nur vom Abstand r abhängiges), effektives Potenzial einführen:

$$V_{\text{eff}}(r) = \frac{l^2}{2\mu r^2} - G\frac{m_1 m_2}{r}. \tag{10.30}$$

Dieses effektive Potenzial setzt sich aus der kinetischen Energie der Winkelbewegung und dem Gravitationspotenzial zusammen.

Damit folgt aus Gl. 10.29 eine Bewegungsgleichung ausschließlich für die r-Koordinate:

$$E_{\text{rel}} = \frac{1}{2}\mu\dot{r}^2 + V_{\text{eff}}(r). \tag{10.31}$$

Diese Gleichung gibt die Energieerhaltung in einem fiktiven eindimensionalen System wieder, in dem sich ein Teilchen der Masse μ entlang der r-Koordinate unter der Wirkung des effektiven Potenzials $V_{\text{eff}}(r)$ bzw. der damit einhergehenden Kraft $-\mathrm{d}V_{\text{eff}}/\mathrm{d}r$ bewegt.

Das zur radialen Relativbewegung gehörige effektive Potenzial $V_{\text{eff}}(r)$ ist in Abb. 10.1 gezeigt. Für hinreichend große r ist der $1/r^2$-Term in Gl. 10.30 klein gegenüber dem negativen $1/r$-Term. In diesem Bereich ist das effektive Potenzial daher negativ und geht für sehr große r gegen null. Per Annahme verschwindet der Bahndrehimpuls l nicht. Daher dominiert für sehr kleine r der positive $1/r^2$-Term, sodass im Limes $r \to 0$ das effektive Potenzial gegen $+\infty$ divergiert.

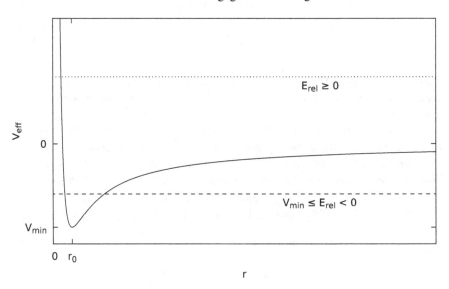

Abb. 10.1 Effektives Potenzial der radialen Relativbewegung (durchgezogene Linie). Die Parameter r_0 und V_{min} sind in Gl. 10.32 bzw. Gl. 10.33 angegeben. Exemplarisch sind zwei horizontale, gestrichelte Linien eingezeichnet, die einer ungebundenen Bewegung ($E_{\text{rel}} \geq 0$) bzw. einer gebundenen Bewegung ($V_{\text{min}} \leq E_{\text{rel}} < 0$) entsprechen

An der Stelle $r = r_0$ weist das effektive Potenzial sein Minimum auf. Mithilfe der Bedingung

$$V'_{\text{eff}}(r_0) = 0$$

findet man anhand von Gl. 10.30 für die Position des Minimums:

$$r_0 = \frac{l^2}{Gm_1m_2\mu}. \tag{10.32}$$

Der Wert des Potenzials am Minimum ist durch

$$\begin{aligned} V_{\text{min}} &= V_{\text{eff}}(r_0) \\ &= -\frac{1}{2}G\frac{m_1m_2}{r_0} \end{aligned} \tag{10.33}$$

gegeben. Wie wir im Folgenden sehen werden, spielen die Parameter r_0 und V_{min} eine wichtige Rolle bei der analytischen Lösung des Kepler-Problems.

10.2.3 Erlaubte und verbotene Bereiche

Die Anfangsbedingungen bestimmen die Energie der Relativbewegung, E_{rel}, in Gl. 10.31. Da die kinetische Energie der radialen Relativbewegung, $\frac{1}{2}\mu\dot{r}^2$, nie negativ sein kann, muss folgende Ungleichung gelten:

$$E_{\text{rel}} \geq V_{\text{eff}}(r). \tag{10.34}$$

Insbesondere können nur solche Energien physikalisch realisiert sein, bei denen

$$E_{\text{rel}} \geq V_{\text{min}} \tag{10.35}$$

erfüllt ist. Die Ungleichung 10.34 stellt die Grundlage dar für die Bestimmung der Abstandsbereiche, die in der Klassischen Mechanik *erlaubt* bzw. *verboten* sind. Ein Abstand r, bei dem die Ungleichung 10.34 erfüllt ist, ist erlaubt. Ist die Ungleichung verletzt, dann kann der entsprechende Abstand r nicht eingenommen werden und ist daher verboten.

Grafisch geht man dabei folgendermaßen vor: Man trägt die Energie E_{rel} zusammen mit dem effektiven Potenzial $V_{\text{eff}}(r)$ als Funktion des Abstands r auf. Da E_{rel} eine Konstante ist, ist die dazugehörige Kurve eine horizontale Linie, wie in Abb. 10.1 anhand von zwei Beispielen illustriert. Erlaubt sind gemäß der Ungleichung 10.34 nur diejenigen r, bei denen das effektive Potenzial unterhalb dieser horizontalen Linie liegt.

Unter den physikalisch möglichen Energien muss man zwischen zwei verschiedenen Situationen unterscheiden. Zum einen kann $E_{\text{rel}} \geq 0$ sein. Die kinetische Energie

$$\frac{1}{2}\mu\dot{r}^2 = E_{\text{rel}} - V_{\text{eff}}(r) \tag{10.36}$$

ist dann für große r stets nichtnegativ, da das effektive Potenzial dort negativ ist und asymptotisch verschwindet. Dies bedeutet, die radiale Relativbewegung kann sich zu beliebig großen Abständen erstrecken. In diesem Fall liegt keine gebundene Bewegung vor, da sich die beiden physikalischen Teilchen beliebig weit voneinander wegbewegen können.

Wie man aus Abb. 10.1 schließen kann, gibt es allerdings einen minimalen Abstand, $r_{\min}$, den die beiden physikalischen Teilchen nicht unterschreiten können: Bei dem Abstand $r_{\min}$, bei dem das effektive Potenzial gleich E_{rel} ist, d. h.

$$V_{\mathrm{eff}}(r_{\min}) = E_{\mathrm{rel}},$$

verschwindet die kinetische Energie in Gl. 10.36. Bei noch kleineren Abständen nimmt $V_{\mathrm{eff}}(r)$ noch weiter zu. Dadurch wäre die Ungleichung in Gl. 10.34 verletzt und es würde die unphysikalische Situation einer negativen kinetischen Energie auftreten. Der Abstandsbereich $r < r_{\min}$ ist daher verboten.

Die zweite physikalisch relevante Situation liegt vor, wenn $V_{\min} \leq E_{\mathrm{rel}} < 0$ ist. In diesem Fall gibt es nach wie vor den verbotenen Bereich bei kleinen r ($r < r_{\min}$). Sie können aber anhand von Abb. 10.1 erkennen, dass nun noch ein zweiter verbotener Bereich in Erscheinung tritt: Da E_{rel} nun negativ ist, gibt es einen kritischen Abstand $r_{\max} \geq r_{\min}$, *oberhalb* dessen $V_{\mathrm{eff}}(r) > E_{\mathrm{rel}}$ ist, sodass sich das System auch in diesem Bereich zu keinem Zeitpunkt befinden kann.

In anderen Worten: Ist $V_{\min} \leq E_{\mathrm{rel}} < 0$ erfüllt, dann hat die Gleichung

$$V_{\mathrm{eff}}(r) = E_{\mathrm{rel}}$$

nicht eine, sondern im Allgemeinen zwei verschiedene Lösungen, $r_{\min}$ und $r_{\max}$. Radial kann sich das System dann ausschließlich zwischen $r = r_{\min}$ und $r = r_{\max}$ bewegen. Nur dort ist die Ungleichung

$$E_{\mathrm{rel}} \geq V_{\mathrm{eff}}(r)$$

erfüllt. Man spricht in diesem Fall von einer gebundenen Bewegung. Eine gebundene Bewegung ist notwendig für eine geschlossene Planetenbahn. Der zur Erklärung der Kepler'schen Gesetze relevante Energiebereich ist daher durch $V_{\min} \leq E_{\mathrm{rel}} < 0$ gegeben.

Nimmt die Energie ihren minimalen erlaubten Wert an, $E_{\mathrm{rel}} = V_{\min}$, dann hat die Gleichung $V_{\mathrm{eff}}(r) = E_{\mathrm{rel}}$ nur eine Lösung: $r = r_0$. Die kritischen Abstände $r_{\min}$ und $r_{\max}$ fallen somit zusammen: $r_{\min} = r_{\max} = r_0$. Für diesen Spezialfall können wir schließen, dass zu allen Zeiten $r(t) = r_0$ sein muss. Aus Gl. 10.27 folgt, dass die Winkelgeschwindigkeit der Relativbewegung zeitunabhängig und durch $\dot{\varphi} = l/(\mu r_0^2)$ gegeben ist. Die Relativbewegung beschreibt in diesem Spezialfall also eine mit konstanter Winkelgeschwindigkeit durchlaufene Kreisbahn, mit einem durch Gl. 10.32 bestimmten Bahnradius.

Wie stark die Bahnkurve von einer Kreisbahn abweicht, wird dadurch kontrolliert, wie stark die Energie E_{rel} vom Minimum des effektiven Potenzials, $V_{\min}$, abweicht.

Dabei kann aber nicht die absolute Differenz $E_{rel} - V_{min}$ entscheidend sein. Fragen Sie sich selbst: Was bedeutet denn eine starke Abweichung? Stark im Vergleich wozu? Diese Frage können wir offenbar nur durch Vergleich mit einer geeigneten Energieskala beantworten. Aufgrund der Bedingung $V_{min} \leq E_{rel} < 0$ ist die Energieintervallbreite, die insgesamt für eine gebundene Bewegung zur Verfügung steht, durch $|V_{min}| = -V_{min}$ gegeben. Diese Energieintervallbreite definiert in dem vorliegenden Problem die relevante Energieskala.

Es kann daher nur die Differenz $E_{rel} - V_{min}$ im Verhältnis zu $-V_{min}$ von Bedeutung sein. In weiser Voraussicht ziehen wir die Wurzel aus diesem Verhältnis und definieren somit die dimensionslose Größe

$$\varepsilon = \sqrt{\frac{E_{rel} - V_{min}}{-V_{min}}} = \sqrt{1 - \frac{E_{rel}}{V_{min}}}. \tag{10.37}$$

Bei einer gebundenen Bewegung kann ε Werte im Intervall $[0, 1)$ annehmen ($\varepsilon = 0$ für $E_{rel} = V_{min}$; $\varepsilon \to 1$ für $E_{rel} \to 0$). Es wird sich herausstellen, dass ε bei der Charakterisierung der gebundenen Bahnbewegung von großer Bedeutung ist.

Um das Auftreten von ε im Folgenden leichter erkennen zu können, verwenden wir folgende Schritte. Zuerst folgt aus Gl. 10.32:

$$Gm_1m_2 = \frac{l^2}{\mu r_0}.$$

Damit erhalten wir aus Gl. 10.33:

$$V_{min} = -\frac{l^2}{2\mu r_0^2}. \tag{10.38}$$

Aus Gl. 10.37 folgt somit schließlich:

$$\varepsilon = \sqrt{1 + \frac{2\mu r_0^2}{l^2} E_{rel}} \tag{10.39}$$

bzw.

$$\frac{2\mu r_0^2}{l^2} E_{rel} = \varepsilon^2 - 1. \tag{10.40}$$

10.3 Bestimmung der Bahnkurve

Den Fall $\varepsilon = 0$ ($E_{rel} = V_{min}$) haben wir bereits gelöst; es liegt eine gleichförmige Kreisbewegung vor. Um die Bahnkurve für $0 < \varepsilon < 1$ zu bestimmen, betrachten wir die Radialkoordinate r als Funktion der Winkelkoordinate φ. Unser Ziel ist es dabei, eine zeitunabhängige Darstellung der Bahnkurve der Relativbewegung zu finden. Zu diesem Zweck führen wir $\dot{r}$ in der Energiegleichung 10.31 in eine Ableitung nach φ über:

$$\frac{dr(\varphi(t))}{dt} = \frac{dr}{d\varphi}\dot{\varphi} = \frac{dr}{d\varphi}\frac{l}{\mu r^2} = -\frac{l}{\mu}\frac{d}{d\varphi}\left(\frac{1}{r}\right).$$

Dabei haben wir Gl. 10.27 für $\dot{\varphi}$ eingesetzt. Beim ersten und beim letzten Schritt kam jeweils die Kettenregel zum Einsatz.

Wir erhalten daher aus Gl. 10.30 und 10.31:

$$E_{\text{rel}} = \frac{1}{2}\mu\dot{r}^2 + \frac{l^2}{2\mu r^2} - G\frac{m_1 m_2}{r}$$

$$= \frac{l^2}{2\mu}\left[\frac{d}{d\varphi}\left(\frac{1}{r}\right)\right]^2 + \frac{l^2}{2\mu r^2} - \frac{l^2}{\mu r_0 r}. \tag{10.41}$$

Dabei haben wir wieder $Gm_1 m_2$ unter Verwendung von Gl. 10.32 umgeschrieben. Indem wir Gl. 10.41 durch $-V_{\min} = l^2/(2\mu r_0^2)$ [Gl. 10.38] teilen, finden wir, mithilfe von Gl. 10.40, folgende dimensionslose Gleichung:

$$\varepsilon^2 - 1 = \left[\frac{d}{d\varphi}\left(\frac{r_0}{r}\right)\right]^2 + \left(\frac{r_0}{r}\right)^2 - 2\frac{r_0}{r}$$

$$= \left[\frac{d}{d\varphi}\left(\frac{r_0}{r}\right)\right]^2 + \left(\frac{r_0}{r} - 1\right)^2 - 1$$

$$= \left[\frac{d}{d\varphi}\left(\frac{r_0}{r} - 1\right)\right]^2 + \left(\frac{r_0}{r} - 1\right)^2 - 1$$

bzw.

$$\left[\frac{d}{d\varphi}\frac{1}{\varepsilon}\left(\frac{r_0}{r} - 1\right)\right]^2 + \left[\frac{1}{\varepsilon}\left(\frac{r_0}{r} - 1\right)\right]^2 = 1. \tag{10.42}$$

Wir suchen also die Funktion

$$f(\varphi) = \frac{1}{\varepsilon}\left(\frac{r_0}{r(\varphi)} - 1\right), \tag{10.43}$$

die der Gleichung

$$\left[f'\right]^2 + f^2 = 1 \tag{10.44}$$

genügt. Dies ist zwar eine nichtlineare Differenzialgleichung, aber deren Lösung lässt sich leicht erraten:

$$f(\varphi) = \cos(\varphi - \varphi_0), \tag{10.45}$$

wobei φ_0 eine von den Anfangsbedingungen abhängige Integrationskonstante ist. Verifizieren Sie zur Übung, dass Gl. 10.44 durch Gl. 10.45 erfüllt wird. Überzeugen Sie sich auch davon, dass Gl. 10.45 beispielsweise die Lösung $f(\varphi) = \sin\varphi$ mit einschließt.

Wir lösen nun Gl. 10.43 nach $r(\varphi)$ auf und setzen Gl. 10.45 ein. Auf diese Weise erhalten wir die gesuchte Bahnkurve:

$$r(\varphi) = \frac{r_0}{1 + \varepsilon \cos(\varphi - \varphi_0)}. \tag{10.46}$$

Obwohl wir bei der Herleitung dieser Gleichung $\varepsilon > 0$ angenommen hatten [in Gl. 10.42], reproduziert sie für $\varepsilon = 0$ die uns bereits bekannte Lösung $r(\varphi) = r_0$. Gl. 10.46 ist daher im gesamten Bereich gebundener Bewegungen ($0 \leq \varepsilon < 1$) einsetzbar. Man kann insbesondere leicht die bereits zuvor eingeführten kritischen Abstände $r_{\min}$ und $r_{\max}$ ablesen:

$$r_{\min} = \frac{r_0}{1 + \varepsilon}, \qquad r_{\max} = \frac{r_0}{1 - \varepsilon}. \tag{10.47}$$

Dass es sich bei der gefundenen Bahnkurve tatsächlich um eine Ellipse handelt, sieht man ihr in der durch Gl. 10.46 gegebenen Form nicht direkt an. Wir kehren daher von Polarkoordinaten zu kartesischen Koordinaten in der Ebene der Relativbewegung zurück:

$$x(\varphi) = r(\varphi) \cos \varphi$$
$$= r_0 \frac{\cos \varphi}{1 + \varepsilon \cos(\varphi - \varphi_0)}, \tag{10.48}$$
$$y(\varphi) = r(\varphi) \sin \varphi$$
$$= r_0 \frac{\sin \varphi}{1 + \varepsilon \cos(\varphi - \varphi_0)}. \tag{10.49}$$

In dieser Form ist die Position (x, y) des Relativvektors in der xy-Ebene durch den Bahnwinkel φ parametrisiert.

Durchläuft φ Werte von 0 bis 2π, dann erhält man aus Gl. 10.48 und 10.49 die in Abb. 10.2 gezeigten Bahnkurven. Bei diesen Bahnkurven ist $\varepsilon = 0{,}75$ gewählt. Sie können erkennen, dass die Bahnkurven ellipsenförmig sind und dass die Form der Bahnkurve unabhängig von φ_0 ist. Ändert man φ_0, dann dreht sich die Bahnkurve um den Koordinatenursprung bei $r = 0$ (der Punkt, an dem der Abstand der beiden physikalischen Teilchen des Zweiteilchenproblems verschwindet), verändert sich in ihrer Form aber nicht.

Erinnern Sie sich, dass wir im Zusammenhang mit Gl. 10.20 Einheitsvektoren $\hat{e}_x$ und $\hat{e}_y$ eingeführt hatten. Dabei hatten wir lediglich gefordert, dass beide zueinander und zur Drehimpulsachse senkrecht sein sollen. Jetzt nutzen wir aus, dass wir dieses Paar von Einheitsvektoren in der xy-Ebene beliebig drehen können. In anderen Worten: Es steht uns frei, wie wir in der xy-Ebene die x- und y-Achsen wählen, solange wir den Ursprung bei $r = 0$ unverändert lassen. Diese Tatsache erlaubt es uns, bei einer gegebenen Bahnkurve die x- und y-Achsen so zu wählen, dass in

Abb. 10.2 Beim gravitativ gebundenen Zweiteilchensystem auftretende Bahnkurven der Relativbewegung, berechnet mithilfe von Gl. 10.48 und 10.49. Die Bahnkurven für vier verschiedene φ_0 sind für $\varepsilon = 0,75$ gezeigt

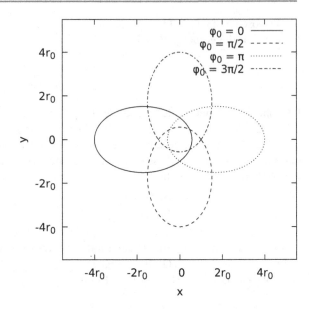

diesem Koordinatenachsensystem $\varphi_0 = 0$ ist. Wir nehmen daher im Folgenden an, dass die Bahnkurve durch

$$x(\varphi) = r_0 \frac{\cos \varphi}{1 + \varepsilon \cos \varphi}, \tag{10.50}$$

$$y(\varphi) = r_0 \frac{\sin \varphi}{1 + \varepsilon \cos \varphi} \tag{10.51}$$

gegeben ist.

10.4   Die Kepler'schen Gesetze

Um zu demonstrieren, dass Gl. 10.50 und 10.51 tatsächlich eine Ellipse im strengen mathematischen Sinn definieren, machen wir folgende vorbereitende Überlegungen. Zum einen können wir Abb. 10.2 entnehmen, dass die Bahnkurve bezüglich des Koordinatenursprungs nicht zentriert ist; die Bahnkurve ist entlang der negativen x-Achse verschoben. Betrachten wir dazu die beiden Punkte der Bahnkurve auf der x-Achse (die Punkte bei $\varphi = 0$ bzw. $\varphi = \pi$):

$$x(\varphi = 0) = \frac{r_0}{1 + \varepsilon} = r_{\min}, \tag{10.52}$$

$$x(\varphi = \pi) = -\frac{r_0}{1 - \varepsilon} = -r_{\max}, \tag{10.53}$$

die mit den kritischen Abständen $r_{\min}$ und $r_{\max}$ [Gl. 10.47] zusammenhängen. Bei $\varphi = 0$ kommen sich die beiden physikalischen Teilchen demnach am nächsten; bei

$\varphi = \pi$ sind sie voneinander am weitesten entfernt. Der Mittelwert

$$
\begin{aligned}
\bar{x} &= \frac{1}{2}\{x(0) + x(\pi)\} \\
&= \frac{r_0}{2}\left\{\frac{1}{1+\varepsilon} - \frac{1}{1-\varepsilon}\right\} \\
&= \frac{r_0}{2}\left\{\frac{1-\varepsilon}{1-\varepsilon^2} - \frac{1+\varepsilon}{1-\varepsilon^2}\right\} \\
&= -r_0\frac{\varepsilon}{1-\varepsilon^2}
\end{aligned}
\tag{10.54}
$$

liegt auf halber Strecke zwischen den beiden Bahnpunkten auf der x-Achse und gibt uns direkt an, wie weit und in welche Richtung das Zentrum der Bahnkurve entlang der x-Achse gegenüber dem Ursprung verschoben ist.

Den Durchmesser der Bahnkurve entlang der x-Achse können wir ebenfalls mithilfe von Gl. 10.52 und 10.53 berechnen:

$$
\begin{aligned}
x(0) - x(\pi) &= \frac{r_0}{1+\varepsilon} + \frac{r_0}{1-\varepsilon} \\
&= r_0\left\{\frac{1-\varepsilon}{1-\varepsilon^2} + \frac{1+\varepsilon}{1-\varepsilon^2}\right\} \\
&= \frac{2r_0}{1-\varepsilon^2}.
\end{aligned}
\tag{10.55}
$$

Die zur Bahnkurve gehörige große Halbachse (= die Hälfte des obigen Durchmessers) ist daher:

$$
a = \frac{r_0}{1-\varepsilon^2}.
\tag{10.56}
$$

Die Bezeichnung „große" Halbachse müssen wir, streng genommen, erst noch rechtfertigen. Sie ist aber anhand von Abb. 10.2 anschaulich nachvollziehbar.

Beschreiben Gl. 10.50 und 10.51 also eine Ellipse, dann erwarten wir, dass folgende Ellipsengleichung erfüllt ist:

$$
\frac{[x(\varphi) - \bar{x}]^2}{a^2} + \frac{[y(\varphi)]^2}{b^2} = 1.
\tag{10.57}
$$

Wie Ihnen aus der Schulmathematik eventuell bereits bekannt ist, beschreibt diese Gleichung eine symmetrisch bezüglich der x-Achse ausgerichtete Ellipse (wie in Abb. 10.2 für $\varphi_0 = 0$), deren Zentrum in der xy-Ebene bei $(\bar{x}, 0)$ liegt und deren Halbachsen a und b sind. Dies zeigen wir nun und erhalten dabei auch einen Wert für die Halbachse b.

Dazu konzentrieren wir uns auf Dinge, die wir uns heuristisch erarbeitet haben, und analysieren daher den ersten in Gl. 10.57 benötigten Term in zwei Schritten. Im ersten Schritt berechnen wir, unter Verwendung von Gl. 10.50, 10.54 und 10.56:

$$
\frac{x(\varphi) - \bar{x}}{a} = \frac{\dfrac{\cos \varphi}{1 + \varepsilon \cos \varphi} + \dfrac{\varepsilon}{1 - \varepsilon^2}}{\dfrac{1}{1 - \varepsilon^2}}
$$

$$
= (1 - \varepsilon^2)\frac{\cos \varphi}{1 + \varepsilon \cos \varphi} + \varepsilon
$$

$$
= (1 - \varepsilon^2)\frac{\cos \varphi}{1 + \varepsilon \cos \varphi} + \varepsilon\frac{1 + \varepsilon \cos \varphi}{1 + \varepsilon \cos \varphi}
$$

$$
= \frac{\varepsilon + \cos \varphi}{1 + \varepsilon \cos \varphi}. \tag{10.58}
$$

Im zweiten Schritt quadrieren wir dieses Resultat:

$$
\frac{[x(\varphi) - \bar{x}]^2}{a^2} = \frac{\varepsilon^2 + 2\varepsilon \cos \varphi + \cos^2 \varphi}{(1 + \varepsilon \cos \varphi)^2}
$$

$$
= \frac{\varepsilon^2 + 2\varepsilon \cos \varphi + \varepsilon^2 \cos^2 \varphi + 1 - \varepsilon^2 \cos^2 \varphi - 1 + \cos^2 \varphi}{(1 + \varepsilon \cos \varphi)^2}
$$

$$
= \frac{(1 + \varepsilon \cos \varphi)^2 - (1 - \varepsilon^2) \sin^2 \varphi}{(1 + \varepsilon \cos \varphi)^2}
$$

$$
= 1 - (1 - \varepsilon^2)\frac{\sin^2 \varphi}{(1 + \varepsilon \cos \varphi)^2}
$$

$$
= 1 - \frac{1 - \varepsilon^2}{r_0^2}[y(\varphi)]^2. \tag{10.59}
$$

Dabei haben wir im letzten Schritt Gl. 10.51 verwendet. Gl. 10.59 demonstriert, dass die Ellipsengleichung 10.57 in der Tat erfüllt ist. Insbesondere können wir die noch fehlende Halbachse b ablesen:

$$
b = \frac{r_0}{\sqrt{1 - \varepsilon^2}}. \tag{10.60}
$$

Wir haben damit das *erste Kepler'sche Gesetz* hergeleitet: Ist der Massenpunkt 1 ein Planet und der Massenpunkt 2 die Sonne, dann beschreibt der Bahnvektor des Planeten relativ zur Sonne eine Ellipse. Aufgrund von Gl. 10.56 und 10.60 gilt stets $a \geq b$ (zur Erinnerung: $0 \leq \varepsilon < 1$), d. h., a bezeichnet tatsächlich die *große* Halbachse und b die *kleine* Halbachse der Ellipse.

Wie stark eine Ellipse von einem Kreis abweicht, wird in der Mathematik durch die sogenannte numerische Exzentrizität $\sqrt{1 - (b/a)^2}$ beschrieben. Untersuchen wir diese Größe mithilfe von Gl. 10.56 und 10.60 genauer:

$$
\sqrt{1 - \frac{b^2}{a^2}} = \sqrt{1 - \frac{(1 - \varepsilon^2)^2}{1 - \varepsilon^2}} = \sqrt{1 - (1 - \varepsilon^2)} = \varepsilon. \tag{10.61}
$$

Die in Gl. 10.37 eingeführte Größe ε ist insofern exakt die numerische Exzentrizität der zur gebundenen Bahnbewegung gehörigen Ellipse!

Das *zweite Kepler'sche Gesetz* („Der Relativvektor von der Sonne zum Planeten überstreicht in gleichen Zeiten gleiche Flächen") ist eine (weitere) Konsequenz der Bahndrehimpulserhaltung im Zweiteilchensystem. Verschiebt sich der Relativvektor $\vec{r}$ um $d\vec{r}$ (also von $\vec{r}$ nach $\vec{r} + d\vec{r}$), dann ist die dabei überstrichene Fläche (per Definition des Kreuzprodukts) durch

$$dF = \frac{1}{2}|\vec{r} \times d\vec{r}| \tag{10.62}$$

gegeben. Daraus folgt für die Änderung der überstrichenen Fläche mit der Zeit:

$$\frac{dF}{dt} = \frac{1}{2}\left|\vec{r} \times \frac{d\vec{r}}{dt}\right| = \frac{1}{2}\left|\vec{r} \times \dot{\vec{r}}\right| = \frac{l}{2\mu} = \text{const.}, \tag{10.63}$$

wobei wir Gl. 10.17 und 10.19 zum Einsatz gebracht haben. Damit wird in gleichen Zeitintervallen dt die gleiche Fläche dF überstrichen.

Nennen wir T die Umlaufzeit für die Relativbewegung. Dann überstreicht der Relativvektor beim Durchlaufen des Zeitintervalls T die gesamte Fläche der Ellipse, die von der geschlossenen Bahnkurve beschrieben wird. Aus Gl. 10.63 schließen wir daher, dass die Fläche der Ellipse

$$F = \frac{l}{2\mu}T \tag{10.64}$$

ist. Andererseits wird in der Mathematik gezeigt, dass die Fläche einer Ellipse mit Halbachsen a und b durch

$$F = \pi ab \tag{10.65}$$

gegeben ist. Mithilfe von Gl. 10.56 und 10.60 können wir in Gl. 10.65 die kleine Halbachse zugunsten der großen Halbachse eliminieren:

$$F = \pi a\sqrt{r_0 a}. \tag{10.66}$$

Quadrieren und Gleichsetzen von Gl. 10.64 und 10.66 ergibt schließlich:

$$\pi^2 r_0 a^3 = \frac{l^2}{4\mu^2}T^2 \tag{10.67}$$

bzw., unter Verwendung von Gl. 10.32 und 10.12,

$$\frac{a^3}{T^2} = \frac{l^2}{4\pi^2 r_0 \mu^2} = \frac{Gm_1 m_2}{4\pi^2 \mu} = \frac{G(m_1 + m_2)}{4\pi^2}. \tag{10.68}$$

Da die Masse m_1 eines Planeten unseres Sonnensystems klein ist gegenüber der Masse m_2 der Sonne (selbst beim Planeten Jupiter, dem massereichsten Planeten in unserem Sonnensystem, beträgt m_1/m_2 nur etwa 10^{-3}), haben wir damit auch das *dritte Kepler'sche Gesetz* gezeigt: Das Verhältnis der Kuben der großen Halbachsen zu den Quadraten der Umlaufzeiten ist für alle Planeten unseres Planetensystems dasselbe, da die rechte Seite von Gl. 10.68 unter Verwendung der Näherung $m_1 + m_2 \approx m_2$ unabhängig ist von den Eigenschaften des jeweils betrachteten Planeten.

▶   **Hinweis** Beachten Sie, dass wir ausschließlich beim dritten Kepler'schen Gesetz die Annahme $m_1 \ll m_2$ benötigten. Zur Herleitung des ersten bzw. des zweiten Kepler'schen Gesetzes war keine Einschränkung des Massenverhältnisses der beiden physikalischen Teilchen des Zweiteilchenproblems erforderlich.

Noch eine abschließende Bemerkung zu diesem Kapitel: Offenbar ist eine Grundannahme unseres einfachen Modells für ein Planetensystem, dass die Bewegung eines Planeten durch die Gravitationskraft seines Sterns (Sonne) dominiert wird. Der gravitative Einfluss anderer Planeten wird dabei vernachlässigt. Das ist aufgrund der großen Sonnenmasse plausibel. Kommen sich zwei Planeten jedoch hinreichend nahe, muss man Bahnstörungen erwarten, die man nicht allein durch unser Zweiteilchenmodell erfassen kann. Allerdings gibt es für den Fall mehrerer miteinander wechselwirkender Planeten eines Planetensystems keine analytische Lösung. Man muss daher geeignete Näherungsverfahren verwenden oder zu computergestützten, numerischen Werkzeugen greifen.

Aufgaben

10.1 Bestimmen Sie anhand der Gleichung $V_{\text{eff}}(r) = E_{\text{rel}}$ die Größen $r_{\min}$ und $r_{\max}$, die uns zuerst in Abschn. 10.2.3 begegnet sind. Nehmen Sie dabei an, dass die Bedingung $V_{\min} \leq E_{\text{rel}} < 0$ erfüllt ist. Zeigen Sie, dass Sie auf diese Weise Gl. 10.47 reproduzieren können.

10.2 Beim Zweiteilchenproblem mit Zentralkraft gilt der Energieerhaltungssatz für die radiale Bewegung (Bewegung in der Abstandskoordinate) in der Form

$$E_{\text{rel}} = \frac{1}{2}\mu\dot{r}^2 + V_{\text{eff}}(r),$$

wobei das effektive Potenzial durch

$$V_{\text{eff}}(r) = \frac{l^2}{2\mu r^2} + V(r)$$

gegeben ist. In dieser Aufgabe untersuchen Sie die geschlossene Bahnbewegung in harmonischer Näherung.

(a) Sei $V(r) = -Gm_1m_2/r$. Wir nehmen an, dass $l > 0$ ist. Bestimmen Sie die Position r_0 des Minimums von $V_{\text{eff}}(r)$ und die effektive potenzielle Energie V_{min} bei $r = r_0$. Entwickeln Sie dann $V_{\text{eff}}(r)$ in eine Taylor-Reihe um das Minimum bei $r = r_0$. Vernachlässigen Sie Terme dritter und höherer Ordnung. Auf diese Weise nähern Sie $V_{\text{eff}}(r)$ durch ein bei $r = r_0$ zentriertes harmonisches Potenzial

$$\tilde{V}_{\text{eff}}(r) = V_{\text{min}} + \frac{1}{2}k(r - r_0)^2.$$

Geben Sie k an und drücken Sie k durch r_0 und V_{min} aus.

(b) Leiten Sie durch Zeitableitung von $E_{\text{rel}} = \frac{1}{2}\mu\dot{r}^2 + \tilde{V}_{\text{eff}}(r)$ eine Bewegungsgleichung für $r(t)$ her. (Beachten Sie dabei die Kettenregel!) Geben Sie die allgemeine Lösung für $r(t)$ an.

(c) Bestimmen Sie mit diesem Ergebnis für $r(t)$ den Bahnwinkel $\varphi(t)$. [Hinweise: Sie müssen dazu eine separable Differenzialgleichung erster Ordnung lösen. Nutzen Sie dabei aus, dass $|r - r_0| \ll r_0$ sein muss, damit die harmonische Näherung gültig ist. Dies ermöglicht Ihnen, $(1 + x)^{-2} \approx 1 - 2x$ für $|x| \ll 1$ zu nutzen.]

(d) Sei nun $V(r) = -C/r^\alpha$. Welche Bedingungen müssen die Konstanten C und α erfüllen, damit $V_{\text{eff}}(r)$ für $l > 0$ ein Minimum aufweist und damit die harmonische Näherung wie oben verwendet werden kann?

(e) Bestimmen Sie die Bahnkurve für das Potenzial $V(r) = -C/r^\alpha$ für den Fall, dass die harmonische Näherung verwendet werden kann.

Drehbewegungen 11

© Springer-Verlag GmbH Deutschland, ein Teil von Springer Nature 2023   227
R. Santra, *Einführung in die Theoretische Physik*,
https://doi.org/10.1007/978-3-662-67439-0_11

Das Konzept des Drehimpulses hat sich in Kap. 10 bei der Lösung des Zweiteilchen-problems als außerordentlich hilfreich erwiesen. Im Folgenden untersuchen wir systematisch den Drehimpulsbegriff für abgeschlossene N-Teilchensysteme. Auf dieser Grundlage entwickeln wir die Theorie der Drehbewegungen von sogenannten starren Körpern. Die Annahme, dass es sich dabei um abgeschlossene N-Teilchensysteme handelt, impliziert, dass sich die Körper ohne äußere Kraft („kräftefrei") bewegen.

Bei starren Körpern wird es uns gelingen, das N-Teilchenproblem im $6N$-dimensionalen Phasenraum auf die Bestimmung der zeitlichen Entwicklung einer Matrix mit lediglich neun Komponenten zu reduzieren. Die Theorie der Drehbewegungen stellt insofern ein natürliches Umfeld dar, um einen ersten Einblick in die Verwendung von Matrizen in der Theoretischen Physik zu gewinnen. Eine zentrale Größe, die bei der Beschreibung der Drehbewegung eines starren Körpers auftritt, ist der sogenannte Trägheitstensor. Wir werden dessen Verhalten unter Drehungen untersuchen. Dabei werden Sie lernen, dass ein wichtiger mathematischer Sachverhalt (die Diagonalisierbarkeit reeller, symmetrischer Matrizen) die theoretische Beschreibung von Drehbewegungen erleichtert. Insbesondere gelingt uns auf diese Weise eine natürliche Klassifizierung unterschiedlicher Typen von sich drehenden Körpern.

11.1 Erhaltung des Drehimpulses

Wir hatten in Kap. 7 gesehen, dass der Gesamtimpuls $\vec{P}$ eines abgeschlossenen N-Teilchensystems eine Erhaltungsgröße ist. Wir hatten aufgrund dieser Eigenschaft geschlossen, dass der Ortsvektor des Schwerpunkts des Systems,

$$\vec{r}_S(t) = \frac{1}{M} \sum_i m_i \vec{r}_i(t)$$

[Gl. 7.21], eine gleichförmige geradlinige Bewegung durchläuft:

$$\vec{r}_S(t) = \vec{r}_S(0) + \frac{\vec{P}}{M} t$$

[Gl. 7.20]. Rufen Sie sich hierbei in Erinnerung, dass $\vec{r}_i(t)$ der Ortsvektor des i-ten Teilchens ist, m_i die Masse des i-ten Teilchens und $M = \sum_i m_i$ die Gesamtmasse des N-Teilchensystems.

Die Vektoren $\vec{r}_S(0)$ und $\vec{P}$ folgen aus den Anfangsbedingungen $\vec{r}_i(0)$ und $\dot{\vec{r}}_i(0)$ für $i = 1, \ldots, N$. Die Bewegung des Schwerpunkts ist durch die Anfangsbedingungen und Gl. 7.20 also eindeutig bestimmt. Unter der Annahme, dass wir die Wechselwirkungen zwischen den Teilchen mithilfe eines Potenzials V beschreiben können, konnten wir in Kap. 9 auch die Erhaltung der Gesamtenergie

$$E = T + V$$

zeigen, wobei T die kinetische Energie des abgeschlossenen N-Teilchensystems ist.

Außer den sieben Parametern $[\vec{r}_S(0)]_x$, $[\vec{r}_S(0)]_y$, $[\vec{r}_S(0)]_z$, P_x, P_y, P_z und E gibt es drei weitere Parameter, die das abgeschlossene N-Teilchensystem charakterisieren und erhalten sind: die drei Komponenten L_x, L_y und L_z des Gesamtdrehimpulsvektors

$$\vec{L} = \sum_i \vec{l}_i(t) = \sum_i \vec{r}_i(t) \times \vec{p}_i(t). \qquad (11.1)$$

Dabei bezeichnet $\vec{l}_i(t)$ den Drehimpuls des i-ten Teilchens.

Um die Erhaltung des Gesamtdrehimpulses zu zeigen, berechnen wir die zeitliche Ableitung von $\vec{L}$:

$$\begin{aligned}
\frac{\mathrm{d}}{\mathrm{d}t}\vec{L} &= \frac{\mathrm{d}}{\mathrm{d}t} \sum_i \vec{r}_i(t) \times \vec{p}_i(t) \\
&= \sum_i \left\{ \dot{\vec{r}}_i(t) \times \vec{p}_i(t) + \vec{r}_i(t) \times \dot{\vec{p}}_i(t) \right\} \\
&= \sum_i \vec{r}_i(t) \times \vec{F}_i(t). \qquad (11.2)
\end{aligned}$$

Beim Übergang von der ersten zur zweiten Zeile haben wir die Produktregel angewandt; beim Übergang von der zweiten zur dritten Zeile haben wir ausgenutzt, dass $\dot{\vec{r}}_i(t) \times \vec{p}_i(t)$ gleich dem Nullvektor ist (da das Kreuzprodukt von zwei Vektoren, die zueinander proportional sind, verschwindet) und dass $\dot{\vec{p}}_i(t) = \vec{F}_i(t)$ ist [Gl. 7.9].

Wie beim Beweis der Erhaltung des Gesamtimpulses nehmen wir an, dass die Teilchen paarweise aufeinander Kräfte ausüben:

$$\vec{F}_i = \sum_j \vec{f}_{ij}$$

[Gl. 7.14]. Somit folgt aus Gl. 11.2:

$$\frac{\mathrm{d}\vec{L}}{\mathrm{d}t} = \sum_{i,j} \vec{r}_i \times \vec{f}_{ij}. \qquad (11.3)$$

Untersuchen wir diesen Ausdruck genauer. Dazu nehmen wir die Herangehensweise, die wir im Zusammenhang mit Gl. 7.16 entwickelt haben, und das dritte Newton'sche Gesetz [Gl. 7.13] zu Hilfe:

$$\frac{\mathrm{d}\vec{L}}{\mathrm{d}t} = \sum_{i<j} \vec{r}_i \times \vec{f}_{ij} + \sum_{i>j} \vec{r}_i \times \vec{f}_{ij}$$

$$= \sum_{i<j} \vec{r}_i \times \vec{f}_{ij} + \sum_{j>i} \vec{r}_j \times \vec{f}_{ji}$$

$$= \sum_{i<j} \vec{r}_i \times \vec{f}_{ij} - \sum_{i<j} \vec{r}_j \times \vec{f}_{ij}$$

$$= \sum_{i<j} (\vec{r}_i - \vec{r}_j) \times \vec{f}_{ij}. \qquad (11.4)$$

Anders als beim Impulssatz können wir aus diesen Schritten allein nicht schließen, dass $\mathrm{d}\vec{L}/\mathrm{d}t = \vec{0}$ ist, da im Allgemeinen der Vektor $(\vec{r}_i - \vec{r}_j) \times \vec{f}_{ij}$ nicht unbedingt verschwindet.

Der Drehimpulssatz folgt aus Gl. 11.4 unter der *zusätzlichen* Annahme, dass für alle Teilchenpaare (und für alle Zeiten) gilt:

$$(\vec{r}_i - \vec{r}_j) \times \vec{f}_{ij} = \vec{0}. \qquad (11.5)$$

Potenziale V von der Form

$$V = \sum_{i<j} V_{ij}(|\vec{r}_i - \vec{r}_j|), \qquad (11.6)$$

die, was die Ortsvektoren der Teilchen betrifft, paarweise von den Abständen zwischen den Teilchen abhängen, erfüllen die Zusatzannahme.

Um dies zu sehen, betrachten wir ein festes Teilchen, das wir, um es von den allgemeinen Summationsindizes i und j in Gl. 11.6 unterscheiden zu können, als das k-te Teilchen bezeichnen. Wir zerlegen die Doppelsumme in Gl. 11.6 nun in drei Beiträge: (i) einen Beitrag, bei dem der Summationsindex i den Wert k annimmt; (ii) einen Beitrag, bei dem der Summationsindex j den Wert k annimmt; und (iii) einen Beitrag, bei dem weder der Summationsindex i noch der Summationsindex j den Wert k annimmt (die Möglichkeit, dass beide Summationsindizes den Wert k annehmen, ist wegen der Bedingung $i < j$ ausgeschlossen):

$$V = \sum_{j>k} V_{kj}(|\vec{r}_k - \vec{r}_j|)$$

$$+ \sum_{i<k} V_{ik}(|\vec{r}_i - \vec{r}_k|)$$

$$+ \sum_{\substack{i<j \\ i \neq k, j \neq k}} V_{ij}(|\vec{r}_i - \vec{r}_j|). \qquad (11.7)$$

Beachten Sie dabei, dass die ersten beiden Terme Einfachsummen sind, die sich zusammenfassen lassen. Benennen wir dazu den Summationsindex in der zweiten Summe in j um und machen wir die für das dritte Newton'sche Gesetz erforderliche Annahme, dass

$$V_{jk}(|\vec{r}_j - \vec{r}_k|) = V_{kj}(|\vec{r}_k - \vec{r}_j|)$$

gilt, dann folgt aus Gl. 11.7:

$$V = \sum_{j \neq k} V_{kj}(|\vec{r}_k - \vec{r}_j|) + \text{Rest.} \tag{11.8}$$

Der „Rest" ist dabei vom k-ten Teilchen unabhängig.

Unter Verwendung von Gl. 11.8 ist die Kraft auf das k-te Teilchen durch

$$\vec{F}_k = -\vec{\nabla}_k V = -\sum_{j \neq k} \vec{\nabla}_k V_{kj}(|\vec{r}_k - \vec{r}_j|) \tag{11.9}$$

gegeben. (Die Notation $\vec{\nabla}_k$ weist darauf hin, dass der Gradient bezüglich der Ortskoordinaten des k-ten Teilchens gebildet wird.) Daraus folgt die Kraft, die das j-te Teilchen auf das k-te Teilchen ausübt:

$$\vec{f}_{kj} = -\vec{\nabla}_k V_{kj}(|\vec{r}_k - \vec{r}_j|).$$

Ersetzen wir das Symbol k schließlich durch i, erhalten wir

$$\vec{f}_{ij} = -\vec{\nabla}_i V_{ij}(|\vec{r}_i - \vec{r}_j|). \tag{11.10}$$

Mithilfe dieses Resultats können wir nun zeigen, dass Gl. 11.5 erfüllt ist. Dazu wenden wir auf Gl. 11.10 die Kettenregel analog zu Gl. 9.47 an:

$$\begin{aligned}
\vec{f}_{ij} &= -V_{ij}'(|\vec{r}_i - \vec{r}_j|)\vec{\nabla}_i|\vec{r}_i - \vec{r}_j| \\
&= -V_{ij}'(|\vec{r}_i - \vec{r}_j|)\frac{\vec{r}_i - \vec{r}_j}{|\vec{r}_i - \vec{r}_j|}.
\end{aligned} \tag{11.11}$$

Der Kraftvektor $\vec{f}_{ij}$ ist somit ein skalares Vielfaches des Vektors $\vec{r}_i - \vec{r}_j$, d.h., die Kraft, die das j-te Teilchen auf das i-te Teilchen ausübt, wirkt entlang des Vektors, der die beiden Teilchen miteinander verbindet. Das Kreuzprodukt $(\vec{r}_i - \vec{r}_j) \times \vec{f}_{ij}$ ist daher null. Damit haben wir, unter den gemachten Annahmen, die Erhaltung des Gesamtdrehimpulses gezeigt.

11.2 Schwerpunkts- und Relativbewegung

Wir hatten beim Zweiteilchenproblem in Kap. 10 die Bewegung des Schwerpunkts des Zweiteilchensystems und die Bewegung von Teilchen 1 relativ zu Teilchen 2 betrachtet. Beim allgemeinen N-Teilchensystem betrachtet man ebenfalls neben der Schwerpunktsbewegung eine Relativbewegung. Man meint hier aber die Bewegung der N Teilchen des Systems relativ zum Schwerpunkt. Dazu schreiben wir für den Ortsvektor des i-ten Teilchens:

$$\vec{r}_i(t) = \vec{r}_S(t) + \vec{x}_i(t). \tag{11.12}$$

Dabei ist $\vec{x}_i(t)$ der Ortsvektor des i-ten Teilchens relativ zum Schwerpunkt.

Auf dieser Grundlage zerlegen wir nun den Gesamtdrehimpuls in einen Anteil, der von der Bewegung des Schwerpunkts herrührt, und einen Anteil, der die Bewegung des Systems relativ zum Schwerpunkt beschreibt:

$$\vec{L} = \sum_i \vec{r}_i \times \vec{p}_i = \sum_i (\vec{r}_S + \vec{x}_i) \times \vec{p}_i = \vec{r}_S \times \sum_i \vec{p}_i + \sum_i \vec{x}_i \times \vec{p}_i. \tag{11.13}$$

Der erste der letzten beiden Terme ist der Drehimpuls der Schwerpunktsbewegung:

$$
\begin{aligned}
\vec{L}_S &= \vec{r}_S(t) \times \sum_i \vec{p}_i(t) \\
&= \vec{r}_S(t) \times \vec{P} \\
&= \left\{ \vec{r}_S(0) + \frac{\vec{P}}{M} t \right\} \times \vec{P} \\
&= \vec{r}_S(0) \times \vec{P}.
\end{aligned}
\tag{11.14}
$$

Da sowohl $\vec{r}_S(0)$ als auch $\vec{P}$ im abgeschlossenen N-Teilchensystem nicht von der Zeit abhängen, ist $\vec{L}_S$ eine Erhaltungsgröße. $\vec{L}_S$ birgt in sich aber keine Informationen, die nicht bereits in $\vec{r}_S(0)$ und $\vec{P}$ stecken.

Deutlich wichtiger ist der Drehimpuls der Relativbewegung. Auch diesen können wir Gl. 11.13 entnehmen:

$$
\begin{aligned}
\vec{L}_{\text{rel}} &= \vec{L} - \vec{L}_S \\
&= \sum_i \vec{x}_i \times \vec{p}_i \\
&= \sum_i \vec{x}_i \times m_i \dot{\vec{r}}_i \\
&= \sum_i \vec{x}_i \times m_i \left\{ \dot{\vec{r}}_S + \dot{\vec{x}}_i \right\} \\
&= \left\{ \sum_i m_i \vec{x}_i \right\} \times \dot{\vec{r}}_S + \sum_i m_i \vec{x}_i \times \dot{\vec{x}}_i.
\end{aligned}
\tag{11.15}
$$

Hier haben wir sowohl den Zusammenhang $\vec{p}_i = m_i\dot{\vec{r}}_i$ [Gl. 7.10] genutzt als auch die Ableitung von Gl. 11.12 nach der Zeit.

Gl. 11.15 lässt sich noch weiter vereinfachen. Mithilfe von Gl. 11.12 finden wir nämlich:

$$\sum_i m_i \vec{x}_i = \sum_i m_i \{\vec{r}_i - \vec{r}_S\}$$
$$= \sum_i m_i \vec{r}_i - \sum_i m_i \vec{r}_S$$
$$= M\vec{r}_S - M\vec{r}_S$$
$$= \vec{0}. \tag{11.16}$$

In anderen Worten: Der Schwerpunkt der Ortsvektoren der N Teilchen relativ zum Schwerpunkt ist der Nullvektor. [In Gl. 11.16 sind Gl. 7.18 und 7.21 zum Einsatz gekommen.]

Auf diese Weise können wir den Relativdrehimpuls $\vec{L}_{\text{rel}}$ in Gl. 11.15 ausschließlich durch die Relativvektoren $\vec{x}_i$ und die dazugehörigen Geschwindigkeitsvektoren $\dot{\vec{x}}_i$ ausdrücken:

$$\vec{L}_{\text{rel}} = \sum_i m_i \vec{x}_i \times \dot{\vec{x}}_i. \tag{11.17}$$

Der von der Schwerpunktsgeschwindigkeit $\dot{\vec{r}}_S$ abhängige Term in Gl. 11.15 ist verschwunden. Da, wie oben besprochen, im abgeschlossenen N-Teilchensystem sowohl der Gesamtdrehimpuls $\vec{L}$ als auch der Schwerpunktsdrehimpuls $\vec{L}_S$ zeitunabhängig sind, ist auch der Relativdrehimpuls $\vec{L}_{\text{rel}} = \vec{L} - \vec{L}_S$ erhalten.

Beachten Sie, dass sich auch die gesamte kinetische Energie des N-Teilchensystems in einen Schwerpunktsanteil und einen Relativanteil zerlegen lässt:

$$T = \frac{1}{2}\sum_i m_i \dot{\vec{r}}_i^{\,2}$$
$$= \frac{1}{2}\sum_i m_i \left\{\dot{\vec{r}}_S + \dot{\vec{x}}_i\right\}^2$$
$$= \frac{1}{2}\sum_i m_i \dot{\vec{r}}_S^{\,2} + \sum_i m_i \dot{\vec{r}}_S \cdot \dot{\vec{x}}_i + \frac{1}{2}\sum_i m_i \dot{\vec{x}}_i^{\,2}$$
$$= \frac{1}{2}M\dot{\vec{r}}_S^{\,2} + \dot{\vec{r}}_S \cdot \left\{\sum_i m_i \dot{\vec{x}}_i\right\} + \frac{1}{2}\sum_i m_i \dot{\vec{x}}_i^{\,2}. \tag{11.18}$$

Aus Gl. 11.16 folgt durch Ableitung nach der Zeit, dass

$$\sum_i m_i \dot{\vec{x}}_i = \vec{0} \tag{11.19}$$

ist. Damit haben wir anhand von Gl. 11.18 gefunden, dass sich die kinetische Energie T wie folgt zerlegen lässt:

$$T = T_S + T_{rel}, \tag{11.20}$$

wobei

$$T_S = \frac{1}{2} M \dot{\vec{r}}_S^2 = \frac{\vec{P}^2}{2M} \tag{11.21}$$

die im abgeschlossenen N-Teilchensystem erhaltene kinetische Energie der Schwerpunktsbewegung ist und

$$T_{rel} = \frac{1}{2} \sum_i m_i \dot{\vec{x}}_i^2 \tag{11.22}$$

die kinetische Energie der Relativbewegung darstellt. Letztere ist allerdings selbst im abgeschlossenen N-Teilchensystem im Allgemeinen keine Erhaltungsgröße.

11.2.1 Starre Körper

Mit den Integrationskonstanten $\vec{r}_S(0)$, $\vec{P}$, E und $\vec{L}$ (bzw. $\vec{L}_{rel}$) können wir im Allgemeinen nicht vollständig festlegen, wie sich das N-Teilchensystem im $6N$-dimensionalen Phasenraum bewegt. Nehmen wir jedoch an, dass sich die Anzahl der dynamischen Freiheitsgrade drastisch reduzieren lässt, sieht die Situation besser aus. Das Modell des *starren Körpers* repräsentiert eine solche drastische Reduktion von zu betrachtenden Freiheitsgraden. „Starr" heißt hier, dass sich die Teilchen in dem aus N Teilchen bestehenden Körper relativ zueinander nicht bewegen. Beim starren Körper können, abgesehen von der Bewegung seines Schwerpunkts, lediglich Drehbewegungen des Körpers um den Schwerpunkt auftreten. Auf diese wollen wir uns im weiteren Verlauf dieses Kapitels konzentrieren.

Da im starren Körper die Abstände der Teilchen relativ zueinander konstant sind, ist das Potenzial V [Gl. 11.6] zeitunabhängig. Für diesen Fall dürfen wir beim abgeschlossenen N-Teilchensystem aus der Erhaltung von

$$E = T_S + T_{rel} + V$$

und der Erhaltung von T_S [Gl. 11.21] schließen, dass die kinetische Energie der Relativbewegung, d. h. der Drehbewegung, erhalten ist:

$$T_{rel} = \frac{1}{2} \sum_i m_i \dot{\vec{x}}_i^2 = \text{const.}$$

Außerdem wissen wir bereits, dass der mit der Drehbewegung einhergehende Drehimpuls

$$\vec{L}_{rel} = \sum_i m_i \vec{x}_i \times \dot{\vec{x}}_i$$

ebenfalls erhalten ist.

Damit nutzen wir die angenommene Starrheit des Körpers aber noch nicht voll aus. Im Moment treten nach wie vor die N zeitabhängigen Ortsvektoren $\vec{x}_i(t)$ bzw. deren Zeitableitungen $\dot{\vec{x}}_i(t)$ in Erscheinung. Wie wir sehen werden, erlaubt uns die Starrheit, eine Abbildung $\boldsymbol{R}(t)$ anzugeben, die den Anfangsort $\vec{x}_i(0)$ des i-ten Teilchens auf den Ort $\vec{x}_i(t)$ abbildet, selbst aber nicht vom spezifischen Teilchenindex i abhängig ist. Man kann die Dynamik des starren Körpers dann vollständig auf die Zeitentwicklung der Abbildung $\boldsymbol{R}(t)$ reduzieren. Um diesen Schritt verstehen zu können, benötigen wir die mathematische Sprache der Matrizen.

11.3 Matrizen

Matrizen stellen eine Verallgemeinerung der Ihnen aus der Schule bekannten Koordinatenvektoren dar. In der Sprache der Matrizen ist z. B. der Vektor

$$\vec{a} = \begin{pmatrix} 2 \\ -\sqrt{3} \\ \pi \end{pmatrix}$$

eine 3×1-Matrix, d. h. eine Matrix mit drei Zeilen und einer Spalte. Eine allgemeine $m \times n$-Matrix mit m Zeilen und n Spalten hat also die Form

$$\boldsymbol{M} = \begin{pmatrix} M_{11} & M_{12} & \dots & M_{1n} \\ M_{21} & M_{22} & \dots & M_{2n} \\ \vdots & \vdots & \vdots & \vdots \\ M_{m1} & M_{m2} & \dots & M_{mn} \end{pmatrix}. \tag{11.23}$$

Man nennt die Matrixeinträge $(\boldsymbol{M})_{ij} = M_{ij}$ ($i = 1, \dots, m$ und $j = 1, \dots, n$) die *Matrixelemente* der Matrix $\boldsymbol{M}$. Diese verallgemeinern die Ihnen vertrauten Vektorkomponenten. Der Index i des Matrixelements M_{ij} weist darauf hin, dass sich M_{ij} in der i-ten Zeile von $\boldsymbol{M}$ befindet; dem Index j entnimmt man, dass M_{ij} in der j-ten Spalte von $\boldsymbol{M}$ zu finden ist.

Ist die Anzahl der Zeilen m gleich der Anzahl der Spalten n, dann spricht man von einer *quadratischen* Matrix. Bei einer quadratischen $n \times n$-Matrix bezeichnet man die Matrixelemente M_{ii}, für die der Zeilenindex i gleich dem Spaltenindex j ist, als die Diagonalelemente. Die Diagonalelemente bilden von links oben in der Matrix ($i = j = 1$) nach rechts unten ($i = j = n$) die sogenannte Diagonale (oder Hauptdiagonale) der Matrix.

Im Zusammenhang mit Drehbewegungen konzentrieren wir uns auf 3×1-Matrizen,

$$\begin{pmatrix} m_1 \\ m_2 \\ m_3 \end{pmatrix},$$

also Spaltenvektoren mit drei Komponenten (der Spaltenindex wird dabei nicht explizit angegeben), 1×3-Matrizen,

$$\left(m_1 \; m_2 \; m_3\right),$$

also Zeilenvektoren mit drei Komponenten (der Zeilenindex wird dabei nicht explizit angegeben), und 3×3-Matrizen,

$$\begin{pmatrix} M_{11} & M_{12} & M_{13} \\ M_{21} & M_{22} & M_{23} \\ M_{31} & M_{32} & M_{33} \end{pmatrix},$$

also quadratische Matrizen mit neun Matrixelementen.

▶   **Hinweis** Beachten Sie, dass die Matrixelemente für unsere Zwecke in der Klassischen Mechanik durchweg reelle Zahlen sind. Matrizen mit im Allgemeinen komplexen Matrixelementen spielen allerdings in der Quantenmechanik eine zentrale Rolle.

Eine wichtige Operation, die an einer Matrix vorgenommen werden kann, ist die *Transposition*. Dabei werden die Zeilen und Spalten miteinander vertauscht. Konkret ist die Transponierte $M^\top$ der in Gl. 11.23 gegebenen Matrix M durch

$$M^\top = \begin{pmatrix} M_{11} & M_{21} & \dots & M_{m1} \\ M_{12} & M_{22} & \dots & M_{m2} \\ \vdots & \vdots & \vdots & \vdots \\ M_{1n} & M_{2n} & \dots & M_{mn} \end{pmatrix} \tag{11.24}$$

gegeben. Das Matrixelement in der i-ten Zeile und j-ten Spalte von $M^\top$ ist also gleich dem Matrixelement in der j-ten Zeile und i-ten Spalte von M:

$$\left(M^\top\right)_{ij} = (M)_{ji} = M_{ji}. \tag{11.25}$$

Durch die Transposition wird eine $m \times n$-Matrix auf eine $n \times m$-Matrix abgebildet. Die Transponierte des Spaltenvektors

$$\vec{x} = \begin{pmatrix} x_1 \\ x_2 \\ x_3 \end{pmatrix}$$

ist daher ein Zeilenvektor:

$$\vec{x}^\top = \left(x_1 \; x_2 \; x_3\right).$$

Mithilfe der Transposition lassen sich unter anderem bestimmte grundlegende Typen von quadratischen Matrizen charakterisieren, die in der Theorie der Drehbewegungen in Erscheinung treten. Sogenannte *symmetrische* Matrizen erfüllen die Bedingung

$$M^\top = M. \tag{11.26}$$

Die Gleichheit von zwei Matrizen bedeutet, dass für jedes Indexpaar ij das Matrixelement in der i-ten Zeile und j-ten Spalte auf der linken Seite des Gleichheitszeichens gleich dem Matrixelement in der i-ten Zeile und j-ten Spalte auf der rechten Seite des Gleichheitszeichens ist. Für symmetrische Matrizen gilt also

$$\left(M^\top\right)_{ij} = (M)_{ij}. \tag{11.27}$$

Unter Verwendung von Gl. 11.25 folgt:

$$M_{ji} = M_{ij}. \tag{11.28}$$

Betrachten Sie als Beispiel die symmetrische Matrix

$$M = \begin{pmatrix} 1 & 2 & 3 \\ 2 & 0 & 7 \\ 3 & 7 & 4 \end{pmatrix}.$$

Die Bedingung Gl. 11.26 bzw. 11.28 bedeutet also, dass sich eine symmetrische Matrix unter Spiegelung bezüglich der Diagonalen nicht ändert (in diesem Sinne symmetrisch ist).

Die Eigenschaft der Symmetrie schränkt die möglichen Werte, die die Diagonalelemente einer symmetrischen Matrix annehmen können, nicht ein. Anders verhält es sich bei sogenannten *antisymmetrischen* Matrizen. Eine quadratische Matrix M heißt antisymmetrisch, wenn gilt:

$$M^\top = -M \tag{11.29}$$

bzw.

$$M_{ji} = -M_{ij}. \tag{11.30}$$

Für das Diagonalelement M_{ii} einer antisymmetrischen Matrix folgt somit, dass $M_{ii} = -M_{ii}$ ist; M_{ii} muss daher null sein. Ein Beispiel für eine antisymmetrische Matrix ist

$$M = \begin{pmatrix} 0 & 1 & -1 \\ -1 & 0 & 3 \\ 1 & -3 & 0 \end{pmatrix}.$$

▶ **Hinweis** Wir können daher folgende Aussage treffen: Eine reelle, symmetrische 3×3-Matrix hat sechs reelle Parameter, die spezifiziert werden müssen (die drei Diagonalelemente und die drei Matrixelemente oberhalb der Diagonalen; die drei Matrixelemente unterhalb der Diagonalen sind durch die Symmetrie dann festgelegt). Bei einer reellen, antisymmetrischen 3×3-Matrix gibt es jedoch nur drei reelle Parameter, die spezifiziert werden müssen, da die drei Diagonalelemente alle verschwinden. Diese Tatsache wird sich als wichtig erweisen.

Bevor wir uns wieder der Drehbewegung des starren Körpers zuwenden können, müssen wir uns noch damit beschäftigen, wie mit Matrizen multipliziert wird. Ist M eine 3×3-Matrix und $\vec{x}$ ein dreikomponentiger Vektor (gemeint ist ein Spaltenvektor), dann ist das Produkt

$$\vec{y} = M\vec{x} \tag{11.31}$$

der Matrix M mit dem Vektor $\vec{x}$ durch

$$y_i = \sum_{j=1}^{3} M_{ij} x_j \tag{11.32}$$

definiert. Die y_i ($i = 1, 2, 3$) bilden die Komponenten des Vektors $\vec{y}$. Auf diese Weise definiert das Matrix-Vektor-Produkt eine Abbildung des Vektors $\vec{x}$ auf den Vektor $\vec{y} = M\vec{x}$. Die Definition in Gl. 11.32 ist nicht willkürlich: Sie ist so gewählt, dass die Abbildung *linear* ist. Dies bedeutet, dass die Gleichungen

$$M(\vec{x}_1 + \vec{x}_2) = M\vec{x}_1 + M\vec{x}_2$$

und

$$M(\alpha \vec{x}) = \alpha M\vec{x}$$

erfüllt sind, und zwar für beliebige Vektoren $\vec{x}_1$, $\vec{x}_2$ und $\vec{x}$ und Skalare α.

Handelt es sich bei der Matrix um einen dreikomponentigen Zeilenvektor,

$$M = \begin{pmatrix} m_1 & m_2 & m_3 \end{pmatrix} \tag{11.33}$$

(also eine 1×3-Matrix), dann lautet das Produkt von M mit einem Spaltenvektor $\vec{x}$ in Analogie zu Gl. 11.32

$$s = \sum_{j=1}^{3} m_j x_j. \tag{11.34}$$

Das Resultat dieser Multiplikation ist kein Vektor, sondern ein Skalar. Tatsächlich hat Gl. 11.34 genau die Ihnen bekannte Form des Skalarprodukts des Vektors

$$\vec{m} = \begin{pmatrix} m_1 \\ m_2 \\ m_3 \end{pmatrix}$$

mit dem Vektor $\vec{x}$. Berücksichtigen wir, dass

$$M = \vec{m}^{\top}$$

ist, dann können wir das Skalarprodukt von zwei Vektoren $\vec{m}$ und $\vec{x}$ demnach auch folgendermaßen schreiben:

$$\vec{m} \cdot \vec{x} = \vec{m}^{\top}\vec{x}. \tag{11.35}$$

In diesem Sinne entspricht die in Gl. 11.32 formulierte Definition des Matrix-Vektor-Produkts der 3×3-Matrix M und dem Vektor $\vec{x}$ der Berechnung von insgesamt drei Skalarprodukten. Um dies zu sehen, schreiben wir die 3×3-Matrix M in der Form

$$M = \begin{pmatrix} \vec{m}_1^{\top} \\ \vec{m}_2^{\top} \\ \vec{m}_3^{\top} \end{pmatrix}. \tag{11.36}$$

Dabei bezeichnet $\vec{m}_i^{\top}$ die i-te Zeile von M, sodass $\vec{m}_i$ ein Spaltenvektor ist. Dann ist die Vektorkomponente y_1 das Skalarprodukt von $\vec{m}_1$ mit $\vec{x}$, die Vektorkomponente y_2 ist das Skalarprodukt von $\vec{m}_2$ mit $\vec{x}$, und die Vektorkomponente y_3 ist das Skalarprodukt von $\vec{m}_3$ mit $\vec{x}$.

Wenden wir dies an einem Beispiel an. Sei dazu

$$M = \begin{pmatrix} 1 & 0 & 2 \\ -1 & 1 & 2 \\ 0 & 1 & 0 \end{pmatrix}$$

und

$$\vec{x} = \begin{pmatrix} 0 \\ 4 \\ -3 \end{pmatrix}.$$

Die Komponenten von $\vec{y} = M\vec{x}$ sind dann:

$$y_1 = \begin{pmatrix} 1 & 0 & 2 \end{pmatrix} \begin{pmatrix} 0 \\ 4 \\ -3 \end{pmatrix} = 0 + 0 - 6 = -6,$$

$$y_2 = \begin{pmatrix} -1 & 1 & 2 \end{pmatrix} \begin{pmatrix} 0 \\ 4 \\ -3 \end{pmatrix} = 0 + 4 - 6 = -2,$$

$$y_3 = \begin{pmatrix} 0 & 1 & 0 \end{pmatrix} \begin{pmatrix} 0 \\ 4 \\ -3 \end{pmatrix} = 0 + 4 + 0 = 4.$$

Insgesamt erhalten wir:

$$\vec{y} = M\vec{x} = \begin{pmatrix} -6 \\ -2 \\ 4 \end{pmatrix}.$$

Das Produkt einer Matrix mit einem Vektor lässt sich also auf die Berechnung von Skalarprodukten reduzieren. Entsprechend lässt sich das Produkt einer Matrix mit einer Matrix auf Matrix-Vektor-Produkte und daher ebenfalls auf Skalarprodukte reduzieren. Sind A und B zwei 3×3-Matrizen, dann ist deren Produkt $C = AB$ eine 3×3-Matrix, deren Matrixelemente durch

$$C_{ij} = \sum_{k=1}^{3} A_{ik} B_{kj} \tag{11.37}$$

definiert sind. Gemäß dieser Definition wird beim Matrix-Matrix-Produkt die j-te Spalte der Matrix B auf die j-te Spalte der Matrix C abgebildet. Nennen wir die j-te Spalte von B den Spaltenvektor $\vec{b}_j$, d. h.

$$B = \begin{pmatrix} \vec{b}_1 & \vec{b}_2 & \vec{b}_3 \end{pmatrix},$$

und sei der Spaltenvektor $\vec{c}_j$ die j-te Spalte von C,

$$C = \begin{pmatrix} \vec{c}_1 & \vec{c}_2 & \vec{c}_3 \end{pmatrix},$$

dann besagt Gl. 11.37, dass

$$\vec{c}_j = A\vec{b}_j$$

ist. Man muss zur Berechnung der 3×3-Matrix C demnach drei Matrix-Vektor-Produkte auswerten (eines pro Spalte von B bzw. C).

Veranschaulichen wir dies wiederum an einem Beispiel. Seien

$$A = \begin{pmatrix} 1 & 0 & 2 \\ -1 & 1 & 2 \\ 0 & 1 & 0 \end{pmatrix}$$

und

$$B = \begin{pmatrix} 2 & 1 & 0 \\ 1 & 2 & 1 \\ 0 & 1 & 1 \end{pmatrix}.$$

Zur Bestimmung von $C = AB$ berechnen wir:

$$\vec{c}_1 = A\vec{b}_1 = \begin{pmatrix} 1 & 0 & 2 \\ -1 & 1 & 2 \\ 0 & 1 & 0 \end{pmatrix} \begin{pmatrix} 2 \\ 1 \\ 0 \end{pmatrix} = \begin{pmatrix} 2 \\ -1 \\ 1 \end{pmatrix},$$

$$\vec{c}_2 = A\vec{b}_2 = \begin{pmatrix} 1 & 0 & 2 \\ -1 & 1 & 2 \\ 0 & 1 & 0 \end{pmatrix} \begin{pmatrix} 1 \\ 2 \\ 1 \end{pmatrix} = \begin{pmatrix} 3 \\ 3 \\ 2 \end{pmatrix},$$

$$\vec{c}_3 = A\vec{b}_3 = \begin{pmatrix} 1 & 0 & 2 \\ -1 & 1 & 2 \\ 0 & 1 & 0 \end{pmatrix} \begin{pmatrix} 0 \\ 1 \\ 1 \end{pmatrix} = \begin{pmatrix} 2 \\ 3 \\ 1 \end{pmatrix}.$$

Damit erhalten wir insgesamt für das Produkt der Matrizen A und B:

$$C = AB = \begin{pmatrix} 2 & 3 & 2 \\ -1 & 3 & 3 \\ 1 & 2 & 1 \end{pmatrix}.$$

In analoger Weise können wir das Produkt $C' = BA$ bestimmen und erhalten:

$$C' = BA = \begin{pmatrix} 1 & 1 & 6 \\ -1 & 3 & 6 \\ -1 & 2 & 2 \end{pmatrix}.$$

▶ **Hinweis** Offenbar ist in diesem Beispiel $AB \neq BA$, d. h., das Produkt von zwei Matrizen ist im Allgemeinen nicht kommutativ. Sie müssen daher stets sorgfältig auf die Reihenfolge achten, in der Matrizen in einem Produkt auftreten.

Eine Sonderrolle unter den 3×3-Matrizen spielt die Einheitsmatrix

$$\mathbb{1} = \begin{pmatrix} 1 & 0 & 0 \\ 0 & 1 & 0 \\ 0 & 0 & 1 \end{pmatrix}. \tag{11.38}$$

Für diese gilt:

$$\mathbb{1}\vec{x} = \vec{x} \tag{11.39}$$

und

$$\mathbb{1}A = A\mathbb{1} = A. \tag{11.40}$$

Die Einheitsmatrix $\mathbb{1}$ in Gl. 11.38 ist die einzige Matrix, die die besonderen Eigenschaften Gl. 11.39 und 11.40 für beliebige Vektoren (3×1-Matrizen) $\vec{x}$ bzw. beliebige 3×3-Matrizen A erfüllt.

11.4   Drehungen und Kreuzprodukt

Wir kehren nun zur Entwicklung der Theorie der Drehbewegungen zurück. Für den sich ohne äußere Kräfte (abgeschlossenes N-Teilchensystem!) rotierenden starren Körper sind der Drehimpuls

$$\vec{L}_{\text{rel}} = \sum_i m_i \vec{x}_i \times \dot{\vec{x}}_i$$

[Gl. 11.17] und die kinetische Energie

$$T_{\text{rel}} = \frac{1}{2} \sum_i m_i \dot{\vec{x}}_i^2$$

[Gl. 11.22] der Drehbewegung um den Schwerpunkt erhalten. Unsere Aufgabe besteht nun darin, die angenommene Starrheit des Körpers so auszunutzen, dass es nicht weiter erforderlich ist, den Orts- und Geschwindigkeitsvektoren von N Teilchen explizit zu folgen.

Dazu ist es zuerst notwendig, den Begriff der Starrheit mathematisch zu präzisieren. Beim starren Körper erfüllen die auf den Schwerpunkt bezogenen Ortsvektoren $\vec{x}_i$ der N Teilchen die Bedingung

$$\vec{x}_i(t) \cdot \vec{x}_j(t) = \vec{x}_i(0) \cdot \vec{x}_j(0) = \text{const.} \tag{11.41}$$

Für $i = j$ bedeutet dies, dass sich die Länge des Vektors $\vec{x}_i(t)$ mit der Zeit nicht ändert, das i-te Teilchen also einen konstanten Abstand vom Schwerpunkt besitzt:

$$|\vec{x}_i(t)| = \sqrt{\vec{x}_i(t) \cdot \vec{x}_i(t)} = \sqrt{\vec{x}_i(0) \cdot \vec{x}_i(0)} = |\vec{x}_i(0)|.$$

Für $i \neq j$ besagt Gl. 11.41, dass der Winkel $\varphi_{ij}(t)$ zwischen den beiden Vektoren $\vec{x}_i(t)$ und $\vec{x}_j(t)$ zeitunabhängig ist:

$$\cos\{\varphi_{ij}(t)\} = \frac{\vec{x}_i(t) \cdot \vec{x}_j(t)}{|\vec{x}_i(t)||\vec{x}_j(t)|} = \frac{\vec{x}_i(0) \cdot \vec{x}_j(0)}{|\vec{x}_i(0)||\vec{x}_j(0)|} = \cos\{\varphi_{ij}(0)\}.$$

Wir führen nun eine 3×3-Matrix $\boldsymbol{R}(t)$ ein, die die Zeitentwicklung des Ortsvektors $\vec{x}_i$ des i-ten Teilchens gemäß der Gleichung

$$\vec{x}_i(t) = \boldsymbol{R}(t)\vec{x}_i(0) \tag{11.42}$$

beschreiben soll. Diese Gleichung soll für $i = 1, \ldots, N$ gelten. Wir ersetzen also die Suche nach N Ortsvektoren durch die Suche nach *einer* 3×3-Matrix. Dabei muss $\boldsymbol{R}(t)$ mit Gl. 11.41 kompatibel sein.

Berechnen wir daher auf der Grundlage von Gl. 11.42 das Skalarprodukt von $\vec{x}_i(t)$ mit $\vec{x}_j(t)$. Dabei verwenden wir für die kartesischen Komponenten der auftretenden

Vektoren und Matrizen griechische Buchstaben, um diese von den lateinischen Teilchenindizes zu unterscheiden:

$$
\begin{aligned}
\vec{x}_i(t) \cdot \vec{x}_j(t) &= \sum_{\mu=1}^{3} \left(\vec{x}_i(t) \right)_\mu \left(\vec{x}_j(t) \right)_\mu \\
&= \sum_{\mu=1}^{3} \left\{ \sum_{\nu=1}^{3} R_{\mu\nu}(t) \left(\vec{x}_i(0) \right)_\nu \right\} \left\{ \sum_{\lambda=1}^{3} R_{\mu\lambda}(t) \left(\vec{x}_j(0) \right)_\lambda \right\} \\
&= \sum_{\nu=1}^{3} \sum_{\lambda=1}^{3} \left\{ \sum_{\mu=1}^{3} R_{\mu\nu}(t) R_{\mu\lambda}(t) \right\} \left(\vec{x}_i(0) \right)_\nu \left(\vec{x}_j(0) \right)_\lambda \\
&= \sum_{\nu=1}^{3} \sum_{\lambda=1}^{3} \left(\boldsymbol{R}^\top(t) \boldsymbol{R}(t) \right)_{\nu\lambda} \left(\vec{x}_i(0) \right)_\nu \left(\vec{x}_j(0) \right)_\lambda .
\end{aligned}
\tag{11.43}
$$

Hier haben wir beim Übergang von der ersten zur zweiten Zeile Gl. 11.42 und die Definition des Matrix-Vektor-Produkts [Gl. 11.32] verwendet. Beim Übergang von der dritten zur vierten Zeile sind die Definition der Transponierten einer Matrix [Gl. 11.25] und die Definition des Matrix-Matrix-Produkts [Gl. 11.37] zum Einsatz gekommen.

Gemäß Gl. 11.41 muss das in Gl. 11.43 gewonnene Resultat für $i = 1, \ldots, N$ und $j = 1, \ldots, N$ mit

$$
\begin{aligned}
\vec{x}_i(0) \cdot \vec{x}_j(0) &= \sum_{\nu=1}^{3} \left(\vec{x}_i(0) \right)_\nu \left(\vec{x}_j(0) \right)_\nu \\
&= \sum_{\nu=1}^{3} \sum_{\lambda=1}^{3} \delta_{\nu\lambda} \left(\vec{x}_i(0) \right)_\nu \left(\vec{x}_j(0) \right)_\lambda
\end{aligned}
\tag{11.44}
$$

übereinstimmen. Das Kronecker-Delta $\delta_{\nu\lambda}$ ist uns aus Kap. 2 bekannt. Wir können durch Vergleich von Gl. 11.43 mit 11.44 schließen, dass zu jedem Zeitpunkt t die Bedingung

$$
\left(\boldsymbol{R}^\top(t) \boldsymbol{R}(t) \right)_{\nu\lambda} = \delta_{\nu\lambda}
\tag{11.45}
$$

erfüllt sein muss. Beachten Sie, dass $\delta_{\nu\lambda}$ gleich der Komponente $(\mathbb{1})_{\nu\lambda}$ der Einheitsmatrix ist. Gl. 11.45 ist daher zu der Matrixgleichung

$$
\boldsymbol{R}^\top(t) \boldsymbol{R}(t) = \mathbb{1}
\tag{11.46}
$$

äquivalent. Matrizen, die dieser Gleichung genügen, heißen *orthogonale* Matrizen. Die Drehmatrix $\boldsymbol{R}(t)$ ist demzufolge eine orthogonale Matrix.

Gl. 11.46 kennzeichnet $\boldsymbol{R}^\top(t)$ als die zu $\boldsymbol{R}(t)$ *inverse* Matrix. In der Linearen Algebra wird gezeigt, dass die Inverse eindeutig ist und dann insbesondere auch die Matrixgleichung

$$\boldsymbol{R}(t)\boldsymbol{R}^\top(t) = \mathbb{1} \qquad (11.47)$$

gelten muss. Darüber hinaus gibt es noch eine weitere Bedingung: Drehmatrizen müssen sich stetig in die Einheitsmatrix überführen lassen. Gemäß Gl. 11.42 muss nämlich gelten, dass

$$\lim_{t \to 0} \boldsymbol{R}(t) = \mathbb{1}. \qquad (11.48)$$

Spiegelungen bezüglich des Schwerpunkts lassen sich auch durch orthogonale Matrizen darstellen. Diese lassen sich aber nicht stetig in die Einheitsmatrix überführen.

Zur Charakterisierung der Drehmatrix $\boldsymbol{R}(t)$ benötigt man im Prinzip lediglich drei reelle, zeitabhängige Parameter. Diese kann man mit drei geeigneten Drehwinkeln in Verbindung bringen, die zur Beschreibung der Drehung des starren Körpers gegenüber seiner Ausgangslage bei $t = 0$ herangezogen werden können. Um zu sehen, dass wirklich nur drei Parameter erforderlich sind, schreiben wir die drei Spalten von $\boldsymbol{R}(t)$ als Vektoren, d. h.

$$\boldsymbol{R}(t) = \begin{pmatrix} \vec{u}_1(t) & \vec{u}_2(t) & \vec{u}_3(t) \end{pmatrix}. \qquad (11.49)$$

Gl. 11.46 besagt dann, dass die drei Spaltenvektoren der orthogonalen Matrix $\boldsymbol{R}(t)$ zueinander orthogonal und jeweils normiert sind:

$$\vec{u}_\mu(t) \cdot \vec{u}_\nu(t) = \delta_{\mu\nu}. \qquad (11.50)$$

Dies entspricht drei Normierungsbedingungen ($\mu = \nu = 1, 2, 3$) und drei Orthogonalitätsbedingungen ($\mu = 1$ und $\nu = 2$; $\mu = 1$ und $\nu = 3$; $\mu = 2$ und $\nu = 3$). Dadurch werden den insgesamt neun Matrixelementen von $\boldsymbol{R}(t)$ zu jedem Zeitpunkt sechs voneinander unabhängige Bedingungen auferlegt, sodass nur drei voneinander unabhängige Größen vorliegen können.

▶ **Hinweis** Beachten Sie, dass es mehr als eine mögliche Parametrisierung von Drehmatrizen gibt, z. B. durch die drei sogenannten Euler-Winkel. Solche expliziten Parametrisierungen sind für unsere Zwecke hier aber nicht erforderlich.

Für den Drehimpuls $\vec{L}_{\text{rel}}$ und die kinetische Energie T_{rel} müssen wir noch die Geschwindigkeitsvektoren $\dot{\vec{x}}_i$ durch Eigenschaften der Drehmatrix $\boldsymbol{R}$ ausdrücken. Aus

$$\vec{x}_i(t) = \boldsymbol{R}(t)\vec{x}_i(0)$$

[Gl. 11.42] folgt durch Ableiten nach der Zeit, dass

$$\dot{\vec{x}}_i(t) = \dot{\boldsymbol{R}}(t)\vec{x}_i(0) \qquad (11.51)$$

ist. Hierbei ist die Matrix $\dot{\boldsymbol{R}}(t)$ durch die Matrixelemente

$$\left(\dot{\boldsymbol{R}}(t)\right)_{\mu\nu} = \dot{R}_{\mu\nu}(t) \tag{11.52}$$

definiert. In Gl. 11.51 fügen wir nun zwischen $\dot{\boldsymbol{R}}(t)$ und $\vec{x}_i(0)$ die Einheitsmatrix ein und nutzen Gl. 11.46:

$$\dot{\vec{x}}_i(t) = \dot{\boldsymbol{R}}(t)\boldsymbol{R}^\top(t)\boldsymbol{R}(t)\vec{x}_i(0). \tag{11.53}$$

Unter Verwendung von Gl. 11.42 und der Definition

$$\boldsymbol{\Omega}(t) = \dot{\boldsymbol{R}}(t)\boldsymbol{R}^\top(t) \tag{11.54}$$

ist Gl. 11.53 zu

$$\dot{\vec{x}}_i(t) = \boldsymbol{\Omega}(t)\vec{x}_i(t) \tag{11.55}$$

äquivalent. (Der griechische Großbuchstabe Ω wird *omega* ausgesprochen.)

Schauen wir uns die Matrix $\boldsymbol{\Omega}(t)$, die den Ortsvektor $\vec{x}_i(t)$ auf den Geschwindigkeitsvektor $\dot{\vec{x}}_i(t)$ abbildet, genauer an. Leiten wir dazu

$$\boldsymbol{R}(t)\boldsymbol{R}^\top(t) = \mathbb{1}$$

[Gl. 11.47] nach der Zeit ab:

$$\dot{\boldsymbol{R}}(t)\boldsymbol{R}^\top(t) + \boldsymbol{R}(t)\dot{\boldsymbol{R}}^\top(t) = \mathbb{0}. \tag{11.56}$$

Hierbei ist $\mathbb{0}$ die 3×3-Matrix, deren Matrixelemente alle null sind. Aus Gl. 11.56 folgt daher:

$$\begin{aligned}
\boldsymbol{\Omega}(t) &= \dot{\boldsymbol{R}}(t)\boldsymbol{R}^\top(t) \\
&= -\boldsymbol{R}(t)\dot{\boldsymbol{R}}^\top(t) \\
&= -\left\{\dot{\boldsymbol{R}}(t)\boldsymbol{R}^\top(t)\right\}^\top \\
&= -\boldsymbol{\Omega}^\top(t).
\end{aligned} \tag{11.57}$$

Der Schritt von der zweiten zur dritten Zeile beruht auf der Tatsache, dass für $n \times n$-Matrizen A und B gilt:

$$(AB)^\top = B^\top A^\top \tag{11.58}$$

und

$$(A^\top)^\top = A. \tag{11.59}$$

(Diese Sachverhalte können Sie zur Übung leicht selbst verifizieren.)

Gl. 11.57 besagt, dass die Matrix $\mathbf{\Omega}(t)$ antisymmetrisch ist [Gl. 11.29] und sich daher in der Form

$$\mathbf{\Omega}(t) = \begin{pmatrix} 0 & -\omega_3(t) & \omega_2(t) \\ \omega_3(t) & 0 & -\omega_1(t) \\ -\omega_2(t) & \omega_1(t) & 0 \end{pmatrix} \tag{11.60}$$

schreiben lässt. Dabei sind $\omega_1(t)$, $\omega_2(t)$ und $\omega_3(t)$ im Prinzip zu bestimmende Funktionen. Wie wir gleich sehen werden, ist die spezifische Anordnung dieser Funktionen in der Matrix $\mathbf{\Omega}(t)$ nicht zufällig gewählt.

Wenden wir Gl. 11.60 auf 11.55 an, erhalten wir schließlich für den Geschwindigkeitsvektor $\dot{\vec{x}}_i(t)$:

$$\begin{aligned} \dot{\vec{x}}_i(t) &= \mathbf{\Omega}(t)\vec{x}_i(t) \\ &= \begin{pmatrix} 0 & -\omega_3(t) & \omega_2(t) \\ \omega_3(t) & 0 & -\omega_1(t) \\ -\omega_2(t) & \omega_1(t) & 0 \end{pmatrix} \begin{pmatrix} (\vec{x}_i(t))_1 \\ (\vec{x}_i(t))_2 \\ (\vec{x}_i(t))_3 \end{pmatrix} \\ &= \begin{pmatrix} \omega_2(t)\,(\vec{x}_i(t))_3 - \omega_3(t)\,(\vec{x}_i(t))_2 \\ \omega_3(t)\,(\vec{x}_i(t))_1 - \omega_1(t)\,(\vec{x}_i(t))_3 \\ \omega_1(t)\,(\vec{x}_i(t))_2 - \omega_2(t)\,(\vec{x}_i(t))_1 \end{pmatrix} \\ &= \vec{\omega}(t) \times \vec{x}_i(t). \end{aligned} \tag{11.61}$$

Hierbei haben wir aus den in $\mathbf{\Omega}(t)$ auftretenden Funktionen den Vektor

$$\vec{\omega}(t) = \begin{pmatrix} \omega_1(t) \\ \omega_2(t) \\ \omega_3(t) \end{pmatrix} \tag{11.62}$$

gebildet und die Definition des Kreuzprodukts [Gl. 9.19] angewandt.

Die gewonnene Gl. 11.61 besagt, dass sich beim starren Körper der Geschwindigkeitsvektor jedes Teilchens durch das Kreuzprodukt des Vektors $\vec{\omega}(t)$ mit dem Ortsvektor des jeweils betrachteten Teilchens schreiben lässt. Dabei stellt $\vec{\omega}(t)$ den Winkelgeschwindigkeitsvektor der Drehbewegung des starren Körpers dar. Diese Interpretation von $\vec{\omega}(t)$ ist Ihnen aus der Experimentalphysik vertraut, wo Gl. 11.61 mit geometrischen Argumenten begründet wird. Die Richtung des Vektors $\vec{\omega}(t)$ repräsentiert die Drehachse, der Betrag von $\vec{\omega}(t)$ die Winkelgeschwindigkeit der Drehung des starren Körpers.

▶ **Hinweis** Selbst bei dem hier betrachteten starren Körper, der ohne Einwirkung von äußeren Kräften um seinen Schwerpunkt rotiert, müssen wir davon ausgehen, dass sich im Allgemeinen sowohl die Richtung der Drehachse als auch die Winkelgeschwindigkeit mit der Zeit ändern.

11.5 Der Trägheitstensor

Wir wissen jetzt zwar, dass wir beim starren Körper nicht das individuelle zeitliche Verhalten der N Teilchen verfolgen müssen. Aber noch ist nicht klar, wie wir die zeitliche Entwicklung der Drehmatrix $\boldsymbol{R}(t)$ berechnen können. Wie gehen insbesondere die Massen m_i und die Anfangspositionen $\vec{x}_i(0)$ der N Teilchen ein?

Um in dieser Hinsicht Fortschritte zu machen, untersuchen wir den zur Drehbewegung gehörigen, sich zeitlich nicht ändernden Drehimpuls

$$\vec{L}_{\text{rel}} = \sum_i m_i \vec{x}_i \times \dot{\vec{x}}_i$$

[Gl. 11.17]. Unter Nutzung von Gl. 11.61 erhalten wir:

$$\vec{L}_{\text{rel}} = \sum_i m_i \vec{x}_i(t) \times [\vec{\omega}(t) \times \vec{x}_i(t)]$$

$$= \sum_i m_i \{\vec{\omega}(t)[\vec{x}_i(t) \cdot \vec{x}_i(t)] - \vec{x}_i(t)[\vec{x}_i(t) \cdot \vec{\omega}(t)]\} . \tag{11.63}$$

Hierbei haben wir die Graßmann-Identität [Gl. 9.24] angewandt.

Die rechte Seite von Gl. 11.63 repräsentiert das Produkt einer Matrix mit dem Winkelgeschwindigkeitsvektor $\vec{\omega}(t)$. Dies sehen wir, indem wir die μ-te Komponente des Drehimpulsvektors betrachten:

$$\left(\vec{L}_{\text{rel}}\right)_\mu = \sum_i m_i \{[\vec{x}_i(t) \cdot \vec{x}_i(t)]\vec{\omega}(t) - [\vec{x}_i(t) \cdot \vec{\omega}(t)]\vec{x}_i(t)\}_\mu$$

$$= \sum_i m_i \left\{[\vec{x}_i(t) \cdot \vec{x}_i(t)]\omega_\mu(t) - [\vec{x}_i(t) \cdot \vec{\omega}(t)]\left(\vec{x}_i(t)\right)_\mu\right\}$$

$$= \sum_i m_i \left\{[\vec{x}_i(t) \cdot \vec{x}_i(t)]\sum_{\nu=1}^3 \delta_{\mu\nu}\omega_\nu(t) - \left[\sum_{\nu=1}^3 \left(\vec{x}_i(t)\right)_\nu \omega_\nu(t)\right]\left(\vec{x}_i(t)\right)_\mu\right\}$$

$$= \sum_{\nu=1}^3 \left\{\sum_i m_i \left[\vec{x}_i^2(t)\delta_{\mu\nu} - \left(\vec{x}_i(t)\right)_\mu \left(\vec{x}_i(t)\right)_\nu\right]\right\} \omega_\nu(t) . \tag{11.64}$$

Auf diese Weise haben wir eine 3×3-Matrix $\boldsymbol{I}(t)$ mit den Matrixelementen

$$I_{\mu\nu}(t) = \sum_i m_i \left[\vec{x}_i^2(t)\delta_{\mu\nu} - \left(\vec{x}_i(t)\right)_\mu \left(\vec{x}_i(t)\right)_\nu\right] \tag{11.65}$$

gefunden, sodass

$$\left(\vec{L}_{\text{rel}}\right)_\mu = \sum_{\nu=1}^3 I_{\mu\nu}(t)\omega_\nu(t) \tag{11.66}$$

gilt. Dieses Resultat ist äquivalent zu

$$\vec{L}_{\text{rel}} = \boldsymbol{I}(t)\vec{\omega}(t). \tag{11.67}$$

Da der Drehimpuls mit dem Winkelgeschwindigkeitsvektor über ein Matrix-Vektor-Produkt zusammenhängt, ist $\vec{\omega}(t)$ im Allgemeinen nicht parallel zu $\vec{L}_{\text{rel}}$. Auf Ausnahmen werden wir später zu sprechen kommen.

Die durch Gl. 11.65 definierte Matrix $\boldsymbol{I}(t)$ wird als *Trägheitstensor* bezeichnet. In der vorliegenden Form ist diese Matrix noch nicht sehr nützlich, da sie noch von der Zeit abhängt, was die Tatsache widerspiegelt, dass sich die Teilchen aufgrund der Drehung des starren Körpers im Raum bewegen. Diese Zeitabhängigkeit können wir aber mithilfe der Drehmatrix $\boldsymbol{R}(t)$ abseparieren.

Untersuchen wir dazu zuerst den zweiten Term in den eckigen Klammern in Gl. 11.65 und verwenden dabei Gl. 11.42:

$$
\begin{aligned}
(\vec{x}_i(t))_\mu \, (\vec{x}_i(t))_\nu &= \left\{ \sum_{\rho=1}^{3} R_{\mu\rho}(t) \, (\vec{x}_i(0))_\rho \right\} \left\{ \sum_{\sigma=1}^{3} R_{\nu\sigma}(t) \, (\vec{x}_i(0))_\sigma \right\} \\
&= \sum_{\rho=1}^{3} \sum_{\sigma=1}^{3} R_{\mu\rho}(t) \left[(\vec{x}_i(0))_\rho \, (\vec{x}_i(0))_\sigma \right] R_{\nu\sigma}(t) \\
&= \sum_{\rho=1}^{3} \sum_{\sigma=1}^{3} (\boldsymbol{R}(t))_{\mu\rho} \left[(\vec{x}_i(0))_\rho \, (\vec{x}_i(0))_\sigma \right] (\boldsymbol{R}^\top(t))_{\sigma\nu}.
\end{aligned}
$$

(Der griechische Kleinbuchstabe ρ wird *rho* ausgesprochen; σ wird *sigma* ausgesprochen.) Dieses Resultat sagt uns, dass wir die sich aus den Matrixelementen

$$(\vec{x}_i(t))_\mu \, (\vec{x}_i(t))_\nu$$

zusammensetzende Matrix dadurch erhalten, indem wir die Matrix mit den Matrixelementen $(\vec{x}_i(0))_\rho \, (\vec{x}_i(0))_\sigma$ von links mit der Drehmatrix $\boldsymbol{R}(t)$ und von rechts mit der Transponierten der Drehmatrix multiplizieren.

Der erste Term in den eckigen Klammern in Gl. 11.65 hängt wegen der angenommenen Starrheit des betrachteten Körpers [Gl. 11.41] gar nicht von der Zeit ab:

$$\vec{x}_i^2(t)\delta_{\mu\nu} = \vec{x}_i^2(0)\delta_{\mu\nu}.$$

Wiederum bemerken wir, dass $\delta_{\mu\nu}$ das Matrixelement in der μ-ten Zeile und ν-ten Spalte der Einheitsmatrix $\mathbb{1}$ ist. Nutzen wir schließlich, dass infolge der Orthogonalität von $\boldsymbol{R}(t)$ [Gl. 11.47] die Relation

$$\mathbb{1} = \boldsymbol{R}(t)\boldsymbol{R}^\top(t) = \boldsymbol{R}(t)\mathbb{1}\boldsymbol{R}^\top(t)$$

erfüllt ist, also

$$\delta_{\mu\nu} = \sum_{\rho=1}^{3} \sum_{\sigma=1}^{3} (\boldsymbol{R}(t))_{\mu\rho} \delta_{\rho\sigma} (\boldsymbol{R}^{\top}(t))_{\sigma\nu},$$

finden wir anhand von Gl. 11.65:

$$\begin{aligned} I_{\mu\nu}(t) &= \sum_{\rho=1}^{3} \sum_{\sigma=1}^{3} (\boldsymbol{R}(t))_{\mu\rho} \sum_{i} m_i \left[\vec{x}_i^2(0) \delta_{\rho\sigma} - (\vec{x}_i(0))_\rho (\vec{x}_i(0))_\sigma \right] (\boldsymbol{R}^{\top}(t))_{\sigma\nu} \\ &= \sum_{\rho=1}^{3} \sum_{\sigma=1}^{3} (\boldsymbol{R}(t))_{\mu\rho} I_{\rho\sigma}(0) (\boldsymbol{R}^{\top}(t))_{\sigma\nu}. \end{aligned} \tag{11.68}$$

Wir können den Trägheitstensor daher in der folgenden nützlichen und kompakten Form ausdrücken:

$$\boldsymbol{I}(t) = \boldsymbol{R}(t) \boldsymbol{I}(0) \boldsymbol{R}^{\top}(t). \tag{11.69}$$

Es ist die durch diese Gleichung spezifizierte Art und Weise, wie der Trägheitstensor unter der Wirkung der Drehmatrix von seiner Ausgangsform $\boldsymbol{I}(0)$ in seine Form $\boldsymbol{I}(t)$ zur Zeit t übergeführt wird, die den Trägheitstensor als einen Tensor (Tensor zweiter Stufe) kennzeichnet.

Bevor wir die Eigenschaften des Trägheitstensors noch genauer untersuchen werden, um daraus letzten Endes Schlüsse über das Drehverhalten des starren Körpers ziehen zu können, bringen wir noch die kinetische Energie der Rotationsbewegung,

$$T_{\text{rel}} = \frac{1}{2} \sum_i m_i \dot{\vec{x}}_i^2$$

[Gl. 11.22], mit dem Winkelgeschwindigkeitsvektor $\vec{\omega}(t)$ in Verbindung. Dazu machen wir, unter Verwendung von Gl. 11.61, folgende Beobachtung:

$$\dot{\vec{x}}_i^2(t) = \dot{\vec{x}}_i(t) \cdot \dot{\vec{x}}_i(t) = \dot{\vec{x}}_i(t) \cdot \left[\vec{\omega}(t) \times \vec{x}_i(t) \right] = \vec{\omega}(t) \cdot \left[\vec{x}_i(t) \times \dot{\vec{x}}_i(t) \right]. \tag{11.70}$$

Hier haben wir ausgenutzt, dass sich das sogenannte Spatprodukt $\vec{a} \cdot \left[\vec{b} \times \vec{c} \right]$ von drei Vektoren $\vec{a}$, $\vec{b}$ und $\vec{c}$ im dreidimensionalen Raum unter zyklischer Vertauschung der Vektoren nicht ändert:

$$\vec{a} \cdot \left[\vec{b} \times \vec{c} \right] = \vec{c} \cdot \left[\vec{a} \times \vec{b} \right] = \vec{b} \cdot \left[\vec{c} \times \vec{a} \right]. \tag{11.71}$$

Damit finden wir mithilfe von Gl. 11.17, 11.22 und 11.70:

$$
\begin{aligned}
T_{\text{rel}} &= \frac{1}{2} \sum_i m_i \vec{\omega}(t) \cdot \left[\vec{x}_i(t) \times \dot{\vec{x}}_i(t) \right] \\
&= \frac{1}{2} \vec{\omega}(t) \cdot \left\{ \sum_i m_i \vec{x}_i(t) \times \dot{\vec{x}}_i(t) \right\} \\
&= \frac{1}{2} \vec{\omega}(t) \cdot \vec{L}_{\text{rel}}.
\end{aligned}
\tag{11.72}
$$

Die Erhaltung der kinetischen Energie der Drehbewegung hat somit zur Folge, dass sich die Projektion des Winkelgeschwindigkeitsvektors auf den Drehimpulsvektor (der selbst ja auch konstant ist) zeitlich nicht ändert.

Für spätere Zwecke drücken wir die kinetische Energie der Drehbewegung unter Verwendung von Gl. 11.67 auch noch folgendermaßen aus:

$$
\begin{aligned}
T_{\text{rel}} &= \frac{1}{2} \vec{\omega}(t) \cdot \left[\boldsymbol{I}(t) \vec{\omega}(t) \right] \\
&= \frac{1}{2} \vec{\omega}^{\top}(t) \boldsymbol{I}(t) \vec{\omega}(t).
\end{aligned}
\tag{11.73}
$$

11.6 Hauptachsentransformation

Wir haben mit Gl. 11.69 gezeigt, dass sich die zeitliche Entwicklung des Trägheitstensors in einfacher Weise unter Verwendung der Drehmatrix $\boldsymbol{R}(t)$ und ihrer Transponierten bestimmen lässt:

$$
\boldsymbol{I}(t) = \boldsymbol{R}(t) \boldsymbol{I}(0) \boldsymbol{R}^{\top}(t).
$$

Es handelt sich bei dieser Transformation um eine sogenannte *aktive* Drehung: Das physikalische System selbst wird von seiner Ausgangslage aktiv in seine Endlage übergeführt bzw. das physikalische System durchläuft tatsächlich eine Drehung. In der Theorie der Drehbewegungen benötigt man zusätzlich noch das Konzept der *passiven* Drehung. Eine passive Drehung liegt vor, wenn sich das physikalische System selbst nicht dreht, sondern lediglich die Koordinatenachsen gedreht werden, bezüglich derer das physikalische System beschrieben wird.

Eine passive Drehung ist erforderlich, um zu sehen, dass man den zeitunabhängigen Trägheitstensor $\boldsymbol{I}(0)$ in eine besonders einfache Form überführen kann. Durch geeignete Wahl der Koordinatenachsen im Raum lässt sich nämlich sicherstellen, dass $\boldsymbol{I}(0)$ eine *Diagonalmatrix* ist, also eine Matrix, bei der alle Matrixelemente, die nicht auf der Diagonalen der Matrix liegen, null sind. [Die Einheitsmatrix $\mathbb{1}$ in Gl. 11.38 ist ein einfaches Beispiel für eine Diagonalmatrix.] Diese Diagonalform des Trägheitstensors $I(0)$ ist von großer Bedeutung für das Verständnis des Rotationsverhaltens von starren Körpern.

Sie sind es aus der Schule gewohnt, Vektoren direkt als Spaltenvektoren (3×1-Matrizen) zu interpretieren. Bei fester Wahl der zugrunde liegenden Basisvektoren ist dies auch unproblematisch. Daher haben wir an vielen Stellen in diesem Buch keine Unterscheidung zwischen einem Vektor und seiner Koordinatendarstellung bezüglich einer gegebenen Basis gemacht. (Beachten Sie hierzu auch entsprechende Anmerkungen in Kap. 2.) Wir sind nun aber an einer Stelle angelangt, wo eine sorgfältige Unterscheidung erforderlich ist.

Betrachten wir einen Ortsvektor $\vec{x}$. Dieser Vektor entspricht einem festen Punkt im Raum (relativ zum Ursprung), unabhängig davon, mit welcher Basis wir arbeiten. Je nachdem, welche Basis man zur Darstellung des Vektors wählt, erhält man aber einen anderen Koordinatenvektor. Nicht nur 3×1-Matrizen, sondern auch allgemeine Matrizen sind von der Darstellung (d. h. von der gewählten Basis) abhängig. Insbesondere nehmen die Matrixelemente $I_{\mu\nu}(0)$ des Trägheitstensors Werte an, die von der Basis abhängen. Diese Tatsachen wollen wir uns nun erarbeiten.

Seien also zwei Orthonormalbasen,

$$\mathcal{B}' = \{\hat{e}'_1, \hat{e}'_2, \hat{e}'_3\}$$

und

$$\mathcal{B}'' = \{\hat{e}''_1, \hat{e}''_2, \hat{e}''_3\},$$

gegeben. [An dieser Stelle sind abstrakte Basisvektoren wie in Gl. 2.1 gemeint, nicht basisabhängige Koordinatenvektoren wie in Gl. 2.19 und 2.20.] Wir stellen die Elemente von $\mathcal{B}''$ in der Basis $\mathcal{B}'$ dar:

$$\hat{e}''_\nu = \sum_\mu \mathcal{R}_{\mu\nu} \hat{e}'_\mu. \tag{11.74}$$

Auf diese Weise bildet der Koordinatenvektor von $\hat{e}''_\nu$ in der Basis $\mathcal{B}'$ die ν-te Spalte der Transformationsmatrix $\mathcal{R}$. In Analogie zu Gl. 2.14 und 2.16 sind die Matrixelemente von $\mathcal{R}$ durch

$$\mathcal{R}_{\mu\nu} = \hat{e}'_\mu \cdot \hat{e}''_\nu \tag{11.75}$$

gegeben.

Da $\mathcal{B}'$ und $\mathcal{B}''$ Orthonormalbasen seien, muss, unter Verwendung von Gl. 2.12 und 11.74, gelten:

$$
\begin{aligned}
\delta_{\mu\nu} &= \hat{e}''_\mu \cdot \hat{e}''_\nu \\
&= \left\{ \sum_\rho \mathcal{R}_{\rho\mu} \hat{e}'_\rho \right\} \cdot \left\{ \sum_\sigma \mathcal{R}_{\sigma\nu} \hat{e}'_\sigma \right\} \\
&= \sum_\rho \sum_\sigma \mathcal{R}_{\rho\mu} \mathcal{R}_{\sigma\nu} \hat{e}'_\rho \cdot \hat{e}'_\sigma \\
&= \sum_\rho \sum_\sigma \mathcal{R}_{\rho\mu} \mathcal{R}_{\sigma\nu} \delta_{\rho\sigma} \\
&= \sum_\rho \mathcal{R}_{\rho\mu} \mathcal{R}_{\rho\nu} \\
&= \sum_\rho \left(\mathcal{R}^\top \right)_{\mu\rho} (\mathcal{R})_{\rho\nu} \\
&= \left(\mathcal{R}^\top \mathcal{R} \right)_{\mu\nu}.
\end{aligned}
\tag{11.76}
$$

Bei der Transformationsmatrix $\mathcal{R}$ handelt es sich also wiederum um eine orthogonale Matrix. Und wiederum unter der Annahme, dass sich die Basen $\mathcal{B}'$ und $\mathcal{B}''$ stetig ineinander überführen lassen, muss eine echte Drehung (ohne Spiegelung) vorliegen.

Wir drücken nun den von uns betrachteten Ortsvektor $\vec{x}$ in den beiden Basen aus:

$$
\vec{x} = \sum_\mu (\vec{x})'_\mu \, \hat{e}'_\mu
\tag{11.77}
$$

mit dem Koordinatenvektor

$$
\begin{pmatrix} (\vec{x})'_1 \\ (\vec{x})'_2 \\ (\vec{x})'_3 \end{pmatrix}
$$

bzw.

$$
\vec{x} = \sum_\nu (\vec{x})''_\nu \, \hat{e}''_\nu
\tag{11.78}
$$

· mit dem Koordinatenvektor

$$
\begin{pmatrix} (\vec{x})''_1 \\ (\vec{x})''_2 \\ (\vec{x})''_3 \end{pmatrix}.
$$

Wir können die Komponenten des Koordinatenvektors von $\vec{x}$ in der Basis $\mathcal{B}''$ folgendermaßen mithilfe der Komponenten des Koordinatenvektors von $\vec{x}$ in der Basis $\mathcal{B}'$

schreiben:

$$\begin{aligned}
(\vec{x})''_\nu &= \hat{e}''_\nu \cdot \vec{x} \\
&= \hat{e}''_\nu \cdot \left\{ \sum_\mu (\vec{x})'_\mu \, \hat{e}'_\mu \right\} \\
&= \sum_\mu \hat{e}''_\nu \cdot \hat{e}'_\mu \, (\vec{x})'_\mu \\
&= \sum_\mu \mathcal{R}_{\mu\nu} \, (\vec{x})'_\mu \,.
\end{aligned}$$

(11.79)

Hierbei ist beim Übergang von der ersten zur zweiten Zeile Gl. 11.77 zum Einsatz gekommen. Beim Übergang von der dritten zur vierten Zeile haben wir Gl. 11.75 verwendet.

Gl. 11.79 ist die Grundlage, um das Transformationsverhalten des Trägheitstensors $I(0)$ unter passiven Drehungen zu bestimmen. Die Matrixelemente von $I(0)$ in einer gegebenen Basis sind gleich

$$I_{\mu\nu}(0) = \sum_i m_i \left[\vec{x}_i^2(0)\delta_{\mu\nu} - (\vec{x}_i(0))_\mu \, (\vec{x}_i(0))_\nu \right] .$$

(11.80)

[Dies ist Gl. 11.65 für $t = 0$.]. Aus Gl. 11.79 folgt dann, dass der Zusammenhang zwischen der Matrix $I'(0)$ des Trägheitstensors in der Basis $\mathcal{B}'$ [bei der also die Vektorkomponenten in Gl. 11.80 bezüglich $\mathcal{B}'$ gewählt sind] und der Matrix $I''(0)$ des Trägheitstensors in der Basis $\mathcal{B}''$ [die Vektorkomponenten in Gl. 11.80 sind bezüglich $\mathcal{B}''$ gewählt], durch

$$I''(0) = \mathcal{R}^\top I'(0) \mathcal{R}$$

(11.81)

gegeben ist. Die Herleitung dieser Gleichung ist ähnlich zur Herleitung von Gl. 11.69.

Nehmen wir nun an, wir haben eine Basis $\mathcal{B}'$ gewählt und für unseren betrachteten starren Körper gemäß Gl. 11.80 die Komponenten $I'_{\mu\nu}(0)$ des Trägheitstensors in der gewählten Basis explizit berechnet. Wir können Gl. 11.80 entnehmen, dass die auf diese Weise gewonnene Matrix $I'(0)$ reell und symmetrisch ist. Wir greifen nun auf eine bemerkenswerte Aussage zurück, die in der Linearen Algebra bewiesen wird: Für eine reelle, symmetrische Matrix $I'(0)$ lässt sich immer eine orthogonale Matrix $\mathcal{R}$ finden, sodass die Matrix $\mathcal{R}^\top I'(0)\mathcal{R}$ diagonal ist. Im Hinblick auf Gl. 11.81 bedeutet dies, dass wir eine Basis $\mathcal{B}''$ finden können, sodass der Trägheitstensor in dieser Basis eine Diagonalmatrix ist:

$$I''(0) = \begin{pmatrix} I_1 & 0 & 0 \\ 0 & I_2 & 0 \\ 0 & 0 & I_3 \end{pmatrix} .$$

(11.82)

Wie Sie in der Mathematik lernen (in der Linearen Algebra, aber insbesondere auch in der Numerischen Mathematik), gibt es konkrete Verfahren, um bei einer gegebenen reellen, symmetrischen Matrix $I'(0)$ die Diagonalmatrix $I''(0)$ und die dazugehörige orthogonale Transformationsmatrix $\mathcal{R}$ zu berechnen. Hat man $I''(0)$ und $\mathcal{R}$ bestimmt, dann ist die übliche Sprechweise, dass man die Matrix $I'(0)$ *diagonalisiert* hat. Für reelle, symmetrische Matrizen ist die Diagonalisierbarkeit gemäß der oben gemachten Aussage garantiert.

Man sagt auch, dass man durch die Diagonalisierung das *Eigenwertproblem* der Matrix $I'(0)$ gelöst hat. Um diese Begriffsbildung zu verstehen, schreiben wir die Transformationsmatrix $\mathcal{R}$, mit deren Hilfe $I'(0)$ in die Diagonalmatrix $I''(0)$ übergeführt wird, in der Form:

$$\mathcal{R} = \begin{pmatrix} \vec{r}_1 & \vec{r}_2 & \vec{r}_3 \end{pmatrix}. \tag{11.83}$$

Die Vektoren $\vec{r}_\nu$ sind also die Spaltenvektoren der Matrix $\mathcal{R}$. [Wie wir aus Gl. 11.75 wissen, handelt es sich bei $\vec{r}_\nu$ um den Koordinatenvektor des Basisvektors $\hat{e}_\nu''$ in der Basis $\mathcal{B}'$.] Dann ist die Gleichung

$$\mathcal{R}^\top I'(0)\mathcal{R} = \begin{pmatrix} I_1 & 0 & 0 \\ 0 & I_2 & 0 \\ 0 & 0 & I_3 \end{pmatrix}$$

bzw., unter Nutzung der Orthogonalität von $\mathcal{R}$,

$$I'(0)\mathcal{R} = \mathcal{R} \begin{pmatrix} I_1 & 0 & 0 \\ 0 & I_2 & 0 \\ 0 & 0 & I_3 \end{pmatrix}$$

äquivalent zu

$$I'(0)\vec{r}_\nu = I_\nu \vec{r}_\nu, \qquad \nu = 1, 2, 3. \tag{11.84}$$

Wirkt die Matrix $I'(0)$ auf den Vektor $\vec{r}_\nu$, erhält man einen Vektor, der proportional zu $\vec{r}_\nu$ selbst ist. Die Proportionalitätskonstante ist I_ν. Man nennt die Vektoren $\vec{r}_\nu$ *Eigenvektoren* von $I'(0)$. Die jeweils dazugehörigen Zahlen I_ν heißen *Eigenwerte*.

Beachten Sie, dass die Eigenwerte des Trägheitstensors reelle, *nichtnegative* Zahlen sind. Dies sehen wir unmittelbar, wenn wir Gl. 11.80 auf die Darstellung des Trägheitstensors in der Basis $\mathcal{B}''$ der Eigenvektoren anwenden und uns dabei auf die Diagonalelemente konzentrieren:

$$\begin{aligned} I_\nu &= I_{\nu\nu}''(0) \\ &= \sum_i m_i \left[\left\{ \sum_\mu (\vec{x}_i(0))_\mu'' (\vec{x}_i(0))_\mu'' \right\} - (\vec{x}_i(0))_\nu'' (\vec{x}_i(0))_\nu'' \right] \\ &= \sum_i m_i \sum_{\mu \neq \nu} \left[(\vec{x}_i(0))_\mu'' \right]^2 \\ &\geq 0. \end{aligned}$$

Für makroskopische starre Körper ist es darüber hinaus eine sinnvolle Annahme, dass keines der I_ν verschwindet. (Es kann nur dann ein Eigenwert des Trägheitstensors verschwinden, wenn es eine Achse gibt, senkrecht zu der der betrachtete starre Körper keine Ausdehnung hat.) Wir nehmen daher an, dass stets $I_\nu > 0$ erfüllt ist.

Im Zusammenhang mit dem Trägheitstensor werden die Eigenwerte I_ν auch als *Hauptträgheitsmomente* des starren Körpers bezeichnet. Die in Gl. 11.82 spezifizierte Diagonaldarstellung des Trägheitstensors nennt man auch *Hauptachsendarstellung;* der Prozess der Bestimmung dieser Darstellung heißt daher auch *Hauptachsentransformation.* Man nennt die mit den Eigenvektoren $\vec{r}_\nu$ einhergehenden Raumrichtungen die *Hauptträgheitsachsen* (oder Hauptachsen) des Trägheitstensors des starren Körpers. Wir werden sehen, dass die Hauptträgheitsachsen eine ganz besondere Rolle bei der Rotationsdynamik des starren Körpers einnehmen.

11.7 Bestimmung der Drehmatrix

Lassen Sie uns die wichtigsten Erkenntnisse rekapitulieren, die wir bisher bei der Untersuchung des sich ohne äußere Krafteinwirkung drehenden starren Körpers gewonnen haben: Die Rotationsdynamik des starren Körpers ist vollständig durch die Zeitentwicklung der Drehmatrix $\boldsymbol{R}(t)$ charakterisiert. Die dazugehörige Bewegungsgleichung ist durch

$$\dot{\boldsymbol{R}}(t)\boldsymbol{R}^\top(t) = \boldsymbol{\Omega}(t)$$

[Gl. 11.54] gegeben. Wegen der Orthogonalität von $\boldsymbol{R}(t)$ handelt es sich bei der Matrix $\boldsymbol{\Omega}(t)$ um eine antisymmetrische Matrix,

$$\boldsymbol{\Omega}(t) = \begin{pmatrix} 0 & -\omega_3(t) & \omega_2(t) \\ \omega_3(t) & 0 & -\omega_1(t) \\ -\omega_2(t) & \omega_1(t) & 0 \end{pmatrix}$$

[Gl. 11.60]. Die in $\boldsymbol{\Omega}(t)$ auftretenden Funktionen $\omega_\mu(t)$ ($\mu = 1, 2, 3$) sind die drei Komponenten des Winkelgeschwindigkeitsvektors $\vec{\omega}(t)$. Dabei hängt der Winkelgeschwindigkeitsvektor mit dem zeitlich konstanten Drehimpuls $\vec{L}_{\text{rel}}$ über

$$\vec{L}_{\text{rel}} = \boldsymbol{I}(t)\vec{\omega}(t)$$

[Gl. 11.67] zusammen. Die zeitliche Entwicklung des Trägheitstensors $\boldsymbol{I}(t)$ ergibt sich mithilfe der Drehmatrix unter Anwendung der Matrixtransformation

$$\boldsymbol{I}(t) = \boldsymbol{R}(t)\boldsymbol{I}(0)\boldsymbol{R}^\top(t)$$

[Gl. 11.69] auf den stationären Trägheitstensor $\boldsymbol{I}(0)$. Da der Trägheitstensor eine reelle, symmetrische Matrixdarstellung besitzt, können wir Koordinatenachsen finden, bezüglich derer der Trägheitstensor zum Zeitpunkt $t = 0$ die Diagonalform

$$\boldsymbol{I}(0) = \begin{pmatrix} I_1 & 0 & 0 \\ 0 & I_2 & 0 \\ 0 & 0 & I_3 \end{pmatrix}$$

[Gl. 11.82] besitzt. Diese Hauptachsendarstellung wollen wir im Folgenden annehmen.

Der Trägheitstensor und der Winkelgeschwindigkeitsvektor sind nicht nur über die Drehimpulsgleichung, Gl. 11.67, miteinander verbunden, sondern auch über die Energiegleichung

$$T_{\text{rel}} = \frac{1}{2}\vec{\omega}^\top(t)I(t)\vec{\omega}(t)$$

[Gl. 11.73]. Wir werden aber feststellen, dass die Erhaltung der Energie keine Information beinhaltet, die nicht bereits durch die anderen oben aufgeführten Gleichungen erfasst wird.

Um eine in sich geschlossene Beschreibung der zeitlichen Entwicklung der Drehmatrix zu erhalten, benötigen wir lediglich zwei weitere Schritte. Zum einen nutzen wir die Orthogonalität von $R(t)$ und führen Gl. 11.54 in

$$\dot{R}(t) = \Omega(t)R(t) \tag{11.85}$$

über. Diese Matrixgleichung repräsentiert ein Differenzialgleichungssystem erster Ordnung für die neun Matrixelemente von $R(t)$. Es liegen damit also neun gekoppelte Differenzialgleichungen erster Ordnung vor.

Im zweiten Schritt bestimmen wir die Matrixelemente der Matrix $\Omega(t)$, die wir in Gl. 11.85 benötigen, indem wir die Gleichung

$$\vec{L}_{\text{rel}} = I(t)\vec{\omega}(t)$$

nach $\vec{\omega}(t)$ auflösen. Dazu ist es erforderlich, dass wir die zu $I(t)$ inverse Matrix $I^{-1}(t)$ bestimmen, also die eindeutige Matrix, die, falls sie existiert, die Identität

$$I^{-1}(t)I(t) = I(t)I^{-1}(t) = \mathbb{1}$$

erfüllt. Aufgrund unserer zuvor formulierten Annahme, dass alle Hauptträgheitsmomente I_ν von null verschieden sind, existiert offenbar die Inverse von $I(0)$:

$$I^{-1}(0) = \begin{pmatrix} 1/I_1 & 0 & 0 \\ 0 & 1/I_2 & 0 \\ 0 & 0 & 1/I_3 \end{pmatrix} \tag{11.86}$$

(Verifizieren Sie, dass tatsächlich $I^{-1}(0)I(0) = \mathbb{1}$ gilt.) Damit existiert auch die gesuchte Inverse von $I(t)$ und ist gleich

$$I^{-1}(t) = R(t)I^{-1}(0)R^\top(t). \tag{11.87}$$

(Auch hier sollten Sie explizit überprüfen, dass $I^{-1}(t)I(t) = \mathbb{1}$ erfüllt ist.)

Somit ist der Winkelgeschwindigkeitsvektor durch

$$\begin{aligned} \vec{\omega}(t) &= I^{-1}(t)\vec{L}_{\text{rel}} \\ &= R(t)I^{-1}(0)R^\top(t)\vec{L}_{\text{rel}} \end{aligned} \tag{11.88}$$

gegeben. Mithilfe dieser Gleichung drücken wir die Matrix $\boldsymbol{\Omega}(t)$, unter Nutzung von Gl. 11.60, als Funktion der Drehmatrix (und ihrer Transponierten), der Inversen des Trägheitstensors in Hauptachsendarstellung und des zeitlich konstanten Drehimpulsvektors aus. Setzen wir dieses Resultat in Gl. 11.85 ein, erhalten wir ein geschlossenes Differenzialgleichungssystem, das wir unter Nutzung der Anfangsbedingung

$$\boldsymbol{R}(0) = \mathbb{1} \tag{11.89}$$

integrieren können.

Um die Anwendung von Gl. 11.88 aber expliziter zu gestalten, führen wir die Matrixdifferenzialgleichung, Gl. 11.85, noch in drei gekoppelte Differenzialgleichungen für die Spaltenvektoren $\vec{u}_\nu(t)$ von

$$\boldsymbol{R}(t) = \big(\vec{u}_1(t)\ \vec{u}_2(t)\ \vec{u}_3(t)\big)$$

[Gl. 11.49] über. Wegen Gl. 11.61 gilt für einen beliebigen Vektor $\vec{x}$:

$$\boldsymbol{\Omega}(t)\vec{x} = \vec{\omega}(t) \times \vec{x}. \tag{11.90}$$

Daher folgt aus Gl. 11.85 für $\vec{u}_\nu(t)$ die Differenzialgleichung

$$\begin{aligned}
\dot{\vec{u}}_\nu(t) &= \boldsymbol{\Omega}(t)\vec{u}_\nu(t) \\
&= \vec{\omega}(t) \times \vec{u}_\nu(t). \tag{11.91}
\end{aligned}$$

Wir drücken auch den Winkelgeschwindigkeitsvektor durch die Spalten der Drehmatrix aus:

$$\begin{aligned}
\vec{\omega}(t) &= \boldsymbol{R}(t)\boldsymbol{I}^{-1}(0)\boldsymbol{R}^\top(t)\vec{L}_{\text{rel}} \\
&= \underbrace{\left(\tfrac{1}{I_1}\vec{u}_1(t)\ \tfrac{1}{I_2}\vec{u}_2(t)\ \tfrac{1}{I_3}\vec{u}_3(t)\right)}_{\boldsymbol{R}(t)\boldsymbol{I}^{-1}(0)} \underbrace{\begin{pmatrix} \vec{u}_1(t)\cdot\vec{L}_{\text{rel}} \\ \vec{u}_2(t)\cdot\vec{L}_{\text{rel}} \\ \vec{u}_3(t)\cdot\vec{L}_{\text{rel}} \end{pmatrix}}_{\boldsymbol{R}^\top(t)\vec{L}_{\text{rel}}} \\
&= \sum_\mu \frac{\vec{u}_\mu(t)\cdot\vec{L}_{\text{rel}}}{I_\mu}\vec{u}_\mu(t). \tag{11.92}
\end{aligned}$$

Dies setzen wir in Gl. 11.91 ein und erhalten:

$$\dot{\vec{u}}_\nu(t) = \sum_\mu \frac{\vec{u}_\mu(t)\cdot\vec{L}_{\text{rel}}}{I_\mu}\vec{u}_\mu(t) \times \vec{u}_\nu(t). \tag{11.93}$$

Auf diese Weise ist es uns gelungen, Gl. 11.85 und 11.88 in einer Gleichung zusammenzuführen (genauer: in drei Differenzialgleichungen für Spaltenvektoren). Wir können aber noch einen weiteren vereinfachenden Schritt machen und das in

Gl. 11.93 auftretende Kreuzprodukt explizit auswerten. Dazu nutzen wir aus, dass die drei Spaltenvektoren $\vec{u}_1(t)$, $\vec{u}_2(t)$ und $\vec{u}_3(t)$ der Drehmatrix zu jedem Zeitpunkt normiert und zueinander orthogonal sind [Gl. 11.50]. Hinzu kommt, dass

$$\vec{u}_\nu(t) = \mathbf{R}(t)\hat{e}_\nu \tag{11.94}$$

ist, der Spaltenvektor $\vec{u}_\nu(t)$ also aus der Drehung des ν-ten Einheitsvektors hervorgeht. [An dieser Stelle ist mit $\hat{e}_\nu$ ein Koordinatenvektor (Spaltenvektor) wie in Gl. 2.19 und 2.20 gemeint.] Durch eine Drehung wird die Händigkeit eines Koordinatenachsensystems aber nicht verändert. Aus

$$\hat{e}_1 \times \hat{e}_2 = \hat{e}_3, \qquad \hat{e}_2 \times \hat{e}_3 = \hat{e}_1, \qquad \hat{e}_3 \times \hat{e}_1 = \hat{e}_2$$

(im Sinne der „Rechte-Hand-Regel" entspricht $\hat{e}_1$ dem Daumen, $\hat{e}_2$ dem Zeigefinger und $\hat{e}_3$ dem Mittelfinger der rechten Hand) folgt daher:

$$\vec{u}_1(t) \times \vec{u}_2(t) = \vec{u}_3(t), \tag{11.95}$$

$$\vec{u}_2(t) \times \vec{u}_3(t) = \vec{u}_1(t), \tag{11.96}$$

$$\vec{u}_3(t) \times \vec{u}_1(t) = \vec{u}_2(t). \tag{11.97}$$

Verwenden wir diese Eigenschaft, dann erhalten wir schließlich für die Bewegungsgleichungen der Spaltenvektoren der Drehmatrix $\mathbf{R}(t)$:

$$\dot{\vec{u}}_1(t) = \frac{\vec{u}_3(t) \cdot \vec{L}_{\text{rel}}}{I_3} \vec{u}_2(t) - \frac{\vec{u}_2(t) \cdot \vec{L}_{\text{rel}}}{I_2} \vec{u}_3(t), \tag{11.98}$$

$$\dot{\vec{u}}_2(t) = \frac{\vec{u}_1(t) \cdot \vec{L}_{\text{rel}}}{I_1} \vec{u}_3(t) - \frac{\vec{u}_3(t) \cdot \vec{L}_{\text{rel}}}{I_3} \vec{u}_1(t), \tag{11.99}$$

$$\dot{\vec{u}}_3(t) = \frac{\vec{u}_2(t) \cdot \vec{L}_{\text{rel}}}{I_2} \vec{u}_1(t) - \frac{\vec{u}_1(t) \cdot \vec{L}_{\text{rel}}}{I_1} \vec{u}_2(t). \tag{11.100}$$

Unter Berücksichtigung der Anfangsbedingung

$$\vec{u}_1(0) = \begin{pmatrix} 1 \\ 0 \\ 0 \end{pmatrix}, \qquad \vec{u}_2(0) = \begin{pmatrix} 0 \\ 1 \\ 0 \end{pmatrix}, \qquad \vec{u}_3(0) = \begin{pmatrix} 0 \\ 0 \\ 1 \end{pmatrix} \tag{11.101}$$

beschreiben die miteinander gekoppelten Differenzialgleichungen Gl. 11.98, 11.99 und 11.100 die Dynamik des kräftefrei rotierenden starren Körpers vollständig.

Was bedeuten Gl. 11.98 bis 11.100 physikalisch? Um diese Frage zu beantworten, müssen wir verstehen, wie wir bei der Herleitung vorgegangen sind. Zur Beschreibung des N-Teilchensystems verwenden wir ein Inertialsystem (Kap. 3), in dem nur physikalische Kräfte eine Beschleunigung der Teilchen hervorrufen (es treten keine Scheinkräfte auf). Man nennt ein solches Inertialsystem im Zusammenhang mit Drehungen eines starren Körpers auch ein *raumfestes* Bezugssystem. Zum Zeitpunkt $t = 0$ weist der starre Körper in dem raumfesten Bezugssystem eine bestimmte räumliche Orientierung auf, die durch den Trägheitstensor $I(0)$ beschrieben wird. Wir nutzen aus, dass wir in unserem raumfesten Bezugssystem die Koordinatenachsen bzw. die dazugehörigen orthonormalen Basisvektoren so wählen können, dass $I(0)$ diagonal ist. Dies bedeutet, dass zum Zeitpunkt $t = 0$ die im raumfesten Bezugssystem verwendeten Koordinatenachsen mit den Hauptträgheitsachsen des starren Körpers zusammenfallen.

Die Hauptträgheitsachsen sind im starren Körper verankert. Durch die Rotationsbewegung des starren Körpers ändert sich im Laufe der Zeit die Ausrichtung der im starren Körper verankerten Hauptträgheitsachsen bezüglich unseres raumfesten Bezugssystems. Es ist genau diese Dynamik der Hauptträgheitsachsen, die durch Gl. 11.98 bis 11.100 beschrieben wird: Aufgrund unserer spezifischen Wahl der Basisvektoren im raumfesten Bezugssystem stellen die Vektoren $\vec{u}_\nu(0)$ in Gl. 11.101 die zu den Hauptträgheitsachsen gehörigen orthonormalen Basisvektoren im raumfesten Bezugssystem zum Zeitpunkt $t = 0$ dar. Mithilfe von Gl. 11.94 können wir folgern, dass dann die Spaltenvektoren $\vec{u}_\nu(t)$ die Ausrichtung der Hauptträgheitsachsen im raumfesten Bezugssystem zur Zeit t angeben.

11.7.1 Drehbewegung um eine Hauptträgheitsachse

Überlegen wir uns, was Gl. 11.98 bis 11.100 für das Drehverhalten des kräftefreien starren Körpers implizieren. Die Dynamik der Hauptträgheitsachsen hängt ausschließlich ab von den Hauptträgheitsmomenten I_ν, dem Betrag $|\vec{L}_{\mathrm{rel}}|$ des Drehimpulsvektors und den durch

$$\cos[\vartheta_\nu(t)] = \frac{\vec{u}_\nu(t) \cdot \vec{L}_{\mathrm{rel}}}{|\vec{u}_\nu(t)||\vec{L}_{\mathrm{rel}}|} = \frac{\vec{u}_\nu(t) \cdot \vec{L}_{\mathrm{rel}}}{|\vec{L}_{\mathrm{rel}}|} \tag{11.102}$$

definierten Winkeln zwischen den Hauptträgheitsachsen und $\vec{L}_{\mathrm{rel}}$. [Beachten Sie, dass die $\vec{u}_\nu(t)$ aufgrund der Orthogonalität von $R(t)$ normierte Vektoren sind.]

Nehmen wir an, dass die Raumrichtung des zeitunabhängigen Vektors $\vec{L}_{\mathrm{rel}}$ zum Zeitpunkt $t = 0$ mit einer Hauptträgheitsachse des starren Körpers zusammenfällt. Wählen wir beispielsweise $\vec{L}_{\mathrm{rel}} = |\vec{L}_{\mathrm{rel}}|\vec{u}_3(0)$ (wir zeichnen also die 3-Achse des starren Körpers aus). Da dann $\vec{u}_1(0)$ und $\vec{u}_2(0)$ beide orthogonal zu $\vec{L}_{\mathrm{rel}}$ sind, folgt aus Gl. 11.100, dass $\dot{\vec{u}}_3(0) = \vec{0}$ ist. Die 3-Achse des starren Körpers erfährt demnach am Anfang keine instantane Änderung. Die Konsequenz ist, dass dann zu einem infinitesimal späteren Zeitpunkt $t = \mathrm{d}t$ gilt: $\vec{u}_3(\mathrm{d}t) = \vec{u}_3(0)$. Daher sind $\vec{u}_1$ und $\vec{u}_2$ auch zu diesem Zeitpunkt noch orthogonal zu $\vec{L}_{\mathrm{rel}}$ und es muss $\dot{\vec{u}}_3(\mathrm{d}t) = \vec{0}$ gelten. Dieses Argument lässt sich zu beliebigen Zeiten hin weiterführen. Wir können daher schließen, dass die dritte Hauptträgheitsachse in der hier betrachteten Situation nicht nur im Körper fest verankert, sondern auch raumfest ist: $\vec{u}_3(t) = \vec{u}_3(0)$ für alle $t \geq 0$.

Wie verhalten sich die beiden verbleibenden Hauptträgheitsachsen? Für $\vec{L}_{\text{rel}} = |\vec{L}_{\text{rel}}| \vec{u}_3(0)$ und $\vec{u}_3(t) = \vec{u}_3(0)$ gehen Gl. 11.98 und 11.99 in

$$\dot{\vec{u}}_1(t) = \omega_3 \vec{u}_2(t), \tag{11.103}$$

$$\dot{\vec{u}}_2(t) = -\omega_3 \vec{u}_1(t) \tag{11.104}$$

über, wobei

$$\omega_3 = \frac{|\vec{L}_{\text{rel}}|}{I_3} \tag{11.105}$$

ist. Wir lösen die gekoppelten Differenzialgleichungen Gl. 11.103 und 11.104 folgendermaßen: Wir leiten Gl. 11.103 nach der Zeit ab und setzen in den resultierenden Ausdruck Gl. 11.104 ein. Dadurch erhalten wir:

$$\ddot{\vec{u}}_1(t) = -\omega_3^2 \vec{u}_1(t). \tag{11.106}$$

Diese Gleichung repräsentiert drei voneinander entkoppelte Differenzialgleichungen vom Typ

$$\ddot{x} = -\omega^2 x$$

[Gl. 4.96]. Mithilfe von Gl. 4.101 folgt daher aus Gl. 11.106, dass

$$\vec{u}_1(t) = \vec{A}_1 \cos(\omega_3 t) + \vec{B}_1 \sin(\omega_3 t) \tag{11.107}$$

sein muss. Eine analoge Überlegung führt zu

$$\vec{u}_2(t) = \vec{A}_2 \cos(\omega_3 t) + \vec{B}_2 \sin(\omega_3 t). \tag{11.108}$$

Die Integrationskonstanten $\vec{A}_1$, $\vec{B}_1$, $\vec{A}_2$ und $\vec{B}_2$ erhalten wir aus den Anfangsbedingungen. Zum einen folgt aus

$$\vec{u}_1(0) = \begin{pmatrix} 1 \\ 0 \\ 0 \end{pmatrix}, \qquad \vec{u}_2(0) = \begin{pmatrix} 0 \\ 1 \\ 0 \end{pmatrix}$$

[Gl. 11.101], dass die Identitäten

$$\vec{A}_1 = \begin{pmatrix} 1 \\ 0 \\ 0 \end{pmatrix}, \qquad \vec{A}_2 = \begin{pmatrix} 0 \\ 1 \\ 0 \end{pmatrix}$$

erfüllt sein müssen. Zum anderen finden wir durch Ableiten von Gl. 11.107 nach der Zeit und Einsetzen in Gl. 11.103 bei $t = 0$:

$$\vec{B}_1 \omega_3 = \omega_3 \vec{u}_2(0)$$

bzw.

$$\vec{B}_1 = \begin{pmatrix} 0 \\ 1 \\ 0 \end{pmatrix}.$$

Auf ähnliche Weise finden wir:

$$\vec{B}_2 = \begin{pmatrix} -1 \\ 0 \\ 0 \end{pmatrix}.$$

[Das Minuszeichen hängt mit dem Minuszeichen in Gl. 11.104 zusammen.]

Fassen wir zusammen. Fällt die Raumrichtung des Drehimpulsvektors $\vec{L}_{\text{rel}}$ zum Zeitpunkt $t = 0$ mit der dritten Hauptträgheitsachse des starren Körpers zusammen, dann sind die zu den Hauptträgheitsachsen gehörigen Einheitsvektoren im raumfesten Bezugssystem durch

$$\vec{u}_1(t) = \begin{pmatrix} \cos(\omega_3 t) \\ \sin(\omega_3 t) \\ 0 \end{pmatrix}, \quad \vec{u}_2(t) = \begin{pmatrix} -\sin(\omega_3 t) \\ \cos(\omega_3 t) \\ 0 \end{pmatrix}, \quad \vec{u}_3(t) = \begin{pmatrix} 0 \\ 0 \\ 1 \end{pmatrix} \quad (11.109)$$

gegeben. Die dazugehörige Drehmatrix lautet:

$$\boldsymbol{R}(t) = \begin{pmatrix} \cos(\omega_3 t) & -\sin(\omega_3 t) & 0 \\ \sin(\omega_3 t) & \cos(\omega_3 t) & 0 \\ 0 & 0 & 1 \end{pmatrix}. \quad (11.110)$$

Diese beschreibt eine Bewegung, bei der sich der starre Körper mit konstanter Winkelgeschwindigkeit ω_3 [Gl. 11.105] um seine dritte Hauptträgheitsachse dreht. Falls Sie mit der hier verwendeten, teilweise heuristischen Analyse unzufrieden sind, können Sie durch Einsetzen in Gl. 11.98 bis 11.100 leicht selbst verifizieren, dass es sich bei Gl. 11.109 für die betrachtete Situation tatsächlich um die Lösung der Bewegungsgleichungen handelt.

Generell können wir die Aussage treffen, dass der starre Körper eine einfache periodische Rotationsbewegung um eine Hauptträgheitsachse durchläuft, wenn die Raumrichtung des Drehimpulsvektors exakt mit dieser Hauptträgheitsachse am Anfang zusammenfällt. Diese Hauptträgheitsachse bleibt dann zu allen Zeiten raumfest.

11.7.2 Klassifizierung von starren Körpern

Im Allgemeinen ist $\vec{L}_{\text{rel}}$ weder parallel noch antiparallel zu irgendeinem der Vektoren $\vec{u}_v(0)$. Man nennt das dann beim kräftefreien starren Körper auftretende Rotationsverhalten *Nutation*. Die Komplexität der resultierenden Bewegung lässt sich qualitativ dadurch charakterisieren, indem man prüft, wie viele der drei Hauptträgheitsmomente I_ν miteinander übereinstimmen. Um diese Aussage zu verstehen, ziehen wir Gl. 11.98 bis 11.100 heran und bilden jeweils das Skalarprodukt mit dem Drehimpulsvektor $\vec{L}_{\text{rel}}$. Dadurch erhalten wir:

$$\frac{\mathrm{d}}{\mathrm{d}t}\left[\vec{L}_{\text{rel}} \cdot \vec{u}_1(t)\right] = \left\{\frac{1}{I_3} - \frac{1}{I_2}\right\}\left[\vec{L}_{\text{rel}} \cdot \vec{u}_2(t)\right]\left[\vec{L}_{\text{rel}} \cdot \vec{u}_3(t)\right], \qquad (11.111)$$

$$\frac{\mathrm{d}}{\mathrm{d}t}\left[\vec{L}_{\text{rel}} \cdot \vec{u}_2(t)\right] = \left\{\frac{1}{I_1} - \frac{1}{I_3}\right\}\left[\vec{L}_{\text{rel}} \cdot \vec{u}_3(t)\right]\left[\vec{L}_{\text{rel}} \cdot \vec{u}_1(t)\right], \qquad (11.112)$$

$$\frac{\mathrm{d}}{\mathrm{d}t}\left[\vec{L}_{\text{rel}} \cdot \vec{u}_3(t)\right] = \left\{\frac{1}{I_2} - \frac{1}{I_1}\right\}\left[\vec{L}_{\text{rel}} \cdot \vec{u}_1(t)\right]\left[\vec{L}_{\text{rel}} \cdot \vec{u}_2(t)\right]. \qquad (11.113)$$

Ist demnach z. B. $I_2 = I_3$, dann ist das Skalarprodukt $\vec{L}_{\text{rel}} \cdot \vec{u}_1(t)$ erhalten. In anderen Worten: Die Projektion des Drehimpulsvektors auf die erste Hauptträgheitsachse bzw. der Winkel ϑ_1 [Gl. 11.102] ist zeitunabhängig.

Diese Beobachtung stellt die Grundlage für die folgende Klassifizierung dar:

- Sind alle drei Hauptträgheitsmomente zueinander gleich, dann spricht man bei dem starren Körper von einem *sphärischen Kreisel*. In diesem Sonderfall sind drei beliebige zueinander senkrechte Achsen automatisch Hauptträgheitsachsen, und die Winkel zwischen diesen Achsen und dem Drehimpulsvektor sind alle konstant, wie aus Gl. 11.111 bis 11.113 folgt. Wählt man beispielsweise $\vec{u}_3(0) = \vec{L}_{\text{rel}}/|\vec{L}_{\text{rel}}|$, dann ist die Drehmatrix $\boldsymbol{R}(t)$ durch Gl. 11.110 gegeben. Da wir es beim sphärischen Kreisel stets mit einer Drehung um eine Hauptträgheitsachse zu tun haben, spricht man bei dieser einfachen Drehbewegung nicht von einer Nutation.
- Ein *symmetrischer* Kreisel liegt vor, wenn nur zwei der Hauptträgheitsmomente zueinander gleich sind, z. B. $I_1 = I_2$. Die dritte Hauptträgheitsachse, die zu dem Hauptträgheitsmoment I_3 gehört, ist dann ausgezeichnet und wird als *Figurenachse* bezeichnet. Der Winkel ϑ_3 [Gl. 11.102] zwischen dem Drehimpulsvektor und dem zur Figurenachse gehörigen Einheitsvektor ist gemäß Gl. 11.113 notwendigerweise konstant. Damit kann man zeigen, dass bei der Nutation eines symmetrischen Kreisels die Figurenachse als Funktion der Zeit einen Kegel überstreicht, dessen Symmetrieachse der Drehimpulsvektor ist. Gleichzeitig erfolgt eine Drehung des starren Körpers um die Figurenachse.
- Sind alle drei Hauptträgheitsmomente voneinander verschieden, dann nennt man den starren Körper einen *asymmetrischen* Kreisel. Dies ist offenbar die allgemeinste Situation. Bei einem *asymmetrischen* Kreisel sind die Winkel $\vartheta_1(t)$, $\vartheta_2(t)$ und $\vartheta_3(t)$ zwischen dem Drehimpulsvektor und den drei Hauptträgheitsachsen im Allgemeinen alle zeitabhängig und die Nutation stellt eine komplexe Bewegung dar.

11.8 Energieerhaltung

Die Bewegungsgleichungen für die Spaltenvektoren der Drehmatrix $\boldsymbol{R}(t)$ [Gl. 11.98 bis 11.100] stellen eine Umformulierung von Gl. 11.85 und 11.88, also von den Gleichungen

$$\dot{\boldsymbol{R}}(t) = \boldsymbol{\Omega}(t)\boldsymbol{R}(t)$$

und

$$\vec{\omega}(t) = \boldsymbol{R}(t)\boldsymbol{I}^{-1}(0)\boldsymbol{R}^{\top}(t)\vec{L}_{\mathrm{rel}},$$

dar. Wir wollen zum Abschluss zeigen, dass die Erhaltung der kinetischen Energie,

$$T_{\mathrm{rel}} = \frac{1}{2}\vec{\omega}(t) \cdot \vec{L}_{\mathrm{rel}}$$

[Gl. 11.72], automatisch aus diesen Grundgleichungen folgt.

Der Beweis dieser Tatsache ist einfach und elegant. Unter Verwendung von Gl. 11.88 schreiben wir für die kinetische Energie der Drehbewegung:

$$
\begin{aligned}
T_{\mathrm{rel}} &= \frac{1}{2}\vec{L}_{\mathrm{rel}}^{\top}\vec{\omega}(t) \\
&= \frac{1}{2}\vec{L}_{\mathrm{rel}}^{\top}\boldsymbol{I}^{-1}(t)\vec{L}_{\mathrm{rel}} \\
&= \frac{1}{2}\vec{L}_{\mathrm{rel}}^{\top}\boldsymbol{R}(t)\boldsymbol{I}^{-1}(0)\boldsymbol{R}^{\top}(t)\vec{L}_{\mathrm{rel}}.
\end{aligned}
\tag{11.114}
$$

Um zu prüfen, ob T_{rel} konstant ist, bilden wir die Ableitung von Gl. 11.114 nach der Zeit:

$$
\begin{aligned}
\dot{T}_{\mathrm{rel}} &= \frac{1}{2}\vec{L}_{\mathrm{rel}}^{\top}\dot{\boldsymbol{R}}(t)\boldsymbol{I}^{-1}(0)\boldsymbol{R}^{\top}(t)\vec{L}_{\mathrm{rel}} + \frac{1}{2}\vec{L}_{\mathrm{rel}}^{\top}\boldsymbol{R}(t)\boldsymbol{I}^{-1}(0)\dot{\boldsymbol{R}}^{\top}(t)\vec{L}_{\mathrm{rel}} \\
&= \frac{1}{2}\vec{L}_{\mathrm{rel}}^{\top}\boldsymbol{\Omega}(t)\boldsymbol{R}(t)\boldsymbol{I}^{-1}(0)\boldsymbol{R}^{\top}(t)\vec{L}_{\mathrm{rel}} + \frac{1}{2}\vec{L}_{\mathrm{rel}}^{\top}\boldsymbol{R}(t)\boldsymbol{I}^{-1}(0)\left[\boldsymbol{\Omega}(t)\boldsymbol{R}(t)\right]^{\top}\vec{L}_{\mathrm{rel}} \\
&= \frac{1}{2}\vec{L}_{\mathrm{rel}}^{\top}\boldsymbol{\Omega}(t)\boldsymbol{R}(t)\boldsymbol{I}^{-1}(0)\boldsymbol{R}^{\top}(t)\vec{L}_{\mathrm{rel}} + \frac{1}{2}\vec{L}_{\mathrm{rel}}^{\top}\boldsymbol{R}(t)\boldsymbol{I}^{-1}(0)\boldsymbol{R}^{\top}(t)\boldsymbol{\Omega}^{\top}(t)\vec{L}_{\mathrm{rel}} \\
&= \frac{1}{2}\vec{L}_{\mathrm{rel}}^{\top}\boldsymbol{\Omega}(t)\vec{\omega}(t) + \frac{1}{2}\vec{\omega}^{\top}(t)\boldsymbol{\Omega}^{\top}(t)\vec{L}_{\mathrm{rel}} \\
&= \vec{L}_{\mathrm{rel}} \cdot \left[\boldsymbol{\Omega}(t)\vec{\omega}(t)\right] \\
&= 0.
\end{aligned}
\tag{11.115}
$$

Hierbei haben wir im letzten, entscheidenden Schritt Gl. 11.90 ausgenutzt:

$$\boldsymbol{\Omega}(t)\vec{\omega}(t) = \vec{\omega}(t) \times \vec{\omega}(t) = \vec{0}. \tag{11.116}$$

Die Erhaltung der Energie muss daher nicht als separate Bedingung zur Beschreibung des Rotationsverhaltens eines sich kräftefrei drehenden starren Körpers herangezogen werden. Diese Bedingung wird von den Lösungen der Bewegungsgleichungen Gl. 11.98 bis 11.100 automatisch erfüllt.

Aufgaben

11.1 Es seien die 3×3-Matrizen

$$A_1 = \begin{pmatrix} 1 & 2 & 3 \\ 2 & 0 & 7 \\ 3 & 7 & 4 \end{pmatrix}, \quad A_2 = \begin{pmatrix} 0 & 1 & -1 \\ -1 & 0 & 3 \\ 1 & -3 & 0 \end{pmatrix}$$

und die dreikomponentigen Spaltenvektoren (3×1-Matrizen)

$$\vec{x}_1 = \begin{pmatrix} -2 \\ 1 \\ -3 \end{pmatrix}, \quad \vec{x}_2 = \begin{pmatrix} 6 \\ 5 \\ -4 \end{pmatrix}$$

gegeben. Berechnen Sie die Matrix-Vektor-Produkte

(a) $A_1 \vec{x}_1$,

(b) $A_1 \vec{x}_2$,

(c) $A_2 \vec{x}_1$,

(d) $A_2 \vec{x}_2$.

11.2 Es seien die 3×3-Matrizen

$$A = \begin{pmatrix} 2 & 8 & 0 \\ -1 & 2 & 1 \\ -7 & 3 & 2 \end{pmatrix}, \quad B = \begin{pmatrix} -5 & 3 & 1 \\ 0 & 7 & -2 \\ -1 & 0 & -5 \end{pmatrix}$$

gegeben. Berechnen Sie die Matrix-Matrix-Produkte
(a) AB,
(b) BA.

11.3 Leiten Sie Gl. 11.58,

$$(AB)^\top = B^\top A^\top,$$

und Gl. 11.59,

$$(A^\top)^\top = A,$$

für eine $m \times n$-Matrix A und eine $n \times k$-Matrix B her.

11.4 Zeigen Sie die Orthogonalität der Drehmatrix, d. h. die Eigenschaft

$$R^\top(t)R(t) = \mathbb{1}$$

[Gl. 11.46], direkt anhand der grundlegenden Forderungen

$$\vec{x}_i(t) \cdot \vec{x}_j(t) = \vec{x}_i(0) \cdot \vec{x}_j(0)$$

[Gl. 11.41] und

$$\vec{x}_i(t) = R(t)\vec{x}_i(0)$$

[Gl. 11.42]. Vermeiden Sie also die in Gl. 11.43 vorgenommene Zerlegung nach Vektor- bzw. Matrixkomponenten, sondern arbeiten Sie mit den Vektoren und Matrizen selbst. [Hinweis: Berücksichtigen Sie Gl. 11.35.]

11.5 Bestimmen Sie die zur 2 × 2-Matrix

$$A = \begin{pmatrix} 6 & 9 \\ 3 & 5 \end{pmatrix}$$

gehörige inverse Matrix A^{-1}. Anleitung: Schreiben Sie die Inverse von A in der Form

$$A^{-1} = \begin{pmatrix} \vec{x}_1 & \vec{x}_2 \end{pmatrix},$$

mit den zweikomponentigen Spaltenvektoren $\vec{x}_1$ und $\vec{x}_2$, dann muss

$$AA^{-1} = \begin{pmatrix} A\vec{x}_1 & A\vec{x}_2 \end{pmatrix} = \begin{pmatrix} 1 & 0 \\ 0 & 1 \end{pmatrix} = \begin{pmatrix} \hat{e}_1 & \hat{e}_2 \end{pmatrix}$$

erfüllt sein. Bestimmen Sie die Spalten $\vec{x}_j$ von A^{-1} daher durch Lösen der linearen Gleichungssysteme $A\vec{x}_j = \hat{e}_j$ ($j = 1, 2$).

11.6 Es seien die Spaltenvektoren

$$\vec{a} = \begin{pmatrix} a_1 \\ a_2 \\ a_3 \end{pmatrix}, \qquad \vec{b} = \begin{pmatrix} b_1 \\ b_2 \\ b_3 \end{pmatrix}$$

gegeben. Bilden Sie das sogenannte *dyadische Produkt* $\vec{a}\vec{b}^\top$ der Vektoren $\vec{a}$ und $\vec{b}$, also das Matrix-Matrix-Produkt der 3 × 1-Matrix $\vec{a}$ und der 1 × 3-Matrix $\vec{b}^\top$. [Verwenden Sie dazu die fundamentale Definition $C_{ij} = \sum_k A_{ik}B_{kj}$ für die Komponente C_{ij} des Produkts der Matrix A und der Matrix B.]

11.7

(a) Zeigen Sie, dass die Multiplikation von Matrizen das Assoziativgesetz

$$A(BC) = (AB)C$$

für eine $m \times n$-Matrix A, eine $n \times k$-Matrix B und eine $k \times l$-Matrix C erfüllt.

(b) Leiten Sie das linksseitige Distributivgesetz

$$A(B + C) = AB + AC$$

für eine $m \times n$-Matrix A und $n \times k$-Matrizen B und C her.

(c) Leiten Sie das rechtsseitige Distributivgesetz

$$(A + B)C = AC + BC$$

für $m \times n$-Matrizen A und B und eine $n \times k$-Matrix C her.

11.8

(a) Zeigen Sie, dass der Matrixausdruck

$$I(t) = \sum_i m_i \left\{ \left[\vec{x}_i(t) \cdot \vec{x}_i(t) \right] \mathbb{1} - \vec{x}_i(t)\vec{x}_i^\top(t) \right\}$$

für den Trägheitstensor als Funktion der Zeit zu Gl. 11.65 äquivalent ist.

(b) Leiten Sie den Matrixausdruck für $I(t)$ direkt aus Gl. 11.63 für den Relativdrehimpuls her (ohne Umweg über Vektor- bzw. Matrixkomponenten).

(c) Zeigen Sie damit ebenso direkt den Zusammenhang

$$I(t) = R(t)I(0)R^\top(t)$$

, [Gl. 11.69].

11.9

(a) Es sei die Orthonormalbasis $\mathcal{B} = \{\hat{e}_1, \hat{e}_2, \hat{e}_3\}$ gegeben, sodass die dazugehörigen Koordinatenvektoren in dieser Basis die Form

$$\hat{e}_1 = \begin{pmatrix} 1 \\ 0 \\ 0 \end{pmatrix}, \quad \hat{e}_2 = \begin{pmatrix} 0 \\ 1 \\ 0 \end{pmatrix}, \quad \hat{e}_3 = \begin{pmatrix} 0 \\ 0 \\ 1 \end{pmatrix}$$

haben. Zeigen Sie, dass für diese Koordinatenvektoren die Gleichung

$$\sum_{j=1}^{3} \hat{e}_j \hat{e}_j^{\top} = \mathbb{1}$$

erfüllt ist.

(b) Es sei nun eine zweite Orthonormalbasis $\mathcal{B}' = \{\hat{e}_1', \hat{e}_2', \hat{e}_3'\}$ gegeben, mit Koordinatenvektoren

$$\hat{e}_1' = \begin{pmatrix} R_{11} \\ R_{21} \\ R_{31} \end{pmatrix}, \qquad \hat{e}_2' = \begin{pmatrix} R_{12} \\ R_{22} \\ R_{32} \end{pmatrix}, \qquad \hat{e}_3' = \begin{pmatrix} R_{13} \\ R_{23} \\ R_{33} \end{pmatrix}$$

bezüglich der obigen Basis $\mathcal{B}$. Zeigen Sie, dass die Matrix $\boldsymbol{R}$ mit den Elementen $(\boldsymbol{R})_{ij} = R_{ij}$ orthogonal ist. Zeigen Sie damit, dass auch für diese Basisvektoren die Gleichung

$$\sum_{j=1}^{3} \hat{e}_j' \hat{e}_j'^{\top} = \mathbb{1}$$

gilt [obwohl es sich nun im Allgemeinen nicht mehr um die einfachen kartesischen Einheitsvektoren aus (a) handelt].

(c) Gegeben sei der Koordinatenvektor

$$\vec{r} = \begin{pmatrix} r_1 \\ r_2 \\ r_3 \end{pmatrix}$$

eines Vektors, wobei sich die Komponenten des Koordinatenvektors auf die Basis $\mathcal{B}$ beziehen. Wir wollen nun den Koordinatenvektor

$$\vec{r}' = \begin{pmatrix} r_1' \\ r_2' \\ r_3' \end{pmatrix}$$

des gleichen Vektors bezüglich der Basis $\mathcal{B}'$ bestimmen (die Komponenten beziehen sich nun also auf die Elemente von $\mathcal{B}'$). Zeigen Sie:

$$\vec{r}' = \boldsymbol{R}^{\top} \vec{r}.$$

11.10 Leiten Sie Gl. 11.81,

$$\boldsymbol{I}''(0) = \mathcal{R}^{\top} \boldsymbol{I}'(0) \mathcal{R},$$

her, unter Berücksichtigung von Gl. 11.79,

$$(\vec{x})_\nu'' = \sum_\mu \mathcal{R}_{\mu\nu} (\vec{x})_\mu' \, .$$

11.11 Berechnen Sie für die Spaltenvektoren

$$\vec{u}_\nu(t) = \boldsymbol{R}(t)\hat{e}_\nu$$

[Gl. 11.94] die Kreuzprodukte

$$\vec{u}_1(t) \times \left[\vec{u}_2(t) \times \vec{u}_3(t)\right],$$

$$\vec{u}_3(t) \times \left[\vec{u}_1(t) \times \vec{u}_2(t)\right]$$

und

$$\vec{u}_2(t) \times \left[\vec{u}_3(t) \times \vec{u}_1(t)\right].$$

Was schließen Sie aus den Ergebnissen? Genügen diese, um Gl. 11.95, 11.96 und 11.97 zu zeigen?

11.12 Modifizieren Sie das Programm in Anhang C, um die Bewegungsgleichungen des kräftefrei rotierenden starren Körpers,

$$\dot{\vec{u}}_1(t) = \frac{\vec{u}_3(t) \cdot \vec{L}_{\text{rel}}}{I_3}\vec{u}_2(t) - \frac{\vec{u}_2(t) \cdot \vec{L}_{\text{rel}}}{I_2}\vec{u}_3(t),$$

$$\dot{\vec{u}}_2(t) = \frac{\vec{u}_1(t) \cdot \vec{L}_{\text{rel}}}{I_1}\vec{u}_3(t) - \frac{\vec{u}_3(t) \cdot \vec{L}_{\text{rel}}}{I_3}\vec{u}_1(t),$$

$$\dot{\vec{u}}_3(t) = \frac{\vec{u}_2(t) \cdot \vec{L}_{\text{rel}}}{I_2}\vec{u}_1(t) - \frac{\vec{u}_1(t) \cdot \vec{L}_{\text{rel}}}{I_1}\vec{u}_2(t)$$

[Gl. 11.98 bis 11.100], numerisch zu lösen. Untersuchen Sie mit dem resultierenden Programm die Nutation von symmetrischen und asymmetrischen Kreiseln.

Spezielle Relativitätstheorie

R. Santra, *Einführung in die Theoretische Physik*,
https://doi.org/10.1007/978-3-662-67439-0_12

Stellen Sie sich folgende Situation vor: Sie befinden sich in einem fahrenden Zug und werfen einen Papierflieger in Fahrtrichtung. Für eine Person, die neben den Gleisen steht, bewegt sich der Papierflieger, wegen der Bewegung des Zugs, schneller als für Sie. Halten Sie aber eine eingeschaltete Taschenlampe in Fahrtrichtung, dann ist die Geschwindigkeit des von der Taschenlampe ausgestrahlten Lichts für eine Person neben den Gleisen genauso groß wie für Sie. Die Konstanz der Lichtgeschwindigkeit ist keineswegs offensichtlich, aber es waren genau Überlegungen dieser Art, die Albert Einstein zur Entdeckung der Speziellen Relativitätstheorie führten. Die von Einstein angenommene Unabhängigkeit der Lichtgeschwindigkeit vom Bewegungszustand der Lichtquelle ist mit allen bisher durchgeführten Experimenten konsistent.

Wie Sie in diesem abschließenden Kapitel lernen werden, erzwingt die Konstanz der Lichtgeschwindigkeit, das Konzept einer universellen Zeit, so wie wir es in diesem Lehrbuch bisher verwendet haben, aufzugeben. Gemäß der Speziellen Relativitätstheorie sind zwei Ereignisse, die in einem Inertialsystem gleichzeitig stattfinden, in einem anderen Inertialsystem, das sich relativ zum ersten Inertialsystem gleichförmig und geradlinig bewegt, im Allgemeinen nicht gleichzeitig. Die Zeit wird auf diese Weise eine vom Inertialsystem abhängige Koordinate, die beim Wechsel von einem Inertialsystem zu einem anderen Inertialsystem transformiert werden muss. Die Transformation der Zeitkoordinate ist dabei eng mit der Transformation der räumlichen Koordinaten verwoben.

Die Verknüpfung von Raum und Zeit hat weitreichende Konsequenzen, die insbesondere dann zu überraschenden Effekten führen, wenn Relativgeschwindigkeiten nahe der Lichtgeschwindigkeit eine Rolle spielen. Aufgrund dieser Tatsache ist die Spezielle Relativitätstheorie von zentraler Bedeutung für die Physik mit Teilchenbeschleunigern. Aber auch in der Materie, die uns umgibt, treten zum Teil signifikante relativistische Effekte auf. Dies hängt damit zusammen, dass sich manche der Elektronen in schweren Elementen wie z. B. Blei mit einem erheblichen Bruchteil der Lichtgeschwindigkeit bewegen.

12.1   Relativitätsprinzip

Betrachten wir ein abgeschlossenes N-Teilchensystem, bei dem die Kräfte zwischen den Teilchen von deren relativen Positionen zueinander abhängen, aber nicht explizit von der Zeit. Denken Sie z. B. an das Zweiteilchenproblem mit Gravitationskraft (Kap. 10). Solange wir alle miteinander wechselwirkenden Teilchen als Teil unseres physikalischen Systems betrachten, haben die in den Bewegungsgleichungen erscheinenden Ortskoordinaten und die Zeit keine absolute Bedeutung: Es ist unter den betrachteten Umständen nicht physikalisch relevant, wie wir unseren räumlichen bzw. zeitlichen Koordinatenursprung wählen. (Das wäre anders, wenn wir ein *externes* Kraftfeld hätten, dessen Quelle selbst wir nicht durch eine Bewegungsgleichung erfassen und dessen Zeitverlauf vorgegeben ist. In diesem Fall würden wir keine in sich geschlossene Beschreibung des dynamischen Verhaltens des gesamten Systems vornehmen.)

Da bei unserem abgeschlossenen System die Ortskoordinaten und die Zeit keine absolute Bedeutung haben, ändern sich die Bewegungsgleichungen nicht, wenn wir folgende Ersetzung der räumlichen und zeitlichen Koordinaten durchführen:

$$\begin{aligned}
t &\to t' = t + \Delta t, \\
x &\to x' = x + \Delta x, \\
y &\to y' = y + \Delta y, \\
z &\to z' = z + \Delta z.
\end{aligned} \tag{12.1}$$

Diese Gleichungen besagen, dass wir unseren Zeitnullpunkt um Δt und unseren räumlichen Koordinatenursprung um

$$\Delta \vec{r} = \begin{pmatrix} \Delta x \\ \Delta y \\ \Delta z \end{pmatrix}$$

verschieben. Wir beschreiben die gleiche Physik, egal ob wir zur Beschreibung die Größen t und

$$\vec{r} = \begin{pmatrix} x \\ y \\ z \end{pmatrix}$$

heranziehen oder die verschobenen Größen t' und $\vec{r}'$.

Wir nehmen nun einen Wechsel und eine Erweiterung unserer Perspektive vor und konzentrieren uns weniger auf das betrachtete physikalische System, sondern vor allem auf die Wahl der Koordinatensysteme, die zur Beschreibung physikalischer Phänomene herangezogen werden. Stellen wir uns konkret eine Physikerin vor, Anja, und einen Physiker, Bernd. Beide verwenden zur Beschreibung der Natur ein räumliches und zeitliches Koordinatensystem, aber nicht notwendigerweise das gleiche. Anja verwendet zur Beschreibung der Natur die Größen t und $\vec{r}$, und Bernd arbeitet mit den verschobenen Größen t' und $\vec{r}'$. Grundsätzlich erwarten wir nichtsdestoweniger, dass Anja und Bernd die gleichen physikalischen Schlussfolgerungen über das Verhalten der Natur ziehen, ausgedrückt durch ihre jeweils verwendeten zeitlichen und räumlichen Koordinaten.

Nun fragen Sie: Weshalb soll sich denn der Zeitursprung, den Bernd wählt, von der Wahl, die Anja getroffen hat, unterscheiden? Die beiden müssten doch einfach ihre Uhren, mit denen Sie jeweils die Zeit messen, miteinander synchronisieren. Dann ist $t' = t$. Genauso könnten sich Anja und Bernd auch auf einen gemeinsamen Koordinatenursprung einigen. Dann ist $\vec{r}' = \vec{r}$ für die Ortsvektoren von Raumpunkten, an denen Anja und Bernd ihre Beobachtungen vornehmen. Diese Strategie geht gut, solange die beiden relativ zueinander in Ruhe sind. Was passiert aber, wenn Anja und Bernd relativ zueinander in Bewegung sind?

Die nichtrelativistische Mechanik macht dazu folgende Aussage: Handelt es sich bei dem von Anja verwendeten Bezugssystem, in dem sie mit den Größen t und $\vec{r}$ arbeitet, um ein Inertialsystem (also ein Bezugssystem, in dem keine Scheinkräfte auftreten), und bewegt sich Bernd relativ zu Anja gleichförmig und geradlinig, dann ist auch das von Bernd verwendete Bezugssystem (ein sich mit Bernd mitbewegendes Bezugssystem), in dem er mit den Größen t' und $\vec{r}\,'$ arbeitet, ein Inertialsystem. Anders ausgedrückt: Beobachten Anja und Bernd die Bewegung eines Punktteilchens, und ist die Bewegung des Punktteilchens für Anja gleichförmig und geradlinig, dann ist die Bewegung des Punktteilchens auch für Bernd gleichförmig und geradlinig. Anja und Bernd würden übereinstimmend zu dem Schluss kommen, dass auf das Teilchen keine Kraft wirkt. Beide würden also zur exakt gleichen physikalischen Erkenntnis gelangen. Wir hätten die obige Aussage offenbar auch umdrehen können: Ist Bernds Bezugssystem ein Inertialsystem und Anja bewegt sich relativ zu ihm gleichförmig und geradlinig, dann ist auch Anjas Bezugssystem ein Inertialsystem.

Diese Ausführungen sind ein Ausdruck des auf Galilei zurückgehenden *Relativitätsprinzips,* das besagt, dass „alle Bewegung relativ" ist. Dies bedeutet, dass es keine ausgezeichneten (besonderen) Inertialsysteme gibt. Man kann nicht sagen, dass sich Anjas Bezugssystem in absoluter Ruhe befindet und es Bernd ist, der sich bewegt, oder dass Bernd in absoluter Ruhe ist und Anja es ist, die sich bewegt. Man kann aber sagen, dass sich Bernd relativ zu Anja und Anja relativ zu Bernd bewegt. Da keines der beiden entsprechenden Bezugssysteme besser oder schlechter ist als das andere, sind beide gleichermaßen dazu geeignet, zur Beschreibung physikalischer Phänomene herangezogen zu werden. In beiden Bezugssystemen sind die jeweils gemachten physikalischen Schlussfolgerungen die gleichen.

12.1.1 Galilei-Transformation

Das Galilei'sche Relativitätsprinzip als solches bleibt auch in der Speziellen Relativitätstheorie gültig. Um zu verstehen, was in der Speziellen Relativitätstheorie neu ist, müssen wir zuerst verstehen, welcher mathematische Zusammenhang zwischen den zeitlichen und räumlichen Koordinaten von Anjas Bezugssystem und den zeitlichen und räumlichen Koordinaten von Bernds Bezugssystem vor der Entdeckung der Speziellen Relativitätstheorie postuliert worden wäre. Entscheidend ist, dass es als selbstverständlich angesehen worden wäre, dass sich Anja und Bernd, trotz ihrer relativen Bewegung, auf eine gemeinsame Zeit einigen können. Daher hätte man für den Zusammenhang zwischen den zeitlichen Koordinaten in den beiden Bezugssystemen

$$t' = t \tag{12.2}$$

postuliert.

Einen Zusammenhang zwischen den räumlichen Koordinaten hätte man folgendermaßen erhalten. Befindet sich Bernds Koordinatenursprung ($\vec{r}\,' = \vec{0}$) bei $t = 0$ am Ursprung des von Anja verwendeten Koordinatensystems ($\vec{r} = \vec{0}$), bewegt sich Bernd von Anja aus gesehen entlang der x-Achse mit der Geschwindigkeit $v > 0$ und nehmen wir weiter an, dass die von Anja und Bernd verwendeten räumlichen Koordinatenachsen zueinander parallel sind, dann hätte man geschlossen, dass ein

Ereignis in Anjas Bezugssystem zur Zeit t am Ort $\vec{r}$ für Bernd am Ort mit den räumlichen Koordinaten

$$x' = x - vt,$$
$$y' = y,$$
$$z' = z \tag{12.3}$$

stattfindet. Da die Bewegung von Bernds Koordinatensystem relativ zu Anjas Koordinatensystem entlang der x-Achse erfolgt, sind die Gleichungen $y' = y$ und $z' = z$ nicht weiter überraschend. Die Gleichung

$$x' = x - vt$$

und das darin auftretende Vorzeichen machen Sie sich am einfachsten folgendermaßen klar: Für $t' > 0$ bewegt sich Anjas Koordinatenursprung ($x_A = 0$ in Anjas Bezugssystem) aus Bernds Sicht entlang der negativen x'-Achse. Entspricht demnach x'_A der Position von Anjas Koordinatenursprung in Bernds Bezugssystem zur Zeit t', dann muss gelten:

$$x'_A = -vt',$$
$$= 0 - vt',$$
$$= x_A - vt. \tag{12.4}$$

Man bezeichnet den Zusammenhang

$$t' = t,$$
$$x' = x - vt,$$
$$y' = y,$$
$$z' = z \tag{12.5}$$

als *Galilei-Transformation*. Mit deren Hilfe können wir aus der zeitlichen Koordinate t und den räumlichen Koordinaten x, y und z, bei denen für Anja ein Ereignis stattfindet, die entsprechende zeitliche Koordinate t' und die entsprechenden räumlichen Koordinaten x', y' und z' dieses Ereignisses aus der Sicht von Bernd berechnen. Dabei ist anzumerken, dass Galilei zwar das auch in der Speziellen Relativitätstheorie gültige Relativitätsprinzip formuliert hatte, aber nicht die Galilei-Transformation, die gemäß der Speziellen Relativitätstheorie lediglich im Grenzfall kleiner Geschwindigkeiten anwendbar ist.

Da Anjas Bezugssystem nicht ausgezeichnet ist, muss es auch möglich sein, Bernds zeitliche und räumliche Information über ein Ereignis zu verwenden, um die entsprechende Zeit und den entsprechenden Ort in Anjas Bezugssystem zu bestimmen:

$$t = t',$$
$$x = x' + vt',$$
$$y = y',$$
$$z = z'. \tag{12.6}$$

Dies folgt natürlich formal unmittelbar aus der Galilei-Transformation in Gl. 12.5 von Anjas zu Bernds Bezugssystem. Der Vorzeichenwechsel in der Gleichung

$$x = x' + vt'$$

gegenüber

$$x' = x - vt$$

ist aber auch physikalisch offensichtlich: Anja bewegt sich aus Bernds Sicht entlang der *negativen* x'-Achse, und Bernd bewegt sich aus Anjas Sicht entlang der *positiven* x-Achse.

12.1.2 Konsequenzen

Wie bereits angesprochen, impliziert die grundlegende Gleichberechtigung von Anjas Inertialsystem und Bernds Inertialsystem, dass beide gleichermaßen dazu geeignet sind, um physikalische Phänomene zu beschreiben. Eine zentrale Schlussfolgerung, die sich aus dem Relativitätsprinzip ziehen lässt, ist, dass die grundlegenden Gleichungen der Physik die gleiche mathematische Form haben (bzw. in die gleiche mathematische Form gebracht werden können), egal ob Anjas Inertialsystem oder ob Bernds Inertialsystem verwendet wird. Wenn dies nicht erfüllt wäre, dann würden Anja und Bernd bei der Beobachtung eines physikalischen Phänomens nicht zueinander äquivalente Schlussfolgerungen ziehen.

Für die Grundgleichungen der Newton'schen Mechanik, in Kombination mit der Galilei-Transformation, ist das Relativitätsprinzip in diesem Sinne erfüllt. Machen wir uns dies anhand des ersten Newton'schen Gesetzes klar. Bewegt sich ein Teilchen kräftefrei, dann bewegt es sich sowohl aus Anjas Sicht als auch aus Bernds Sicht gleichförmig und geradlinig. Für Anja lautet die Trajektorie des Teilchens:

$$\vec{r}(t) = \vec{r}_0 + \vec{v}_0 t, \tag{12.7}$$

wobei $\vec{r}_0$ die Anfangsposition des Teilchens in Anjas Bezugssystem ist und $\vec{v}_0$ der Geschwindigkeitsvektor des Teilchens in Anjas Bezugssystem. Demnach hat die

Bewegungsgleichung des Teilchens, in Anjas zeitlichen und räumlichen Koordinaten ausgedrückt, die Form

$$\frac{d^2 \vec{r}(t)}{dt^2} = \vec{0}. \tag{12.8}$$

Anja schließt also auf eine kräftefreie Bewegung des Teilchens ($\vec{F} = \vec{0}$).

Für Bernd sieht die Trajektorie des Teilchens wie folgt aus:

$$\vec{r}\,'(t') = \vec{r}\,'_0 + \vec{v}\,'_0 t'. \tag{12.9}$$

Hierbei ist nun $\vec{r}\,'_0$ die Anfangsposition des Teilchens in Bernds Bezugssystem und $\vec{v}\,'_0$ ist der Geschwindigkeitsvektor des Teilchens in Bernds Bezugssystem. Auf diese Weise findet Bernd genauso, dass eine kräftefreie Bewegung vorliegt:

$$\frac{d^2 \vec{r}\,'(t')}{dt'^2} = \vec{0}, \tag{12.10}$$

woraus für Bernd $\vec{F}\,' = \vec{0}$ folgt.

Die Galilei-Transformation zwischen Anjas Inertialsystem und Bernds Inertialsystem ist mit den genannten Trajektorien, und damit mit $\vec{F} = \vec{F}\,' = \vec{0}$, konsistent. Mithilfe von Gl. 12.5 (konkret: $t' = t$) erhalten wir nämlich aus Gl. 12.9:

$$\vec{r}\,'(t') = \vec{r}\,'_0 + \vec{v}\,'_0 t. \tag{12.11}$$

Weiterhin sagt uns Gl. 12.5, dass der Ort des Teilchens in Bernds Bezugssystem sich durch die räumlichen und zeitlichen Koordinaten des Teilchens in Anjas Bezugssystem ausdrücken lässt:

$$\vec{r}\,'(t') = \vec{r}(t) - \vec{v}t. \tag{12.12}$$

Hierbei repräsentiert

$$\vec{v} = \begin{pmatrix} v \\ 0 \\ 0 \end{pmatrix} \tag{12.13}$$

den Geschwindigkeitsvektor von Bernds Bezugssystem relativ zu Anjas Bezugssystem. Damit folgt durch Gleichsetzen von Gl. 12.11 und 12.12:

$$\vec{r}(t) = \vec{r}\,'_0 + (\vec{v} + \vec{v}\,'_0)t. \tag{12.14}$$

Auf diese Weise haben wir mithilfe der Trajektorie des Teilchens in Bernds Bezugssystem und der Galilei-Transformation die Trajektorie des Teilchens in Anjas Bezugssystem hergeleitet. Insbesondere zeigt Gl. 12.14, dass es sich bei der Teilchenbewegung in der Tat auch für Anja um eine gleichförmige und geradlinige Bewegung handelt. Durch Vergleich mit Gl. 12.7 schließen wir darüber hinaus, dass

$$\vec{r}_0 = \vec{r}\,'_0 \tag{12.15}$$

und

$$\vec{v}_0 = \vec{v} + \vec{v}\,'_0. \tag{12.16}$$

12.2   Konstanz der Lichtgeschwindigkeit

Das einfache, in Gl. 12.16 angegebene Geschwindigkeitsadditionsgesetz ist intuitiv
nachvollziehbar und entspricht unserer Alltagserfahrung. Es stellt aber im Wesentlichen gerade dieses Geschwindigkeitsadditionsgesetz den Knackpunkt dar, aus
dem sich die Spezielle Relativitätstheorie entwickelt hat. Im 19. Jahrhundert war
bekannt, dass das Relativitätsprinzip für die Newton'sche Mechanik mit der Galilei-
Transformation erfüllt ist: Die Bewegungsgleichungen der Newton'schen Mechanik
behalten bei einer Galilei-Transformation ihre Form bei. Es war aber auch bekannt,
dass das Relativitätsprinzip für die Maxwell'sche Elektrodynamik, mit der Sie sich in
Ihrem weiteren Studium beschäftigen werden, nicht erfüllt ist – solange die Galilei-
Transformation als grundlegend angenommen wird.

Um das Problem zu verstehen, genügt es, sich Folgendes bewusst zu machen:
Gilt die Maxwell'sche Elektrodynamik zusammen mit dem Relativitätsprinzip, dann
muss die Lichtgeschwindigkeit c in allen Inertialsystemen die gleiche sein. Stellen
Sie sich nun vor, Anja steht an einem Bahnsteig und Bernd fährt in einem Zug in die
positive x-Richtung. Dabei hält Bernd eine Taschenlampe, die Licht in Fahrtrichtung
strahlt. Die Galilei-Transformation würde uns erwarten lassen, dass für Anja die
Geschwindigkeit des Lichts die *Summe* (Gl. 12.16) ist aus der Geschwindigkeit des
Zugs ($\vec{v}$) und der Geschwindigkeit des Lichts ($\vec{v}\,'_0$) in Bernds Bezugssystem (der Zug).
Dies ist offenbar nicht mit der Annahme verträglich, dass c in allen Inertialsystemen
gleich ist.

Damit haben wir folgende Situation: Ist die Maxwell'sche Elektrodynamik mit
dem Relativitätsprinzip vereinbar, dann kann die Galilei-Transformation nicht der
richtige Weg sein, um zwischen den zeitlichen und räumlichen Koordinaten eines
Inertialsystems und den zeitlichen und räumlichen Koordinaten eines weiteren Inertialsystems hin und her zu wechseln. Diese Beobachtung ist der Ausgangspunkt für
die Spezielle Relativitätstheorie von Albert Einstein (1879–1955), in die wir nun
eintauchen wollen.

12.2.1 Uhrensynchronisierung und Raumzeitkoordinatensystem

Einstein folgend fordern wir, dass in allen Inertialsystemen die Lichtgeschwindigkeit
(im Vakuum) gleich einer universellen Konstanten, c, sein soll. (Alle Experimente,
bei denen versucht wurde, Unterschiede in der Lichtgeschwindigkeit in sich relativ
zueinander bewegenden Bezugssystemen nachzuweisen, schlugen fehl.) Um zu verstehen, dass daraus folgt, dass es *keine universelle Zeit* geben kann und dass jedem
Inertialsystem seine eigene Zeitkoordinate zugeordnet werden muss, müssen wir
verstehen, wie relativ zueinander ruhende Uhren zuverlässig synchronisiert werden
können.

Dazu betrachten wir Anjas Bezugssystem. Anja befinde sich in diesem Bezugssystem fest am Ort $x = x_{A_1} = 0$. Ihre Uhr an diesem Ort kann mit einer Uhr an
einem anderen Ort, $x = x_{A_2}$, in Anjas Bezugssystem folgendermaßen synchronisiert
werden. (Für die hier relevanten Punkte können wir uns auf die x-Achse konzentrie-

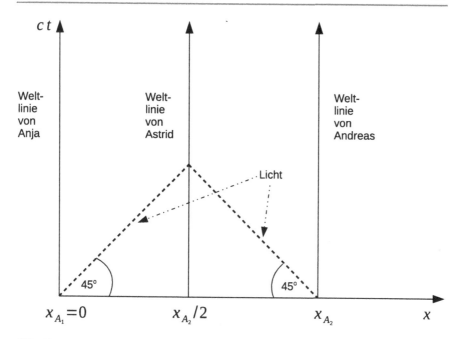

Abb. 12.1 Raumzeitdiagramm für Anjas Bezugssystem mit den Weltlinien von Anja ($x = x_{A_1} = 0$), Astrid ($x = x_{A_2}/2$) und Andreas ($x = x_{A_2}$). Auch gezeigt sind die Weltlinien von Lichtblitzen, die zum Zeitpunkt $t = 0$ bei Anja bzw. bei Andreas starten und dann gleichzeitig zum Zeitpunkt $t = (x_{A_2}/2)/c$ bei Astrid ankommen

ren und die y- und z-Achsen ignorieren.) Am Ort x_{A_2} befinde sich Andreas, wobei x_{A_2} positiv sei (also „rechts" von Anja). Um genau 12 Uhr mittags nach ihrer Uhr schickt Anja einen Lichtblitz nach rechts. Analog schickt Andreas um 12 Uhr mittags nach seiner Uhr einen Lichtblitz nach links. Genau in der Mitte zwischen Anja und Andreas, bei $x = x_{A_2}/2$, befinde sich Astrid. Kommen die beiden Lichtblitze gleichzeitig bei Astrid an, dann sind die Uhren von Anja und Andreas miteinander synchronisiert. Ansonsten kann Astrid mit ihrer Uhr messen, wie weit sich die Ankunftszeiten unterscheiden, und mit dieser Information Andreas mitteilen, um wieviel er seine Uhr vor- oder zurückstellen muss.

Um diesen Uhrensynchronisierungsvorgang zu veranschaulichen, zeichnen wir für Anjas Bezugssystem ein sogenanntes Raumzeitdiagramm. Sehen Sie dazu Abb. 12.1. Das Diagramm ist unter der Annahme gezeichnet, dass alle Uhren, die an verschiedenen Orten x in Anjas Bezugssystem ruhen, erfolgreich miteinander synchronisiert worden sind. Auf diese Weise erreichen Lichtblitze von Anja und Andreas, die zur Zeit $t = 0$ von den beiden jeweils ausgesendet werden, die Position von Astrid zur gleichen Zeit, $t = (x_{A_2}/2)/c$.

Wir haben auf der vertikalen Achse in Abb. 12.1 nicht die Zeit t selbst, sondern ct aufgetragen. Ein Lichtblitz, der bei $t = 0$ vom Ort x_0 nach rechts ausgesendet wird, beschreibt die Trajektorie

$$x = x_0 + ct \tag{12.17}$$

bzw.

$$ct = x - x_0. \tag{12.18}$$

Trägt man also ct als Funktion von x auf (so wie es in Raumzeitdiagrammen üblich ist), dann ist die Trajektorie des Lichtblitzes eine Gerade, die gegenüber der x-Achse einen Winkel von $45°$ aufweist (also eine Steigung von 1).

Trajektorien in einem Raumzeitkoordinatensystem werden als *Weltlinien* bezeichnet. Da Anja, Astrid und Andreas in Anjas Bezugssystem in Ruhe sind, ändern sich ihre x-Koordinaten mit der Zeit nicht und ihre Weltlinien sind daher vertikale Linien. Per Konstruktion entsprechen horizontale Linien solchen Raumzeitpunkten, die aus Anjas Sicht alle simultan zueinander sind. Insbesondere entspricht die x-Achse der Zeit $t = 0$ ($ct = 0$) in Anjas Bezugssystem.

12.2.2 Relativität der Gleichzeitigkeit

Sind solche horizontalen Linien in Anjas Bezugssystem (wie die der Zeit $t = 0$ entsprechende x-Achse) auch von Bernds Bezugssystem aus gesehen simultan? Um dies zu untersuchen, beziehen wir uns wieder auf die Uhrensynchronisierungsstrategie per Lichtblitz. Dazu zeichnen wir wieder ein Raumzeitkoordinatensystem für Anjas Bezugssystem, zeichnen darin aber auch die Weltlinie von Bernd ein als auch die Weltlinien von Bastian und Birgit, die (so wie Bernd) in Bernds Bezugssystem in Ruhe seien (Abb. 12.2).

Bastian befindet sich genau in der Mitte zwischen Bernd und Birgit. Diese Aussage soll sowohl aus Anjas Sicht als auch Bernds Sicht gelten. (Wir fordern aber nicht, dass $x'_{B_2} = x_{B_2}$ sein muss!) Wie von Einstein postuliert, bewegen sich die Lichtblitze von Bernd und Birgit, die in Bernds Bezugssystem zur Uhrensynchronisierung herangezogen werden und sich dort mit der Lichtgeschwindigkeit c bewegen, auch in Anjas Bezugssystem mit der Lichtgeschwindigkeit c. Daher liegt für die Lichttrajektorien, wie in Abb. 12.2 gezeigt, wiederum ein Winkel von $45°$ gegenüber der x-Achse vor.

Bernds Lichtblitz, vom Raumzeitkoordinatenursprung ausgesandt, und Birgits Lichtblitz, vom Raumzeitpunkt b ausgesandt, erreichen Bastian gleichzeitig, beim Punkt a. Wir dürfen annehmen, dass alle Uhren in Bernds Bezugssystem bereits per Uhrensynchronisierungsverfahren synchronisiert worden sind. Daher entsprechen die Startpunkte der beiden Lichtblitze in Bernds Bezugssystem der gleichen Zeit t'. Konkret ist $t' = 0$, da wir annehmen, dass der Punkt

$$(ct, x) = (0, 0),$$

in Anjas Raumzeitkoordinaten ausgedrückt, in Bernds Bezugssystem die Raumzeitkoordinaten

$$(ct', x') = (0, 0)$$

besitzt. [Anders als es die Abb. 12.2 suggeriert, wird hier die Reihenfolge (ct, x), nicht (x, ct), für Raumzeitpunkte verwendet.]

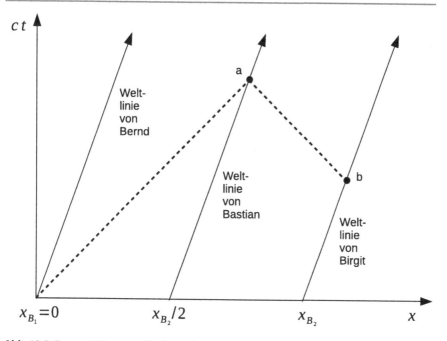

Abb. 12.2 Raumzeitdiagramm für Anjas Bezugssystem, aber nun sind die Weltlinien von Bernd, Bastian und Birgit hervorgehoben. Auch gezeigt sind die Weltlinien von Lichtblitzen, die von Bernd bzw. von Birgit ausgesendet werden und dann gleichzeitig bei Bastian ankommen

Allerdings sehen wir anhand von Abb. 12.2, dass die beiden aus Bernds Sicht gleichzeitigen Startpunkte der beiden Lichtblitze aus Anjas Sicht *nicht* gleichzeitig sind, da sie in Anjas Raumzeitkoordinatensystem nicht auf einer horizontalen Linie liegen. Gleichzeitigkeit ist daher relativ (also eine Frage des gewählten Bezugssystems). Dies ist der Grund, weshalb es gemäß der Speziellen Relativitätstheorie unmöglich ist, universell $t' = t$ zu fordern.

12.2.3 Bestimmung der x'-Achse

Wie sieht die Kurve der x'-Achse (der $ct' = 0$ Linie) von Bernds Bezugssystem in Anjas Raumzeitkoordinatensystem aus? Gemäß Abb. 12.2 liegt, außer dem Raumzeitkoordinatenursprung mit den Raumzeitkoordinaten

$$(ct, x) = (0, 0)$$

in Anjas Raumzeitkoordinatensystem, der Raumzeitpunkt b mit den Raumzeitkoordinaten

$$(ct, x) = (ct_b, x_b)$$

in Anjas Raumzeitkoordinatensystem auf der x'-Achse. Im Folgenden bestimmen wir (ct_b, x_b) unter Verwendung der Weltlinien der beiden Lichtblitze und der Weltlinien von Bastian und Birgit.

Zuerst leiten wir die Raumzeitkoordinaten des Punkts a in Anjas Bezugssystem her. Der von Bernd ausgehende Lichtblitz erfüllt die Gleichung

$$x = ct \tag{12.19}$$

in Anjas Raumzeitkoordinaten. Bastians Weltlinie in Anjas Bezugssystem wird durch die Gleichung

$$x = vt + \frac{x_{B_2}}{2} \tag{12.20}$$

beschrieben. Diese beiden Weltlinien schneiden sich bei (ct_a, x_a), sodass aus Gl. 12.19 und 12.20 folgt:

$$x_a = ct_a, \tag{12.21}$$

$$x_a = vt_a + \frac{x_{B_2}}{2}. \tag{12.22}$$

Durch Gleichsetzen dieser beiden Gleichungen erhalten wir

$$ct_a - vt_a = \frac{x_{B_2}}{2} \tag{12.23}$$

und somit

$$ct_a = \frac{1}{2} \frac{x_{B_2}}{1 - \frac{v}{c}}. \tag{12.24}$$

Verwenden wir die in der Speziellen Relativitätstheorie übliche Standardabkürzung

$$\beta = \frac{v}{c}, \tag{12.25}$$

dann folgt aus Gl. 12.24 für die (mit c multiplizierte) Zeitkomponente des Raumzeitpunkts a:

$$ct_a = \frac{1}{2} \frac{x_{B_2}}{1 - \beta}. \tag{12.26}$$

Wegen Gl. 12.21 haben wir außerdem für die x-Komponente des Raumzeitpunkts a:

$$x_a = \frac{1}{2} \frac{x_{B_2}}{1 - \beta}. \tag{12.27}$$

Der Raumzeitpunkt a liegt per Annahme auch auf der Trajektorie

$$x = -ct + \text{const.} \tag{12.28}$$

des von Birgit ausgehenden, sich nach links bewegenden Lichtblitzes (siehe Abb. 12.2). Durch Einsetzen von x_a [Gl. 12.27] und ct_a [Gl. 12.26] erhalten wir die in Gl. 12.28 auftretende Konstante:

$$\begin{aligned} \text{const.} &= x_a + ct_a \\ &= \frac{x_{B_2}}{1 - \beta}. \end{aligned} \tag{12.29}$$

Daher lässt sich die Trajektorie von Birgits Lichtblitz

$$x = -ct + \frac{x_{B_2}}{1 - \beta} \tag{12.30}$$

schreiben.

Der Startpunkt von Birgits Lichtblitz, also der Raumzeitpunkt b, ist der Schnittpunkt der durch Gl. 12.30 beschriebenen Trajektorie von Birgits Lichtblitz mit Birgits Weltlinie, die die Gleichung

$$x = vt + x_{B_2} \tag{12.31}$$

erfüllt. Daher folgen aus Gl. 12.30 und 12.31 die Bedingungen

$$x_b = -ct_b + \frac{x_{B_2}}{1 - \beta} \tag{12.32}$$

und

$$x_b = \beta ct_b + x_{B_2}. \tag{12.33}$$

Diese erlauben es uns, Anjas Raumzeitkoordinaten für den Punkt b zu bestimmen. Dazu setzen wir Gl. 12.32 und 12.33 zueinander gleich:

$$\beta ct_b + x_{B_2} = -ct_b + \frac{x_{B_2}}{1 - \beta}. \tag{12.34}$$

Daher folgt:

$$\begin{aligned} (1 + \beta)ct_b &= \frac{x_{B_2}}{1 - \beta} - x_{B_2} \\ &= x_{B_2} \frac{1 - (1 - \beta)}{1 - \beta} \\ &= x_{B_2} \frac{\beta}{1 - \beta}, \end{aligned} \tag{12.35}$$

sodass die (mit c multiplizierte) Zeitkomponente des Raumzeitpunkts b durch

$$ct_b = x_{B_2} \frac{\beta}{1 - \beta^2} \tag{12.36}$$

gegeben ist. Wir verwenden schließlich Gl. 12.33, um die x-Komponente des Punkts b zu bestimmen:

$$\begin{aligned} x_b &= \beta ct_b + x_{B_2} \\ &= x_{B_2} \frac{\beta^2}{1 - \beta^2} + x_{B_2} \frac{1 - \beta^2}{1 - \beta^2} \\ &= x_{B_2} \frac{1}{1 - \beta^2}. \end{aligned} \tag{12.37}$$

Ersetzen wir in Gl. 12.36 $x_{B_2}/(1 - \beta^2)$ durch x_b (verwenden wir also Gl. 12.37), dann machen wir eine wichtige Beobachtung: Unabhängig von der konkreten Wahl für Birgits Anfangsposition x_{B_2} liegt der Raumzeitpunkt b, der für Bernd gleichzeitig zum Raumzeitkoordinatenursprung $(ct', x') = (0, 0)$ ist, auf der Geraden

$$ct = \beta x. \tag{12.38}$$

Diese Gleichung beschreibt Bernds x'-Achse (also die Linie, auf der alle Punkte der Zeit $t' = 0$ entsprechen), ausgedrückt durch die von Anja verwendeten Raumzeitkoordinaten. Dass die $t' = 0$ Linie gegenüber der $t = 0$ Linie die nichtverschwindende Steigung β besitzt, ist für Geschwindigkeiten v, die klein im Vergleich zur Lichtgeschwindigkeit sind ($0 \le v \ll c$), praktisch nicht bemerkbar, da dann $0 \le \beta = v/c \ll 1$ ist.

Die ct'-Achse ist einfach Bernds Weltlinie, da diese $x' = 0$ entspricht. (Bernd ruht per Annahme bei $x' = 0$.) In Anjas Raumzeitkoordinaten hat Bernds Weltlinie die Form

$$x = vt = \beta ct. \tag{12.39}$$

Dies bedeutet, dass die $x' = 0$ Linie gegenüber der $x = 0$ Linie ($= ct$-Achse) in Anjas Raumzeitkoordinatensystem die Steigung β besitzt. Die gewonnenen Erkenntnisse sind in Abb. 12.3 visualisiert.

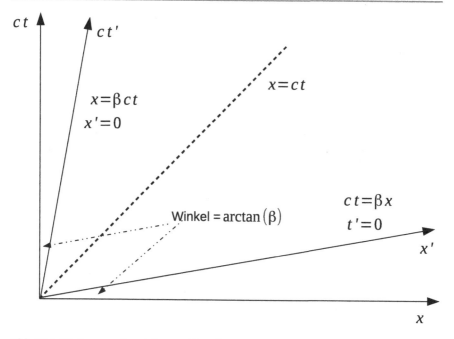

Abb. 12.3 Die Lage von Bernds Raumzeitkoordinatenachsen in Anjas Raumzeitkoordinatensystem

---

12.3   Lorentz-Transformation

Aufgrund unserer bisherigen Analyse, durchgeführt in Anjas Bezugssystem, können wir folgende Aussagen treffen:

$$x' = 0 \quad \text{entspricht} \quad x = \beta ct = vt \quad \text{bzw.} \quad x - vt = 0 \tag{12.40}$$

und

$$t' = 0 \quad \text{entspricht} \quad ct = \beta x \quad \text{bzw.} \quad t - \frac{vx}{c^2} = 0. \tag{12.41}$$

Um die relativistisch korrekte Transformation zwischen Anjas und Bernds Raumzeitkoordinaten zu bestimmen, beobachten wir, dass $x' = 0$ aus $x - vt = 0$ [Gl. 12.40] folgt, falls

$$x' = (x - vt)f(v) \tag{12.42}$$

ist. Hierbei ist $f(v)$ eine zu bestimmende Funktion der Geschwindigkeit v von Bernd relativ zu Anja.

Im Grenzfall niedriger Relativgeschwindigkeit wollen wir die Galilei-Transformation

$$x' = x - vt$$

[Gl. 12.5] reproduzieren, da die nichtrelativistische Newton'sche Mechanik, die zusammen mit der Galilei-Transformation das Relativitätsprinzip erfüllt, in diesem Grenzfall ja gut erprobt ist. Wir fordern daher, dass

$$f(v) \to 1 \quad \text{für} \quad v \to 0. \tag{12.43}$$

Beachten Sie darüber hinaus, dass wir angenommen haben, dass die Funktion f nur von der Relativgeschwindigkeit, aber nicht von den Raumzeitkoordinaten selbst abhängig ist. Wir müssen davon ausgehen, dass es mit einer linearen Transformation von Anjas Raumzeitkoordinaten zu Bernds Raumzeitkoordinaten leichter sein wird, die Umkehrtransformation zu konstruieren. Letztere muss aus physikalischer Sicht existieren, da Anjas Bezugssystem und Bernds Bezugssystem physikalisch gleichberechtigt sind. Können wir aus Anjas Raumzeitkoordinaten eines Raumzeitpunkts Bernds Raumzeitkoordinaten desselben Raumzeitpunkts ausrechnen, muss dies umgekehrt genauso möglich sein.

Einstein argumentierte nun, dass es physikalisch keine Rolle spielen kann, ob wir sagen, dass sich Bernd mit positivem v gegenüber Anja bewegt und wir in Bereichen links vom Koordinatenursprung mit negativem x bzw. x' arbeiten und in Bereichen rechts vom Koordinatenursprung mit positivem x bzw. x'. Genauso gut könnten wir die Vorzeichen der räumlichen Koordinaten umkehren und mit negativem v arbeiten. Die physikalische Situation ist dieselbe. Wir nutzen dies, indem wir zwei verschiedene Herangehensweisen zur Beschreibung der Koordinatentransformation betrachten.

In der ersten Herangehensweise arbeiten wir von Anfang an mit umgekehrten Vorzeichen der räumlichen Koordinaten und mit negativem v. Da die physikalische Situation dieselbe ist wie zuvor, kommen wir notwendigerweise wieder zu Gl. 12.42, wenn wir alle Schritte der vorherigen Abschnitte wiederholen. In der zweiten Herangehensweise nutzen wir unsere ursprüngliche Vorzeichenwahl mit positivem v und machen in der so erhaltenen Gl. 12.42 die Ersetzung

$$\begin{aligned} x &\to -x, \\ x' &\to -x', \\ v &\to -v. \end{aligned} \tag{12.44}$$

Auf diese Weise erhalten wir

$$-x' = (-x + vt)f(-v) \tag{12.45}$$

bzw.

$$x' = (x - vt)f(-v). \tag{12.46}$$

Durch Vergleich der beiden Herangehensweisen, also von Gl. 12.42 mit 12.46, schließen wir, dass

$$f(-v) = f(v) \tag{12.47}$$

ist. Die gesuchte Funktion f soll also *gerade* sein. (Wir hatten den Begriff einer geraden Funktion in Abschn. 5.2 eingeführt.) In ähnlicher Weise argumentieren wir, ausgehend von Gl. 12.41, dass

$$t' = \left(t - \frac{vx}{c^2}\right) g(v) \tag{12.48}$$

mit einer geraden Funktion g gelten soll.

Unser Ziel ist es nun, die Funktionen f und g zu bestimmen. Zuerst zeigen wir, dass die beiden Funktionen zueinander gleich sind. Beachten Sie dazu, dass Gl. 12.42 und 12.48 für beliebige Raumzeitpunkte gelten sollen. Insbesondere gelten sie für die Weltlinie eines Lichtblitzes, der vom Raumzeitkoordinatenursprung ausgesendet wird. Wegen der Universalität der Lichtgeschwindigkeit muss die Lichttrajektorie

$$x = ct \tag{12.49}$$

in Anjas System für Bernd die Form

$$x' = ct' \tag{12.50}$$

haben. Durch Einsetzen von Gl. 12.49 und 12.50 in Gl. 12.42 und 12.48 erhalten wir

$$ct' = (ct - vt)f(v) \tag{12.51}$$

bzw.

$$ct' = (ct - vt)g(v). \tag{12.52}$$

Diese beiden Gleichungen sind für beliebige t und v dann miteinander konsistent, wenn

$$g(v) = f(v) \tag{12.53}$$

erfüllt ist.

Um aus Anjas Raumzeitkoordinaten eines Raumzeitpunkts die entsprechenden Raumzeitkoordinaten in Bernds Bezugssystem zu bestimmen, haben wir soweit

$$x' = f(v)(x - vt), \tag{12.54}$$

$$t' = f(v)\left(t - \frac{vx}{c^2}\right). \tag{12.55}$$

Wie schon zuvor bemerkt, muss auch die Umkehrung möglich sein. Insbesondere muss die Struktur der Gleichungen, mit deren Hilfe Anjas Raumzeitkoordinaten aus Bernds Raumzeitkoordinaten bestimmt werden können, die gleiche sein wie in Gl. 12.54 und 12.55. Schließlich hätten wir ja zu Gl. 12.54 und 12.55 analoge Gleichungen, die aber die ungestrichenen durch die gestrichenen Raumzeitkoordinaten ausdrücken, durch Fokus auf Bernds Sicht der Dinge herleiten können.

Es gibt nur einen wesentlichen Unterschied: Anja bewegt sich von Bernd aus gesehen nach links. Ersetzen wir also v durch $-v$, dann muss für die Umkehrung der Gl. 12.54 und 12.55 gelten:

$$x = f(-v)(x' + vt'), \tag{12.56}$$

$$t = f(-v)\left(t' + \frac{vx'}{c^2}\right). \tag{12.57}$$

Aber weil f eine gerade Funktion ist, gehen diese Gleichungen in

$$x = f(v)(x' + vt'), \tag{12.58}$$

$$t = f(v)\left(t' + \frac{vx'}{c^2}\right) \tag{12.59}$$

über.

Die gesuchte Funktion f erhalten wir nun dadurch, dass Gl. 12.54 und 12.55 mit Gl. 12.58 und 12.59 konsistent sein müssen. Einsetzen von Gl. 12.54 und 12.55 in Gl. 12.58 ergibt

$$\begin{aligned} x &= f(v)\left\{f(v)(x - vt) + vf(v)\left(t - \frac{vx}{c^2}\right)\right\} \\ &= f^2(v)\left\{x - vt + vt - \frac{v^2}{c^2}x\right\} \\ &= f^2(v)\left\{1 - \frac{v^2}{c^2}\right\}x. \end{aligned} \tag{12.60}$$

Diese Gleichung ist für beliebige x erfüllt, falls

$$f^2(v) = \frac{1}{1 - \frac{v^2}{c^2}} \tag{12.61}$$

ist. Unter Berücksichtigung von Gl. 12.43 muss daher

$$f(v) = \frac{1}{\sqrt{1 - \frac{v^2}{c^2}}} \tag{12.62}$$

sein. In der Speziellen Relativitätstheorie ist es üblich, für f das Symbol γ zu verwenden, also

$$\gamma = \frac{1}{\sqrt{1 - \frac{v^2}{c^2}}} = \frac{1}{\sqrt{1 - \beta^2}}. \tag{12.63}$$

Sie können zur Übung gerne zeigen, dass Einsetzen von Gl. 12.54 und 12.55 in Gl. 12.59 zum gleichen Ergebnis für die Funktion f führt.

Auf diese Weise erhalten wir die *Lorentz-Transformation*

$$t' = \gamma \left(t - \frac{vx}{c^2} \right),$$
$$x' = \gamma \left(x - vt \right),$$
$$y' = y,$$
$$z' = z \tag{12.64}$$

bzw.

$$t = \gamma \left(t' + \frac{vx'}{c^2} \right),$$
$$x = \gamma \left(x' + vt' \right),$$
$$y = y',$$
$$z = z', \tag{12.65}$$

die für die Situation gelten, in der die räumlichen Achsen der beiden betrachteten Bezugssysteme zueinander parallel ausgerichtet sind, der Raumzeitkoordinatenursprung

$$(ct, x, y, z) = (0, 0, 0, 0)$$

in Anjas Bezugssystem und der Raumzeitkoordinatenursprung

$$(ct', x', y', z') = (0, 0, 0, 0)$$

in Bernds Bezugssystem am selben Raumzeitpunkt zusammenfallen und die Relativbewegung entlang der x- bzw. x'-Achse erfolgt. Abweichungen von diesen Annahmen lassen sich in der Lorentz-Transformation berücksichtigen, bringen aber nichts grundsätzlich Neues.

Übrigens bezeichnet man den Übergang von einem Bezugssystem zu einem sich relativ dazu gleichförmig und geradlinig bewegenden Bezugssystem als einen *Boost*. Die Lorentz-Transformation beschreibt also den Wechsel von einem Raumzeitkoordinatensystem zu einem anderen Raumzeitkoordinatensystem bei einem Boost.

Die Symmetrie und Invertierbarkeit der Lorentz-Transformation sehen Sie am leichtesten, wenn wir wieder zu ct bzw. ct' zurückkehren. Unter Verwendung von Gl. 12.25 folgt aus Gl. 12.64:

$$ct' = \gamma \left(ct - \beta x \right),$$
$$x' = \gamma \left(x - \beta ct \right),$$
$$y' = y,$$
$$z' = z. \tag{12.66}$$

In Matrix-Vektor-Schreibweise erhalten wir somit:

$$
\begin{pmatrix} ct' \\ x' \\ y' \\ z' \end{pmatrix} = \begin{pmatrix} \gamma & -\beta\gamma & 0 & 0 \\ -\beta\gamma & \gamma & 0 & 0 \\ 0 & 0 & 1 & 0 \\ 0 & 0 & 0 & 1 \end{pmatrix} \begin{pmatrix} ct \\ x \\ y \\ z \end{pmatrix}.
\tag{12.67}
$$

Aufgrund der Tatsache, dass

$$
\begin{aligned}
\begin{pmatrix} \gamma & \beta\gamma \\ \beta\gamma & \gamma \end{pmatrix} \begin{pmatrix} \gamma & -\beta\gamma \\ -\beta\gamma & \gamma \end{pmatrix} &= \gamma^2 \begin{pmatrix} 1 & \beta \\ \beta & 1 \end{pmatrix} \begin{pmatrix} 1 & -\beta \\ -\beta & 1 \end{pmatrix} \\
&= \frac{1}{1-\beta^2} \begin{pmatrix} 1-\beta^2 & 0 \\ 0 & 1-\beta^2 \end{pmatrix} \\
&= \begin{pmatrix} 1 & 0 \\ 0 & 1 \end{pmatrix}
\end{aligned}
\tag{12.68}
$$

ist, können wir schließen, dass

$$
\begin{pmatrix} \gamma & -\beta\gamma & 0 & 0 \\ -\beta\gamma & \gamma & 0 & 0 \\ 0 & 0 & 1 & 0 \\ 0 & 0 & 0 & 1 \end{pmatrix}^{-1} = \begin{pmatrix} \gamma & \beta\gamma & 0 & 0 \\ \beta\gamma & \gamma & 0 & 0 \\ 0 & 0 & 1 & 0 \\ 0 & 0 & 0 & 1 \end{pmatrix}
\tag{12.69}
$$

ist. Daher ist die zu Gl. 12.67 inverse Lorentz-Transformation durch

$$
\begin{pmatrix} ct \\ x \\ y \\ z \end{pmatrix} = \begin{pmatrix} \gamma & \beta\gamma & 0 & 0 \\ \beta\gamma & \gamma & 0 & 0 \\ 0 & 0 & 1 & 0 \\ 0 & 0 & 0 & 1 \end{pmatrix} \begin{pmatrix} ct' \\ x' \\ y' \\ z' \end{pmatrix}
\tag{12.70}
$$

gegeben. Dies entspricht Gl. 12.65.

Noch eine wichtige Bemerkung: Die Funktion

$$
\gamma = \frac{1}{\sqrt{1-\frac{v^2}{c^2}}}
$$

in der Lorentz-Transformation hat die Eigenschaft, dass sie imaginär wird, wenn die Relativgeschwindigkeit v die Lichtgeschwindigkeit c überschreitet. Da es sich bei Raumzeitkoordinaten aber um Größen handelt, die mit Metermaß und Uhr vermessen und daher durch reelle Zahlen beschrieben werden, sind imaginäre γ unphysikalisch. Einstein postulierte daher, dass es in der Natur keine Geschwindigkeiten oberhalb der Lichtgeschwindigkeit geben kann.

12.4 Physikalische Implikationen

Über die Sonderrolle der Lichtgeschwindigkeit hinaus hat die Lorentz-Transformation weitere wichtige Konsequenzen, die Sie in diesem Abschnitt kennenlernen werden.

12.4.1 Längenkontraktion

Anja verwendet nun in ihrem Bezugssystem ein Metermaß der Länge l. Sie legt das Metermaß so entlang der x-Achse hin, dass das eine Ende bei $x = 0$ und das andere Ende bei $x = l$ ruht. Gemäß der Speziellen Relativitätstheorie erscheint dieses für Anja ruhende Metermaß in Bernds Bezugssystem, das sich mit der Geschwindigkeit v entlang der x-Achse nach rechts bewegt, verkürzt (kontrahiert). Und zwar hat das betrachtete Metermaß in Bernds Bezugssystem eine Länge l', die durch

$$l' = \frac{1}{\gamma}l = \sqrt{1 - \beta^2}\,l \qquad (12.71)$$

gegeben ist. Da γ für $v \neq 0$ größer als eins ist, ist daher $l' < l$.

Dieses Beispiel illustriert die Essenz der sogenannten *Längenkontraktion*. Geht die Relativgeschwindigkeit zwischen Anja und Bernd gegen die Lichtgeschwindigkeit, also $v \to c$ bzw. $\beta = v/c \to 1$, dann geht die Länge des von Anja verwendeten Metermaßes in Bernds Bezugssystem sogar gegen null.

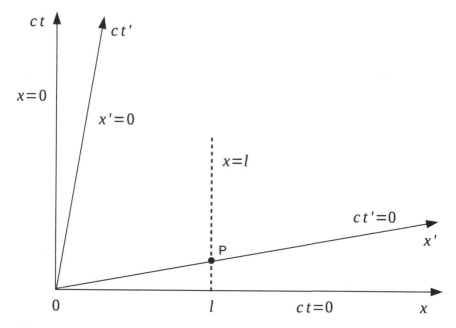

Abb. 12.4 Raumzeitdiagramm zur Längenkontraktion

Um Gl. 12.71 aus der Lorentz-Transformation herzuleiten, gehen wir wie folgt vor. Wir zeichnen ein zu der beschriebenen Situation passendes Raumzeitdiagramm (siehe Abb. 12.4). In Anjas Bezugssystem ist die Länge des Metermaßes durch den Abstand zwischen den räumlichen Punkten $x = 0$ und $x = l$ bei der gleichen Zeit t, z. B. $t = 0$, gegeben. Entsprechend ist in Bernds Bezugssystem die Länge des Metermaßes durch den Abstand zwischen $x' = 0$ und $x' = l'$ zur Zeit $t' = 0$ gegeben. Der Raumzeitpunkt, der in Bernds Bezugssystem die Raumzeitkoordinaten ($ct' = 0, x' = 0$) besitzt, hat in Anjas Bezugssystem die Raumzeitkoordinaten ($ct = 0, x = 0$). Der Raumzeitpunkt, der in Bernds Bezugssystem die Raumzeitkoordinaten ($ct' = 0, x' = l'$) besitzt, ist in Abb. 12.4 mit P gekennzeichnet. Welche Raumzeitkoordinaten hat der Punkt P in Anjas Bezugssystem?

Zum einen muss der Punkt P auf der Linie $ct' = 0$ (der x'-Achse) liegen. Zum anderen muss dieser Punkt, in Anjas Raumzeitkoordinaten ausgedrückt, auf der Linie $x = l$ liegen. (Alle Raumzeitpunkte, die dem zweiten Endpunkt des Metermaßes entsprechen, haben in Anjas Raumzeitkoordinaten die Eigenschaft $x = l$.) Aus

$$ct' = \gamma\,(ct - \beta x) = 0$$

folgt ja, dass die x'-Achse in Anjas Raumzeitkoordinatensystem durch die Gleichung

$$ct = \beta x$$

gegeben ist. Daher hat der Punkt P in Anjas Bezugssystem die Raumzeitkoordinaten ($ct = \beta l, x = l$).

Nun verwenden wir die Gleichung

$$x' = \gamma\,(x - \beta ct)\,,$$

um Anjas Raumzeitkoordinaten für den Punkt P in Verbindung zu setzen mit Bernds räumlicher Koordinate $x' = l'$ für den Punkt P:

$$l' = \gamma\,(l - \beta^2 l) = \frac{1 - \beta^2}{\sqrt{1 - \beta^2}}l = \sqrt{1 - \beta^2}\,l = \frac{1}{\gamma}l.$$

Somit haben wir Gl. 12.71 hergeleitet, die die Längenkontraktion von Anjas Metermaß in Bernds Bezugssystem widerspiegelt.

▶ **Hinweis** Obwohl $l' < l$ ist, scheint die Länge der Strecke 0P in Abb. 12.4 größer als l zu sein. Dies hängt damit zusammen, dass wir in Raumzeitdiagrammen nicht mit der Ihnen vertrauten euklidischen Geometrie arbeiten können (unter Verwendung einer reellen Zeitkoordinate). Sie können zur Bestimmung der Länge der Strecke 0P in Abb. 12.4 daher nicht einfach mit dem Satz des Pythagoras argumentieren. Auf diese Tatsache werden wir in Abschn. 12.5 genauer zu sprechen kommen.

Auch folgenden Punkt sollten Sie sich bewusst machen: Wir hätten genauso gut die Situation betrachten können, in der in Anjas Bezugssystem die Länge eines in Bernds Bezugssystem ruhenden Metermaßes bestimmt wird. Aufgrund der grundsätzlichen Äquivalenz der beiden Bezugssysteme muss auch für Anja das Phänomen der Längenkontraktion vorliegen, d. h., das in Bernds Bezugssystem ruhende Metermaß erscheint in Anjas Bezugssystem längenkontrahiert.

12.4.2 Zeitdilatation

Genauso wie räumliche Intervalle für Anja und Bernd im Allgemeinen nicht gleich sind, gibt es auch für zeitliche Intervalle einen verwandten Effekt, der als *Zeitdilatation* bezeichnet wird. Betrachten Sie dazu Abb. 12.5. Bernd hält eine Uhr, die in seinem Bezugssystem bei $x' = 0$ ruht. Laut dieser Uhr sei bezüglich des Ursprungs bei $(ct' = 0, x' = 0)$ ein Zeitintervall von $t' = \tau'$ vergangen. Welches Zeitintervall τ ist in Anjas Bezugssystem vergangen?

Wir bestimmen dieses Zeitintervall mithilfe der Lorentz-Transformation vom gestrichenen zum ungestrichenen System:

$$ct = \gamma(ct' + \beta x')$$

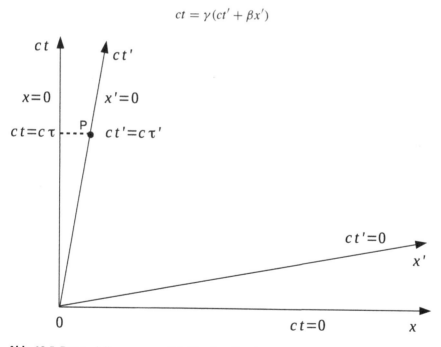

Abb. 12.5 Raumzeitdiagramm zur Zeitdilatation. Beachten Sie: Da es sich um ein Diagramm für Anjas Raumzeitkoordinaten handelt, haben alle Punkte auf der horizontalen, mit dem Punkt P verbundenen Linie die gleiche Zeit, τ, in Anjas Bezugssystem. (Der griechische Kleinbuchstabe τ wird *tau* ausgesprochen.) Die Gleichung $ct' = c\tau'$ bezieht sich nur auf den Punkt P, nicht auf andere Punkte auf dieser horizontalen Linie

[vergleichen Sie mit Gl. 12.70]. Unter Verwendung von $t' = \tau'$ und $x' = 0$ folgt für $t = \tau$:

$$\tau = \gamma \tau'. \tag{12.72}$$

In Anjas Bezugssystem ist somit ein Zeitintervall τ vergangen, das um den Faktor γ länger ist als das Zeitintervall τ' in Bernds Bezugssystem. Anja würde insofern sagen, dass die relativ zu ihr bewegte Uhr langsamer geht als die Uhr, die sie selbst in der Hand hält. Da Anjas Bezugssystem nicht ausgezeichnet ist, geht in Bernds Bezugssystem Anjas relativ zu ihm bewegte Uhr ebenfalls langsamer.

12.4.3 Addition von Geschwindigkeiten

Nehmen wir an, dass sich nicht nur Bernd relativ zu Anja mit der Geschwindigkeit v nach rechts bewegt, sondern sich zusätzlich Caroline relativ zu Bernd mit der Geschwindigkeit u nach rechts bewegt. Wie schnell bewegt sich dann Caroline relativ zu Anja? Aufgrund unserer nichtrelativistischen Alltagserfahrung [Gl. 12.16] würden wir denken, dass sich die gesuchte Geschwindigkeit aus der Summe von v und u ergeben muss. Dies würde bedeuten, dass sich Caroline mit Überlichtgeschwindigkeit relativ zu Anja bewegen würde, wenn z. B. $v = 0{,}9c$ und $u = 0{,}9c$ wären. Wie aber bereits am Ende von Abschn. 12.3 angesprochen, ist es gemäß der Speziellen Relativitätstheorie unphysikalisch, dass sich Caroline relativ zu Anja mit einer Geschwindigkeit größer als c bewegt.

Um die relativistisch korrekte Geschwindigkeit zu erhalten, verwenden wir die drei in Abb. 12.6 gezeigten Raumzeitkoordinatensysteme. Da wir es im vorliegenden Problem mit mehreren Geschwindigkeiten zu tun haben, arbeiten wir bei den im Folgenden auftretenden Lorentz-Transformationen zwischen diesen Raumzeitkoordinatensystemen nicht mit den generischen Symbolen β und γ, sondern unterscheiden zwischen

$$\beta_v = \frac{v}{c}, \quad \gamma_v = \frac{1}{\sqrt{1 - \beta_v^2}} \tag{12.73}$$

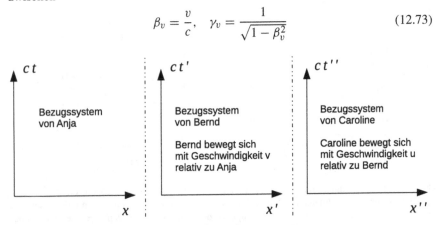

Abb. 12.6 Raumzeitkoordinatensysteme von Anja, Bernd und Caroline

und

$$\beta_u = \frac{u}{c}, \quad \gamma_u = \frac{1}{\sqrt{1 - \beta_u^2}}. \tag{12.74}$$

Wir haben nun folgende Lorentz-Transformation von Anjas Raumzeitkoordinaten zu Bernds Raumzeitkoordinaten:

$$ct' = \gamma_v(ct - \beta_v x), \tag{12.75}$$
$$x' = \gamma_v(x - \beta_v ct). \tag{12.76}$$

Die Lorentz-Transformation von Bernds Raumzeitkoordinaten zu Carolines Raumzeitkoordinaten lautet:

$$ct'' = \gamma_u(ct' - \beta_u x'), \tag{12.77}$$
$$x'' = \gamma_u(x' - \beta_u ct'). \tag{12.78}$$

Setzen wir Gl. 12.75 und 12.76 in Gl. 12.78 ein, dann erhalten wir die von Caroline verwendete Raumkoordinate x'' ausgedrückt durch die von Anja verwendeten Raumzeitkoordinaten:

$$\begin{aligned} x'' &= \gamma_u \left\{ \gamma_v(x - \beta_v ct) - \beta_u \gamma_v(ct - \beta_v x) \right\} \\ &= \gamma_v \gamma_u \left\{ (1 + \beta_v \beta_u)x - (\beta_v + \beta_u)ct \right\}. \end{aligned} \tag{12.79}$$

Caroline befindet sich an ihrem räumlichen Koordinatenursprung, also bei $x'' = 0$. Da γ_v und γ_u von null verschieden sind, muss der Ausdruck in den geschweiften Klammern in der zweiten Zeile von Gl. 12.79 für $x'' = 0$ verschwinden. Daher gilt folgender Zusammenhang für Carolines Aufenthaltsort:

$$x = \frac{\beta_v + \beta_u}{1 + \beta_v \beta_u} ct. \tag{12.80}$$

Diese Gleichung beschreibt Carolines Weltlinie in den von Anja verwendeten Raumzeitkoordinaten.

Wir können an Gl. 12.80 ablesen, dass Carolines Geschwindigkeit in Anjas Bezugssystem nicht $(\beta_v + \beta_u)c = v + u$ lautet, sondern

$$w = \frac{\beta_v + \beta_u}{1 + \beta_v \beta_u} c = \frac{v + u}{1 + \frac{vu}{c^2}}. \tag{12.81}$$

Dies ist das gesuchte, relativistisch korrekte Geschwindigkeitsadditionsgesetz. Solange v und u klein sind gegenüber der Lichtgeschwindigkeit, ist der Nenner in Gl. 12.81 praktisch gleich eins und damit $w \approx v + u$. Gehen aber v und u gegen c, dann geht w nicht gegen $2c$, sondern gegen

$$\frac{c + c}{1 + \frac{c^2}{c^2}} = \frac{2c}{2} = c.$$

Die Lichtgeschwindigkeit c ist also wiederum die höchstmögliche Geschwindigkeit.

12.5 Vierervektoren

Wie wir gesehen haben, sind Raum und Zeit eng miteinander verbunden: Wir können beim Wechsel von einem Bezugssystem zu einem anderen Bezugssystem die zeitlichen Koordinaten nicht ohne Berücksichtigung der räumlichen Koordinaten ineinander überführen. Eine universelle Zeit existiert nicht. Das resultierende vierdimensionale Raum-Zeit-Kontinuum heißt *Raumzeit, Minkowski-Raum* oder auch *Minkowski-Welt*. Letztere Bezeichnung ist der Grund, weshalb Trajektorien durch die Raumzeit auch Weltlinien heißen, wie schon in Abschn. 12.2.1 erwähnt. Raumzeitpunkte werden in der Literatur auch als *Ereignisse* bezeichnet, auch dann, wenn an den jeweiligen Raumzeitpunkten nichts Besonderes passiert.

Sobald ein Raumzeitkoordinatensystem (ein geeignetes Inertialsystem) gewählt ist, hat ein gegebener Punkt im Minkowski-Raum eine vierkomponentige Koordinatenvektordarstellung. Wir schreiben dafür

$$x = \begin{pmatrix} ct \\ x \\ y \\ z \end{pmatrix}. \tag{12.82}$$

Die zeitliche Komponente von x wird als die Vektorkomponente mit dem Index 0 adressiert:

$$x^0 = ct. \tag{12.83}$$

Für die räumlichen Komponenten gilt die Standardzuordnung von Vektorindizes:

$$\begin{aligned} x^1 &= x, \\ x^2 &= y, \\ x^3 &= z. \end{aligned} \tag{12.84}$$

▶ **Hinweis** Beachten Sie, dass es in der Relativitätstheorie einen Unterschied macht, ob man die Indizes nach unten oder nach oben stellt. Die hier verwendete Schreibweise ist konsistent mit der Notation, der Sie später in Ihrem Studium begegnen werden.

Wechselt man zu einem anderen Raumzeitkoordinatensystem, erhält man für den gleichen Punkt im Minkowski-Raum einen neuen Koordinatenvektor:

$$x' = \begin{pmatrix} ct' \\ x' \\ y' \\ z' \end{pmatrix}. \tag{12.85}$$

Bei einem Boost (Abschn. 12.3) mit einem gemeinsamen Raumzeitkoordinatenursprung ist der Zusammenhang zwischen x' und x durch eine Lorentz-Transformation gegeben,

$$x' = \Lambda x, \tag{12.86}$$

wobei Λ eine 4×4-Matrix ist. (Der griechische Großbuchstabe Λ wird *lambda* ausgesprochen.) Konkret haben wir für einen Boost in positiver x-Richtung (bei parallelen Raumachsen) gemäß Gl. 12.67 die symmetrische Matrix

$$\Lambda = \begin{pmatrix} \gamma & -\beta\gamma & 0 & 0 \\ -\beta\gamma & \gamma & 0 & 0 \\ 0 & 0 & 1 & 0 \\ 0 & 0 & 0 & 1 \end{pmatrix}. \tag{12.87}$$

Ganz generell heißen vierkomponentige Vektoren, die bei einem Boost das Transformationsverhalten

$$V' = \Lambda V \tag{12.88}$$

aufweisen, *Vierervektoren*. Einfach nur vier Komponenten zu besitzen, macht einen Vektor nicht zu einem Vierervektor. Es muss beim Übergang von einem Inertialsystem zu einem anderen Inertialsystem Gl. 12.88 erfüllt sein.

▶   Hinweis Dass x die grundlegende Definition für Vierervektoren, Gl. 12.88, erfüllt, hängt damit zusammen, dass wir in dieser Einführung die vereinfachende Annahme gemacht haben, dass in allen betrachteten Bezugssystemen ein gemeinsamer Raumzeitkoordinatenursprung vorliegt. Im Allgemeinen ist lediglich die Differenz zwischen zwei Raumzeitpunkten ein Vierervektor.

12.5.1 Lorentz-Invarianz

Außer dem Vierervektor x, der einen Raumzeitpunkt in einem gegebenen Raumzeitkoordinatensystem bezeichnet, werden wir noch zwei weitere Typen von Vierervektoren kennenlernen – die Vierergeschwindigkeit und den Viererimpuls. (Bei diesen beiden handelt es sich auch dann noch um Vierervektoren, wenn die Forderung nach einem gemeinsamen Raumzeitkoordinatenursprung aufgegeben wird.) Um deren Konstruktion verstehen zu können, müssen wir uns zuerst fragen, welche Eigenschaft eines Vierervektors bei einer Lorentz-Transformation Λ *invariant* (d.h. unverändert) bleibt. Die Vierervektorkomponenten selbst ändern sich ja im Allgemeinen.

Man könnte versucht sein anzunehmen, dass die euklidische Länge von x bzw. das Quadrat der euklidischen Länge von x eine invariante Größe ist, analog zur Länge eines räumlichen Vektors, die sich bei einer Drehung der räumlichen Koordinatenachsen ja nicht ändert (Kap. 11). Prüfen wir dies für die konkrete Lorentz-Transformation aus Gl. 12.87 nach:

$$x'^\top x' = c^2 t'^2 + x'^2 + y'^2 + z'^2$$
$$= x^\top \Lambda^\top \Lambda x. \tag{12.89}$$

Wir wissen bereits, dass $\Lambda^\top$ nicht die Inverse der Matrix Λ aus Gl. 12.87 ist, sondern gemäß Gl. 12.69 ist

$$\Lambda^{-1} = \begin{pmatrix} \gamma & \beta\gamma & 0 & 0 \\ \beta\gamma & \gamma & 0 & 0 \\ 0 & 0 & 1 & 0 \\ 0 & 0 & 0 & 1 \end{pmatrix}. \tag{12.90}$$

Daher ist Λ keine orthogonale Matrix und $\Lambda^\top \Lambda$ in Gl. 12.89 ist nicht die 4×4-Einheitsmatrix. Aus diesem Grund sind $x'^\top x'$ und

$$x^\top x = c^2 t^2 + x^2 + y^2 + z^2$$

im Allgemeinen nicht zueinander gleich.

Es lässt sich aber zeigen, dass der Ausdruck

$$\langle x, x \rangle = x^\top \begin{pmatrix} -1 & 0 & 0 & 0 \\ 0 & 1 & 0 & 0 \\ 0 & 0 & 1 & 0 \\ 0 & 0 & 0 & 1 \end{pmatrix} x$$
$$= -c^2 t^2 + x^2 + y^2 + z^2 \tag{12.91}$$

unter Lorentz-Transformationen invariant ist. (Genauer gesagt: Die Invarianz von $\langle x, x \rangle$ wird später in Ihrem Studium zur Definition von Lorentz-Transformationen herangezogen.) Rechnen wir dies für unsere Lorentz-Transformation aus Gl. 12.87 nach:

$$\langle x', x' \rangle = x'^{\top} \begin{pmatrix} -1 & 0 & 0 & 0 \\ 0 & 1 & 0 & 0 \\ 0 & 0 & 1 & 0 \\ 0 & 0 & 0 & 1 \end{pmatrix} x'$$

$$= x^{\top} \Lambda^{\top} \begin{pmatrix} -1 & 0 & 0 & 0 \\ 0 & 1 & 0 & 0 \\ 0 & 0 & 1 & 0 \\ 0 & 0 & 0 & 1 \end{pmatrix} \Lambda x$$

$$= x^{\top} \begin{pmatrix} \gamma & -\beta\gamma & 0 & 0 \\ -\beta\gamma & \gamma & 0 & 0 \\ 0 & 0 & 1 & 0 \\ 0 & 0 & 0 & 1 \end{pmatrix} \begin{pmatrix} -\gamma & \beta\gamma & 0 & 0 \\ -\beta\gamma & \gamma & 0 & 0 \\ 0 & 0 & 1 & 0 \\ 0 & 0 & 0 & 1 \end{pmatrix} x$$

$$= x^{\top} \begin{pmatrix} -\gamma^2 + \beta^2\gamma^2 & \beta\gamma^2 - \beta\gamma^2 & 0 & 0 \\ \beta\gamma^2 - \beta\gamma^2 & -\beta^2\gamma^2 + \gamma^2 & 0 & 0 \\ 0 & & 0 & 1 & 0 \\ 0 & & 0 & 0 & 1 \end{pmatrix} x$$

$$= x^{\top} \begin{pmatrix} -1 & 0 & 0 & 0 \\ 0 & 1 & 0 & 0 \\ 0 & 0 & 1 & 0 \\ 0 & 0 & 0 & 1 \end{pmatrix} x$$

$$= \langle x, x \rangle. \tag{12.92}$$

Also gilt in der Tat:

$$\langle x', x' \rangle = \langle x, x \rangle.$$

Bei einem gegebenen Punkt im Minkowski-Raum handelt es sich bei $\langle x, x \rangle$ um eine universelle Eigenschaft dieses Raumzeitpunkts, die unabhängig vom gewählten Inertialsystem ist.

Die entscheidende Beobachtung bei der Rechnung in Gl. 12.92 ist, dass die Lorentz-Transformation Λ der Gleichung

$$\Lambda^{\top} \begin{pmatrix} -1 & 0 & 0 & 0 \\ 0 & 1 & 0 & 0 \\ 0 & 0 & 1 & 0 \\ 0 & 0 & 0 & 1 \end{pmatrix} \Lambda = \begin{pmatrix} -1 & 0 & 0 & 0 \\ 0 & 1 & 0 & 0 \\ 0 & 0 & 1 & 0 \\ 0 & 0 & 0 & 1 \end{pmatrix} \tag{12.93}$$

genügt. Vergleichen Sie dies mit der Ihnen aus Kap. 11 bekannten Eigenschaft von Drehmatrizen R im dreidimensionalen Raum:

$$R^{\top} \begin{pmatrix} 1 & 0 & 0 \\ 0 & 1 & 0 \\ 0 & 0 & 1 \end{pmatrix} R = \begin{pmatrix} 1 & 0 & 0 \\ 0 & 1 & 0 \\ 0 & 0 & 1 \end{pmatrix}. \tag{12.94}$$

12.5.2 Eigenzeit

Wir betrachten ein Teilchen, das sich in Anjas Bezugssystem gleichförmig und geradlinig bewegt. Dabei seien die räumlichen Koordinaten des Teilchens durch

$$
\begin{aligned}
x(t) &= v_x t, \\
y(t) &= v_y t, \\
z(t) &= v_z t
\end{aligned}
\tag{12.95}
$$

mit den Konstanten v_x, v_y und v_z gegeben. Die Weltlinie des Teilchens folgt demnach
dem Vierervektor

$$
x = \begin{pmatrix} ct \\ x(t) \\ y(t) \\ z(t) \end{pmatrix},
\tag{12.96}
$$

der durch die Zeit t in Anjas Bezugssystem parametrisiert ist.

Untersuchen wir für dieses Teilchen die Lorentz-invariante Größe $\langle x, x \rangle$
[Gl. 12.91] und verwenden dabei Gl. 12.95 und 12.96:

$$
\begin{aligned}
\langle x, x \rangle &= -c^2 t^2 + x^2(t) + y^2(t) + z^2(t) \\
&= -(c^2 \underbrace{- v_x^2 - v_y^2 - v_z^2}_{-v^2}) t^2 \\
&= -\left(1 - \frac{v^2}{c^2}\right) c^2 t^2 \\
&= -\frac{c^2 t^2}{\gamma^2}.
\end{aligned}
\tag{12.97}
$$

Da sich das Teilchen gleichförmig und geradlinig bewegt, kann mit ihm ein Inertialsystem verbunden werden, in dem die Weltlinie des Teilchens durch den Vierervektor

$$
x' = \begin{pmatrix} c\tau \\ 0 \\ 0 \\ 0 \end{pmatrix}
\tag{12.98}
$$

beschrieben wird (in dem sich das Teilchen also am räumlichen Koordinatenursprung
befindet). Man nennt dieses Inertialsystem das *Ruhesystem* des Teilchens. Ausgedrückt durch die Raumzeitkoordinaten im Ruhesystem des Teilchens erhalten wir
für $\langle x, x \rangle$ das Ergebnis

$$
\langle x, x \rangle = \langle x', x' \rangle = -c^2 \tau^2.
\tag{12.99}
$$

Die Lorentz-invariante Größe $\langle x, x \rangle$ ist also, abgesehen vom konstanten Faktor
$-c^2$, das Quadrat der Zeit τ, die im Ruhesystem des Teilchens vergangen ist, seitdem

es bei $t = 0$ den Raumpunkt ($x = 0$, $y = 0$, $z = 0$) in Anjas Bezugssystem verlassen und nun, zu Anjas Zeit t, den Raumpunkt erreicht hat, der durch Gl. 12.95 gegeben ist. Durch Vergleich von Gl. 12.97 und 12.99 erhalten wir eine neue Herleitung des Zeitdilatationszusammenhangs:

$$t = \gamma\tau, \tag{12.100}$$

nur dass wir hier, anders als in Abschn. 12.4.2, mit t anstelle von τ und mit τ anstelle von τ' arbeiten, um mit der in der Literatur üblichen Symbolik konsistent zu sein.

Da $\langle x, x \rangle = -c^2\tau^2$ Lorentz-invariant ist, gilt dies für τ ebenfalls. Diese wichtige Lorentz-invariante Größe τ, die Anja anhand von Gl. 12.100 in ihrem Bezugssystem berechnen kann, heißt die *Eigenzeit* des Teilchens.

▶   Hinweis Wenn eine Größe Lorentz-invariant ist, dann bedeutet dies nicht, dass sie nicht von der Zeit abhängen kann, wie Sie am Beispiel der Eigenzeit klar sehen. Eine Lorentz-invariante Größe wird übrigens auch als *Lorentz-Skalar* (oder Lorentz-Invariante) bezeichnet.

12.5.3 Vierergeschwindigkeit

Mithilfe von Gl. 12.100, zusammen mit Gl. 12.95 und 12.96, können wir die Weltlinie des Teilchens in Anjas Bezugssystem durch die Lorentz-invariante Eigenzeit τ parametrisieren:

$$x = \gamma \begin{pmatrix} c \\ v_x \\ v_y \\ v_z \end{pmatrix} \tau = X(\tau). \tag{12.101}$$

Da die Funktion $X(\tau)$ ein Vierervektor ist, ist auch

$$\Delta X = X(\tau + \Delta\tau) - X(\tau)$$

ein Vierervektor. Multiplizieren wir einen solchen Vierervektor mit einem Lorentz-Skalar (oder teilen wir durch einen Lorentz-Skalar), erhalten wir wieder einen Vierervektor.

In Verallgemeinerung des Konzepts der Geschwindigkeit führen wir daher den Vierervektor

$$U = \lim_{\Delta\tau \to 0} \frac{\Delta X}{\Delta\tau} = \frac{dX}{d\tau} = \gamma \begin{pmatrix} c \\ v_x \\ v_y \\ v_z \end{pmatrix} \tag{12.102}$$

ein. Dies ist die sogenannte *Vierergeschwindigkeit* des Teilchens. Wie von einem Vierervektor zu erwarten, handelt es sich bei

$$\langle U, U \rangle = -(U^0)^2 + (U^1)^2 + (U^2)^2 + (U^3)^2$$
$$= \gamma^2(-c^2 + v_x^2 + v_y^2 + v_z^2)$$
$$= -c^2 \frac{1 - \frac{v^2}{c^2}}{1 - \frac{v^2}{c^2}}$$
$$= -c^2 \tag{12.103}$$

um einen Lorentz-Skalar.

12.5.4 Viererimpuls

Eine grundlegende, universelle Eigenschaft eines Teilchens ist seine Masse m, mitunter auch als Ruhemasse bezeichnet. Multiplizieren wir die Vierergeschwindigkeit U mit dem Lorentz-Skalar m erhalten wir den *Viererimpuls*

$$\boldsymbol{P} = m\boldsymbol{U} = \gamma m \begin{pmatrix} c \\ v_x \\ v_y \\ v_z \end{pmatrix}. \tag{12.104}$$

Sie erkennen sofort, dass diese Definition im nichtrelativistischen Grenzfall $\gamma \to 1$ für die drei räumlichen Komponenten von $\boldsymbol{P}$ mit der nichtrelativistischen Definition des Impulses des Teilchens zusammenfällt. Die drei Komponenten P^1, P^2 und P^3 bilden daher eine natürliche relativistische Verallgemeinerung des Impulsbegriffs:

$$p_x = \gamma m v_x,$$
$$p_y = \gamma m v_y,$$
$$p_z = \gamma m v_z. \tag{12.105}$$

Aber was können wir über die Komponente

$$P^0 = \gamma m c$$

des Viererimpulses aussagen? Dazu berechnen wir den Lorentz-Skalar $\langle \boldsymbol{P}, \boldsymbol{P} \rangle$:

$$\langle \boldsymbol{P}, \boldsymbol{P} \rangle = -(P^0)^2 + (P^1)^2 + (P^2)^2 + (P^3)^2$$
$$= -(P^0)^2 + \underbrace{p_x^2 + p_y^2 + p_z^2}_{p^2}$$
$$= -(P^0)^2 + p^2$$
$$= m^2 \langle \boldsymbol{U}, \boldsymbol{U} \rangle$$
$$= -m^2 c^2. \tag{12.106}$$

Hierbei haben wir insbesondere Gl. 12.103 und 12.104 genutzt. Aus Gl. 12.106 folgt

$$(P^0)^2 = m^2 c^2 + p^2 \tag{12.107}$$

bzw.

$$P^0 = \sqrt{m^2 c^2 + p^2}, \tag{12.108}$$

da P^0 in Gl. 12.104 nichtnegativ ist.

Um die physikalische Bedeutung der rechten Seite von Gl. 12.108 zu verstehen, analysieren wir sie für den Fall, dass $v \ll c$ ist. Wir setzen dazu Gl. 12.105 in Gl. 12.108 ein:

$$
\begin{aligned}
P^0 &= \sqrt{m^2 c^2 + \gamma^2 m^2 v^2} \\
&= mc \sqrt{1 + \frac{\frac{v^2}{c^2}}{1 - \frac{v^2}{c^2}}} \\
&= mc \sqrt{\frac{1 - \frac{v^2}{c^2} + \frac{v^2}{c^2}}{1 - \frac{v^2}{c^2}}} \\
&= mc \left(1 - \frac{v^2}{c^2}\right)^{-1/2} \\
&= mc \left(1 + \frac{1}{2}\frac{v^2}{c^2} + \dots\right) \\
&= mc + \frac{1}{2} m \frac{v^2}{c} + \dots.
\end{aligned}
\tag{12.109}
$$

Hierbei haben wir beim Übergang von der vierten zur fünften Zeile von Gl. 12.109 die binomische Reihe [Gl. 4.112 mit $x = -v^2/c^2$ und $\alpha = -1/2$] zum Einsatz gebracht. Multiplizieren wir Gl. 12.109 mit c, erhalten wir

$$P^0 c = mc^2 + \frac{1}{2} m v^2 + \dots. \tag{12.110}$$

Auf der rechten Seite dieser Gleichung erkennen Sie die nichtrelativistische kinetische Energie, $\frac{1}{2} m v^2$, des Teilchens.

Einstein schloss daraus zwei wichtige Dinge. (i) Da $\frac{1}{2} m v^2$ eine Energie ist, ist mc^2 ebenfalls eine Energie. Insbesondere ist mc^2 eine Energie, die selbst dann nicht verschwindet, wenn das Teilchen ruht ($v = 0$). Sie wird daher als *Ruheenergie* des Teilchens bezeichnet. (ii) Die Summe der Energiebeiträge in Gl. 12.110 ergibt die Gesamtenergie. Daher interpretierte Einstein die Größe $P^0 c$ generell (also nicht nur im Grenzfall $v \ll c$) als die Gesamtenergie des Teilchens:

$$E = P^0 c. \tag{12.111}$$

Da gemäß Gl. 12.104

$$P^0 = \gamma mc$$

ist, erhalten wir für die relativistisch korrekte (Gesamt-)Energie des Teilchens den Ausdruck

$$E = \gamma mc^2. \tag{12.112}$$

Im Grenzfall $v \to 0$ geht Gl. 12.112 in die Ruheenergie

$$E = mc^2 \tag{12.113}$$

über. Im Grenzfall $v \to c$ divergiert die Energie E in Gl. 12.112. Es ist daher nicht möglich, die erforderliche Energie aufzubringen, um ein massebehaftetes Teilchen exakt auf Lichtgeschwindigkeit zu beschleunigen. Da die Null-Komponente des Viererimpulses eines Teilchens im Wesentlichen die Energie des Teilchens repräsentiert, nennt man den Viererimpuls

$$P = \begin{pmatrix} E/c \\ p_x \\ p_y \\ p_z \end{pmatrix} \tag{12.114}$$

auch den Energie-Impuls-Vektor. Der Energie-Impuls-Vektor spielt eine zentrale Rolle bei der Beschreibung der Dynamik von relativistischen Teilchen. Eine relativistisch konsistente Bewegungsgleichung für den Energie-Impuls-Vektor werden Sie zu einem späteren Zeitpunkt in Ihrem Studium kennenlernen.

Aufgaben

12.1 Betrachten Sie zwei miteinander wechselwirkende Teilchen im Rahmen der nichtrelativistischen Newton'schen Mechanik (Kap. 10). Es seien in Anjas Bezugssystem die Newton'schen Bewegungsgleichungen für die beiden Teilchen gegeben. Bestimmen Sie, unter Verwendung der Galilei-Transformation, die Bewegungsgleichungen der beiden Teilchen in Bernds Bezugssystem. Zeigen Sie auf diese Weise, dass die beiden Bewegungsgleichungen in Bernds Bezugssystem die gleiche Form haben wie die entsprechenden Bewegungsgleichungen in Anjas Bezugssystem.

12.2 Durch kosmische Strahlung entstehen in der Erdatmosphäre in einer Höhe von etwa 15 km oberhalb der Erdoberfläche Elementarteilchen, die als Myonen bezeichnet werden. Myonen sind schwerere Verwandte der Elektronen, die, anders als Elektronen, in ihrem Ruhesystem nach einer Lebensdauer von nur $\tau_\mu = 2,2$ Mikrosekunden zerfallen. Wie in Abschn. 4.2.1 angesprochen, liegt bei metastabilen Systemen ein exponentielles Zerfallsgesetz vor. Die Lebensdauer der Myonen gibt an, dass der Anteil der noch nicht zerfallenen Myonen nach der Zeit τ_μ in ihrem Ruhesystem auf einen Bruchteil von $1/e$ abgesunken ist. Die Myonen entstehen in der Erdatmosphäre mit einer Gesamtenergie, die 57-mal größer ist als deren Ruheenergie. Bestimmen Sie den Anteil der Myonen, die die Erdoberfläche erreichen. Nehmen Sie dabei an, dass sich die Myonen senkrecht auf die Erdoberfläche zubewegen und diese auf ihrem Weg zur Erdoberfläche in der Erdatmosphäre keine Energie verlieren.

12.3

(a) Sei V ein Vierervektor und a ein Lorentz-Skalar. Zeigen Sie, dass

$$W = aV$$

ein Vierervektor ist.

(b) Es seien V_1 und V_2 Vierervektoren. Zeigen Sie, dass

$$W = V_1 + V_2$$

ein Vierervektor ist.

(c) Zeigen Sie, unter Verwendung der Ergebnisse aus (a) und (b), dass es sich bei der Vierergeschwindigkeit eines Teilchens tatsächlich um einen Vierervektor handelt.

12.4 Betrachten Sie die Kollision von zwei Teilchen im Rahmen der relativistischen Mechanik. Wie in der nichtrelativistischen Mechanik liegen auch hier Impulserhaltung und Energieerhaltung vor (unter der Annahme, dass das Zweiteilchensystem abgeschlossen ist und sich die Wechselwirkung der beiden Teilchen mithilfe eines Potenzials beschreiben lässt). In einem gegebenen Inertialsystem liege konkret folgende Situation vor: Lange vor der Kollision bewege sich Teilchen 1 (Masse m_1) mit Energie $E_1 \gg m_1 c^2$ auf Teilchen 2 (Masse m_2) zu, wobei Teilchen 2 ruht. Durch die Kollision mit Teilchen 2 wird Teilchen 1 abgelenkt und ändert seine Energie. (a) Bestimmen Sie die Energie von Teilchen 1 als Funktion seines Ablenkwinkels lange nach der Kollision. (b) Geben Sie einen entsprechenden Ausdruck für Teilchen 2 an.

Mathematische Grundlagen

A

In diesem Anhang sind für Sie die wichtigsten mathematischen Sachverhalte zusammengestellt, die Sie für einen reibungslosen Einstieg in die Theoretische Physik benötigen. Es gibt zwei Dinge, die am Studienanfang Schwierigkeiten bereiten. Zum einen wird von Ihnen erwartet, dass Ihnen die Schulmathematik so tiefgehend vertraut ist, dass Sie darauf jederzeit (ohne z. B. das Internet zu konsultieren) und sicher zurückgreifen können. Zum anderen liegt der Fokus in der Theoretischen Physik im Allgemeinen nicht auf konkreten Zahlenbeispielen (wenn es nicht um ganz konkrete physikalische Systeme geht), sondern eher auf abstrakten Zusammenhängen, aus denen sich leichter allgemeingültige Aussagen extrahieren lassen. Die im Folgenden gezeigte Darstellung von den für dieses Lehrbuch wichtigsten Funktionen und deren Eigenschaften ist daher bewusst so gewählt, dass Sie Ihnen bereits bekannte Dinge verfestigen können, Sie aber auch neue Sichtweisen auf Bekanntes kennenlernen. Insbesondere erhalten Sie die Gelegenheit, sich an abstrakte Fragestellungen heranzutasten.

In diesem Anhang stehen alle Variablen und Parameter für reelle Zahlen. Komplexe Zahlen spielen im Folgenden keine Rolle.

A.1 Polynome vom Grad 1

A.1.1 Standardform

Betrachten wir zum Auftakt die Funktion

$$f(x) = -2x + 7. \tag{A.1}$$

Es handelt sich hierbei um ein lineares Polynom in der Variablen x. Ein solches Polynom wird auch als Polynom ersten Grades oder als Polynom vom Grad 1 bezeichnet. Eine mögliche Schreibweise für ein allgemeines lineares Polynom lautet

$$f(x) = a_1 x + a_0, \tag{A.2}$$

© Springer-Verlag GmbH Deutschland, ein Teil von Springer Nature 2023
R. Santra, *Einführung in die Theoretische Physik*,
https://doi.org/10.1007/978-3-662-67439-0_A

wobei a_1 und a_0 Konstanten sind, die nicht von x abhängen. Wir bezeichnen diese Art von Darstellung eines Polynoms als Standardform. Welche Symbole wir für die Konstanten wählen, oder welche Symbole wir für die unabhängige Variable (hier x) und die Funktion (hier f) wählen, ist dabei aber grundsätzlich unerheblich. Dieser Punkt ist wichtig, da Ihnen eigentlich bekannte Funktionen in der Theoretischen Physik häufig nicht mit den Symbolen erscheinen, die Ihnen aus der Schule vertraut sind. Es wird Ihnen daher helfen, sich nicht ausschließlich auf die gewählten Symbole zu konzentrieren, sondern vor allem die Struktur der auftretenden Gleichungen zu verinnerlichen.

A.1.2   Bedeutung der Parameter

Wie schon anfangs erwähnt, interessieren wir uns in der Theoretischen Physik für Aussagen von möglichst allgemeiner Natur, nicht unbedingt für hochkonkrete Fälle wie $f(x) = -2x + 7$ [Gl. A.1]. Meistens interessieren wir uns daher für funktionale Zusammenhänge, die von *Parametern* abhängen. Dabei wollen wir wissen, wie die Parameter den Funktionsverlauf beeinflussen. So hängt $f(x) = a_1 x + a_0$ [Gl. A.2] von genau zwei Parametern ab: a_1 und a_0. Aus der Schule ist Ihnen die Bedeutung dieser beiden Parameter geläufig: $f(x) = a_1 x + a_0$ beschreibt in einem xy-Graphen eine Gerade mit Steigung a_1 und y-Achsenabschnitt a_0. Letzteres sehen Sie, indem Sie das lineare Polynom aus Gl. A.2 bei $x = 0$ auswerten:

$$f(0) = a_0. \tag{A.3}$$

Die Steigung erhalten Sie aus der ersten Ableitung von Gl. A.2:

$$f'(x) = a_1. \tag{A.4}$$

Es ist charakteristisch für eine Gerade, dass die erste Ableitung unabhängig von x ist. Also ist insbesondere

$$f'(0) = a_1.$$

Bei der Bildung von $f'(x)$ in Gl. A.4 haben wir den Ihnen geläufigen Zusammenhang

$$(x^n)' = n x^{n-1} \tag{A.5}$$

für die erste Ableitung von x^n nach der Variablen x genutzt, wobei n eine ganze Zahl ist. Darüber hinaus haben wir genutzt, dass die Ableitung eine *lineare* Operation ist, d. h., für differenzierbare Funktionen $f_1(x)$ und $f_2(x)$ und Konstanten b_1 und b_2 gilt:

$$(b_1 f_1(x) + b_2 f_2(x))' = b_1 f_1'(x) + b_2 f_2'(x). \tag{A.6}$$

Da $f'(x)$ beim linearen Polynom eine Konstante ist [Gl. A.4], verschwinden in diesem Fall alle Ableitungen höherer Ordnung: $f''(x) = 0$, $f'''(x) = 0$, ..., für alle x.

A.1.3 Taylor-Form

In der in Gl. A.2 gezeigten Standardform für ein lineares Polynom haben wir neben der Steigung a_1 den Wert des Polynoms bei $x = 0$ in den Vordergrund gestellt. Was ist aber, wenn wir als Parameter den Wert $f(x_0)$ des Polynoms an irgendeiner Stelle $x = x_0$ in Erscheinung treten lassen wollen? Dann schreiben wir Gl. A.2 folgendermaßen um:

$$
\begin{aligned}
f(x) &= a_1 x + a_0 \\
&= a_1(x - x_0 + x_0) + a_0 \\
&= a_1(x - x_0) + a_1 x_0 + a_0.
\end{aligned}
\tag{A.7}
$$

Offenbar gilt:

$$
f(x_0) = a_1 x_0 + a_0.
\tag{A.8}
$$

Wir können das lineare Polynom daher in der Form

$$
f(x) = a_1(x - x_0) + f(x_0)
\tag{A.9}
$$

schreiben. Berücksichtigen wir noch, dass $f'(x) = a_1 = f'(x_0)$ ist [weil $f'(x)$ beim linearen Polynom eben konstant ist], erhalten wir schließlich:

$$
f(x) = f'(x_0)(x - x_0) + f(x_0).
\tag{A.10}
$$

Lineare Polynome sind daher eindeutig bestimmt durch die Vorgabe des Funktionswerts $f(x_0)$ und der ersten Ableitung $f'(x_0)$ an einer gewählten Stelle $x = x_0$ und durch die Forderung, dass alle weiteren Ableitungen verschwinden.

Wie schon angesprochen, sind die in diesem Anhang durchgeführten formalen Untersuchungen dazu gedacht, Sie etwas an abstrakte Rechnungen zu gewöhnen. Die Herleitung von Gl. A.10 (und von analogen Gleichungen in den folgenden Abschnitten) soll Sie zudem an das Thema der Taylor-Reihen (Kap. 4) heranführen. Wir bezeichnen die Darstellung des linearen Polynoms in Gl. A.10 wegen dieses Zusammenhangs daher als Taylor-Form.

A.2 Polynome vom Grad 2

A.2.1 Standardform

Ein Beispiel für ein quadratisches Polynom ist

$$
f(x) = 5x^2 + x - 3.
\tag{A.11}
$$

Für solche Polynome, die auch als Polynome zweiten Grades oder als Polynome vom Grad 2 bezeichnet werden, können wir allgemein

$$f(x) = a_2 x^2 + a_1 x + a_0 \qquad (A.12)$$

schreiben. Bei quadratischen Polynomen treten demnach insgesamt drei Parameter auf: a_2, a_1, a_0. Damit wir nicht einfach wieder ein lineares Polynom erhalten, sei $a_2 \neq 0$.

Wir können die drei Parameter mit dem Funktionswert, der ersten Ableitung und der zweiten Ableitung des quadratischen Polynoms bei $x = 0$ in Verbindung setzen. Zum einen haben wir

$$f(0) = a_0. \qquad (A.13)$$

Für die erste Ableitung von Gl. A.12 finden wir

$$f'(x) = 2a_2 x + a_1, \qquad (A.14)$$

sodass für die erste Ableitung bei $x = 0$ gilt:

$$f'(0) = a_1. \qquad (A.15)$$

Aus Gl. A.14 folgt für die zweite Ableitung des quadratischen Polynoms

$$f''(x) = 2a_2 \qquad (A.16)$$

und damit

$$f''(0) = 2a_2. \qquad (A.17)$$

Alle Ableitungen höherer Ordnung verschwinden.

A.2.2   Taylor-Form

Anstelle von Gl. A.12 können wir somit mithilfe von Gl. A.13, A.15 und A.17

$$f(x) = \frac{1}{2} f''(0) x^2 + f'(0) x + f(0) \qquad (A.18)$$

für ein allgemeines quadratisches Polynom schreiben. Wollen wir uns aber wieder von $x = 0$ als besonderen Bezugspunkt lösen und als Parameter den Funktionswert $f(x_0)$, die erste Ableitung $f'(x_0)$ und die zweite Ableitung $f''(x_0)$ an einer beliebigen Stelle $x = x_0$ in den Vordergrund stellen, schreiben wir zuerst Gl. A.12 um:

$$\begin{aligned} f(x) &= a_2 x^2 + a_1 x + a_0 \\ &= a_2 (x - x_0 + x_0)^2 + a_1 (x - x_0 + x_0) + a_0. \end{aligned} \qquad (A.19)$$

Auf $(x - x_0 + x_0)^2$ wenden wir die erste binomische Formel

$$(a + b)^2 = a^2 + 2ab + b^2$$

an:

$$(\underbrace{x - x_0}_{a} + \underbrace{x_0}_{b})^2 = (x - x_0)^2 + 2(x - x_0)x_0 + x_0^2.$$

Damit folgt aus Gl. A.19:

$$f(x) = a_2 \left\{ (x - x_0)^2 + 2(x - x_0)x_0 + x_0^2 \right\} + a_1(x - x_0) + a_1 x_0 + a_0$$
$$= a_2(x - x_0)^2 + (2a_2 x_0 + a_1)(x - x_0) + a_2 x_0^2 + a_1 x_0 + a_0. \quad \text{(A.20)}$$

Die so gewonnene Darstellung des quadratischen Polynoms demonstriert, dass wir alternativ zu Gl. A.12 auch

$$f(x) = b_2(x - x_0)^2 + b_1(x - x_0) + b_0 \quad \text{(A.21)}$$

mit den Parametern b_2, b_1 und b_0 schreiben dürfen. Unsere Rechnung in Gl. A.20 zeigt insbesondere, dass der Zusammenhang dieser Parameter mit den Parametern in Gl. A.12 durch

$$b_2 = a_2,$$
$$b_1 = 2a_2 x_0 + a_1,$$
$$b_0 = a_2 x_0^2 + a_1 x_0 + a_0$$

gegeben ist. Zeigen Sie zur Übung, dass sich Gl. A.21 in die Taylor-Form

$$f(x) = \frac{1}{2} f''(x_0)(x - x_0)^2 + f'(x_0)(x - x_0) + f(x_0) \quad \text{(A.22)}$$

überführen lässt. Quadratische Polynome lassen sich also durch Angabe der Parameter $f(x_0)$, $f'(x_0)$ und $f''(x_0)$ eindeutig festlegen. Zeigen Sie zur Übung auch, dass sich die Parameter a_0, a_1, a_2 durch $f(x_0)$, $f'(x_0)$, $f''(x_0)$ ausdrücken lassen.

A.2.3 Scheitelpunktform

Aus der Schule kennen Sie eine weitere Darstellung von quadratischen Polynomen, die deutlich macht, dass alle quadratischen Polynome Parabeln beschreiben ($a_2 \neq 0$ sei, wie gesagt, vorausgesetzt):

$$f(x) = a(x - b)^2 + c. \quad \text{(A.23)}$$

Auch in dieser Scheitelpunktform erkennen Sie drei Parameter: a, b, c. Ist $a > 0$, liegt eine nach oben geöffnete Parabel vor. Ist $a < 0$, ist die Parabel nach unten geöffnet.

Der Scheitelpunkt der Parabel, also das Minimum ($a > 0$) bzw. das Maximum ($a < 0$), liegt bei $x = b$, $y = f(b) = c$. Wie hängen die Parameter a, b, c mit a_0, a_1, a_2 zusammen?

Um dies zu sehen, greifen wir zur zweiten binomischen Formel:

$$(a - b)^2 = a^2 - 2ab + b^2.$$

Damit bringen wir Gl. A.23 in die Form von Gl. A.12:

$$\begin{aligned}
f(x) &= a(x - b)^2 + c \\
&= a(x^2 - 2xb + b^2) + c \\
&= ax^2 - 2abx + ab^2 + c.
\end{aligned}$$

Sie lesen somit ab:

$$\begin{aligned}
a_2 &= a, \\
a_1 &= -2ab, \\
a_0 &= ab^2 + c.
\end{aligned}$$

Auf diese Weise haben wir die Parameter a_0, a_1, a_2 durch a, b, c ausgedrückt. Nehmen Sie zur Übung die Umkehrung vor und drücken Sie die Parameter a, b, c durch a_0, a_1, a_2 aus.

A.3   Polynome vom Grad 3

A.3.1   Standardform und Taylor-Form

Die Funktion

$$f(x) = 3x^3 - 7x^2 - 6x + 1 \tag{A.24}$$

ist ein Beispiel für ein kubisches Polynom, auch Polynom dritten Grades oder Polynom vom Grad 3 genannt. Die Standardform für allgemeine kubische Polynome lautet

$$f(x) = a_3 x^3 + a_2 x^2 + a_1 x + a_0. \tag{A.25}$$

Es liegen nun also insgesamt vier Parameter vor: a_0, a_1, a_2, a_3. Da vier Parameter vorliegen, lässt sich ein kubisches Polynom im Allgemeinen nicht in der Form

$$f(x) = a(x - b)^3 + c$$

schreiben (was der Scheitelpunktform für quadratische Polynome ähneln würde), da bei diesem speziellen kubischen Polynom ja lediglich drei Parameter auftreten. Es ist aber wiederum möglich, auch ein kubisches Polynom so zu schreiben, dass als

Parameter der Funktionswert des Polynoms und der Wert von seinen Ableitungen an einem beliebigen Punkt $x = x_0$ in Erscheinung treten:

$$f(x) = \frac{1}{6}f'''(x_0)(x - x_0)^3 + \frac{1}{2}f''(x_0)(x - x_0)^2 + f'(x_0)(x - x_0) + f(x_0). \quad \text{(A.26)}$$

Neu bei der Taylor-Form des kubischen Polynom ist, dass außer den ersten beiden Ableitungen nun auch die dritte Ableitung $f'''(x_0)$ eine Rolle spielt.

A.3.2   Anwendung der Taylor-Form

Durch Vergleich von Gl. A.26 mit Gl. A.10 und A.22 können Sie erahnen, dass ein generelles Konstruktionsprinzip vorliegt: Ein Polynom beliebigen Grades n lässt sich eindeutig durch Angabe seines Funktionswerts und seiner ersten n Ableitungen an einer beliebigen Stelle festlegen. Es macht aber offenbar keinen Sinn, dies für Polynome vom Grad 3, 4, 5 usw. separat zu zeigen. Es ist geschickter, eine Herleitungsstrategie zu verwenden, die für beliebige Polynomgrade n gültig ist. Eine entsprechende Herleitung werden Sie in Abschn. A.4 kennenlernen. Zuerst lernen Sie aber, wie Gl. A.26 eingesetzt werden kann, um das Beispiel aus Gl. A.24 so umzuschreiben, dass als Bezugspunkt nicht $x_0 = 0$ im Vordergrund steht, sondern zum Beispiel $x_0 = 1$.

Grundsätzlich bestünde natürlich die Möglichkeit, das x auf der rechten Seite von Gl. A.24 in der Form $x - x_0 + x_0$ zu schreiben und dann die auftretenden Klammern geeignet umzuformen (also so, wie wir in Gl. A.7, A.19 und A.20 vorgegangen waren). Aber dies wäre unnötig umständlich. Wir verwenden einfach direkt Gl. A.26. Dazu bilden wir anhand von

$$f(x) = 3x^3 - 7x^2 - 6x + 1$$

[Gl. A.24] die Ableitungen

$$f'(x) = 9x^2 - 14x - 6,$$
$$f''(x) = 18x - 14,$$
$$f'''(x) = 18.$$

Damit erhalten wir bei $x_0 = 1$:

$$f(1) = 3 - 7 - 6 + 1 = -9,$$
$$f'(1) = 9 - 14 - 6 = -11,$$
$$f''(1) = 18 - 14 = 4,$$
$$f'''(1) = 18,$$

womit sich das kubische Polynom aus Gl. A.24 gemäß Gl. A.26 in der Form

$$f(x) = 3(x - 1)^3 + 2(x - 1)^2 - 11(x - 1) - 9 \quad \text{(A.27)}$$

schreiben lässt.

Nun fragen Sie sich sicher: Was haben wir dadurch gewonnen? Antwort: Wir können die bereits recht komplexe kubische Funktion aus Gl. A.24 in einer hinreichend kleinen Umgebung des gewählten Punkts $x_0 = 1$ in guter Näherung durch ein Polynom ersten oder zweiten Grades darstellen. Dies ist in Abb. A.1 gezeigt. Untersuchen Sie zur Übung, in welchem x-Intervall um $x_0 = 1$ das lineare Polynom

$$f_1(x) = -11(x - 1) - 9$$

(also die Summe der beiden letzten Terme auf der rechten Seite von Gl. A.27) das kubische Polynom aus Gl. A.24 mit einer relativen Genauigkeit von 1% repräsentiert. Untersuchen Sie des Weiteren, in welchem x-Intervall um $x_0 = 1$ das quadratische Polynom

$$f_2(x) = 2(x - 1)^2 - 11(x - 1) - 9$$

(die Summe der drei letzten Terme auf der rechten Seite von Gl. A.27) zur Darstellung des kubischen Polynoms aus Gl. A.24 mit einer relativen Genauigkeit von 1% herangezogen werden kann. Die Möglichkeit, komplexe Funktionen lokal durch einfachere Funktionen zu approximieren, ist ein wichtiges Werkzeug in der Theoretischen Physik.

A.4   Polynome vom Grad n

A.4.1   Standardform und Summenzeichen

Wir wenden uns nun allgemeinen Polynomen vom Grad n zu:

$$f(x) = a_n x^n + a_{n-1} x^{n-1} + \ldots + a_1 x + a_0, \qquad \text{(A.28)}$$

wobei $a_n \neq 0$ sei. Um Rechnungen effizient und elegant gestalten zu können, ist es empfehlenswert, die längliche und etwas unpräzise Notation aus Gl. A.28 mithilfe des Summenzeichens durch folgende kompakte Schreibweise zu ersetzen:

$$f(x) = \sum_{i=0}^{n} a_i x^i. \qquad \text{(A.29)}$$

Üben wir den Umgang mit dem Summenzeichen, indem wir die erste Ableitung des allgemeinen Polynoms vom Grad n berechnen:

$$f'(x) = \left(\sum_{i=0}^{n} a_i x^i \right)' = \sum_{i=0}^{n} \left(a_i x^i \right)' = \sum_{i=0}^{n} a_i \left(x^i \right)' = \sum_{i=0}^{n} a_i i x^{i-1}$$

$$= \sum_{i=1}^{n} a_i i x^{i-1} = \sum_{j=0}^{n-1} a_{j+1} (j + 1) x^j = \sum_{i=0}^{n-1} a_{i+1} (i + 1) x^i. \qquad \text{(A.30)}$$

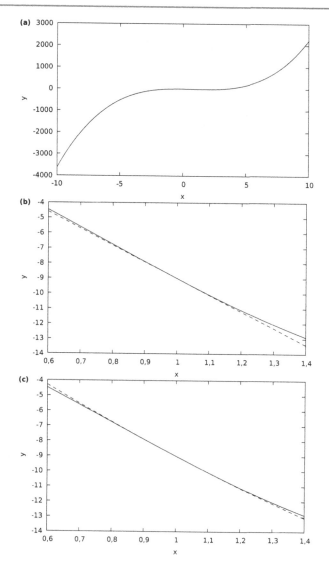

Abb. A.1 (**a**) Das kubische Polynom $f(x) = 3x^3 - 7x^2 - 6x + 1$ ist auf dem x-Intervall $[-10, 10]$ gezeigt. (**b**) Das kubische Polynom $f(x) = 3x^3 - 7x^2 - 6x + 1$ (durchgezogene Linie) wird auf dem bei $x_0 = 1$ zentrierten x-Intervall $[0,6, 1,4]$ mit dem linearen Polynom $f_1(x) = -11(x - 1) - 9$ (gestrichelte Linie) verglichen. (**c**) Das kubische Polynom $f(x) = 3x^3 - 7x^2 - 6x + 1$ (durchgezogene Linie) wird auf dem x-Intervall $[0,6, 1,4]$ mit dem quadratischen Polynom $f_2(x) = 2(x - 1)^2 - 11(x - 1) - 9$ (gestrichelte Linie) verglichen

Im ersten Schritt haben wir genutzt, dass die Ableitung der Summe der Terme $a_i x^i$ gleich der Summe der Ableitungen der $a_i x^i$ ist. Dann haben wir uns zunutze gemacht, dass die Ableitung einer Konstanten mal einer Funktion gleich dem Produkt der Konstanten und der Ableitung der Funktion ist. Die Ableitung von x^i folgt aus Gl. A.5 (mit $n = i$). Da in der Summe nach Durchführung der Ableitung von x^i der Faktor i erscheint, dürfen wir die Summe bei $i = 1$ beginnen lassen, da $i = 0$ keinen Beitrag liefert. Um das Ergebnis in eine Form überzuführen, in der nicht x^{i-1}, sondern x^i erscheint (um also eine Form zu erreichen, die in ihrer Struktur der Form aus Gl. A.29 entspricht), haben wir in Gl. A.30 noch zwei weitere Schritte vorgenommen. Es handelt sich dabei um Schritte, die an sich nicht schwierig sind, die aber am Studienanfang noch sehr ungewohnt erscheinen können.

Zum einen haben wir eine Ersetzung (eine *Substitution*) des Summationsindex vorgenommen. Konkret haben wir einen neuen Summationsindex eingeführt, den wir durch

$$j = i - 1$$

definiert haben. Dementsprechend ist $i = j+1$. Dadurch ist $a_i i x^{i-1}$ in $a_{j+1}(j+1)x^j$ übergegangen. Wenn $i = 1$ ist, dann ist $j = 0$. Daher beginnt die untere Grenze bei der Summe über j bei $j = 0$. Wenn $i = n$ ist, dann ist $j = n - 1$. Dies erklärt die obere Grenze bei der Summe über j. Im abschließenden Schritt haben wir eine Indexumbenennung vorgenommen. Machen Sie sich bewusst, dass das Symbol, das wir bei der Summation als Summationsindex einsetzen, völlig willkürlich ist. Anstelle von dem Summationsindex j in der vorletzten Summe in Gl. A.30 könnten wir z. B. k oder l verwenden. Wir dürfen aber eben auch wieder i verwenden. Zum Symbol i zurückzukehren ist naheliegend, weil wir auf diese Weise die Notation an den Ausdruck für $f(x)$ [Gl. A.29] angleichen. [Beachten Sie, dass n in diesem Abschnitt nicht als Summationsindex herangezogen werden darf: Das Symbol n ist in diesem Abschnitt fest und steht für den Grad des betrachteten Polynoms $f(x)$.]

A.4.2   Bedeutung der Parameter

Dem gewonnenen Ausdruck für die erste Ableitung,

$$f'(x) = \sum_{i=0}^{n-1} a_{i+1}(i + 1)x^i, \qquad (A.31)$$

können Sie entnehmen, dass es sich um ein Polynom vom Grad $n - 1$ handelt (so wie Sie es auch erwarten würden). Werten Sie dieses Polynom bei $x = 0$ aus, dann trägt von allen Summanden in Gl. A.31 ausschließlich der Term mit dem Index $i = 0$ bei. (Machen Sie sich klar, weshalb dies der Fall ist.) Daher folgt sofort:

$$f'(0) = a_1. \qquad (A.32)$$

Für die zweite Ableitung von $f(x)$ erhalten wir mithilfe von Gl. A.31:

$$f''(x) = \left(\sum_{i=0}^{n-1} a_{i+1}(i+1)x^i\right)' = \sum_{i=1}^{n-1} a_{i+1}(i+1)ix^{i-1}$$

$$= \sum_{j=0}^{n-2} a_{j+2}(j+2)(j+1)x^j = \sum_{i=0}^{n-2} a_{i+2}(i+2)(i+1)x^i. \quad \text{(A.33)}$$

Es handelt sich um ein Polynom vom Grad $n-2$, mit dem Wert

$$f''(0) = 2a_2 \quad \text{(A.34)}$$

bei $x = 0$. Für die k-te Ableitung gilt für $1 \le k \le n$:

$$f^{(k)}(x) = \sum_{i=0}^{n-k} a_{i+k}(i+k)(i+k-1)\ldots(i+1)x^i. \quad \text{(A.35)}$$

Wir haben damit bei der k-ten Ableitung des Polynoms $f(x)$ [Gl. A.29] ein Polynom vom Grad $n-k$ (für $1 \le k \le n$). Ist insbesondere $k = n$, liegt bei $f^{(k)}(x)$ eine Konstante vor (ein Polynom vom Grad 0). Alle höheren Ableitungen verschwinden dementsprechend.

Speziell bei $x = 0$ hat $f^{(k)}(x)$ für $1 \le k \le n$ [Gl. A.35] den Wert

$$f^{(k)}(0) = a_k \cdot k \cdot (k-1) \cdot \ldots \cdot 1. \quad \text{(A.36)}$$

Verwenden wir das Ihnen aus der Schule vertraute Symbol für die Fakultät,

$$k! = k \cdot (k-1) \cdot \ldots \cdot 1, \quad \text{(A.37)}$$

können wir

$$f^{(k)}(0) = k!a_k$$

bzw.

$$a_k = \frac{f^{(k)}(0)}{k!}$$

oder auch

$$a_i = \frac{f^{(i)}(0)}{i!} \quad \text{(A.38)}$$

schreiben.

Wir haben das Resultat in Gl. A.38 nur für $i > 0$ hergeleitet. Nun nutzen wir aber die Standarddefinitionen

$$0! = 1$$

und

$$f^{(0)}(x) = f(x),$$

woraus

$$a_0 = f(0) = f^{(0)}(0) = \frac{f^{(0)}(0)}{0!} \tag{A.39}$$

folgt. Daher gilt Gl. A.38 auch für $i = 0$. Indem wir Gl. A.38 in Gl. A.29 einsetzen, haben wir insgesamt gezeigt, dass sich jedes Polynom vom Grad n durch seinen Funktionswert und seine ersten n Ableitungen bei $x = 0$ ausdrücken lässt:

$$f(x) = \sum_{i=0}^{n} \frac{f^{(i)}(0)}{i!} x^i. \tag{A.40}$$

A.4.3   Binomischer Lehrsatz

Um zu zeigen, dass ganz allgemein die Taylor-Form

$$f(x) = \sum_{i=0}^{n} \frac{f^{(i)}(x_0)}{i!} (x - x_0)^i \tag{A.41}$$

für einen beliebigen Bezugspunkt x_0 gilt, ziehen wir wieder Gl. A.29 heran und verwenden die Ihnen bereits bekannte Strategie, x in der Form $x - x_0 + x_0$ zu schreiben:

$$f(x) = \sum_{i=0}^{n} a_i x^i$$

$$= \sum_{i=0}^{n} a_i (x - x_0 + x_0)^i. \tag{A.42}$$

An der entsprechenden Stelle bei unserer Untersuchung des quadratischen Polynoms (Abschn. A.2) hatten wir die erste binomische Formel verwendet, um $(x - x_0 + x_0)^2$ in $(x - x_0)^2 + 2(x - x_0)x_0 + x_0^2$ überzuführen. Wir benötigen nun für die Behandlung von $(x - x_0 + x_0)^i$ eine Verallgemeinerung der ersten binomischen Formel für beliebige i ($i = 0, 1, 2, 3, \ldots$).

Die erforderliche Verallgemeinerung heißt binomischer Lehrsatz und lautet

$$(a + b)^i = \sum_{k=0}^{i} \binom{i}{k} a^k b^{i-k}. \tag{A.43}$$

Hierbei tritt der Ihnen aus der Wahrscheinlichkeitslehre bekannte Binomialkoeffizient

$$\binom{i}{k} = \frac{i!}{k!(i-k)!} \tag{A.44}$$

in Erscheinung. Dieser Binomialkoeffizient sagt Ihnen, wie viele Möglichkeiten es gibt, aus einer Menge von i verschiedenen Objekten k Objekte, ohne Zurücklegen und ohne Berücksichtigung der Reihenfolge, auszuwählen. Dass beim Ausmultiplizieren von i Klammern der Form $(a + b)$ Binomialkoeffizienten auftreten müssen, ist aufgrund von folgender Überlegung klar.

Betrachten Sie den Ausdruck

$$(a+b)^i = \underbrace{(a+b) \cdot (a+b) \cdot \ldots \cdot (a+b)}_{i \text{ Faktoren}}. \tag{A.45}$$

Beim Ausmultiplizieren wählen Sie von jeder Klammer entweder a oder b und summieren die resultierenden Produkte dann auf. Zum Beispiel erhalten Sie den Term b^i, indem Sie von jeder Klammer keines der a, sondern jeweils nur b verwenden. Es gibt dabei nur eine einzige Möglichkeit, dies so zu tun: Sie verwenden eben bei keiner der i Klammern in Gl. A.45 das a. In Gl. A.43 wird der Beitrag von b^i durch den Term mit dem Index $k = 0$ erfasst:

$$\binom{i}{0} a^0 b^{i-0} = b^i.$$

Das Gewicht

$$\binom{i}{0} = 1$$

bringt hierbei zum Ausdruck, dass b^i beim Ausmultiplizieren der Klammern in Gl. A.45 nur einmal auftritt.

Anders verhält es sich bei dem Term ab^{i-1}, für den aus einer der Klammern in Gl. A.45 a gewählt wird und b entsprechend aus den verbleibenden $i-1$ Klammern. Sie können a dabei entweder aus der ersten Klammer nehmen oder aus der zweiten oder aus der dritten usw. Insgesamt gibt es bei i Klammern damit

$$i = \binom{i}{1}$$

Möglichkeiten, den Term ab^{i-1} zu erhalten. Daher erscheint der Term ab^{i-1} nach dem Ausmultiplizieren mit dem Gewicht $\binom{i}{1}$, so wie dies in Gl. A.43 für den Term mit Index $k = 1$ auch der Fall ist. Einen weiteren Term ($k = 2$) erhalten Sie, wenn Sie aus zwei der i Klammern a auswählen und dementsprechend b aus den restlichen $i - 2$ Klammern. Die Anzahl der Möglichkeiten, zwei Klammern aus i Klammern auszuwählen, ist $\binom{i}{2}$. Dies führt dazu, dass der Term $a^2 b^{i-2}$ das Gewicht $\binom{i}{2}$ erhält. Ein analoges Konstruktionsprinzip unterliegt allen Termen im binomischen Lehrsatz.

A.4.4   Taylor-Form

Gewappnet mit Gl. A.43 wenden wir uns wieder der Aufgabe zu, im Polynom

$$f(x) = \sum_{i=0}^{n} a_i x^i$$

den Bezugspunkt x_0 einzuführen:

$$f(x) = \sum_{i=0}^{n} a_i (\underbrace{x - x_0}_{a} + \underbrace{x_0}_{b})^i$$

$$= \sum_{i=0}^{n} a_i \left\{ \sum_{k=0}^{i} \binom{i}{k} (x - x_0)^k x_0^{i-k} \right\}. \qquad (A.46)$$

Der Ausdruck in den geschweiften Klammern ist ein Polynom vom Grad i in $x - x_0$. (Überlegen Sie sich, weshalb diese Aussage richtig ist.) Ist $i = 0$, dann trägt dieser Ausdruck nur eine Konstante bei. Ist $i = 1$, dann trägt der Ausdruck eine Konstante und einen Term proportional zu $x - x_0$ bei. Bei $i = 2$ kommt ein Term proportional zu $(x - x_0)^2$ hinzu. Jedes Mal, wenn i in der äußeren Summe über i um eins vergrößert wird, kommt in der Summe in den geschweiften Klammern ein Term mit einem entsprechend erhöhten Exponenten hinzu.

Die verbleibende Herausforderung besteht darin, alle Terme, die die gleichen Exponenten besitzen, miteinander zu verknüpfen, damit wir aus Gl. A.46 die Form

$$f(x) = \sum_{i=0}^{n} b_i (x - x_0)^i \qquad (A.47)$$

mit geeigneten Koeffizienten b_i erhalten. Gehen wir dazu systematisch vor und bestimmen zuerst b_0. Dazu verwenden wir von der geschweiften Klammer in Gl. A.46 für jedes i den Term mit $k = 0$ [weil jeder Term mit $k = 0$ gemäß Gl. A.46 proportional ist zu $(x - x_0)^0$]. Daraus folgt:

$$b_0 = \sum_{i=0}^{n} a_i \binom{i}{0} x_0^i. \qquad (A.48)$$

Für b_1 benötigen wir von der geschweiften Klammer den Term mit $k = 1$. Dieser Term steht allerdings erst ab $i = 1$ zur Verfügung. Daher:

$$b_1 = \sum_{i=1}^{n} a_i \binom{i}{1} x_0^{i-1}. \qquad (A.49)$$

Suchen wir nun den Koeffizienten b_m für ein beliebiges $i = m$ in Gl. A.47, dann sehen Sie, dass in Gl. A.46 der Faktor $(x - x_0)^m$ nur dann auftritt, wenn $k = m$ ist, wozu i mindestens m sein muss. Dies bedeutet, dass

$$b_m = \sum_{i=m}^{n} a_i \binom{i}{m} x_0^{i-m} \tag{A.50}$$

ist. Da bei der vorgenommenen Zerlegung der zweiten Zeile von Gl. A.46 keine Terme unberücksichtigt bleiben, haben wir damit letzten Endes gezeigt, dass sich jedes Polynom vom Grad n in die Form von Gl. A.47 überführen lässt. Zeigen Sie zur Übung, dass daraus die Taylor-Form in Gl. A.41 folgt. Machen Sie sich bewusst, dass daraus wiederum folgt, dass der Funktionswert und die Ableitungen eines Polynoms an nur einer einzigen Stelle x_0 den Funktionswert und die Ableitungen des Polynoms an jeder beliebigen anderen Stelle x vollständig festlegen.

A.4.5 Integral

Untersuchen wir nun das bestimmte Integral des Polynoms vom Grad n über ein Intervall $[a, b]$. Für diesen Zweck ist es am einfachsten, zur Standardform in Gl. A.29 zurückzukehren. Entscheidend bei der folgenden Rechnung ist, dass die Integration, genauso wie die Ableitung, eine lineare Operation ist:

$$\int_a^b f(x)\mathrm{d}x = \int_a^b \left(\sum_{i=0}^{n} a_i x^i \right) \mathrm{d}x = \sum_{i=0}^{n} \int_a^b a_i x^i \mathrm{d}x$$

$$= \sum_{i=0}^{n} a_i \int_a^b x^i \mathrm{d}x = \sum_{i=0}^{n} a_i \left(\frac{x^{i+1}}{i+1} \bigg|_a^b \right)$$

$$= \sum_{i=0}^{n} a_i \frac{b^{i+1} - a^{i+1}}{i+1}. \tag{A.51}$$

Hierbei haben wir für den Integranden x^i die Standardstammfunktion $x^{i+1}/(i+1)$ verwendet.

Aus dem in Gl. A.51 gewonnenen Ergebnis können Sie Folgendes schließen: Lässt sich eine beliebig komplizierte Funktion auf einem betrachteten Intervall durch ein Polynom vom Grad n approximieren, ist es mithilfe von Gl. A.51 ein Leichtes, für diese komplizierte Funktion einen Näherungswert für das bestimmte Integral über das betrachtete Intervall zu berechnen. Haben Sie es ohnehin mit einem Polynom vom Grad n zu tun, dann gibt Ihnen Gl. A.51 auf einfache Weise den exakten Wert des Integrals.

A.4.6 Produkte von Summen

Zum Abschluss dieses Abschnitts wenden wir uns noch der folgenden, praktisch
wichtigen Fragestellung zu: Es seien die Polynome

$$f(x) = \sum_{i=0}^{m} a_i x^i \tag{A.52}$$

und

$$g(x) = \sum_{i=0}^{n} b_i x^i \tag{A.53}$$

gegeben. (Beachten Sie dabei, dass der Grad m des ersten Polynoms sich vom Grad n
des zweiten Polynoms unterscheiden darf, die Möglichkeit $m = n$ aber automatisch
miterfasst wird.) Wir wollen nun das Produkt der Polynome $f(x)$ und $g(x)$ bilden. Intuitiv ist zu erwarten, dass es sich bei diesem Produkt um ein Polynom vom
Grad $m + n$ handelt. Wie ist vorzugehen, um die erforderliche Rechnung fehlerfrei
vornehmen zu können?

Bei Rechnungen dieser Art mit dem Summenzeichen ist es unbedingt erforderlich, bei den einzelnen Summen sorgfältig mit unterscheidbaren Summationsindizes
zu arbeiten. Damit Sie verstehen, was damit gemeint ist, betrachten wir zuerst als
Beispiel das Produkt der Summen

$$a = a_1 + a_2$$

und

$$b = b_1 + b_2.$$

Dieses Beispiel ist bewusst so gewählt, dass das Ausmultiplizieren ohne Aufwand
durchgeführt werden kann:

$$\begin{aligned} ab &= (a_1 + a_2)(b_1 + b_2) \\ &= a_1(b_1 + b_2) + a_2(b_1 + b_2) \\ &= a_1 b_1 + a_1 b_2 + a_2 b_1 + a_2 b_2. \end{aligned} \tag{A.54}$$

Alternativ hätten wir den Schritt von der ersten zur zweiten Zeile auch folgendermaßen vornehmen können:

$$\begin{aligned} ab &= (a_1 + a_2)(b_1 + b_2) \\ &= (a_1 + a_2)b_1 + (a_1 + a_2)b_2 \\ &= a_1 b_1 + a_2 b_1 + a_1 b_2 + a_2 b_2. \end{aligned} \tag{A.55}$$

Das Ergebnis ist offenbar das gleiche wie in Gl. A.54, aber die Reihenfolge der Terme
hat sich geändert.

Wir wiederholen die Berechnung des Produkts ab, arbeiten nun aber mit dem Summenzeichen. Wir schreiben also

$$a = \sum_{i=1}^{2} a_i$$

und

$$b = \sum_{i=1}^{2} b_i.$$

Somit:

$$ab = \left(\sum_{i=1}^{2} a_i \right) \left(\sum_{i=1}^{2} b_i \right). \tag{A.56}$$

Soweit haben wir keinen Fehler gemacht, weil die beiden Summen innerhalb der Klammern nach wie vor als voneinander unabhängig anzusehen sind. Die Schreibweise in Gl. A.56 verleitet aber leider zu einem am Studienanfang häufig gemachten Fehler, bei dem fälschlicherweise angenommen wird, dass sich das Produkt der Summen in Gl. A.56 in der Form

$$\sum_{i=1}^{2} a_i b_i$$

schreiben lässt. Dass dies nicht richtig sein kann, sehen Sie, wenn Sie diese Summe ausschreiben:

$$\sum_{i=1}^{2} a_i b_i = a_1 b_1 + a_2 b_2.$$

Dies unterscheidet sich vom richtigen Ergebnis [Gl. A.54] um die Terme $a_1 b_2$ und $a_2 b_1$. Diese beiden Terme werden bei Verwendung des Summenzeichens nur erhalten, wenn man die Möglichkeit schafft, dass bei der Produktbildung ein a_i auf ein b_j mit $i \neq j$ trifft.

Der richtige Weg bei der Auswertung von Gl. A.56 ist es daher, in jeder Summe einen anderen Summationsindex zu verwenden. Zu diesem Zweck nehmen wir im ersten Schritt in der zweiten Summe in Gl. A.56 eine Indexumbenennung vor:

$$ab = \left(\sum_{i=1}^{2} a_i \right) \left(\sum_{j=1}^{2} b_j \right). \tag{A.57}$$

Wir erhalten die zweite Zeile von Gl. A.54, wenn wir schreiben

$$\left(\sum_{i=1}^{2} a_i \right) \left(\sum_{j=1}^{2} b_j \right) = \sum_{i=1}^{2} a_i \left(\sum_{j=1}^{2} b_j \right). \tag{A.58}$$

Die dritte Zeile von Gl. A.54 lässt sich mit dem Summenzeichen in der Form

$$\left(\sum_{i=1}^{2} a_i\right)\left(\sum_{j=1}^{2} b_j\right) = \sum_{i=1}^{2}\sum_{j=1}^{2} a_i b_j \tag{A.59}$$

ausdrücken. Diese Form ist für praktische Rechnungen am nützlichsten. Führen Sie zur Übung auch die zweite bzw. die dritte Zeile von Gl. A.55 in die Schreibweise mit dem Summenzeichen über.

Wir verwenden jetzt die gemachten Überlegungen, um die Polynome aus Gl. A.52 und A.53 miteinander zu multiplizieren:

$$\begin{aligned}
f(x)g(x) &= \left(\sum_{i=0}^{m} a_i x^i\right)\left(\sum_{i=0}^{n} b_i x^i\right) \\
&= \left(\sum_{i=0}^{m} a_i x^i\right)\left(\sum_{j=0}^{n} b_j x^j\right) \\
&= \sum_{i=0}^{m}\sum_{j=0}^{n} a_i b_j x^{i+j}.
\end{aligned} \tag{A.60}$$

Da in der letzten Zeile dieser Gleichung i von 0 bis m läuft und j von 0 bis n, nimmt die Summe $i + j$, die als Exponent erscheint, Werte von 0 bis $m + n$ an. Der Koeffizient von x^{m+n} in dem Polynom in Gl. A.60 ist $a_m b_n$. Weil wir annehmen, dass es sich bei $f(x)$ und $g(x)$ tatsächlich um Polynome vom Grad m bzw. n handelt, sind a_m und b_n beide von null verschieden. Das Produkt $f(x)g(x)$ ist somit ein Polynom vom Grad $m + n$.

A.5   Rationale Funktionen

A.5.1   Standardform und Beispiel

Die nächste Klasse von Funktionen, mit der wir uns beschäftigen, sind die rationalen Funktionen. Dabei handelt es sich um Quotienten von zwei Polynomen. Eine rationale Funktion lässt sich demnach in der Form

$$f(x) = \frac{\sum_{i=0}^{m} a_i x^i}{\sum_{i=0}^{n} b_i x^i} \tag{A.61}$$

angeben. Beachten Sie, dass sich der Grad m des Polynoms im Zähler vom Grad n des Polynoms im Nenner unterscheiden darf.

Wir untersuchen im Folgenden konkret die rationale Funktion

$$f(x) = \frac{a}{b^2 + (x - c)^2}. \tag{A.62}$$

Bei dieser Funktion wird ein Polynom vom Grad 0 (eine Konstante) durch ein Polynom vom Grad 2 geteilt. Das hier erscheinende Polynom vom Grad 2 ist jedoch kein ganz allgemeines quadratisches Polynom, da in allgemeinen quadratischen Polynomen ja insgesamt drei Parameter auftreten würden, im Nenner von Gl. A.62 aber nur zwei Parameter zu sehen sind. Überlegen wir uns nun, welche Rolle die drei Parameter a, b, c in Gl. A.62 für das Verhalten der betrachteten rationalen Funktion spielen.

A.5.2 Bedeutung der Parameter a und c

Der Parameter a ist offenbar lediglich eine Proportionalitätskonstante. Der Fall $a = 0$ ist auszuschließen, da dann $f(x)$ in Gl. A.62 für alle x gleich null wäre. (Keine sehr interessante Funktion!) Da der Nenner in Gl. A.62 nicht negativ sein kann, ist $f(x)$ für alle x positiv (negativ), wenn a positiv (negativ) ist. Der Parameter a hat zwar Einfluss auf die konkreten Werte, die $f(x)$ annehmen kann, die Form der Funktion lässt sich durch a jedoch nicht modifizieren.

Interessanter sind die Parameter b und c. Da b in Gl. A.62 nur in der Form b^2 auftritt, spielt das Vorzeichen von b keine Rolle. Wir dürfen daher annehmen, dass b nicht negativ ist. Bei $b^2 + (x - c)^2$ handelt es sich um ein quadratisches Polynom, das bei $x = c$ sein globales Minimum annimmt. Fordern wir $b \neq 0$, dann ist $b^2 + (x - c)^2$ für alle x streng positiv. Dies bedeutet, dass wir in Gl. A.62 bei keinem x durch null teilen. Daher besitzt die betrachtete rationale Funktion für $b \neq 0$ keine Singularitäten. Da $b^2 + (x - c)^2$ bei $x = c$ sein globales Minimum annimmt und dort positiv ist, hat $1/[b^2 + (x - c)^2]$ bei $x = c$ sein globales Maximum. Der Parameter c gibt somit den x-Wert an, an dem die Funktion $f(x)$ aus Gl. A.62 ihr globales Extremum aufweist (Maximum für $a > 0$, Minimum für $a < 0$). Da $b^2 + (x - c)^2$ keine weiteren Extrema außer seinem globalen Minimum besitzt, hat $f(x)$ ausschließlich das Extremum bei $x = c$.

A.5.3 Kettenregel

Sie kommen natürlich zu dem gleichen Schluss, wenn Sie die erste Ableitung von $f(x)$ berechnen und die Nullstellen von $f'(x)$ bestimmen. Mithilfe der Kettenregel erhalten Sie aus Gl. A.62:

$$f'(x) = \frac{-2a(x - c)}{\left[b^2 + (x - c)^2\right]^2},$$

woraus sofort $x = c$ für die Position des Extremums folgt. Generell ist es aber ratsam, das Verhalten von Funktionen durchzudenken und nicht einfach nur mechanisch Rechenverfahren einzusetzen. Besser ist es, Nachdenken und systematische Rechenverfahren zusammen einzusetzen, nicht zuletzt, um berechnete Resultate auf ihre Plausibilität hin überprüfen zu können. Es sei an dieser Stelle auch angemerkt, dass es an vielen Stellen in diesem Lehrbuch nicht reicht, die Kettenregel in konkreten Fällen anwenden zu können, sondern Sie müssen die Kettenregel auch in ihrer abstrakten Form kennen und verwenden können. Daher zur Erinnerung: Haben Sie eine Funktion $f(x) = g(h(x))$ vorliegen, dann ist

$$f'(x) = g'(h(x)) \cdot h'(x).$$

Bei der Berechnung der ersten Ableitung der Funktion aus Gl. A.62 ist es zum Beispiel naheliegend, $h(x) = b^2 + (x - c)^2$ und $g(h) = a/h$ zu verwenden.

A.5.4   Alternative Darstellung

An dem Extremum bei $x = c$ besitzt unser $f(x)$ aus Gl. A.62 den Wert

$$f(c) = \frac{a}{b^2}, \tag{A.63}$$

was bei festem a für $b \to 0$ divergiert. (Wäre $b = 0$, dann hätten wir bei $x = c$ kein Extremum, sondern eine Singularität.) Klammern wir, für $b \neq 0$, b^2 im Nenner von Gl. A.62 aus, können wir die betrachtete rationale Funktion mithilfe von Gl. A.63 in der folgenden Form schreiben:

$$
\begin{aligned}
f(x) &= \frac{a}{b^2 + (x - c)^2} \\
&= \frac{a}{b^2 \left[1 + \frac{(x-c)^2}{b^2} \right]} \\
&= \frac{a/b^2}{1 + \left(\frac{x-c}{b} \right)^2} \\
&= \frac{f(c)}{1 + \left(\frac{x-c}{b} \right)^2}.
\end{aligned}
\tag{A.64}
$$

Die in der letzten Zeile dieser Gleichung gezeigte alternative Darstellung der betrachteten rationalen Funktion ist informativer als Gl. A.62, weil sie zur Parametrisierung nicht nur die Extremstelle $x = c$ kenntlich macht, sondern auch den Wert der Funktion an der Extremstelle, $f(c)$, als Parameter heranzieht.

A.5.5   Halbwertsbreite und Skalen

Zu klären ist noch die Bedeutung des Parameters b. Klar ist, dass, wenn $|x - c|$ gegen unendlich geht (sich x also beliebig weit von der Extremstelle entfernt), der Nenner in Gl. A.64 gegen unendlich geht. In diesem Grenzfall geht $f(x)$ gegen null. Die Frage ist: Wie schnell bzw. auf welcher Skala fällt $|f(x)|$ von seinem Extremwert

$|f(c)|$ ab und geht gegen null, wenn sich x von c zunehmend entfernt? Antwort: Dies wird durch den Parameter b bestimmt.

Sie sehen dies folgendermaßen. Da der Nenner in Gl. A.64 mit zunehmendem $|x - c|$ monoton zunimmt, nimmt $|f(x)|$ entsprechend, mit dem Wert $|f(c)|$ beginnend, monoton ab. Entfernt sich x von c um $\pm b$, ist also entweder $x = c + b$ oder $x = c - b$, dann ist $(x-c)^2/b^2 = (\pm b)^2/b^2 = 1$. Gemäß Gl. A.64 bedeutet dies, dass $|f(x)|$ bei $x = c \pm b$ auf die Hälfte seines Extremwerts abgefallen ist. Der Abstand zwischen den Punkten $x = c + b$ und $x = c - b$, also die Größe $2b$ (wir hatten uns zuvor auf nichtnegative b geeinigt), ist ein Maß dafür, wie breit die betrachtete rationale Funktion um ihr Extremum bei $x = c$ erscheint. Man nennt $2b$ die Halbwertsbreite der Funktion, da diese Größe die Breite von $|f(x)|$ auf halber Höhe [also bei der Hälfte von $|f(c)|$] angibt.

Wir fassen die Bedeutung des Parameters b wie folgt zusammen: Ist der Abstand von x von der Extremstelle klein gegenüber b, ist also $|x - c| \ll b$, dann unterscheidet sich $f(x)$ nur wenig von seinem Extremwert, also $f(x) \approx f(c)$. Weicht x von der Extremstelle um genau b ab, ist also $|x - c| = b$, dann nimmt $f(x)$ die Hälfte des Extremwerts an, also $f(x) = f(c)/2$. Ist der Abstand von x von der Extremstelle schließlich groß gegenüber b, ist also $|x - c| \gg b$, dann ist $|f(x)|$ so stark abgefallen, dass sein Wert klein ist im Vergleich zum Extremwert, also $|f(x)| \ll |f(c)|$.

Hierzu noch eine Bemerkung: Im Fall $|x - c| \ll b$ haben wir $f(x) \approx f(c)$ geschrieben. Bei $|x - c| \gg b$ haben wir aber nicht $f(x) \approx 0$ geschrieben, sondern $|f(x)| \ll |f(c)|$. Damit Sie dies verstehen können, ist es erforderlich zu erläutern, wie das Symbol $\approx$ zu lesen ist. Die Notation $f(x) \approx f(c)$ bedeutet, dass der Unterschied zwischen $f(x)$ und $f(c)$ klein ist gegenüber $|f(c)|$, also $|f(x) - f(c)| \ll |f(c)|$. Wir benötigen eine positive Zahl, mit der wir den Abstand zwischen $f(x)$ und $f(c)$ vergleichen können, um sagen zu können, dass die Zahlen $f(x)$ und $f(c)$ zueinander ähnlich sind. Da wir $a = 0$ ausgeschlossen haben, ist $|f(c)| > 0$; $|f(c)|$ stellt somit einen natürlichen Vergleichswert dar. Wenn wir z. B. sagen, dass die Zahl 999 in der Nähe von der Zahl 1000 liegt, ist nicht allein ausschlaggebend, dass diese beiden Zahlen sich um 1 unterscheiden, da die Zahl 1 für sich allein nicht groß oder klein ist. Ausschlaggebend ist, dass 1 klein ist gegenüber 1000. Der Ausdruck $f(x) \approx 0$ wäre insofern nichtssagend, da in diesem Fall kein positiver Vergleichswert zur Verfügung steht, der vermitteln würde, wie nahe null $f(x)$ ist. $|f(c)|$ stellt die natürliche Skala dar, mit der Abstände $|f(x) - 0| = |f(x)|$ zwischen $f(x)$ und 0 zu vergleichen sind. Im gleichen Sinn stellt b die natürliche Skala dar, mit der Abstände zwischen x und c zu vergleichen sind.

Verwenden Sie nun ein Programm Ihrer Wahl, um $f(x)$ aus Gl. A.64 für verschiedene Werte von b, c und $f(c)$ zu visualisieren. Vergleichen Sie dabei den von Ihnen beobachteten Einfluss der Parameter auf die jeweils resultierenden Graphen mit der oben durchgeführten Diskussion. Stellen Sie sich dabei folgende Frage, um den Begriff *Skala* besser zu verstehen: Wie wählen Sie in Ihren Graphen jeweils den betrachteten x- bzw. y-Bereich, wenn Sie alle wesentlichen Merkmale der dargestellten Funktion gut sichtbar erfassen wollen?

Führen Sie zur Übung eine analoge, rein formale Analyse der rationalen Funktion

$$f(x) = \frac{a}{b + c(x - d)^2}$$

durch. Nehmen Sie erst danach für verschiedene Werte von a, b, c, d eine grafische Visualisierung vor. Der Zweck der genannten Vorgehensweise ist, dass Sie lernen, den Einfluss von Parametern auf die Eigenschaften von Funktionen direkt an der mathematischen Struktur der Funktionen abzulesen.

A.6   Exponentialfunktion und Logarithmus

A.6.1   Potenzreihe

Man kann versuchen, neue Funktionen zu konstruieren, indem man bei Polynomen den Grad gegen unendlich gehen lässt:

$$f(x) = \sum_{n=0}^{\infty} a_n x^n. \tag{A.65}$$

Das Symbol n steht nun nicht mehr für den Grad eines Polynoms, sondern ist ab jetzt lediglich ein Summationsindex, der jederzeit durch ein anderes, noch unbenutztes Symbol ersetzt werden dürfte. Man nennt mathematische Objekte der in Gl. A.65 angegebenen Form Potenzreihen. Anders als bei echten Polynomen (also Polynomen endlichen Grades), ist es nicht selbstverständlich, dass eine Potenzreihe bei jedem x einen wohldefinierten Wert annimmt. Außer bei $x = 0$, wo $f(x)$ den eindeutigen Wert a_0 hat, müssen bei einer Potenzreihe bei jedem x unendlich viele Zahlen aufsummiert werden. (Die Annahme hierbei ist natürlich, dass die Koeffizienten a_n nicht nur für eine endliche Anzahl von Indizes n von null verschieden sind – sonst hätten wir ja ein Polynom.)

Daher müssen die a_n eine Bedingung erfüllen: Der Betrag von a_n muss mit zunehmendem n hinreichend schnell klein werden, damit die Potenzreihe in Gl. A.65 bei jedem x einen wohldefinierten Wert annehmen kann. Fällt $|a_n|$ als Funktion von n genügend schnell ab, dann konvergiert die Summe bei jedem x gegen einen endlichen, wohldefinierten Wert, wenn man systematisch mehr und mehr Terme in der Summe hinzunimmt. Dieser von x abhängige Grenzwert $f(x)$ hängt dann nicht davon ab, in welcher Reihenfolge genau man die unendlich vielen Terme aufsummiert; das Ergebnis ist immer das gleiche.

Wie Sie in universitären Analysis-Kursen lernen können, erfüllt die Koeffizientenwahl

$$a_n = \frac{1}{n!} \tag{A.66}$$

das Kriterium, dass $|a_n|$ in dem besprochenen Sinne mit zunehmendem n hinreichend schnell klein wird. In der Mathematik wird mit dieser speziellen Wahl für alle x

eine Funktion von außerordentlich weitreichender Bedeutung definiert, nämlich die Exponentialfunktion:

$$\exp(x) = \sum_{n=0}^{\infty} \frac{x^n}{n!}$$

$$= 1 + x + \frac{x^2}{2!} + \frac{x^3}{3!} + \dots . \tag{A.67}$$

A.6.2 Eigenschaften der Exponentialfunktion

Der Definition in Gl. A.67 können Sie unmittelbar den Wert der Exponentialfunktion an der Stelle $x = 0$ ablesen:

$$\exp(0) = 1. \tag{A.68}$$

Die Euler'sche Zahl e ist per Definition der Wert der Exponentialfunktion bei $x = 1$:

$$e = \exp(1) = \sum_{n=0}^{\infty} \frac{1}{n!}. \tag{A.69}$$

Aus Gl. A.67 folgt, dass $\exp(x) > 1$ für alle $x > 0$ ist (da dann zur 1 in der zweiten Zeile von Gl. A.67 ausschließlich positive Zahlen addiert werden). Insbesondere ist $e = 2{,}71828\dots > 1$. Leiten Sie Gl. A.67 nach x ab, dann können Sie sich leicht davon überzeugen, dass die Ableitung der Exponentialfunktion gleich der Exponentialfunktion ist:

$$(\exp(x))' = \exp(x). \tag{A.70}$$

Mithilfe des binomischen Lehrsatzes [Gl. A.43] und geschickter Indexmanipulation folgt aus der Definition in Gl. A.67 das Additionstheorem der Exponentialfunktion:

$$\exp(x_1 + x_2) = \exp(x_1)\exp(x_2). \tag{A.71}$$

Aus diesem wichtigen Sachverhalt können wir eine Reihe von Schlussfolgerungen über weitere Eigenschaften der Exponentialfunktion ziehen. Setzen wir in Gl. A.71 $x_1 = x$ und $x_2 = -x$, dann erhalten wir

$$\underbrace{\exp(x - x)}_{\exp(0)=1} = \exp(x)\exp(-x).$$

Somit folgt:

$$\exp(-x) = \frac{1}{\exp(x)}. \tag{A.72}$$

Kennen Sie den Wert der Exponentialfunktion bei einem positiven x, dann kennen Sie wegen Gl. A.72 automatisch auch den Wert der Exponentialfunktion bei dem negativen Funktionsargument $-x$. Zum Beispiel ist

$$\exp(-1) = \frac{1}{\exp(1)} = \frac{1}{e}.$$

Weil wir bereits wissen, dass, für jedes $x \geq 0$, $\exp(x) \geq 1$ und damit positiv ist, folgt aus Gl. A.72 insbesondere, dass $\exp(x)$ für jedes beliebige x positiv ist.

Wir beobachten, dass der Wert der Exponentialfunktion beim Schritt von $x = 0$ [$\exp(0) = 1$] zu $x = 1$ [$\exp(1) = e$] um einen Faktor e anwächst und beim Schritt von $x = 0$ zu $x = -1$ um einen Faktor $1/e$ abfällt. (Wie bereits festgestellt, ist e > 1. Wir dürfen also wirklich von einem Wachstum bzw. einem Abfall sprechen.) Diese Eigenschaft gilt nicht nur, wenn der Schritt um ± 1 bei $x = 0$ beginnend vorgenommen wird, sondern gilt für einen beliebigen Ausgangspunkt x. Das Wachstum um e folgt aus dem Additionstheorem in Gl. A.71 mit $x_1 = x$ und $x_2 = 1$:

$$\exp(x + 1) = \exp(x)\exp(1) = \exp(x) \cdot e. \tag{A.73}$$

Der Abfall um $1/e$ folgt mit $x_1 = x$ und $x_2 = -1$:

$$\exp(x - 1) = \exp(x)\exp(-1) = \exp(x) \cdot \frac{1}{e}. \tag{A.74}$$

Das gefundene Verhalten lässt erahnen, dass es sich bei $\exp(x)$ um eine streng monoton steigende Funktion handelt. Auch dies können Sie leicht sehen. Um zu zeigen, dass die Exponentialfunktion mit zunehmendem x streng monoton ansteigt, muss verifiziert werden, dass, wenn für zwei beliebige reelle Zahlen x und x' die Ungleichung $x < x'$ gilt, notwendigerweise die Ungleichung $\exp(x) < \exp(x')$ erfüllt ist. Setzen wir im Additionstheorem der Exponentialfunktion dazu $x_1 = x'$ und $x_2 = -x$. Dann ist, wegen $x < x'$, $x_1 + x_2 = x' - x > 0$. Daher ist $\exp(x' - x) > 1$. Somit:

$$1 < \exp(x' - x) = \exp(x')\exp(-x) = \frac{\exp(x')}{\exp(x)}. \tag{A.75}$$

Weil $\exp(x)$ für jedes x positiv ist, dürfen wir Gl. A.75 mit $\exp(x)$ multiplizieren, ohne dass sich das Kleiner-als-Zeichen ändert. Wir schließen auf diese Weise, dass die Bedingung für streng monotones Ansteigen, $\exp(x) < \exp(x')$, in der Tat erfüllt ist.

A.6.3   Logarithmus

Da $\exp(x)$ positiv ist, folgt aus Gl. A.73, dass $\exp(x)$ für $x \to +\infty$ gegen $+\infty$ divergiert. Daraus wiederum folgt, im Hinblick auf Gl. A.72, dass $\exp(x)$ für $x \to -\infty$ gegen 0 geht. Zudem ist die Exponentialfunktion infolge ihrer Differenzierbarkeit

[Gl. A.70] stetig. Diese Dinge, zusammen mit der strengen Monotonie, erlauben den Schluss, dass der Wertebereich von $\exp(x)$ die gesamte Menge der positiven reellen Zahlen umfasst. Dies bedeutet, dass es für jedes $y > 0$ ein x gibt, sodass $y = \exp(x)$ ist. Machen Sie sich klar, dass es wegen der strengen Monotonie der Exponentialfunktion für ein gegebenes $y > 0$ nur ein *einziges* x gibt, für das der Zusammenhang $y = \exp(x)$ erfüllt ist. Es existiert daher eine Funktion, die jedem $y > 0$ ein eindeutiges $x \in \mathbb{R}$ zuordnet, sodass $y = \exp(x)$ ist. Man nennt diese Umkehrfunktion der Exponentialfunktion den (natürlichen) Logarithmus, wofür wir $\ln(y)$ schreiben. Aus $y = \exp(x)$ folgt also $x = \ln(y)$. Daher gilt die Identität

$$x = \ln(y) = \ln(\exp(x)). \tag{A.76}$$

Die Umkehrfunktion des Logarithmus ist die Exponentialfunktion. Aus $y = \ln(x)$ (für $x > 0$) folgt daher $x = \exp(y)$ und somit

$$x = \exp(y) = \exp(\ln(x)). \tag{A.77}$$

Diesen Sachverhalt nutzen wir, um die Ableitung des Logarithmus zu bestimmen. Dazu leiten wir Gl. A.77 nach x ab und verwenden dabei die Kettenregel:

$$\begin{aligned} 1 &= \exp'(\ln(x)) \cdot (\ln(x))' \\ &= \exp(\ln(x)) \cdot (\ln(x))' \\ &= x \cdot (\ln(x))'. \end{aligned}$$

Somit:

$$(\ln(x))' = \frac{1}{x}. \tag{A.78}$$

Hieraus können Sie schließen, dass es sich beim Logarithmus um eine Stammfunktion der Funktion $f(x) = 1/x$ handelt.

Für $x_1 > 0$ und $x_2 > 0$ gilt das folgende Additionstheorem für den Logarithmus:

$$\ln(x_1) + \ln(x_2) = \ln(x_1 x_2). \tag{A.79}$$

Um zu sehen, dass dieser Ausdruck wahr ist, wenden wir auf beide Seiten von Gl. A.79 die Exponentialfunktion an. Auf der linken Seite erhalten wir

$$\exp(\ln(x_1) + \ln(x_2)) = \exp(\ln(x_1))\exp(\ln(x_2)) = x_1 x_2.$$

Auf der rechten Seite ist das Ergebnis

$$\exp(\ln(x_1 x_2)) = x_1 x_2.$$

Wir haben also die wahre Aussage, dass

$$\exp(\ln(x_1) + \ln(x_2)) = \exp(\ln(x_1 x_2))$$

ist. Da $\exp(x)$ wegen der strengen Monotonie der Exponentialfunktion nur dann gleich $\exp(x')$ ist, wenn x und x' gleich sind, ist Gl. A.79 unter Verwendung von $x = \ln(x_1) + \ln(x_2)$ und $x' = \ln(x_1 x_2)$ gezeigt.

Zeigen Sie zur Übung, dass, in Ergänzung zu Gl. A.79, die Gleichung

$$\ln(x_1) - \ln(x_2) = \ln\left(\frac{x_1}{x_2}\right) \tag{A.80}$$

gilt. Mithilfe von Gl. A.78 und A.80 berechnen Sie das bestimmte Integral der Funktion $f(x) = 1/x$ über das Intervall $[a, b]$ folgendermaßen:

$$\int_a^b \frac{1}{x}\mathrm{d}x = \ln(x)\big|_a^b$$
$$= \ln(b) - \ln(a)$$
$$= \ln\left(\frac{b}{a}\right). \tag{A.81}$$

A.7 Potenzfunktionen

A.7.1 Definition

Ihnen ist klar, was ein Ausdruck wie π^2 für die Kreiszahl π bedeutet: Sie müssen π mit π multiplizieren. Was aber bedeutet z. B. π^π? Der Zweck der Ausführungen in Abschn. A.6 war nicht nur, Sie an abstrakte Argumentationsketten zu gewöhnen, sondern Ihnen auch zu vermitteln, dass die Begriffe Exponentialfunktion und Logarithmus für beliebige reelle Funktionsargumente (positive reelle Argumente im Fall des Logarithmus) auf einem so soliden Fundament stehen, dass mit deren Hilfe mit gutem Gewissen neue Funktionen definiert werden können. Beispielsweise ist

$$\pi^\pi = \exp(\pi \ln(\pi)).$$

Generell wird der Potenzausdruck a^b für $a > 0$ und $b \in \mathbb{R}$ beliebig durch

$$a^b = \exp(b \ln(a)) \tag{A.82}$$

definiert. Ist z. B. $b = 2$, dann ist

$$a^2 = \exp(2\ln(a))$$
$$= \exp(\ln(a) + \ln(a))$$
$$= \exp(\ln(a)) \cdot \exp(\ln(a))$$
$$= a \cdot a,$$

also genau so, wie Sie es erwarten würden. Zeigen Sie zur Übung, dass die in Gl. A.82 gegebene Definition die Ihnen für beliebige natürliche Exponenten geläufige Definition von a^b reproduziert (also wenn b eine natürliche Zahl ist). Zeigen Sie zur Übung auch, dass Gl. A.82 die Bedeutung von a^b, die Sie aus der Schule kennen, auch dann reproduziert, wenn es sich bei b um eine beliebige *rationale* Zahl handelt. (Um sich an diese Fragestellung heranzutasten, ist es sinnvoll, zuerst den Fall $b = 1/2$ zu untersuchen.) Gl. A.82 ist damit mit der intuitiven Vorgehensweise beim Potenzieren konsistent und stellt gleichzeitig eine Verallgemeinerung auf beliebige reelle Exponenten dar; Gl. A.82 gilt eben auch z. B. für $b = \pi$.

A.7.2 Rechenregeln

Sei nun konkret $a = e$, wobei e die Euler'sche Zahl ist. Dann besagt Gl. A.82, dass

$$e^b = \exp\left(b\underbrace{\ln(e)}_{=1}\right) = \exp(b)$$

ist. Es macht daher Sinn, für die Exponentialfunktion

$$\exp(x) = e^x \qquad (A.83)$$

zu schreiben. Sie können dann leicht sehen, dass für beliebige x_1 und x_2 die Rechenregel

$$\left(e^{x_1}\right)^{x_2} = e^{x_1 x_2} \qquad (A.84)$$

gilt. Um dies zu zeigen, setzen Sie in Gl. A.82 $a = e^{x_1}$ und $b = x_2$:

$$\begin{aligned}
\left(e^{x_1}\right)^{x_2} = a^b &= \exp\left(b\ln(a)\right) \\
&= \exp\left(x_2 \underbrace{\ln\left(e^{x_1}\right)}_{=x_1}\right) \\
&= \exp(x_1 x_2) = e^{x_1 x_2}.
\end{aligned}$$

Für den Logarithmus gilt (für $x_1 > 0$) die Rechenregel

$$\ln\left(x_1^{x_2}\right) = x_2 \ln(x_1), \qquad (A.85)$$

die Sie zur Übung selbst verifizieren sollten.
    Untersuchen Sie zur Übung die Funktion

$$f(x) = Ae^{cx}.$$

Analysieren Sie, welche Bedeutung die Parameter A und c in dieser Funktion haben und wie sie den Funktionsverlauf als Funktion von x beeinflussen. (Denken Sie dabei nicht nur an positive Werte für A bzw. c.) Bestimmen Sie darüber hinaus die

Ableitungen der Funktion $f(x)$. Zeigen Sie auf diese Weise, dass für diese spezielle Funktion die Gleichung

$$f^{(n)}(x) = c^n f(x)$$

für beliebige $n \in \mathbb{N}$ und $x \in \mathbb{R}$ erfüllt ist. Berechnen Sie des Weiteren das bestimmte Integral von $f(x)$ über ein Intervall $[a, b]$.

A.8   Trigonometrische Funktionen

A.8.1   Potenzreihen

Genauso wie die Exponentialfunktion sind auch die Sinus- und die Kosinusfunktion für beliebige x über Potenzreihen definiert:

$$\sin(x) = \sum_{n=0}^{\infty} (-1)^n \frac{x^{2n+1}}{(2n+1)!}$$

$$= x - \frac{x^3}{3!} + \frac{x^5}{5!} - \cdots, \tag{A.86}$$

$$\cos(x) = \sum_{n=0}^{\infty} (-1)^n \frac{x^{2n}}{(2n)!}$$

$$= 1 - \frac{x^2}{2!} + \frac{x^4}{4!} - \cdots. \tag{A.87}$$

Aus diesen Definitionen folgt unmittelbar der Wert der Sinus- bzw. der Kosinusfunktion bei $x = 0$:

$$\sin(0) = 0, \tag{A.88}$$

$$\cos(0) = 1. \tag{A.89}$$

Machen Sie sich mithilfe von Gl. A.86 und A.87 des Weiteren klar, dass der Sinus punktsymmetrisch zum Koordinatenursprung ist und der Kosinus achsensymmetrisch zur y-Achse:

$$\sin(-x) = -\sin(x), \tag{A.90}$$

$$\cos(-x) = \cos(x). \tag{A.91}$$

Zeigen Sie anhand von Gl. A.86 und A.87, dass die erste Ableitung von $\sin(x)$ bzw. $\cos(x)$ durch

$$(\sin(x))' = \cos(x) \tag{A.92}$$

bzw.

$$(\cos{(x)})' = -\sin{(x)} \tag{A.93}$$

gegeben ist. Ebenso folgen, mit etwas mehr Aufwand, die Additionstheoreme

$$\sin{(x_1 + x_2)} = \sin{(x_1)}\cos{(x_2)} + \cos{(x_1)}\sin{(x_2)}, \tag{A.94}$$
$$\cos{(x_1 + x_2)} = \cos{(x_1)}\cos{(x_2)} - \sin{(x_1)}\sin{(x_2)}. \tag{A.95}$$

A.8.2 Werte an speziellen Punkten

Da die Potenzreihen in Gl. A.86 und A.87 mit zunehmendem n im x-Intervall $[0, 2]$ schnell konvergieren, kann man das Vorzeichenverhalten von $\sin{(x)}$ und $\cos{(x)}$ in diesem Intervall direkt bestimmen (sehr vereinfacht gesprochen, durch Einsetzen von Zahlen). Auf diese Weise stellt man fest, dass der Sinus für $0 < x \leq 2$ streng positiv ist. Unter zusätzlicher Verwendung der trigonometrischen Additionstheoreme [Gl. A.94 und A.95] folgt durch diese Untersuchung für den Kosinus, dass er im Intervall $[0, 2]$ genau einen Vorzeichenwechsel aufweist und daher im Inneren dieses Intervalls genau eine Nullstelle besitzt. Diese Beobachtung wird in der Analysis zur Definition der Kreiszahl π herangezogen. Konkret wird die besagte Nullstelle des Kosinus im Intervall $[0, 2]$ als $\pi/2$ bezeichnet. Wir haben also die beiden Aussagen

$$\cos{\left(\frac{\pi}{2}\right)} = 0, \tag{A.96}$$

$$\sin{\left(\frac{\pi}{2}\right)} > 0. \tag{A.97}$$

Wir machen im Folgenden systematisch Gebrauch von den beiden trigonometrischen Additionstheoremen, um aus Gl. A.96 und A.97 Funktionswerte der Sinus- und der Kosinusfunktion am verschiedenen Stellen x herzuleiten. Dabei werden wir insbesondere auch einen konkreten Wert für den Sinus bei $x = \pi/2$ finden. Beginnen wir mit dem Sinus an der Stelle $x = \pi$:

$$\begin{aligned}
\sin{(\pi)} &= \sin{\left(\frac{\pi}{2} + \frac{\pi}{2}\right)} \\
&= \sin{\left(\frac{\pi}{2}\right)}\underbrace{\cos{\left(\frac{\pi}{2}\right)}}_{=0} + \underbrace{\cos{\left(\frac{\pi}{2}\right)}}_{=0}\sin{\left(\frac{\pi}{2}\right)} \\
&= 0. \tag{A.98}
\end{aligned}$$

Bei $x = 2\pi$ erhalten wir weiterhin für den Sinus:

$$\begin{aligned}
\sin{(2\pi)} &= \sin{(\pi + \pi)} \\
&= \underbrace{\sin{(\pi)}}_{=0}\cos{(\pi)} + \cos{(\pi)}\underbrace{\sin{(\pi)}}_{=0} \\
&= 0. \tag{A.99}
\end{aligned}$$

Überzeugen Sie sich davon, dass Sie diese Argumentationsweise verallgemeinern können:

$$\sin(n\pi) = 0, \quad n \in \mathbb{Z}. \tag{A.100}$$

Der Sinus verschwindet also bei allen ganzzahligen Vielfachen von π.

Wir nutzen nun, dass wir den Wert des Kosinus an der Stelle $x = 0$ kennen [Gl. A.89]:

$$\begin{aligned}
1 = \cos(0) &= \cos\left(\frac{\pi}{2} - \frac{\pi}{2}\right) \\
&= \cos\left(\frac{\pi}{2}\right) \underbrace{\cos\left(-\frac{\pi}{2}\right)}_{=\cos(\pi/2)} - \sin\left(\frac{\pi}{2}\right) \underbrace{\sin\left(-\frac{\pi}{2}\right)}_{=-\sin(\pi/2)} \\
&= \cos^2\left(\frac{\pi}{2}\right) + \sin^2\left(\frac{\pi}{2}\right).
\end{aligned}$$

Wegen Gl. A.96 und A.97 ist daher

$$\sin\left(\frac{\pi}{2}\right) = 1. \tag{A.101}$$

Mit dieser Information berechnen wir den Kosinus bei $x = \pi$:

$$\begin{aligned}
\cos(\pi) &= \cos\left(\frac{\pi}{2} + \frac{\pi}{2}\right) \\
&= \cos^2\left(\frac{\pi}{2}\right) - \sin^2\left(\frac{\pi}{2}\right) \\
&= -1. \tag{A.102}
\end{aligned}$$

Hieraus erhalten wir den Wert des Kosinus an der Stelle $x = 2\pi$:

$$\begin{aligned}
\cos(2\pi) &= \cos(\pi + \pi) \\
&= \cos^2(\pi) - \sin^2(\pi) \\
&= 1. \tag{A.103}
\end{aligned}$$

A.8.3   Periodizität

Wir haben nun alles Rüstzeug zusammen, um zu zeigen, dass der Sinus und der Kosinus periodische Funktionen mit Periode 2π sind:

$$\begin{aligned}
\sin(x + 2\pi) &= \sin(x)\cos(2\pi) + \cos(x)\sin(2\pi) \\
&= \sin(x), \tag{A.104} \\
\cos(x + 2\pi) &= \cos(x)\cos(2\pi) - \sin(x)\sin(2\pi) \\
&= \cos(x). \tag{A.105}
\end{aligned}$$

Zeigen Sie zur Übung, dass die Gleichungen

$$\sin(x + n2\pi) = \sin(x), \tag{A.106}$$
$$\cos(x + n2\pi) = \cos(x) \tag{A.107}$$

für beliebige ganzzahlige n erfüllt sind. Dies bedeutet, dass im Prinzip nicht nur 2π als eine Periode der trigonometrischen Funktionen bezeichnet werden darf, sondern auch z. B. 4π oder 6π.

Zeigen Sie des Weiteren die Identitäten

$$\sin\left(x + \frac{\pi}{2}\right) = \cos(x), \tag{A.108}$$
$$\cos\left(x + \frac{\pi}{2}\right) = -\sin(x), \tag{A.109}$$
$$\sin(x + \pi) = -\sin(x), \tag{A.110}$$
$$\cos(x + \pi) = -\cos(x). \tag{A.111}$$

Sie können aus Gl. A.108 und A.109 schließen, dass der Sinus und der Kosinus die gleiche Form haben, aber relativ zueinander entlang der x-Achse um $\pi/2$ verschoben sind. Aus Gl. A.110 und A.111 folgt unter anderem, dass sich Sinus und Kosinus nicht bereits nach einem Intervall der Länge π periodisch wiederholen. [Dies war auch klar, weil $\cos(0) = 1$ ist, aber $\cos(\pi) = -1$.] 2π ist insofern die kleinste Periode der trigonometrischen Funktionen $\sin(x)$ und $\cos(x)$.

A.8.4 Abschließende Überlegungen

Verwenden Sie die gezeigte Herangehensweise, um $\sin(\pi/4)$ und $\cos(\pi/4)$ zu berechnen. Untersuchen Sie außerdem die Eigenschaften der Funktion

$$f(x) = a\sin(bx + c).$$

Welchen Einfluss haben die drei Parameter a, b und c?

Untersuchen Sie zum Abschluss den Zusammenhang der hier über Potenzreihen eingeführten Funktionen $\sin(x)$ und $\cos(x)$ mit den gleichnamigen Funktionen, die Sie aus der Trigonometrie kennen. Sei dazu ein $c > 0$ gegeben. Mit diesem c definieren wir die Größen

$$a = c\cos(x)$$

und

$$b = c\sin(x).$$

Zeigen Sie, dass a und b für $0 \leq x \leq \pi/2$ nichtnegativ sind. Zeigen Sie des Weiteren, dass a, b und c zusammen den Satz des Pythagoras erfüllen. Zeigen Sie auf dieser Grundlage, dass die in diesem Abschnitt behandelten Funktionen $\sin(x)$ und $\cos(x)$ die in der Trigonometrie übliche Definition des Sinus und des Kosinus anhand eines rechtwinkligen Dreiecks erfüllen. Welche Rolle spielen dabei die Größen a, b, c und x?

Computerprogramm zu Kap. 1

B

Die in Abb. 1.4 bis 1.6 gezeigten numerischen Ergebnisse zur Dynamik in einem eindimensionalen, reellen Zustandsraum wurden mit dem unten gezeigten, in Fortran geschriebenen Programm berechnet.

dynamics ist das Hauptprogramm. In der Fortran-*function* f wird die Funktion $f(n, Z_n)$ definiert, die erforderlich ist, um das dynamische Gesetz in Gl. 1.5 anzuwenden.

Um das Programm verwenden zu können, muss das Programm in einer Datei mit der Endung .*f* gespeichert werden. Zum Übersetzen in Maschinensprache benötigen Sie einen Compiler für Fortran. Eine Option ist *GNU Fortran* (https://de.wikipedia. org/wiki/GNU_Fortran). Zur Visualisierung des Inhalts der Ausgabedateien können Sie z. B. *Gnuplot* (https://de.wikipedia.org/wiki/Gnuplot) verwenden. Schließlich benötigen Sie einen Editor, um die Dateien zu bearbeiten (um beispielsweise andere Anfangszustände oder andere dynamische Gesetze auszuprobieren). Dafür ist *Emacs* (https://de.wikipedia.org/wiki/Emacs) eine Möglichkeit.

```
      program dynamics

c     Written by Robin Santra, DESY & UHH, Hamburg.

c     This program numerically solves the dynamical
c     laws given in chapter 1.

      implicit none

      integer n

      real*8 z,f

c     Specification of the initial state:
```

© Springer-Verlag GmbH Deutschland, ein Teil von Springer Nature 2023
R. Santra, *Einführung in die Theoretische Physik*,
https://doi.org/10.1007/978-3-662-67439-0_B

```fortran
      z = 0.d0

c     Loop over the discrete times n:

      do n = 0, 100

          write (72,*) n, z

c     Application of the dynamical law
c     to determine the state at the next time step.
c     In this process, Z_n is replaced with Z_{n+1}.

          z = z + f(n,z)

c     The function f is defined in the fortran
c     function f below.

      end do

      end program

ccccccccccccccccccccccccccccccccccccccccccccccccccccccccc

      function f(n,z)

      implicit none

      integer n
      real*8 f,z
      real*8 x

c     Conversion of n from an integer to a double
c     precision variable:

      x = dble(n)

c     Two examples for f (see chapter 1):

      f = dcos(x)*dexp(- x/20.d0)

c     f = z**3.d0 - z

      return

      end function
```

Die in Kap. 6 gezeigten numerischen Ergebnisse zur Dynamik des getriebenen, gedämpften Pendels wurden auf der Grundlage des unten gezeigten, in Fortran geschriebenen Programms berechnet.

pendulum ist das Hauptprogramm. Darin werden Parameter wie z. B. γ und A festgelegt. Auch werden darin sowohl die Anfangsbedingungen für ϑ und ζ als auch das Zeitintervall und die Anzahl der Zeitschritte für die numerische Lösung festgelegt. In einer Schleife über die Zeitschritte wird jeweils *rk4* aufgerufen. Das Unterprogramm rk4 verwendet das Runge-Kutta-Verfahren der vierten Ordnung, um die numerische Lösung für das System von zwei gekoppelten Differenzialgleichungen erster Ordnung für ϑ bzw. ζ einen Zeitschritt weiterzubringen. rk4 ruft das Unterprogramm *EOM* auf, wo die beiden Differenzialgleichungen (die Bewegungsgleichungen = *equations of motion*) definiert werden. Das Hauptprogramm pendulum schreibt dann die numerischen Ergebnisse in Dateien.

```
        program pendulum

c       Written by Robin Santra, DESY & UHH, Hamburg.

c       This program calculates the solution to the two
c       first-order equations of motion of the damped,
c       nonlinear (or linear) driven pendulum for given
c       initial conditions and force parameters. The
c       program repeatedly calls the subroutine rk4.f
c       to advance the solution one time step in each
c       call. The two first-order equations of motion
c       are defined in the subroutine EOM.f, which
c       is called by rk4.f.

        implicit none
```

© Springer-Verlag GmbH Deutschland, ein Teil von Springer Nature 2023
R. Santra, *Einführung in die Theoretische Physik*,
https://doi.org/10.1007/978-3-662-67439-0_C

```
        integer neq
        parameter(neq = 2)

        integer ntime
        parameter(ntime = 10000)

        integer nperiod

        real*8 y(neq)
        real*8 work(neq,5)

        real*8 gamma,A,omegaD
        real*8 TD
        real*8 t0,tf,dt

        real*8 pi
        parameter(pi = 3.141592653589793d0)

        integer i

        common /params/ gamma,A,omegaD

        external EOM

c       Damping parameter of oscillator
        gamma = 1.d0/3.d0
c       Strength of driving force
        A = 1.14d0
c       Circular frequency of driving force
        omegaD = 2.d0/3.d0
c       Period of driving force
        TD = 2.d0*pi/omegaD

c       Integrate equations of motion from t0 to tf
        t0 = 0.d0
        tf = 2.d1*TD

c       Length of time step
        dt = (tf-t0)/dble(ntime)

c       Number of time steps corresponding to one
c       period of the driving force
        nperiod = idnint(TD/dt)

c       Initial conditions (before pulse):
```

```
c       theta:
        y(1) = 0.5d0*pi
c       d(theta)/dt
        y(2) = 0.d0

c       Numerical integration of equations of
c       motion (EOM):

        do i = 1, ntime

            tf = t0 + dt

            call rk4(neq,y,t0,tf,dt,work)

            if (y(1).gt.pi) then
                y(1) = y(1) - 2.d0*pi
            else if (y(1).le.-pi) then
                y(1) = y(1) + 2.d0*pi
            end if

c       Angle [theta] as a function of time:
            write(49,*) tf,y(1)

c       Angular velocity [d(theta)/dt] as a function
c       of time:
            write(50,*) tf,y(2)

c       Trajectory in the state space of the pendulum.
c       We assume that after ten driving periods (for
c       the parameters chosen), initial transient
c       effects have disappeared.
            if ((i.gt.10*nperiod)) then
                write(51,*) y(1),y(2)
            end if

c       Generate Poincare section at times that are
c       integer multiples of the period of the driving
c       force.
            if ((mod(i,nperiod).eq.0) .and.
     &          (i.gt.10*nperiod)) then
                write(52,*) y(1),y(2)
            end if

            t0 = tf
```

```
      end  do

      write(*,*)  'theta(tf) = ',  y(1)
      write(*,*)  'theta@-dot(tf) = ',  y(2)

      end

      subroutine  rk4(neq,y,t0,tf,dt,work)

c     Written  by  Robin  Santra,  DESY & UHH,  Hamburg.

c     This  subroutine  makes  use  of  the  fourth-order
c     Runge-Kutta  algorithm  to  advance  the  system  of
c     first-order  differential  equations
c     dy_i/dt = f_i(t,y_1,...,y_neq) [i=1,...,neq]
c     one  time  step  from  t=t0  to  t=tf=t0+dt.  The
c     differential  equations  (the  equations  of
c     motion),  including  the  f_i,  are  defined  in  the
c     subroutine  EOM.f.  The  calling  program  provides
c     the  y_i(t0) = y(i).  After  the  calculation
c     carried  out  in  this  subroutine  is  completed,
c     y(i) = y_i(tf).

      implicit  none

      integer  neq
      real*8  y(neq)
      real*8  t0,tc,tf,dt
      real*8  work(neq,5)
      integer  i

      tc = 0.5d0*(t0+tf)

      call  EOM(t0,y,work(1,1))

      do  i = 1,  neq
         work(i,5) = y(i) + 0.5d0*dt*work(i,1)
      end  do

      call  EOM(tc,work(1,5),work(1,2))

      do  i = 1,  neq
         work(i,5) = y(i) + 0.5d0*dt*work(i,2)
      end  do
```

```
      call EOM( tc , work ( 1 ,5) , work ( 1 ,3))

      do i = 1, neq
         work(i ,5) = y(i) + dt*work(i ,3)
      end do

      call EOM( tf , work ( 1 ,5) , work ( 1 ,4))

      do i = 1, neq
         work(i ,5) = work(i ,1) + 2.d0*work(i ,2)
     &           + 2.d0*work(i ,3) + work(i ,4)
         y(i) = y(i) + work(i ,5)*dt/6.d0
      end do

      return
      end


      subroutine EOM(t ,y ,ydot)

c     Written by Robin Santra , DESY & UHH, Hamburg.

c     This subroutine defines the equations of
c     motion for the damped, nonlinear (or linear)
c     driven pendulum. The parameters characterizing
c     the system are shared with the main program
c     through the COMMON block /params/.
c
c     The two-component arrays y and ydot contain
c     the following variables:
c     y(1): theta
c     y(2): zeta (= theta dot)
c     ydot(1): theta dot
c     ydot(2): zeta dot (= theta double dot)

      implicit none

      integer neq
      parameter(neq = 2)
      real*8 t
      real*8 y(neq) , ydot(neq)
      real*8 gamma, A, omegaD

      common /params/ gamma, A, omegaD

c     d(theta)/dt = zeta
```

```fortran
      ydot(1) = y(2)

c     d(zeta)/dt = -gamma*zeta - sin(theta)
c     + A*sin(omegaD*t)
      ydot(2) = -gamma*y(2) - dsin(y(1))
     &          + A*dsin(omegaD*t)

      return
      end
```

Stichwortverzeichnis

© Springer-Verlag GmbH Deutschland, ein Teil von Springer Nature 2023
R. Santra, *Einführung in die Theoretische Physik*,
https://doi.org/10.1007/978-3-662-67439-0

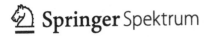